普通高等教育物理类专业“十四五”系列教材

电动力学简明教程

主编 成鹏飞

参编 王 军 王晓娟 韩小祥

程 琳 苏耀恒

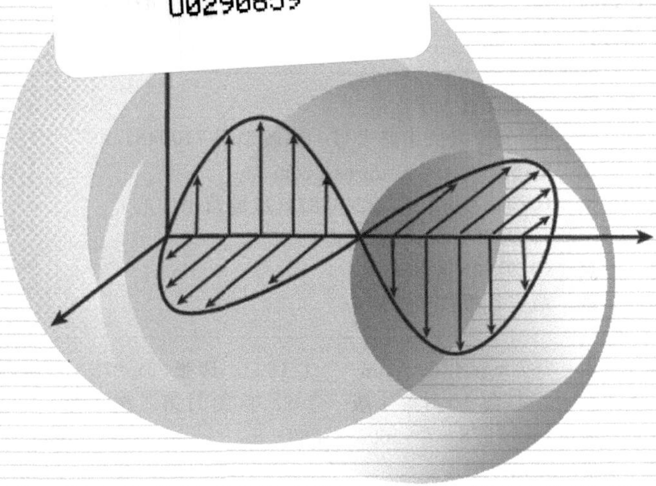

西安交通大學出版社
XI'AN JIAOTONG UNIVERSITY PRESS

图书在版编目(CIP)数据

电动力学简明教程 / 成鹏飞主编. —西安：西安交通大学出版社，2023.10
ISBN 978-7-5693-3269-8

Ⅰ. ①电… Ⅱ. ①成… Ⅲ. ①电动力学—高等学校—教材 Ⅳ. ①O442

中国国家版本馆 CIP 数据核字(2023)第 097478 号

书　　名　电动力学简明教程
　　　　　DIANDONG LIXUE JIANMING JIAOCHENG
主　　编　成鹏飞
参　　编　王　军　王晓娟　韩小祥　程　琳　苏耀恒
责任编辑　邓　瑞
责任校对　王　娜
装帧设计　伍　胜

出版发行　西安交通大学出版社
　　　　　(西安市兴庆南路 1 号　邮政编码 710048)
网　　址　http://www.xjtupress.com
电　　话　(029)82668357　82667874(市场营销中心)
　　　　　(029)82668315(总编办)
传　　真　(029)82668280
印　　刷　西安日报社印务中心

开　　本　787 mm×1092 mm　1/16　印张 15.875　字数 400 千字
版次印次　2023 年 10 月第 1 版　2023 年 10 月第 1 次印刷
书　　号　ISBN 978-7-5693-3269-8
定　　价　58.00 元

如发现印装质量问题，请与本社市场营销中心联系。
订购热线：(029)82665248　(029)82667874
投稿热线：(029)82668818
读者信箱：457634950@qq.com

前　言

电动力学是经典理论物理的一个重要组成部分，是在电磁学实验定律的基础上通过演绎而形成的关于电磁场本质及宏观、微观运动规律的普遍理论。电动力学采用场论的描述，并引入爱因斯坦狭义相对论四维时空，提出了一些新颖的概念、原理、方法和结果，形成了完整而深刻的电磁理论体系，是近代物理学的理论基础和思想源泉。电动力学数学基础要求高、理论系统性强、物理思想深刻，该课程的学习对培养学生的理性思维和创新意识具有不可替代的作用。

本书内容共分为八章。第1章为矢量分析，通过补充矢量、张量、微分算符、曲线坐标等数学基础知识和经典场论基本内容，夯实学生的数学基础，培养学生熟练运用数学工具推演及理解电磁场规律的能力，降低课程入门难度。第2章至第6章，分别从电磁现象的普遍规律、静电场、静磁场、电磁波的传播、电磁波的辐射等角度全方位展示了麦克斯韦方程组的基础性及其在稳恒电磁场、交变电磁场中的重要应用，揭示了电场与磁场的统一性、对称性。第7章为狭义相对论部分，在四维时空和洛伦兹变换的基础上，将三维矢量扩展为四维，揭示了物质与运动、能量与动量的内在联系，得到了相对论电动力学和相对论力学。作为补充内容和课外读物，第8章从经典场论向量子场论过渡，简要阐述了量子场论、规范场论的基本观点，为学生今后的学习进行了有益的铺垫。

本教材在编写过程中，参考了大量国内外优秀教材和最新的研究成果，结合编写者多年的教学改革和实践经验，力求使教材更好地服务于课程的学习。需要指出的是，为帮助学生更全面地建立电磁理论体系及相互关系，本书在每一章的最后均绘制了思维导图，同时添加了相关前沿的阅读资料，以激发学生学习兴趣和求知欲。为了便于学生自学和加强对物理概念及图像的理解，每章都给出了一定数量的思考题。此外，本书还借助数字化信息技术，在核心概念、关键性原理、常见疑问处添加了微视频二维码，方便学生随时随地反复自学。限于编者的水平，教材中难免出现不妥之处，恳请广大读者在使用过程中提出宝贵意见。

编者

2023年12月于西安工程大学

目　录

（* 为补充内容和课外读物）

第 1 章　矢量分析

数学是电动力学的重要工具，是表达电磁规律的语言。麦克斯韦正是通过矢量分析将电磁规律扩展为电磁场的普遍理论，同样爱因斯坦基于四维时空变换提出了狭义相对论。因此，为了更好地学习电磁场理论，学习一定的数学基础是必不可少的，本章对这部分内容作以下介绍。

首先，引入矢量代数的基本知识，重点介绍了哈密顿微分算符和物理场的梯度、散度和旋度；其次，介绍了球坐标、柱坐标下的各种矢量运算；最后，引入亥姆霍兹定理，介绍了矢量场的唯一性问题。通过本章的学习，能够降低课程的学习难度，提高运用数学工具解决物理问题的能力。

1.1　矢量代数

只有大小没有方向的物理量称为**标量**，如温度、电势等。既有大小又有方向的物理量称为**矢量**，如电场、磁场等。在直角坐标系中，任意矢量 $\mathbf{A}$ 可沿 3 个分量进行分解，分量简记为 A_i。矢量代数是分析矢量电磁场的数学基础，电磁矢量的各种数学运算离不开矢量的标积、矢积、混合积等运算。

设 $\boldsymbol{e}_1$、$\boldsymbol{e}_2$、$\boldsymbol{e}_3$ 代表直角坐标系中 x 轴、y 轴、z 轴的三个基矢，则坐标系中任一点位矢 $\boldsymbol{x}$ 及任意矢量 $\boldsymbol{a}$、$\boldsymbol{b}$ 可表示为

$$\boldsymbol{x} = x_1\boldsymbol{e}_1 + x_2\boldsymbol{e}_2 + x_3\boldsymbol{e}_3 = \sum_{i=1}^{3} x_i\boldsymbol{e}_i \tag{1.1.1}$$

$$\boldsymbol{a} = \sum_{i=1}^{3} a_i\boldsymbol{e}_i \tag{1.1.2}$$

$$\boldsymbol{b} = \sum_{i=1}^{3} b_i\boldsymbol{e}_i \tag{1.1.3}$$

1.1.1　矢量的标积

矢量的标积也常称为**矢量点积**，两个矢量经过标积运算后结果是一个标量，其运算公式可表示为

$$\boldsymbol{a}\cdot\boldsymbol{b} = \sum_{i=1}^{3} a_i\boldsymbol{e}_i \cdot \sum_{j=1}^{3} b_j\boldsymbol{e}_j = \sum_{i,j=1}^{3} a_i b_j \boldsymbol{e}_i\cdot\boldsymbol{e}_j = \sum_{i=1}^{3} a_i b_i = \boldsymbol{b}\cdot\boldsymbol{a} \tag{1.1.4}$$

矢量与坐标基矢的点积为

$$\boldsymbol{a} \cdot \boldsymbol{e}_j = \sum_{i=1}^{3} a_i \boldsymbol{e}_i \cdot \boldsymbol{e}_j = a_j$$

即矢量 $\boldsymbol{a}$ 与基矢 $\boldsymbol{e}_j$ 点积的几何意义是矢量 $\boldsymbol{a}$ 在 $\boldsymbol{e}_j$ 上的投影或坐标。

矢量 $\boldsymbol{a}$ 与矢量 $\boldsymbol{b}$ 的点积也可表示为矢量 $\boldsymbol{a}$ 的模 a 乘以矢量 $\boldsymbol{b}$ 在矢量 $\boldsymbol{a}$ 上的投影 $b\cos\theta$，即

$$\boldsymbol{a} \cdot \boldsymbol{b} = ab\cos\theta \tag{1.1.5}$$

其中，θ 为 $\boldsymbol{a}$、$\boldsymbol{b}$ 的夹角，如图 1-1 所示。

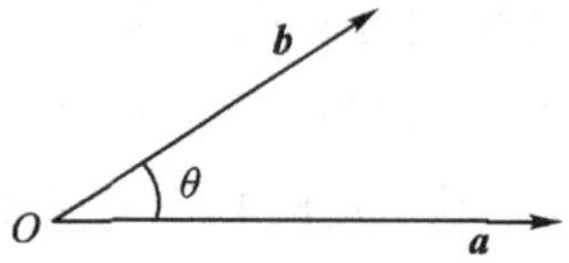

图 1-1　矢量的标积

1.1.2　矢量的矢积

矢量的矢积也称为**矢量叉积**，两个矢量经过矢积运算后仍是矢量，可表示为

$$\boldsymbol{a} \times \boldsymbol{b} = -\boldsymbol{b} \times \boldsymbol{a} = \begin{vmatrix} \boldsymbol{e}_1 & \boldsymbol{e}_2 & \boldsymbol{e}_3 \\ a_1 & a_2 & a_3 \\ b_1 & b_2 & b_3 \end{vmatrix} = \boldsymbol{e}_1(a_2b_3 - a_3b_2) + \boldsymbol{e}_2(a_3b_1 - a_1b_3) + \boldsymbol{e}_3(a_1b_2 - a_2b_1) \tag{1.1.6}$$

矢量的矢积也可表示为

$$\boldsymbol{a} \times \boldsymbol{b} = ab\sin\theta \boldsymbol{e}_n$$

其中，$\boldsymbol{e}_n$ 为垂直于矢量 $\boldsymbol{a}$、$\boldsymbol{b}$ 的单位矢量，θ 为矢量 $\boldsymbol{a}$、$\boldsymbol{b}$ 之间的夹角。

矢量矢积的方向满足右手螺旋法则：伸出右手，四指平伸，大拇指与四指垂直且位于同一平面，让四指由矢量 $\boldsymbol{a}$ 的方向转向矢量 $\boldsymbol{b}$ 的方向，则大拇指所指的方向即为矢积的方向 $\boldsymbol{e}_n$。$|\boldsymbol{a} \times \boldsymbol{b}|$ 代表以矢量 $\boldsymbol{a}$、$\boldsymbol{b}$ 为邻边的平行四边形的面积，如图 1-2 所示。

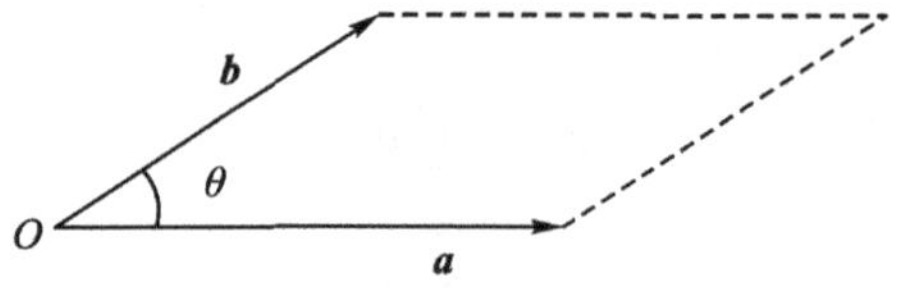

图 1-2　矢量的矢积

对于直角坐标系的三个单位基矢的矢积运算有

$$\boldsymbol{e}_1 \times \boldsymbol{e}_1 = \boldsymbol{e}_2 \times \boldsymbol{e}_2 = \boldsymbol{e}_3 \times \boldsymbol{e}_3 = \boldsymbol{0}$$

$$\boldsymbol{e}_1 \times \boldsymbol{e}_2 = -\boldsymbol{e}_2 \times \boldsymbol{e}_1 = \boldsymbol{e}_3, \quad \boldsymbol{e}_2 \times \boldsymbol{e}_3 = -\boldsymbol{e}_3 \times \boldsymbol{e}_2 = \boldsymbol{e}_1, \quad \boldsymbol{e}_3 \times \boldsymbol{e}_1 = -\boldsymbol{e}_1 \times \boldsymbol{e}_3 = \boldsymbol{e}_2$$

图 1-3 表示三个坐标基矢的矢积运算规则：在三个坐标基矢中，相邻两个基矢的矢积等于另一个基矢，如果两个基矢满足图中逆时针关系则矢积的方向是“+”方向，如果两个基矢满足图中顺时针关系则矢积的方向是“-”方向。

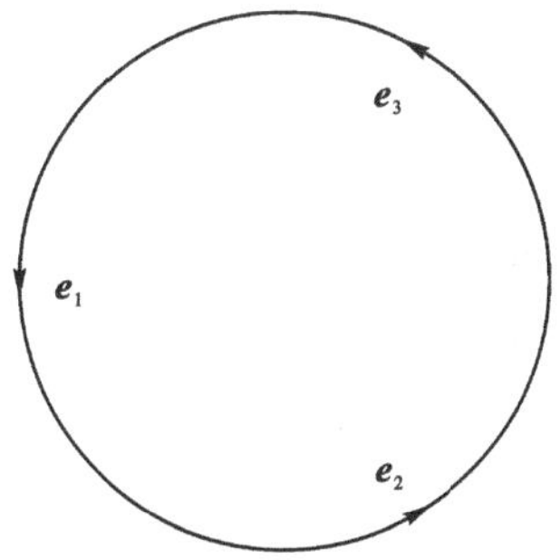

图 1-3　坐标基矢的矢积运算规则

1.1.3　三个矢量的混合积

三个矢量的混合积运算结果是一个标量，其运算为

$$\boldsymbol{a}\cdot(\boldsymbol{b}\times\boldsymbol{c})=\begin{vmatrix} a_1 & a_2 & a_3 \\ b_1 & b_2 & b_3 \\ c_1 & c_2 & c_3 \end{vmatrix}=a_1(b_2c_3-b_3c_2)+a_2(b_3c_1-b_1c_3)+a_3(b_1c_2-b_2c_1) \tag{1.1.7}$$

其中，$|\boldsymbol{a}\cdot(\boldsymbol{b}\times\boldsymbol{c})|$表示以矢量 $\boldsymbol{a}$、$\boldsymbol{b}$、$\boldsymbol{c}$ 为邻边的平行六面体的体积，如图 1-4 所示。

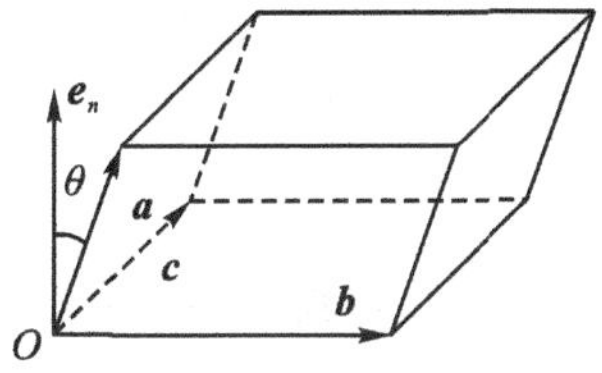

图 1-4　三个矢量的混合积

根据混合积的几何意义或行列式计算法则，可知

$$\boldsymbol{a}\cdot(\boldsymbol{b}\times\boldsymbol{c})=\boldsymbol{b}\cdot(\boldsymbol{c}\times\boldsymbol{a})=\boldsymbol{c}\cdot(\boldsymbol{a}\times\boldsymbol{b}) \tag{1.1.8}$$

由上式可知：如果符号“·”“×”的位置不变，则矢量的位置可以按照“$\boldsymbol{a}\to\boldsymbol{b}\to\boldsymbol{c}$”的次序进行轮换，如图 1-5 所示；如果矢量 $\boldsymbol{a}$、$\boldsymbol{b}$、$\boldsymbol{c}$ 的位置不变，则符号“·”“×”的位置可以交换（注意优先计算叉积）。

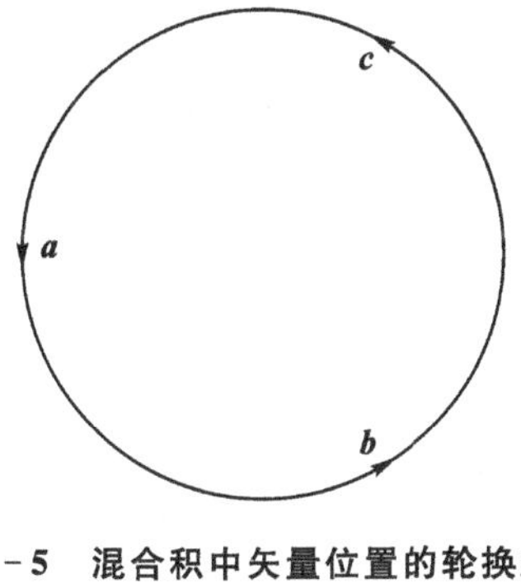

图 1-5　混合积中矢量位置的轮换规则

1.1.4 三个矢量的矢积

三个矢量的矢积运算后结果仍是矢量，其运算结果可以表示为

$$(\boldsymbol{a}\times\boldsymbol{b})\times\boldsymbol{c}=(\boldsymbol{a}\cdot\boldsymbol{c})\boldsymbol{b}-(\boldsymbol{b}\cdot\boldsymbol{c})\boldsymbol{a} \tag{1.1.9}$$

$$\boldsymbol{a}\times(\boldsymbol{b}\times\boldsymbol{c})=(\boldsymbol{a}\cdot\boldsymbol{c})\boldsymbol{b}-(\boldsymbol{a}\cdot\boldsymbol{b})\boldsymbol{c} \tag{1.1.10}$$

证明

$$\begin{aligned}(\boldsymbol{a}\times\boldsymbol{b})\times\boldsymbol{c}&=\begin{vmatrix}\boldsymbol{e}_1 & \boldsymbol{e}_2 & \boldsymbol{e}_3\\ a_1 & a_2 & a_3\\ b_1 & b_2 & b_3\end{vmatrix}\times\boldsymbol{c}=\begin{vmatrix}\boldsymbol{e}_1 & \boldsymbol{e}_2 & \boldsymbol{e}_3\\ a_2b_3-a_3b_2 & a_3b_1-a_1b_3 & a_1b_2-a_2b_1\\ c_1 & c_2 & c_3\end{vmatrix}\\
&=\boldsymbol{e}_1[(a_3b_1-a_1b_3)c_3-(a_1b_2-a_2b_1)c_2]+\\
&\quad\ \boldsymbol{e}_2[(a_1b_2-a_2b_1)c_1-(a_2b_3-a_3b_2)c_3]+\\
&\quad\ \boldsymbol{e}_3[(a_2b_3-a_3b_2)c_2-(a_3b_1-a_1b_3)c_1]\\
&=\boldsymbol{e}_1[(a_1b_1c_1+a_2b_1c_2+a_3b_1c_3)-(a_1b_1c_1+a_1b_2c_2+a_1b_3c_3)]+\\
&\quad\ \boldsymbol{e}_2[(a_1b_2c_1+a_2b_2c_2+a_3b_2c_3)-(a_2b_1c_1+a_2b_2c_2+a_2b_3c_3)]+\\
&\quad\ \boldsymbol{e}_3[(a_1b_3c_1+a_2b_3c_2+a_3b_3c_3)-(a_3b_1c_1+a_3b_2c_2+a_3b_3c_3)]\\
&=(\boldsymbol{a}\cdot\boldsymbol{c})\boldsymbol{b}-(\boldsymbol{b}\cdot\boldsymbol{c})\boldsymbol{a}\end{aligned}$$

同理可证

$$\boldsymbol{a}\times(\boldsymbol{b}\times\boldsymbol{c})=(\boldsymbol{a}\cdot\boldsymbol{c})\boldsymbol{b}-(\boldsymbol{a}\cdot\boldsymbol{b})\boldsymbol{c}$$

1.1.5 δ 符号

δ 符号(Kronecker delta symbol，克罗内克符号)定义为

$$\delta_{ij}=\begin{cases}0 & (i\neq j)\\ 1 & (i=j)\end{cases} \tag{1.1.11}$$

其中，i、j 为整数。

根据 δ 符号的定义，可得到以下特点。

(1)δ 符号的特点为

$$\delta_{ij}=\delta_{ji},\quad \delta_{ik}\delta_{kj}=\delta_{ij},\quad \sum_{i,j=1}^{3}\delta_{ij}=\sum_{i=1}^{3}\delta_{ii}=3$$

(2)两个基矢的标积可用 δ 符号表示为

$$\boldsymbol{e}_i\cdot\boldsymbol{e}_j=\delta_{ij},\quad \sum_{i,j=1}^{3}\boldsymbol{e}_i\cdot\boldsymbol{e}_j=\sum_{i,j=1}^{3}\delta_{ij}=3$$

(3)偏导数运算为

$$\frac{\partial x_i}{\partial x_j}=\delta_{ij}$$

(4)δ 符号与矢量分量的运算为

$$\sum_{j=1}^{3}A_j\delta_{ij}=\sum_{j=1}^{3}A_j\delta_{ji}=A_i$$

(5)矢量的标积可用 δ 符号表示为

$$\boldsymbol{a}\cdot\boldsymbol{b}=\sum_{i=1}^{3}a_i\boldsymbol{e}_i\cdot\sum_{j=1}^{3}b_j\boldsymbol{e}_j=\sum_{i,j=1}^{3}a_ib_j\delta_{ij}=\sum_{i}^{3}a_ib_i \tag{1.1.12}$$

1.1.6　ε 符号

ε 符号(Levi - Civita symbol,莱维-契维塔符号)是一个三阶完全反对称张量,其定义为

$$\varepsilon_{ijk}=\begin{cases}1 & [\text{当}(i,j,k)=(1,2,3),(2,3,1),(3,1,2)(\text{偶次置换})]\\-1 & [\text{当}(i,j,k)=(3,2,1),(2,1,3),(1,3,2)(\text{奇次置换})]\\0 & (\text{当 }i,j,k\text{ 中有两个或三个取值相同时})\end{cases} \tag{1.1.13}$$

根据 ε 符号的定义有以下特点。

(1)完全反对称性:任意交换两脚标时,ε_{ijk} 反号,即

$$\varepsilon_{123}=\varepsilon_{231}=\varepsilon_{312}=-\varepsilon_{213}=-\varepsilon_{132}=-\varepsilon_{321} \tag{1.1.14}$$

$$\varepsilon_{ijk}=-\varepsilon_{jik}=-\varepsilon_{ikj}=-\varepsilon_{kji} \tag{1.1.15}$$

(2)ε 符号分量:ε 具有 $3^3=27$ 个分量,其中有 6 个不为零的分量为

$$\varepsilon_{123}=\varepsilon_{231}=\varepsilon_{312}=1,\qquad \varepsilon_{213}=\varepsilon_{132}=\varepsilon_{321}=-1 \tag{1.1.16}$$

ε 符号的各个分量的和为零,即

$$\sum_{i,j,k=1}^{3}\varepsilon_{ijk}=0 \tag{1.1.17}$$

(3)δ 符号与 ε 符号的关系为

$$\sum_{k=1}^{3}\varepsilon_{ijk}\varepsilon_{lmk}=\delta_{il}\delta_{jm}-\delta_{im}\delta_{jl} \tag{1.1.18}$$

(4)用 ε 符号表示坐标基矢的矢积运算为

$$\boldsymbol{e}_i\times\boldsymbol{e}_j=\varepsilon_{ijk}\boldsymbol{e}_k \tag{1.1.19}$$

$$\sum_{i,j=1}^{3}\boldsymbol{e}_i\times\boldsymbol{e}_j=\boldsymbol{0} \tag{1.1.20}$$

(5)利用 ε 符号可表示矢量运算,如

$$\boldsymbol{a}\times\boldsymbol{b}=\sum_{i}^{3}a_i\boldsymbol{e}_i\times\sum_{j}^{3}b_j\boldsymbol{e}_j=\sum_{i,j=1}^{3}a_ib_j\boldsymbol{e}_i\times\boldsymbol{e}_j=\sum_{i,j,k}^{3}\varepsilon_{ijk}a_ib_j\boldsymbol{e}_k \tag{1.1.21}$$

$$\begin{aligned}\boldsymbol{a}\cdot(\boldsymbol{b}\times\boldsymbol{c})&=\sum_{i=1}^{3}a_i\boldsymbol{e}_i\cdot\sum_{j,k,l=1}^{3}\varepsilon_{jkl}b_jc_k\boldsymbol{e}_l=\sum_{i,j,k,l=1}^{3}\varepsilon_{jkl}a_ib_jc_k\boldsymbol{e}_i\cdot\boldsymbol{e}_l\\&=\sum_{i,j,k,l=1}^{3}\varepsilon_{jkl}a_ib_jc_k\delta_{il}=\sum_{i,j,k=1}^{3}\varepsilon_{ijk}a_ib_jc_k\end{aligned} \tag{1.1.22}$$

$$\begin{aligned}\boldsymbol{a}\times(\boldsymbol{b}\times\boldsymbol{c})&=\sum_{i=1}^{3}a_i\boldsymbol{e}_i\times\sum_{j,k,l=1}^{3}\varepsilon_{jkl}b_jc_k\boldsymbol{e}_l=\sum_{i,j,k,l=1}^{3}\varepsilon_{jkl}a_ib_jc_k\boldsymbol{e}_i\times\boldsymbol{e}_l\\&=\sum_{i,j,k,l,m=1}^{3}a_ib_jc_k\varepsilon_{jkl}\varepsilon_{ilm}\boldsymbol{e}_m=\sum_{i,j,k,l,m=1}^{3}(-a_ib_jc_k\varepsilon_{iml}\varepsilon_{jkl})\boldsymbol{e}_m\\&=\sum_{i,j,k,m=1}^{3}[-a_ib_jc_k(\delta_{ij}\delta_{mk}-\delta_{ik}\delta_{mj})]\boldsymbol{e}_m\end{aligned}$$

$$= \sum_{i,k=1}^{3}(-a_i b_i c_k)\boldsymbol{e}_k + \sum_{i,j=1}^{3} a_i b_j c_i \boldsymbol{e}_j$$

$$= (\boldsymbol{a}\cdot\boldsymbol{c})\boldsymbol{b} - (\boldsymbol{a}\cdot\boldsymbol{b})\boldsymbol{c} \tag{1.1.23}$$

1.1.7 张量及张量运算

相对性原理认为，物理规律不应该随着参考系的变化而变化。也就是说，描述物理规律的数学方程，在不同参考系下的形式是相同的，这称为**物理规律的协变性**。采用张量来描述物理量，更能看清楚物理量坐标变换的一致性和物理规律的协变性。在数学中张量的定义同坐标变换密不可分，因此先从坐标变换开始介绍。

1. 坐标变换

本节不考虑坐标平移变换，仅考虑坐标原点不变的变换，包括转动变换、镜面反射和反演。

1）转动变换

设变换前后坐标基矢分别为 $\boldsymbol{e}_i$、$\boldsymbol{e}'_j$，其中 $i,j=1,2,3$。设坐标系绕 z 轴沿逆时针转动 θ 角度，则变换后与变换前坐标基矢之间、矢量分量之间的具体变换关系可分别采用矩阵形式表示为

$$\begin{pmatrix} \boldsymbol{e}'_1 \\ \boldsymbol{e}'_2 \\ \boldsymbol{e}'_3 \end{pmatrix} = \begin{pmatrix} \cos\theta & \sin\theta & 0 \\ -\sin\theta & \cos\theta & 0 \\ 0 & 0 & 1 \end{pmatrix} \begin{pmatrix} \boldsymbol{e}_1 \\ \boldsymbol{e}_2 \\ \boldsymbol{e}_3 \end{pmatrix} \tag{1.1.24}$$

$$\begin{pmatrix} A'_1 \\ A'_2 \\ A'_3 \end{pmatrix} = \begin{pmatrix} \cos\theta & \sin\theta & 0 \\ -\sin\theta & \cos\theta & 0 \\ 0 & 0 & 1 \end{pmatrix} \begin{pmatrix} A_1 \\ A_2 \\ A_3 \end{pmatrix} \tag{1.1.25}$$

可见，矢量分量的变换关系和坐标基矢的变换关系完全相同。一般地，坐标变换都可以采用如上的矩阵形式，其分量简单记作

$$\boldsymbol{e}'_i = \sum_{j=1}^{3} a_{ij}\boldsymbol{e}_j, \quad \boldsymbol{A}'_i = \sum_{j=1}^{3} a_{ij}\boldsymbol{A}_j \tag{1.1.26}$$

其中，a_{ij} 为上述变换矩阵中第 i 行、第 j 列的元素，并且 a_{ij} 元素的数值是坐标基矢 $\boldsymbol{e}'_i$ 与 $\boldsymbol{e}_j$ 夹角的余弦值，例如

$$\boldsymbol{e}'_i\cdot\boldsymbol{e}_j = \sum_{l=1}^{3} a_{il}\boldsymbol{e}_l\cdot\boldsymbol{e}_j = \sum_{l=1}^{3} a_{il}\delta_{jl} = a_{ij}, \quad \boldsymbol{e}_i\cdot\boldsymbol{e}'_j = \boldsymbol{e}_i\cdot\sum_{l=1}^{3} a_{jl}\boldsymbol{e}_l = \sum_{l=1}^{3} a_{jl}\delta_{il} = a_{ji},$$

$$\boldsymbol{e}'_i\cdot\boldsymbol{e}_i = a_{ii}$$

坐标变换中，三个坐标基矢作为整体围绕坐标原点一起转动，因此坐标系的类型不变，即右手坐标系转动后依然是右手坐标系，左手坐标系转动后依然是左手坐标系。

2）镜面反射

不失一般性，设反射镜面为 Oxy 平面，于是基矢的变换关系为

$$\boldsymbol{e}'_1 = \boldsymbol{e}_1, \quad \boldsymbol{e}'_2 = \boldsymbol{e}_2, \quad \boldsymbol{e}'_3 = -\boldsymbol{e}_3 \tag{1.1.27}$$

镜面反射的变换矩阵为

$$\begin{bmatrix} 1 & 0 & 0 \\ 0 & 1 & 0 \\ 0 & 0 & -1 \end{bmatrix}$$

由上可知,镜面反射前后的坐标系由右手坐标系变换成了左手坐标系。

3)反演

反演变换下,三个基矢同时反向,即

$$\boldsymbol{e}_1' = -\boldsymbol{e}_1, \quad \boldsymbol{e}_2' = -\boldsymbol{e}_2, \quad \boldsymbol{e}_3' = -\boldsymbol{e}_3 \tag{1.1.28}$$

反演的变换矩阵为

$$\begin{bmatrix} -1 & 0 & 0 \\ 0 & -1 & 0 \\ 0 & 0 & -1 \end{bmatrix}$$

可见,反演变换前后的坐标系类型也发生了改变,由右手坐标系变换成了左手坐标系。

2. 赝矢量与赝标量

右手坐标系中任意两矢量 $\boldsymbol{a}$ 和 $\boldsymbol{b}$,其叉积 $\boldsymbol{a}\times\boldsymbol{b}$ 与 $\boldsymbol{a}$ 和 $\boldsymbol{b}$ 三者构成右手螺旋关系,这种右手螺旋关系在坐标转动变换后依然成立。但是,在坐标反演变换后,$\boldsymbol{a}\times\boldsymbol{b}$ 与 $\boldsymbol{a}$ 和 $\boldsymbol{b}$ 三者却构成了左手螺旋关系,这种反演后改变方向的矢量称为**赝矢量**。赝矢量包括两真矢量的叉积、角速度、角动量等。由于转动变换不改变坐标系类型,在转动变换中赝矢量与真矢量没有区别。

两个真矢量 $\boldsymbol{a}$ 和 $\boldsymbol{b}$ 的点积 $\boldsymbol{a}\cdot\boldsymbol{b}$ 的正负号在转动变换和反演后都不变,这样的点积称为标量。如果一个矢量为真矢量,另一个矢量为赝矢量,则两者的点积在反演时要变号,此时的点积称为**赝标量**,如三个真矢量构成的混合积 $\boldsymbol{a}\cdot(\boldsymbol{b}\times\boldsymbol{c})$ 为赝标量。同样地,转动变换中赝标量与标量没有区别。

3. 矢量变换

对于转动变换,任意矢量 $\boldsymbol{b}$ 在变换前后应保持不变,即 $\boldsymbol{b}'=\boldsymbol{b}$,用基矢展开后有

$$\sum_{i=1}^{3} b_i \boldsymbol{e}_i = \sum_{i=1}^{3} b_i' \boldsymbol{e}_i' \tag{1.1.29}$$

两边同时点乘 $\boldsymbol{e}_i'$,可求得

$$b_i' = \sum_{j=1}^{3} b_j' \boldsymbol{e}_j' \cdot \boldsymbol{e}_i' = \sum_{j=1}^{3} b_j \boldsymbol{e}_j \cdot \boldsymbol{e}_i' = \sum_{j=1}^{3} a_{ij} b_j \tag{1.1.30}$$

可见,在转动变换中矢量的变换规律与基矢相同。

对于坐标反演变换,真矢量变换前后不变号,而赝矢量要变号。于是真矢量变换关系可表示为

$$b_i' = \sum_{i=1}^{3} a_{ij} b_j \tag{1.1.31}$$

赝矢量变换关系可表示为

$$b'_i = -\sum_{i=1}^{3} a_{ij} b_j \tag{1.1.32}$$

可见，赝矢量的坐标转动变换和基矢变换规律相同，而其坐标反演和基矢变换规律相反。

4. 正交变换

在转动变换、镜面反射和反演这三种坐标变换下，矢量的长短不变，任意矢量之间的夹角也不变，即保持任意两个矢量的标积不变，这种变换称为**正交变换**。

对任意两个矢量 $\boldsymbol{x}$、$\boldsymbol{y}$，经坐标变换后为 $\boldsymbol{x}'$、$\boldsymbol{y}'$，根据 $\boldsymbol{x}' \cdot \boldsymbol{y}' = \boldsymbol{x} \cdot \boldsymbol{y}$，可得

$$\sum_{i=1}^{3} x'_i x'_i = \sum_{i=1}^{3} \left(\sum_{j=1}^{3} a_{ij} x_j \sum_{k=1}^{3} a_{ik} x_k \right) = \sum_{i=1}^{3} \sum_{j=1}^{3} \sum_{k=1}^{3} a_{ij} a_{ik} x_j x_k = \sum_{j=1}^{3} x_j x_j \tag{1.1.33}$$

可见，正交变换满足

$$\sum_{i=1}^{3} a_{ij} a_{ik} = \delta_{jk}$$

进一步根据正交变换 $x'_i = \sum\limits_{j=1}^{3} a_{ij} x_j$，可得

$$\sum_{i=1}^{3} a_{il} x'_i = \sum_{i=1}^{3} \left(\sum_{j=1}^{3} a_{ij} a_{il} x_j \right) = \sum_{j=1}^{3} \delta_{jl} x_j = x_l$$

或者

$$x_j = \sum_{i=1}^{3} a_{ij} x'_i$$

坐标变换的变换系数采用矩阵形式表示为

$$[a_{ij}] = \begin{bmatrix} a_{11} & a_{12} & a_{13} \\ a_{21} & a_{22} & a_{23} \\ a_{31} & a_{32} & a_{33} \end{bmatrix} \tag{1.1.34}$$

转置矩阵 $\tilde{\boldsymbol{a}}$ 定义为 $\tilde{a}_{ij} = a_{ji}$，正交条件采用矩阵形式可表示为

$$\tilde{\boldsymbol{a}} \boldsymbol{a} = \boldsymbol{a} \tilde{\boldsymbol{a}} = \boldsymbol{I} \tag{1.1.35}$$

其中，$\boldsymbol{I}$ 为单位矩阵。

5. 张量变换

假设在均匀各项异性的线性介质中施加电场作用，该介质会发生极化。一般情况下，极化强度分量 P_i 与电场强度的每一个分量 E_j 都有关，因此极化矢量 $\boldsymbol{P}$ 和电场强度矢量 $\boldsymbol{E}$ 之间的关系可表述为

$$\begin{cases} P_1 = \alpha_{11} E_1 + \alpha_{12} E_2 + \alpha_{13} E_3 \\ P_2 = \alpha_{21} E_1 + \alpha_{22} E_2 + \alpha_{23} E_3 \\ P_3 = \alpha_{31} E_1 + \alpha_{32} E_2 + \alpha_{33} E_3 \end{cases} \tag{1.1.36}$$

也可用矩阵表示为

$$\begin{bmatrix} P_1 \\ P_2 \\ P_3 \end{bmatrix} = \begin{bmatrix} \alpha_{11} & \alpha_{12} & \alpha_{13} \\ \alpha_{21} & \alpha_{22} & \alpha_{23} \\ \alpha_{31} & \alpha_{32} & \alpha_{33} \end{bmatrix} \begin{bmatrix} E_1 \\ E_2 \\ E_3 \end{bmatrix}$$

可简单记作

$$P_i = \sum_{j=1}^{3} \alpha_{ij} E_j \quad (i,j = 1,2,3)$$

或

$$\boldsymbol{P} = \boldsymbol{\alpha} \boldsymbol{E}$$

可见，两个矢量之间的关系要用包含 3^2 个分量的物理量 $\boldsymbol{\alpha}$ 描述，$\boldsymbol{\alpha}$ 称为**张量**。

张量的分量个数可用张量的阶来描述。对于 m 维空间，零阶张量的分量个数为 $m^0 = 1$ 个，一阶张量的分量个数为 $m^1 = m$ 个，n 阶张量的分量个数为 m^n 个。在通常的三维空间中，标量、矢量分别是零阶张量、一阶张量。

事实上，从变换的规律来定义张量更加直接。若物理量 $\boldsymbol{x}$ 仅有 3 个分量，且各分量的变换规律与基矢相同，即

$$x_i' = \sum_{j=1}^{3} a_{ij} x_j \tag{1.1.37}$$

则这样的物理量称为**一阶张量**或**一阶矢量**；如果按照如下表达式进行转动变换或坐标反演

$$x_i' = -\sum_{j=1}^{3} a_{ij} x_j \tag{1.1.38}$$

则称为**一阶赝张量**。可见，真矢量为一阶张量。

若物理量有 3^2 个分量，需要用两个独立下标表示，且每个下标分别独立地按照基矢的变换规律进行变换，即

$$\alpha_{i'j'} = \sum_{i=1}^{3} \sum_{j=1}^{3} a_{ik} a_{jl} \alpha_{kl}$$

则这由 9 个数构成的物理量称为**二阶张量**。

如果每个下标都独立地按照基矢变换规律变化后还要变号，则这由 9 个数构成的物理量称为**二阶赝张量**。由 3 个基矢两两组合，恰好可以构成 9 个单位基矢，称为**二阶张量基矢**，因此二阶张量可表示为

$$\alpha_{i'j'} = \sum_{i,j=1}^{3} a_{ij} \boldsymbol{e}_i \boldsymbol{e}_j \tag{1.1.39}$$

其中，$\boldsymbol{e}_i \boldsymbol{e}_j$ 为两个基矢并列放置但不进行任何运算，故二阶张量又称为**并矢**。

同理，高阶张量可定义为：具有 3^n 个分量，每个下标独立地按照坐标基矢变换的规律进行变换，即

$$\alpha_{i_1' i_2' \cdots i_n'} = \sum_{i_1 i_2 \cdots i_n}^{3} a_{i_1' i_1} a_{i_2' i_2} \cdots a_{i_n' i_n} \alpha_{i_1 i_2 \cdots i_n} \tag{1.1.40}$$

这样的物理量称为 ***n* 阶张量**。

若坐标反演时差一个符号，即

$$\alpha_{i_1' i_2' \cdots i_n'} = -\sum_{i_1 i_2 \cdots i_n}^{3} a_{i_1' i_1} a_{i_2' i_2} \cdots a_{i_n' i_n} \alpha_{i_1 i_2 \cdots i_n} \tag{1.1.41}$$

这样的物理量称为 ***n* 阶赝张量**。

6. 张量运算

(1)二阶张量(并矢)：

$$\boldsymbol{T}=\sum_{i,j=1}^{3}T_{ij}\boldsymbol{e}_i\boldsymbol{e}_j \tag{1.1.42}$$

$$\boldsymbol{I}=\sum_{i,j=1}^{3}\delta_{ij}\boldsymbol{e}_i\boldsymbol{e}_j=\sum_{i=1}^{3}\boldsymbol{e}_i\boldsymbol{e}_i \tag{1.1.43}$$

$$\boldsymbol{I}\cdot\boldsymbol{A}=\sum_{i=1}^{3}\boldsymbol{e}_i\boldsymbol{e}_i\cdot\sum_{j=1}^{3}A_j\boldsymbol{e}_j=\sum_{i,j=1}^{3}\boldsymbol{e}_i(\boldsymbol{e}_i\cdot A_j\boldsymbol{e}_j)=\sum_{i,j=1}^{3}A_j\boldsymbol{e}_i\delta_{ij}=\sum_{i=1}^{3}A_i\boldsymbol{e}_i=\boldsymbol{A} \tag{1.1.44}$$

$$\boldsymbol{I}\cdot\boldsymbol{A}=\boldsymbol{A}\cdot\boldsymbol{I}=\boldsymbol{A} \tag{1.1.45}$$

$$\boldsymbol{S}+\boldsymbol{T}=\sum_{i,j=1}^{3}S_{ij}\boldsymbol{e}_i\boldsymbol{e}_j\pm\sum_{i,j=1}^{3}T_{ij}\boldsymbol{e}_i\boldsymbol{e}_j=\sum_{i,j=1}^{3}(S_{ij}\pm T_{ij})\boldsymbol{e}_i\boldsymbol{e}_j \tag{1.1.46}$$

$$\begin{cases}\boldsymbol{T}\cdot\boldsymbol{A}=\left(\sum\limits_{i,j=1}^{3}T_{ij}\boldsymbol{e}_i\boldsymbol{e}_j\right)\cdot\left(\sum\limits_{k=1}^{3}A_k\boldsymbol{e}_k\right)=\sum\limits_{i,j,k=1}^{3}T_{ij}A_k\boldsymbol{e}_i(\boldsymbol{e}_j\cdot\boldsymbol{e}_k)=\sum\limits_{i,j=1}^{3}T_{ij}A_j\boldsymbol{e}_i\\ \boldsymbol{A}\cdot\boldsymbol{T}=\left(\sum\limits_{k=1}^{3}A_k\boldsymbol{e}_k\right)\cdot\left(\sum\limits_{i,j=1}^{3}T_{ij}\boldsymbol{e}_i\boldsymbol{e}_j\right)=\sum\limits_{i,j,k=1}^{3}T_{ij}A_k(\boldsymbol{e}_k\cdot\boldsymbol{e}_i)\boldsymbol{e}_j=\sum\limits_{i,j=1}^{3}T_{ij}A_i\boldsymbol{e}_j\\ \boldsymbol{T}\times\boldsymbol{A}=\left(\sum\limits_{ij=1}^{3}T_{ij}\boldsymbol{e}_i\boldsymbol{e}_j\right)\times\left(\sum\limits_{k=1}^{3}A_k\boldsymbol{e}_k\right)=\sum\limits_{i,j,k=1}^{3}T_{ij}A_k\boldsymbol{e}_i(\boldsymbol{e}_j\times\boldsymbol{e}_k)=\sum\limits_{i,j,k,l=1}^{3}T_{ij}A_k\varepsilon_{jkl}\boldsymbol{e}_i\boldsymbol{e}_l\\ \boldsymbol{A}\times\boldsymbol{T}=\left(\sum\limits_{k=1}^{3}A_k\boldsymbol{e}_k\right)\times\left(\sum\limits_{i,j=1}^{3}T_{ij}\boldsymbol{e}_i\boldsymbol{e}_j\right)=\sum\limits_{i,j,k=1}^{3}T_{ij}A_k(\boldsymbol{e}_k\times\boldsymbol{e}_i)\boldsymbol{e}_j=\sum\limits_{i,j,k,l=1}^{3}T_{ij}A_k\varepsilon_{kil}\boldsymbol{e}_l\boldsymbol{e}_j\end{cases} \tag{1.1.47}$$

(2) n 阶张量：

$$\sum_{i_1,i_2,\cdots,i_n=1}^{3}T_{i_1i_2\cdots i_n}\boldsymbol{e}_{i_1}\boldsymbol{e}_{i_2}\cdots\boldsymbol{e}_{i_n} \tag{1.1.48}$$

$$c_{i_1i_2\cdots i_n}=a_{i_1i_2\cdots i_n}+b_{i_1i_2\cdots i_n} \tag{1.1.49}$$

$$c_{i_1i_2\cdots i_{m+n}}=a_{i_1i_2\cdots i_m}b_{i_{m+1}i_{m+2}\cdots i_{m+n}} \tag{1.1.50}$$

1.2 ∇算符及其运算

1.2.1 ∇算符

在直角坐标系的三维空间中可以分别对三个坐标进行微商，即

$$\partial_1=\frac{\partial}{\partial x_1},\quad \partial_2=\frac{\partial}{\partial x_2},\quad \partial_3=\frac{\partial}{\partial x_3}$$

或统一记作

$$\partial_i=\frac{\partial}{\partial x_i}$$

∇算符的定义为

$$\nabla = \boldsymbol{e}_1 \frac{\partial}{\partial x} + \boldsymbol{e}_2 \frac{\partial}{\partial y} + \boldsymbol{e}_3 \frac{\partial}{\partial z} = \sum_i \boldsymbol{e}_i \partial_i \tag{1.2.1}$$

根据∇算符的定义则有

$$\nabla \cdot \nabla \equiv \nabla^2 = \sum_{i=1}^{3} (\boldsymbol{e}_i \partial_i) \cdot (\boldsymbol{e}_j \partial_j) = \sum_{i=1}^{3} \partial_i \partial_i = \frac{\partial}{\partial x^2} + \frac{\partial}{\partial y^2} + \frac{\partial}{\partial z^2} \tag{1.2.2}$$

$$\nabla \times \nabla = \sum_i^3 \boldsymbol{e}_i \partial_i \times \sum_j^3 \boldsymbol{e}_j \partial_j = \sum_{i,j=1}^{3} \varepsilon_{ijk} \boldsymbol{e}_k \partial_i \partial_j = \boldsymbol{0} \tag{1.2.3}$$

注意:只有在直角坐标系中,微分算符才与基矢对应。∇算符既有微分属性,又有矢量属性,且微分属性是第一位的。在含有∇算符的方程两边,必须使∇算符的微分属性和矢量属性同时得以满足。

梯度的推导与图像理解

1.2.2　标量场的梯度

标量场 φ 的梯度是一个矢量,其在直角坐标系下的计算公式为

$$\nabla \varphi = \sum_{i=1}^{3} \boldsymbol{e}_i \partial_i \varphi = \boldsymbol{e}_1 \frac{\partial \varphi}{\partial x} + \boldsymbol{e}_2 \frac{\partial \varphi}{\partial y} + \boldsymbol{e}_3 \frac{\partial \varphi}{\partial z} \tag{1.2.4}$$

其中,$\varphi(x,y,z)$为三维标量函数。

如图 1-6 所示,计算该矢量沿着路径 A 到 B 的线积分为

$$\begin{aligned} \int_A^B \mathrm{d}\boldsymbol{l} \cdot \nabla \varphi &= \int_A^B \sum_{i,j=1}^{3} \boldsymbol{e}_i \mathrm{d}x_i \cdot \boldsymbol{e}_j \partial_j \varphi = \sum_{i,j=1}^{3} \int_A^B \delta_{ij} \mathrm{d}x_i \partial_j \varphi \\ &= \sum_{i=1}^{3} \int_A^B \mathrm{d}x_i \partial_i \varphi = \int_A^B \mathrm{d}\varphi = \varphi_B - \varphi_A \end{aligned} \tag{1.2.5}$$

即

$$\Delta \boldsymbol{l} \cdot \nabla \varphi = \varphi_B - \varphi_A$$

或者

$$|\nabla \varphi| \cos\theta = \frac{\varphi_B - \varphi_A}{|\Delta \boldsymbol{l}|}$$

其中,$\dfrac{\varphi_B - \varphi_A}{|\Delta \boldsymbol{l}|} = \dfrac{\Delta \varphi}{|\Delta \boldsymbol{l}|}$,为方向导数,即沿着 $\boldsymbol{l}$ 方向的变化率。可见,某一位置$\nabla \varphi$ 的大小是此位置方向导数的最大值。$\nabla \varphi$ 的方向为函数变化最快的方向,即等值面的法线方向。

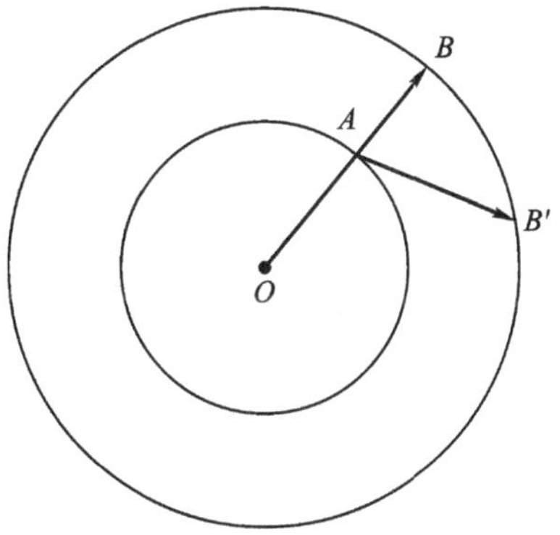

图 1-6　梯度的路径积分

1.2.3 矢量场的散度

矢量 $\boldsymbol{A}$ 的散度是一标量,在直角坐标系下的表达式为

$$\begin{aligned}\nabla\cdot\boldsymbol{A}&=\left(\sum_{i=1}^{3}\boldsymbol{e}_i\partial_i\right)\cdot\left(\sum_{j=1}^{3}A_j\boldsymbol{e}_j\right)=\sum_{i,j=1}^{3}\boldsymbol{e}_i\cdot\boldsymbol{e}_j\partial_iA_j\\&=\sum_{i=1}^{3}\partial_iA_i=\frac{\partial A_1}{\partial x}+\frac{\partial A_2}{\partial y}+\frac{\partial A_3}{\partial z}\end{aligned}\tag{1.2.6}$$

可以将矢量场 $\boldsymbol{A}$ 的散度理解为无限小单位体积内矢量场的通量,取小体积元 ΔV,则 ΔV 内各点的散度 $\nabla\cdot\boldsymbol{A}$ 可表示成

$$\nabla\cdot\boldsymbol{A}=\lim_{\Delta V\to 0}\frac{\oiint_S\boldsymbol{A}\cdot\mathrm{d}\boldsymbol{S}}{\Delta V}\tag{1.2.7}$$

散度在数学上代表场中某一点的发散情况,在物理上代表单位体积的通量。$\nabla\cdot\boldsymbol{A}=0$ 代表此处是无源的,$\nabla\cdot\boldsymbol{A}>0$ 代表存在正源,$\nabla\cdot\boldsymbol{A}<0$ 代表存在负源。注意:散度作用于矢量,但其结果为标量。

散度满足高斯定理:

$$\oiint_S\boldsymbol{A}\cdot\mathrm{d}\boldsymbol{S}=\iiint_V(\nabla\cdot\boldsymbol{A})\mathrm{d}V\tag{1.2.8}$$

证明 将矢量 $\boldsymbol{A}$ 沿着图 1-7 所示的闭合曲面进行面积分为

$$\oint_S\boldsymbol{A}\cdot\mathrm{d}\boldsymbol{S}=\iint_{LR}\boldsymbol{A}\cdot\mathrm{d}\boldsymbol{S}+\iint_{UD}\boldsymbol{A}\cdot\mathrm{d}\boldsymbol{S}+\iint_{FB}\boldsymbol{A}\cdot\mathrm{d}\boldsymbol{S}$$

$$\iint_{LR}\boldsymbol{A}\cdot\mathrm{d}\boldsymbol{S}=(A_{yR}-A_{yL})\mathrm{d}x\mathrm{d}z=\frac{\partial A_y}{\partial y}\mathrm{d}x\mathrm{d}y\mathrm{d}z=\frac{\partial A_y}{\partial y}\mathrm{d}V$$

其中,L、R、U、D、F、B 分别代表形成闭合曲面的左、右、上、下、前、后侧面。同理

$$\iint_{UD}\boldsymbol{A}\cdot\mathrm{d}\boldsymbol{S}=\frac{\partial A_z}{\partial z}\mathrm{d}V,\qquad\iint_{FB}\boldsymbol{A}\cdot\mathrm{d}\boldsymbol{S}=\frac{\partial A_x}{\partial x}\mathrm{d}V$$

于是

$$\oiint_S\boldsymbol{A}\cdot\mathrm{d}\boldsymbol{S}=\left(\frac{\partial A_x}{\partial x}+\frac{\partial A_y}{\partial y}+\frac{\partial A_z}{\partial z}\right)\mathrm{d}V=(\nabla\cdot\boldsymbol{A})\mathrm{d}V$$

无限小体积叠加后即可得证。

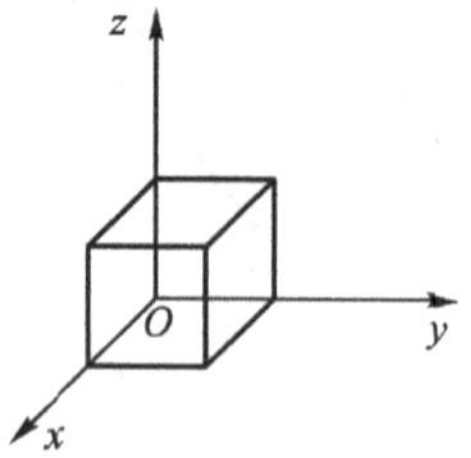

图 1-7 高斯定理的证明

高斯定理可记作更普遍的形式:

$$\iiint_V \mathrm{d}V\,\nabla = \oint_V \mathrm{d}\boldsymbol{S}$$

普遍形式对应三种情况：

$$\int_V \mathrm{d}V\,\nabla\varphi = \oint_V \mathrm{d}\boldsymbol{S}\varphi \tag{1.2.9}$$

$$\int_V \mathrm{d}V\,\nabla\cdot\boldsymbol{A} = \oint_V \mathrm{d}\boldsymbol{S}\cdot\boldsymbol{A} \tag{1.2.10}$$

$$\int_V \mathrm{d}V\,\nabla\times\boldsymbol{A} = \oint_V \mathrm{d}\boldsymbol{S}\times\boldsymbol{A} \tag{1.2.11}$$

1.2.4　矢量场的旋度

散度与旋度的电磁场图像理解

矢量场的旋度是一个矢量，在直角坐标系下表达式为

$$\begin{aligned}\nabla\times\boldsymbol{A} &= \Big(\sum_{i=1}^{3}\boldsymbol{e}_i\partial_i\Big)\times\Big(\sum_{i=1}^{3}A_j\boldsymbol{e}_j\Big) = \sum_{i=1}^{3}\boldsymbol{e}_i\times\boldsymbol{e}_j\partial_iA_j = \sum_{i=1}^{3}\varepsilon_{ijk}\boldsymbol{e}_k(\partial_iA_j)\\ &= \boldsymbol{e}_3\left(\frac{\partial A_2}{\partial x}-\frac{\partial A_1}{\partial y}\right)+\boldsymbol{e}_2\left(\frac{\partial A_1}{\partial z}-\frac{\partial A_3}{\partial x}\right)+\boldsymbol{e}_1\left(\frac{\partial A_3}{\partial y}-\frac{\partial A_2}{\partial z}\right)\end{aligned} \tag{1.2.12}$$

矢量场 $\boldsymbol{A}$ 的旋度可以理解为，令闭合曲线 l 围着的曲面为 ΔS，当 $\Delta S\to 0$ 时，单位面积内 $\boldsymbol{A}$ 对 $\boldsymbol{l}$ 的环量称为 $\boldsymbol{A}$ 的旋度沿曲面法线的投影。

$$\lim_{\Delta S\to 0}(\nabla\times\boldsymbol{A})\cdot\Delta\boldsymbol{S} = \oint_{\Delta S}\boldsymbol{A}\cdot\mathrm{d}\boldsymbol{l} \Rightarrow |\nabla\times\boldsymbol{A}|\cos\theta = \lim_{\Delta S\to 0}\frac{\oint_{\Delta S}\boldsymbol{A}\cdot\mathrm{d}\boldsymbol{l}}{\Delta S} \tag{1.2.13}$$

如图 1－8 所示，在数学上表示矢量场中某一点的螺旋性，物理上旋度沿着面元法线方向的投影是单位面积的环量值，方向是取最大环量时曲面的法线方向。$\nabla\times\boldsymbol{A}=\boldsymbol{0}$，无净环量，即矢量场为无旋场；$\nabla\times\boldsymbol{A}\neq\boldsymbol{0}$，有净环量，即矢量场为有旋场。旋度作用于矢量时，其结果也是矢量。

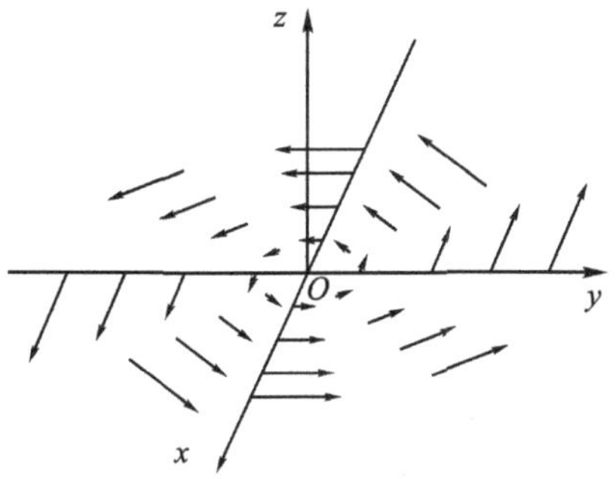

图 1－8　矢量场的旋度

旋度满足旋度定理：

$$\oint_L \boldsymbol{A}\cdot\mathrm{d}\boldsymbol{l} = \iint_S(\nabla\times\boldsymbol{A})\cdot\mathrm{d}\boldsymbol{S} \tag{1.2.14}$$

证明　矢量 $\boldsymbol{A}$ 沿着图 1－9 所示的路径积分为

$$\oint_L \boldsymbol{A}\cdot\mathrm{d}\boldsymbol{l} = \int_a \boldsymbol{A}\cdot\mathrm{d}\boldsymbol{l} + \int_b \boldsymbol{A}\cdot\mathrm{d}\boldsymbol{l} + \int_c \boldsymbol{A}\cdot\mathrm{d}\boldsymbol{l} + \int_d \boldsymbol{A}\cdot\mathrm{d}\boldsymbol{l}$$

$$\int_b \boldsymbol{A}\cdot \mathrm{d}\boldsymbol{l}+\int_d \boldsymbol{A}\cdot \mathrm{d}\boldsymbol{l}=\int_b A_y\mathrm{d}y-\int_d A_y\mathrm{d}y=\left(-\frac{\partial A_y}{\partial z}\mathrm{d}z\right)\mathrm{d}y=-\frac{\partial A_y}{\partial z}\mathrm{d}y\mathrm{d}z$$

同理

$$\int_a \boldsymbol{A}\cdot \mathrm{d}\boldsymbol{l}+\int_c \boldsymbol{A}\cdot \mathrm{d}\boldsymbol{l}=-\frac{\partial A_z}{\partial y}\mathrm{d}y\mathrm{d}z$$

$$\oint_L \boldsymbol{A}\cdot \mathrm{d}\boldsymbol{l}=\left(\frac{\partial A_z}{\partial y}-\frac{\partial A_y}{\partial z}\right)\mathrm{d}y\mathrm{d}z=\nabla\times\boldsymbol{A}\cdot \mathrm{d}\boldsymbol{S}$$

无限小面积叠加，即得证。

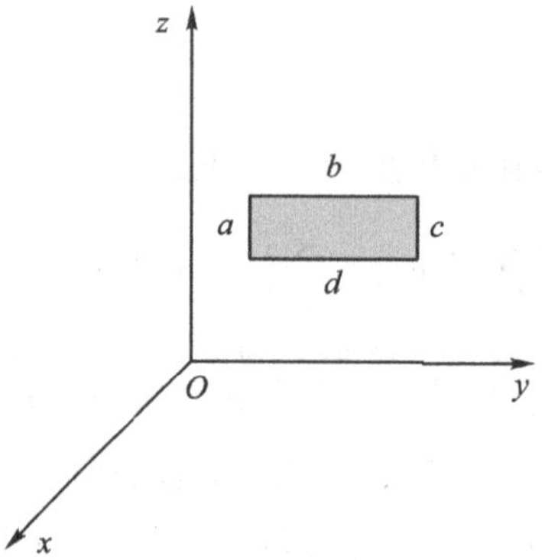

图 1-9 旋度定理的证明

旋度定理也可以记作更普遍的形式：

$$\iint_S \mathrm{d}\boldsymbol{S}\times\nabla=\oint_L \mathrm{d}\boldsymbol{l}$$

普遍形式对应三种情况：

$$\iint_S \mathrm{d}\boldsymbol{S}\times\nabla\varphi=\oint_L \mathrm{d}\boldsymbol{l}\varphi \tag{1.2.15}$$

$$\iint_S \mathrm{d}\boldsymbol{S}\times(\nabla\cdot\boldsymbol{A})=\oint_L \mathrm{d}\boldsymbol{l}\cdot\boldsymbol{A} \tag{1.2.16}$$

$$\iint_S \mathrm{d}\boldsymbol{S}\times(\nabla\times\boldsymbol{A})=\oint_L \mathrm{d}\boldsymbol{l}\times\boldsymbol{A} \tag{1.2.17}$$

1.2.5 ∇算符的一般运算

采用 δ_{ij}、ε_{ijk} 函数以 $\sum$ 的形式表示矢量的点积和叉积是最常用的方法。不过，对于常见的简单情形，一般的计算思路为：先考虑∇算符的微分特性，然后再考虑∇算符的矢量性，合理处理矢量位置。

1. 一阶积运算

$$\nabla(\varphi u)=u\,\nabla\varphi+\varphi\,\nabla u \tag{1.2.18}$$

$$\nabla\cdot(\varphi\boldsymbol{f})=\nabla\varphi\cdot\boldsymbol{f}+\varphi\,\nabla\cdot\boldsymbol{f} \tag{1.2.19}$$

$$\nabla\times(\varphi\boldsymbol{f})=(\nabla\varphi)\times\boldsymbol{f}+\varphi\,\nabla\times\boldsymbol{f} \tag{1.2.20}$$

$$\begin{aligned}\nabla\cdot(\boldsymbol{f}\times\boldsymbol{g}) &= \nabla_f\cdot(\boldsymbol{f}\times\boldsymbol{g})+\nabla_g\cdot(\boldsymbol{f}\times\boldsymbol{g})\\ &= \nabla_f\cdot(\boldsymbol{f}\times\boldsymbol{g})-\nabla_g\cdot(\boldsymbol{g}\times\boldsymbol{f})\\ &= (\nabla\times\boldsymbol{f})\cdot\boldsymbol{g}-(\nabla\times\boldsymbol{g})\cdot\boldsymbol{f}\end{aligned} \tag{1.2.21}$$

$$\begin{aligned}\nabla\times(\boldsymbol{f}\times\boldsymbol{g}) &= \nabla_f\times(\boldsymbol{f}\times\boldsymbol{g})+\nabla_g\times(\boldsymbol{f}\times\boldsymbol{g})\\ &= (\boldsymbol{g}\cdot\nabla)\boldsymbol{f}-(\nabla\cdot\boldsymbol{f})\boldsymbol{g}+(\nabla\cdot\boldsymbol{g})\boldsymbol{f}-(\boldsymbol{f}\cdot\nabla)\boldsymbol{g}\end{aligned} \tag{1.2.22}$$

$$\begin{cases}\boldsymbol{f}\times(\nabla\times\boldsymbol{g})=\nabla_g(\boldsymbol{f}\cdot\boldsymbol{g})-(\boldsymbol{f}\cdot\nabla)\boldsymbol{g}\\ \boldsymbol{g}\times(\nabla\times\boldsymbol{f})=\nabla_f(\boldsymbol{f}\cdot\boldsymbol{g})-(\boldsymbol{g}\cdot\nabla)\boldsymbol{f}\\ \nabla(\boldsymbol{f}\cdot\boldsymbol{g})=\boldsymbol{f}\times(\nabla\times\boldsymbol{g})+\boldsymbol{g}\times(\nabla\times\boldsymbol{f})+(\boldsymbol{f}\cdot\nabla)\boldsymbol{g}+(\boldsymbol{g}\cdot\nabla)\boldsymbol{f}\end{cases} \tag{1.2.23}$$

或者

$$\begin{aligned}\nabla\cdot(\boldsymbol{f}\times\boldsymbol{g}) &= \sum_{i,j,k,l=1}^{3}\partial_i\boldsymbol{e}_i\cdot(f_jg_k\varepsilon_{jkl}\boldsymbol{e}_l)=\sum_{i,j,k,l=1}^{3}\boldsymbol{e}_i\cdot\boldsymbol{e}_l\varepsilon_{jkl}\partial_i(f_jg_k)\\ &= \sum_{i,j,k,l=1}^{3}\delta_{il}\varepsilon_{jkl}(g_k\partial_if_j+f_j\partial_ig_k)=\sum_{i,j,k=1}^{3}\varepsilon_{jki}(g_k\partial_if_j+f_j\partial_ig_k)\\ &= \sum_{i,j,k=1}^{3}(\varepsilon_{kij}g_k\partial_if_j-\varepsilon_{jik}f_j\partial_ig_k)=(\nabla\times\boldsymbol{f})\cdot\boldsymbol{g}-(\nabla\times\boldsymbol{g})\cdot\boldsymbol{f}\end{aligned} \tag{1.2.24}$$

$$\begin{aligned}\nabla\times(\boldsymbol{f}\times\boldsymbol{g}) &= \sum_{i,j,k,l=1}^{3}\partial_i\boldsymbol{e}_i\times(f_jg_k\varepsilon_{jkl}\boldsymbol{e}_l)\\ &= \sum_{i,j,k,l=1}^{3}\boldsymbol{e}_i\times\boldsymbol{e}_l\varepsilon_{jkl}\partial_i(f_jg_k)\\ &= \sum_{i,j,k,l,m=1}^{3}\varepsilon_{ilm}\boldsymbol{e}_m\varepsilon_{jkl}(g_k\partial_if_j+f_j\partial_ig_k)\\ &= \sum_{i,j,k,m=1}^{3}\boldsymbol{e}_m(-\delta_{ij}\delta_{mk}+\delta_{ik}\delta_{mj})(g_k\partial_if_j+f_j\partial_ig_k)\\ &= \sum_{i,j,k,m=1}^{3}\boldsymbol{e}_m(-\delta_{ij}\delta_{mk}g_k\partial_if_j-\delta_{ij}\delta_{mk}f_j\partial_ig_k+\delta_{ik}\delta_{mj}g_k\partial_if_j+\delta_{ik}\delta_{mj}f_j\partial_ig_k)\\ &= \sum_{i,j,k=1}^{3}\boldsymbol{e}_k(-g_k\partial_if_i-f_i\partial_ig_k)+\sum_{i,j,k=1}^{3}\boldsymbol{e}_j(g_i\partial_if_j+f_j\partial_ig_i)\\ &= -(\nabla\cdot\boldsymbol{f})\boldsymbol{g}-(\boldsymbol{f}\cdot\nabla)\boldsymbol{g}+(\boldsymbol{g}\cdot\nabla)\boldsymbol{f}+(\nabla\cdot\boldsymbol{g})\boldsymbol{f}\end{aligned} \tag{1.2.25}$$

$$\nabla\varphi(u)=\sum_{i=1}^{3}\boldsymbol{e}_i\partial_i\varphi(u)=\sum_{i=1}^{3}\boldsymbol{e}_i\frac{\partial\varphi}{\partial u}\partial_iu=\varphi'(u)\nabla u \tag{1.2.26}$$

$$\nabla\cdot\boldsymbol{f}(u)=\sum_{i=1}^{3}\partial_if_i(u)=\sum_{i=1}^{3}\frac{\partial f_i}{\partial u}\partial_iu=\boldsymbol{f}'(u)\cdot\nabla u \tag{1.2.27}$$

$$\begin{aligned}\nabla\times\boldsymbol{f}(u) &= \sum_{i=1}^{3}\boldsymbol{e}_i\partial_i\times\sum_{j=1}^{3}\boldsymbol{e}_jf_j(u)=\sum_{i,j,k=1}^{3}\varepsilon_{ijk}\boldsymbol{e}_k\partial_if_j(u)\\ &= \sum_{i,j,k=1}^{3}\varepsilon_{ijk}\boldsymbol{e}_k\frac{\partial f_j}{\partial u}\partial_iu=\nabla u\times\boldsymbol{f}'(u)\end{aligned} \tag{1.2.28}$$

2. 二阶积运算

$$\nabla\cdot\nabla\varphi=\nabla^2\varphi=\frac{\partial}{\partial x}\left(\frac{\partial\varphi}{\partial x}\right)+\frac{\partial}{\partial y}\left(\frac{\partial\varphi}{\partial y}\right)+\frac{\partial}{\partial z}\left(\frac{\partial\varphi}{\partial z}\right)$$

$$= \left(\frac{\partial^2}{\partial x^2} + \frac{\partial^2}{\partial y^2} + \frac{\partial^2}{\partial z^2}\right)\varphi \tag{1.2.29}$$

则梯度的旋度必为 0：

$$\nabla \times \nabla\varphi \equiv \mathbf{0} \tag{1.2.30}$$

$$(\nabla \times \nabla\varphi)_x = \frac{\partial}{\partial y}\left(\frac{\partial\varphi}{\partial z}\right) - \frac{\partial}{\partial z}\left(\frac{\partial\varphi}{\partial y}\right) = \frac{\partial^2\varphi}{\partial y\partial z} - \frac{\partial^2\varphi}{\partial z\partial y} = \mathbf{0} \tag{1.2.31}$$

同理

$$(\nabla \times \nabla\varphi)_x = (\nabla \times \nabla\varphi)_y = \mathbf{0}$$

$$\nabla \cdot (\nabla \times \boldsymbol{f}) \equiv 0 \tag{1.2.32}$$

则旋度的散度必为 0：

$$\nabla \cdot (\nabla \times \boldsymbol{f}) = \frac{\partial}{\partial x}\left(\frac{\partial f_z}{\partial y} - \frac{\partial f_y}{\partial z}\right) + \frac{\partial}{\partial y}\left(\frac{\partial f_x}{\partial z} - \frac{\partial f_z}{\partial x}\right) + \frac{\partial}{\partial z}\left(\frac{\partial f_y}{\partial x} - \frac{\partial f_z}{\partial y}\right) = 0 \tag{1.2.33}$$

$$\nabla \times (\nabla \times \boldsymbol{f}) = \nabla(\nabla \cdot \boldsymbol{f}) - (\nabla \cdot \nabla)\boldsymbol{f} = \nabla(\nabla \cdot \boldsymbol{f}) - \nabla^2 \boldsymbol{f} \tag{1.2.34}$$

1.2.6 ∇算符对位矢的作用

如图 1-10 所示，从坐标原点到物体位置 P 点的有向线段称为**位置矢量**，简称**位矢**。场点的位矢坐标用 x、y、z 表示，源点的位矢坐标用 x'、y'、z'表示，即场点 P 的位矢

$$\boldsymbol{x} = x\boldsymbol{e}_1 + y\boldsymbol{e}_2 + z\boldsymbol{e}_3 = \sum_i^3 x_i\boldsymbol{e}_i \tag{1.2.35}$$

源点 Q 的位矢

$$\boldsymbol{x}' = x'\boldsymbol{e}_1 + y'\boldsymbol{e}_2 + z'\boldsymbol{e}_3 = \sum_i^3 x'_i\boldsymbol{e}_i \tag{1.2.36}$$

无穷小位矢

$$\mathrm{d}\boldsymbol{r} = \mathrm{d}x\boldsymbol{e}_1 + \mathrm{d}y\boldsymbol{e}_2 + \mathrm{d}z\boldsymbol{e}_3 \tag{1.2.37}$$

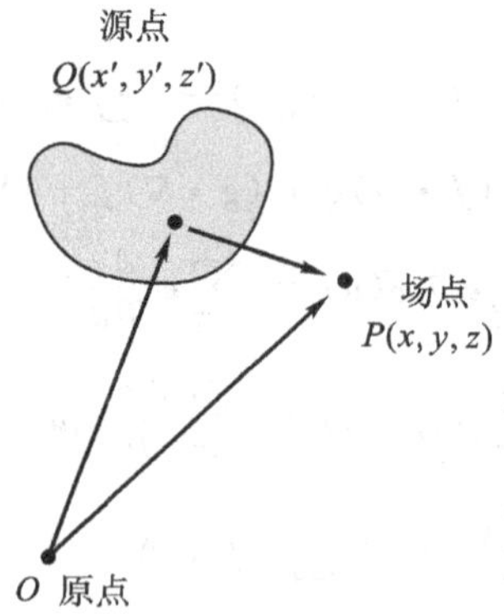

图 1-10 场点和源点的位矢

从源点到场点的径矢为

$$\boldsymbol{r} = \boldsymbol{x} - \boldsymbol{x}' = \boldsymbol{e}_1(x_1 - x'_1) + \boldsymbol{e}_2(x_2 - x'_2) + \boldsymbol{e}_3(x_3 - x'_3) = \sum_{i=1}^3 \boldsymbol{e}_i(x_i - x'_i) \tag{1.2.38}$$

径矢大小为

$$r=\sqrt{(x_1-x_1')^2+(x_2-x_2')^2+(x_3-x_3')^2} \tag{1.2.39}$$

统一规定：∇算符代表对 x、y、z 求导，而∇'算符代表对 x'、y'、z'求导，于是有

$$\partial_i x_j=\delta_{ij},\quad \partial_i' x_j'=\delta_{ij},\quad \partial_i x_j'=\partial_i' x_j=0$$

将∇算符作用于径矢 $\boldsymbol{r}$，也就是对其计算散度、旋度，径矢大小求梯度可得到以下公式：

$$\nabla\cdot\boldsymbol{r}=\sum_{i=1}^{3}\boldsymbol{e}_i\partial_i\cdot\sum_{j=1}^{3}\boldsymbol{e}_j(x_j-x_j')=\sum_{i,j=1}^{3}\delta_{ij}\partial_i(x_j-x_j')=\sum_{i=1}^{3}\partial_i(x_i-x_i')=3=-\nabla'\cdot\boldsymbol{r} \tag{1.2.40}$$

$$\nabla\times\boldsymbol{r}=\sum_{i=1}^{3}\boldsymbol{e}_i\partial_i\times\sum_{j=1}^{3}\boldsymbol{e}_j(x_j-x_j')=\sum_{i,j,k=1}^{3}\varepsilon_{i,j,k}\partial_i(x_j-x_j')\boldsymbol{e}_k=\sum_{i,j,k=1}^{3}\varepsilon_{ijk}\delta_{ij}\boldsymbol{e}_k=\boldsymbol{0}=-\nabla'\times\boldsymbol{r} \tag{1.2.41}$$

$$\begin{aligned}\nabla r&=\sum_{i=1}^{3}\boldsymbol{e}_i\partial_i r=\frac{1}{2r}\sum_{i,j=1}^{3}\boldsymbol{e}_i\partial_i(x_j-x_j')^2=\frac{1}{r}\sum_{i,j=1}^{3}\boldsymbol{e}_i(x_j-x_j')\partial_i(x_j-x_j')\\&=\frac{1}{r}\sum_{i,j=1}^{3}\boldsymbol{e}_i(x_j-x_j')\delta_{ij}=\frac{1}{r}\sum_{i=1}^{3}\boldsymbol{e}_i(x_i-x_i')=\frac{\boldsymbol{r}}{r}=-\nabla' r\end{aligned} \tag{1.2.42}$$

另外，径矢大小的梯度也可用以下方法进行计算

$$\begin{aligned}\nabla r=&\frac{2(x-x')}{2\sqrt{(x-x')^2+(y-y')^2+(z-z')^2}}\boldsymbol{e}_1+\\&\frac{2(y-y')}{2\sqrt{(x-x')^2+(y-y')^2+(z-z')^2}}\boldsymbol{e}_2+\\&\frac{2(z-z')}{2\sqrt{(x-x')^2+(y-y')^2+(z-z')^2}}\boldsymbol{e}_3=\frac{\boldsymbol{r}}{r}\end{aligned} \tag{1.2.43}$$

$$\begin{aligned}\nabla\boldsymbol{r}&=\sum_{i=1}^{3}\boldsymbol{e}_i\partial_i\left[\sum_{j=1}^{3}\boldsymbol{e}_j(x_j-x_j')\right]\\&=\sum_{i,j=1}^{3}\boldsymbol{e}_i\boldsymbol{e}_j\partial_i(x_j-x_j')=\sum_{i,j=1}^{3}\boldsymbol{e}_i\boldsymbol{e}_j\delta_{ij}=\sum_{i=1}^{3}\boldsymbol{e}_i\boldsymbol{e}_i=\boldsymbol{I}\end{aligned} \tag{1.2.44}$$

$$\nabla\frac{1}{r}=-\frac{1}{r^2}\nabla r=-\frac{1}{r^2}\frac{\boldsymbol{r}}{r}=-\frac{\boldsymbol{r}}{r^3} \tag{1.2.45}$$

$$\nabla\cdot\frac{\boldsymbol{r}}{r^3}=\nabla\frac{1}{r^3}\cdot\boldsymbol{r}+\frac{1}{r^3}\nabla\cdot\boldsymbol{r}=-\frac{3}{r^4}\nabla r\cdot\boldsymbol{r}+\frac{3}{r^3}=-\frac{3}{r^4}\frac{\boldsymbol{r}}{r}\cdot\boldsymbol{r}+\frac{3}{r^3}=0\ (\text{当 } r\neq 0 \text{ 时}) \tag{1.2.46}$$

$$\nabla\times\frac{\boldsymbol{r}}{r^3}=\nabla\times\left(-\nabla\frac{1}{r}\right)=\boldsymbol{0} \tag{1.2.47}$$

1.3　正交曲线坐标系及矢量微分

1.3.1　正交坐标系

在三维空间中，要定量描述空间某点 P 的位置，一般先确定坐标原点，建立三个坐标轴，

用 P 点在三个坐标轴上的坐标(q_1, q_2, q_3)来表示 P 点的位置。坐标轴往往相互垂直，这样的坐标轴称为**正交坐标系**。最常见的正交坐标系包括直角坐标系、球坐标系和柱坐标系，三者的关系如图 1-11 所示。

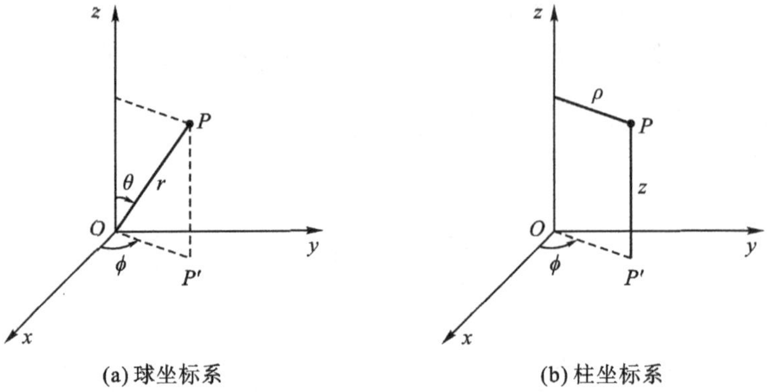

图 1-11　球坐标系、柱坐标系与直角坐标系的关系

直角坐标系采用两两垂直的三个坐标轴构成正交坐标系，分别记作 x 轴、y 轴和 z 轴，它们的方位按照右手螺旋布置。直角坐标系中的三个单位基矢是方向固定、模为 1 的常矢量，分别记作 $\boldsymbol{e}_x$、$\boldsymbol{e}_y$、$\boldsymbol{e}_z$。为方便统一描述，直角坐标系的坐标轴常可记作 x_i(x_1, x_2, x_3)，相应的单位基矢记作 $\boldsymbol{e}_i$($\boldsymbol{e}_1$、$\boldsymbol{e}_2$、$\boldsymbol{e}_3$)。

球坐标系采用 P 点到坐标原点 O 的距离 r、OP 与 z 轴的夹角 θ、OP 在 Oxy 平面的投影 OP'与 x 轴的夹角 ϕ 这三个参数来描述 P 点的坐标，如图 1-11 所示。相应的单位矢量分别记作 $\boldsymbol{e}_r$、$\boldsymbol{e}_\theta$、$\boldsymbol{e}_\phi$。$\boldsymbol{e}_r$ 为沿位置矢量 $\boldsymbol{r}$ 增大方向的单位矢量，$\boldsymbol{e}_\theta$ 为以坐标原点 O 为圆心、以 OP 为半径的圆弧在 P 点处指向 θ 增大方向的切向单位矢量，$\boldsymbol{e}_\phi$ 为以坐标原点 O 为球心、以 OP' 为半径的圆弧在 P'点处指向 ϕ 增大方向的切向单位矢量。球坐标系为曲线直角坐标系，三个单位基矢方向随着 P 点的变化而变化，但始终保持两两垂直。球坐标与直角坐标的定量关系如下：

$$\begin{cases} x = r\sin\theta\cos\phi \\ y = r\sin\theta\sin\phi \\ z = r\cos\theta \end{cases} \tag{1.3.1}$$

柱坐标系采用 P 点到 z 轴的距离 ρ、P 点的 z 坐标及 OP 在 Oxy 平面的投影 OP'与 x 轴的夹角 ϕ 这三个参数来描述 P 点的坐标，相应的单位矢分别记作 $\boldsymbol{e}_\rho$、$\boldsymbol{e}_z$、$\boldsymbol{e}_\phi$。$\boldsymbol{e}_\rho$ 为过 P 点沿 $\boldsymbol{\rho}$ 增大方向的单位基矢，$\boldsymbol{e}_z$ 为过 P 点沿 z 增大方向的单位基矢，$\boldsymbol{e}_\phi$ 为以坐标原点 O 为球心、以 OP'为半径的圆弧在 P'点处指向 ϕ 增大方向的切向单位矢量。柱坐标系也为曲线直角坐标系，三个单位基矢方向随着 P 点的变化而变化，但始终保持两两垂直。柱坐标与直角坐标的定量关系如下：

$$\begin{cases} x = \rho\cos\phi \\ y = \rho\sin\phi \\ z = z \end{cases} \tag{1.3.2}$$

1.3.2　坐标线与微元

让 P 点的某一坐标连续变化而另外两个坐标保持不变，所形成的轨迹称为**对应于该坐标的坐标线**。球坐标、柱坐标的坐标线如图 1－12 所示。

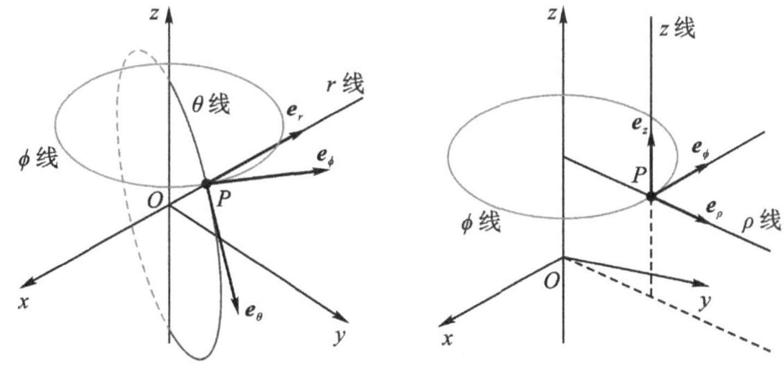

图 1－12　球坐标和柱坐标的坐标线

在直角坐标系中，沿 x 轴、y 轴和 z 轴的微分线元分别为 $\mathrm{d}x$、$\mathrm{d}y$、$\mathrm{d}z$。而在正交曲线坐标系中，沿 q_1、q_2、q_3 坐标线的微分线元一般不是 $\mathrm{d}q_1$、$\mathrm{d}q_2$、$\mathrm{d}q_3$，但可以根据曲线坐标系与直角坐标系的对应关系求出坐标线的微分线元。

设沿着 q_α 坐标线的微分线元为 $\mathrm{d}l_\alpha$，则 $\mathrm{d}l_\alpha$ 大小为

$$\mathrm{d}l_\alpha=\sqrt{(\mathrm{d}x)^2+(\mathrm{d}y)^2+(\mathrm{d}z)^2} \tag{1.3.3}$$

考虑到当 P 点沿 q_1 坐标线运动时，q_2、q_3 保持不变，因此 P 点沿 q_1 坐标线运动所引起的 x 轴的微分线元分别为

$$\mathrm{d}x=\frac{\partial x}{\partial q_1}\mathrm{d}q_1+\frac{\partial x}{\partial q_2}\mathrm{d}q_2+\frac{\partial x}{\partial q_3}\mathrm{d}q_3=\frac{\partial x}{\partial q_1}\mathrm{d}q_1 \tag{1.3.4}$$

同理

$$\mathrm{d}y=\frac{\partial y}{\partial q_1}\mathrm{d}q_1,\quad \mathrm{d}z=\frac{\partial z}{\partial q_1}\mathrm{d}q_1$$

于是 P 点沿 q_1 坐标线运动所引起的微分线元为

$$\mathrm{d}l_1=\sqrt{\left(\frac{\partial x}{\partial q_1}\right)^2+\left(\frac{\partial y}{\partial q_1}\right)^2+\left(\frac{\partial z}{\partial q_1}\right)^2}\,\mathrm{d}q_1$$

同理可得 P 点沿 q_2、q_3 坐标线运动所引起的微分线元为 $\mathrm{d}l_2$、$\mathrm{d}l_3$。这样，正交曲线坐标系中 P 点沿任意坐标 q_α 的微分线元可统一记作

$$\mathrm{d}l_\alpha=\sqrt{\left(\frac{\partial x}{\partial q_\alpha}\right)^2+\left(\frac{\partial y}{\partial q_\alpha}\right)^2+\left(\frac{\partial z}{\partial q_\alpha}\right)^2}\,\mathrm{d}q_\alpha=H_\alpha\mathrm{d}q_\alpha \tag{1.3.5}$$

其中

$$H_\alpha=\sqrt{\left(\frac{\partial x}{\partial q_\alpha}\right)^2+\left(\frac{\partial y}{\partial q_\alpha}\right)^2+\left(\frac{\partial z}{\partial q_\alpha}\right)^2}$$

称为**拉梅系数**。

球坐标中拉梅系数分别为

$$H_r=\sqrt{\left(\frac{\partial x}{\partial r}\right)^2+\left(\frac{\partial y}{\partial r}\right)^2+\left(\frac{\partial z}{\partial r}\right)^2}$$
$$=\sqrt{\sin^2\theta\cos^2\phi+\sin^2\theta\sin^2\phi+\cos^2\theta}=1 \tag{1.3.6}$$

$$H_\theta=\sqrt{\left(\frac{\partial x}{\partial \theta}\right)^2+\left(\frac{\partial y}{\partial \theta}\right)^2+\left(\frac{\partial z}{\partial \theta}\right)^2}$$
$$=\sqrt{r^2\cos^2\theta\cos^2\phi+r^2\cos^2\theta\sin^2\phi+r^2\sin^2\theta}=r \tag{1.3.7}$$

$$H_\phi=\sqrt{\left(\frac{\partial x}{\partial \phi}\right)^2+\left(\frac{\partial y}{\partial \phi}\right)^2+\left(\frac{\partial z}{\partial \phi}\right)^2}$$
$$=\sqrt{r^2\sin^2\theta\sin^2\phi+r^2\sin^2\theta\cos^2\phi+\cos^2\theta}=r\sin\theta \tag{1.3.8}$$

球坐标中的微分线元分别为

$$\mathrm{d}l_r=H_r\mathrm{d}r=\mathrm{d}r,\quad \mathrm{d}l_\theta=H_\theta\mathrm{d}\theta=r\mathrm{d}\theta,\quad \mathrm{d}l_\phi=H_\phi\mathrm{d}\phi=r\sin\theta\mathrm{d}\phi$$

相应地,图 1-13(a)球坐标中的体积微元为

$$\mathrm{d}V=H_r\mathrm{d}rH_\theta\mathrm{d}\theta H_\phi\mathrm{d}\phi=r^2\sin\theta\mathrm{d}r\mathrm{d}\theta\mathrm{d}\phi$$

同理,柱坐标中的拉梅系数分别为

$$H_\rho=H_z=1,\quad H_\phi=\rho$$

图 1-13(b)中微分线元和体积微元分别为

$$\mathrm{d}l_\rho=H_\rho\mathrm{d}\rho=\mathrm{d}\rho,\quad \mathrm{d}l_\phi=H_\phi\mathrm{d}\phi=\rho\mathrm{d}\phi,\quad \mathrm{d}l_z=H_z\mathrm{d}z=\mathrm{d}z \tag{1.3.9}$$

$$\mathrm{d}V=H_\rho\mathrm{d}\rho H_\phi\mathrm{d}\phi H_z\mathrm{d}z=\rho\mathrm{d}\rho\mathrm{d}\phi\mathrm{d}z \tag{1.3.10}$$

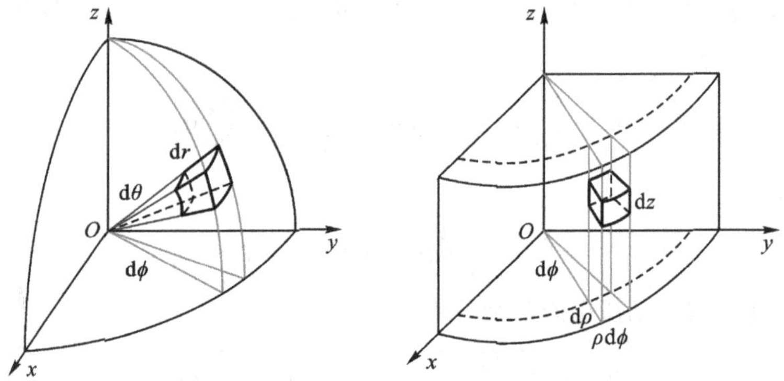

(a) 球坐标　　(b) 柱坐标

图 1-13　球坐标、柱坐标的微分线元和体积微元

1.3.3　正交曲线坐标系中的梯度、散度与旋度

1. 梯度

在正交曲线坐标系中,∇算符可表示为

$$\nabla=\sum_{\alpha=1}^{3}\boldsymbol{e}_\alpha\frac{\partial}{\partial l_\alpha}=\sum_{\alpha=1}^{3}\boldsymbol{e}_\alpha\frac{1}{H_\alpha}\frac{\partial}{\partial q_\alpha} \tag{1.3.11}$$

因此，球坐标、柱坐标中梯度的表达式分别为

$$\nabla\varphi=\boldsymbol{e}_r\frac{\partial\varphi}{\partial r}+\boldsymbol{e}_\theta\frac{1}{r}\frac{\partial\varphi}{\partial\theta}+\boldsymbol{e}_\phi\frac{1}{r\sin\theta}\frac{\partial\varphi}{\partial\phi}\tag{1.3.12}$$

$$\nabla\varphi=\boldsymbol{e}_\rho\frac{\partial\varphi}{\partial\rho}+\boldsymbol{e}_\phi\frac{1}{\rho}\frac{\partial\varphi}{\partial\phi}+\boldsymbol{e}_z\frac{\partial\varphi}{\partial z}\tag{1.3.13}$$

2. 散度

在正交曲线坐标系中，散度的定义为

$$\nabla\cdot\boldsymbol{A}=\lim_{\Delta V\to 0}\frac{\oint_S\boldsymbol{A}\cdot\mathrm{d}\boldsymbol{S}}{\Delta V}\tag{1.3.14}$$

根据图 1-14，可计算出矢量 **A** 穿过左右两个面元的通量为

$$\begin{aligned}[\boldsymbol{A}\cdot\mathrm{d}\boldsymbol{S}]_l+[\boldsymbol{A}\cdot\mathrm{d}\boldsymbol{S}]_r&=[\boldsymbol{A}\cdot(-\boldsymbol{e}_1)H_2H_3\mathrm{d}q_2\mathrm{d}q_3]_l+[\boldsymbol{A}\cdot(\boldsymbol{e}_1)H_2H_3\mathrm{d}q_2\mathrm{d}q_3]_r\\&=[(A_1H_2H_3)_r-(A_1H_2H_3)_l]\mathrm{d}q_2\mathrm{d}q_3\\&=\frac{\partial(A_1H_2H_3)}{\partial q_1}\mathrm{d}q_1\mathrm{d}q_2\mathrm{d}q_3\\&=\frac{\partial}{\partial q_1}\left(\frac{H_1H_2H_3}{H_1}A_1\right)\mathrm{d}q_1\mathrm{d}q_2\mathrm{d}q_3\end{aligned}$$

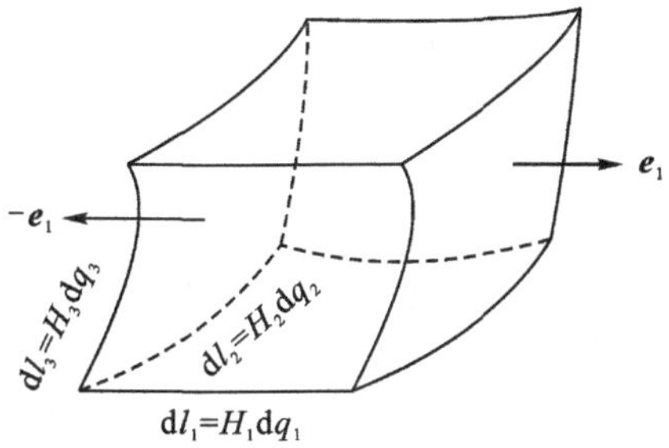

图 1-14　曲线坐标系下的闭合积分面元

同理，穿过前后、上下面元的通量分别为

$$\frac{\partial}{\partial q_2}\left(\frac{H_1H_2H_3}{H_2}A_2\right)\mathrm{d}q_1\mathrm{d}q_2\mathrm{d}q_3,\quad\frac{\partial}{\partial q_3}\left(\frac{H_1H_2H_3}{H_3}A_3\right)\mathrm{d}q_1\mathrm{d}q_2\mathrm{d}q_3$$

因此穿过体积元左右、前后、上下面元的总通量为

$$\oint_S\boldsymbol{A}\cdot\mathrm{d}\boldsymbol{S}=\sum_{\alpha=1}^{3}\frac{\partial}{\partial q_\alpha}\left(\frac{H_1H_2H_3}{H_\alpha}A_\alpha\right)\mathrm{d}q_1\mathrm{d}q_2\mathrm{d}q_3\tag{1.3.15}$$

将上式与体积元 $\mathrm{d}V=\mathrm{d}l_1\mathrm{d}l_2\mathrm{d}l_3=H_1H_2H_3\mathrm{d}q_1\mathrm{d}q_2\mathrm{d}q_3$ 代入散度表达式，可得

$$\nabla\cdot\boldsymbol{A}=\frac{1}{H_1H_2H_3}\sum_{\alpha=1}^{3}\frac{\partial}{\partial q_\alpha}\left(\frac{H_1H_2H_3}{H_\alpha}A_\alpha\right)\tag{1.3.16}$$

对于球坐标，其拉梅系数分别为

$$H_1=1,\quad H_2=r,\quad H_3=r\sin\theta$$

于是球坐标下的散度表示为

$$\nabla\cdot\boldsymbol{A}=\frac{1}{r^2}\frac{\partial}{\partial r}(r^2A_r)+\frac{1}{r\sin\theta}\frac{\partial}{\partial\theta}(\sin\theta A_\theta)+\frac{1}{r\sin\theta}\frac{\partial A_\phi}{\partial\phi}\tag{1.3.17}$$

对于柱坐标，其拉梅系数分别为

$$H_1=H_3=1,\quad H_2=\rho$$

于是柱坐标下的散度表示为

$$\nabla\cdot\boldsymbol{A}=\frac{1}{\rho}\frac{\partial}{\partial\rho}(\rho A_\rho)+\frac{1}{\rho}\frac{\partial A_\phi}{\partial\phi}+\frac{\partial A_z}{\partial z} \tag{1.3.18}$$

3. 旋度

旋度定义式为

$$(\nabla\times\boldsymbol{A})_n=\lim_{\Delta S\to 0}\frac{\oint_l \boldsymbol{A}\cdot \mathrm{d}\boldsymbol{l}}{\Delta S} \tag{1.3.19}$$

先分别求出$(\nabla\times\boldsymbol{A})_1$、$(\nabla\times\boldsymbol{A})_2$、$(\nabla\times\boldsymbol{A})_3$在正交曲线坐标系中的表达式，再求和，即可得到旋度的表达式。如先计算$(\nabla\times\boldsymbol{A})_3$，此时矢量场沿图 1-15 中面元 $\mathrm{d}\boldsymbol{S}=H_1H_2\mathrm{d}q_1\mathrm{d}q_2\boldsymbol{e}_3$ 的边线的环量为

$$\begin{aligned}\oint_l \boldsymbol{A}\cdot\mathrm{d}\boldsymbol{l}&=[\boldsymbol{A}\cdot(-\boldsymbol{e}_2H_2q_2)]_l+[\boldsymbol{A}\cdot\boldsymbol{e}_2H_2q_2]_r+[\boldsymbol{A}\cdot\boldsymbol{e}_1H_1q_1]_f+[\boldsymbol{A}\cdot(-\boldsymbol{e}_1H_1q_1)]_b\\&=[(A_2H_2)_r-(A_2H_2)_l]\mathrm{d}q_2-[(A_1H_1)_b-(A_1H_1)_f]\mathrm{d}q_1\\&=\frac{\partial(A_2H_2)}{\partial q_1}\mathrm{d}q_1\mathrm{d}q_2-\frac{\partial(A_1H_1)}{\partial q_2}\mathrm{d}q_1\mathrm{d}q_2\end{aligned}$$

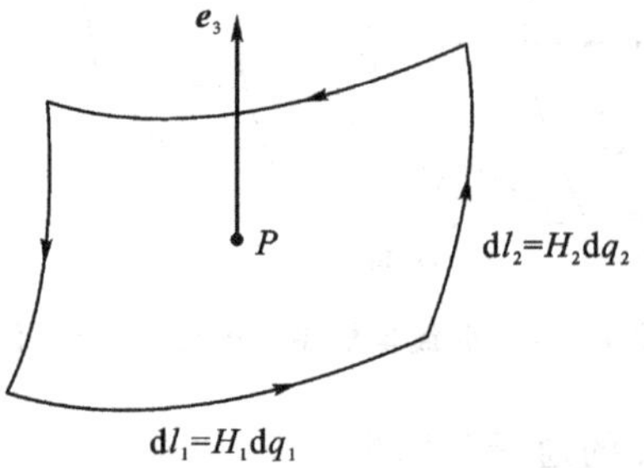

图 1-15 曲线坐标系下的闭合积分环路

于是有

$$(\nabla\times\boldsymbol{A})_3\boldsymbol{e}_3=\frac{H_3\boldsymbol{e}_3}{H_1H_2H_3}\left[\frac{\partial(A_2H_2)}{\partial q_1}-\frac{\partial(A_1H_1)}{\partial q_2}\right]$$

同理可得

$$(\nabla\times\boldsymbol{A})_1\boldsymbol{e}_1=\frac{H_1\boldsymbol{e}_1}{H_1H_2H_3}\left[\frac{\partial(A_3H_3)}{\partial q_2}-\frac{\partial(A_2H_2)}{\partial q_3}\right]$$

$$(\nabla\times\boldsymbol{A})_2\boldsymbol{e}_2=\frac{H_2\boldsymbol{e}_2}{H_1H_2H_3}\left[\frac{\partial(A_1H_1)}{\partial q_3}-\frac{\partial(A_3H_3)}{\partial q_1}\right]$$

以上三式求和，可得正交曲线坐标系中的旋度表达式为

$$\nabla\times\boldsymbol{A}=\frac{1}{H_1H_2H_3}\sum_{\alpha\beta\gamma}\varepsilon_{\alpha\beta\gamma}H_\alpha\boldsymbol{e}_\alpha\frac{\partial(A_\gamma H_\gamma)}{\partial q_\beta}$$

$$= \frac{1}{H_1 H_2 H_3}\begin{vmatrix} H_1 \boldsymbol{e}_1 & H_2 \boldsymbol{e}_2 & H_3 \boldsymbol{e}_3 \\ \dfrac{\partial}{\partial q_1} & \dfrac{\partial}{\partial q_2} & \dfrac{\partial}{\partial q_3} \\ H_1 A_1 & H_2 A_2 & H_3 A_3 \end{vmatrix} \tag{1.3.20}$$

对于球坐标，代入相应的拉梅系数，可得

$$\nabla\times\boldsymbol{A}=\frac{1}{r\sin\theta}\left[\frac{\partial}{\partial\theta}(\sin\theta A_\phi)-\frac{\partial A_\theta}{\partial\phi}\right]\boldsymbol{e}_r+ \\ \frac{1}{r}\left[\frac{1}{\sin\theta}\frac{\partial A_r}{\partial\phi}-\frac{\partial}{\partial r}(rA_\phi)\right]\boldsymbol{e}_\theta+\frac{1}{r}\left[\frac{\partial}{\partial r}(rA_\theta)-\frac{\partial A_r}{\partial\theta}\right]\boldsymbol{e}_\phi \tag{1.3.21}$$

同样地，对于柱坐标，可得

$$\nabla\times\boldsymbol{A}=\left(\frac{1}{\rho}\frac{\partial A_z}{\partial\phi}-\frac{\partial A_\phi}{\partial z}\right)\boldsymbol{e}_\rho+\left(\frac{\partial A_\rho}{\partial z}-\frac{\partial A_z}{\partial\rho}\right)\boldsymbol{e}_\phi+\frac{1}{\rho}\left[\frac{\partial}{\partial\rho}(\rho A_\phi)-\frac{\partial A_\rho}{\partial\phi}\right]\boldsymbol{e}_z \tag{1.3.22}$$

1.3.4　球坐标系中的拉普拉斯方程及其通解

设 $\boldsymbol{A}=\nabla\varphi$，考虑到 $\nabla\varphi=\sum_{\alpha=1}^{3}\boldsymbol{e}_\alpha\frac{1}{H_\alpha}\frac{\partial\varphi}{\partial q_\alpha}$，于是 $\boldsymbol{A}$ 的 α 分量 A_α 为

$$A_\alpha=(\nabla\varphi)_\alpha=\frac{1}{H_\alpha}\frac{\partial\varphi}{\partial q_\alpha} \tag{1.3.23}$$

考虑到$\nabla\cdot\boldsymbol{A}=\nabla^2\varphi$，根据曲线正交坐标系中散度表达式，可得

$$\begin{aligned}\nabla^2\varphi &= \frac{1}{H_1H_2H_3}\sum_{\alpha=1}^{3}\frac{\partial}{\partial q_\alpha}\left(\frac{H_1H_2H_3}{H_\alpha}A_\alpha\right)\\ &= \frac{1}{H_1H_2H_3}\sum_{\alpha=1}^{3}\frac{\partial}{\partial q_\alpha}\left(\frac{H_1H_2H_3}{H_\alpha^2}\frac{\partial\varphi}{\partial q_\alpha}\right)\\ &= \frac{1}{H_1H_2H_3}\left[\frac{\partial}{\partial q_1}\left(\frac{H_2H_3}{H_1}\frac{\partial\varphi}{\partial q_1}\right)+\frac{\partial}{\partial q_2}\left(\frac{H_3H_1}{H_2}\frac{\partial\varphi}{\partial q_2}\right)+\frac{\partial}{\partial q_3}\left(\frac{H_1H_2}{H_3}\frac{\partial\varphi}{\partial q_3}\right)\right]\end{aligned} \tag{1.3.24}$$

对于球坐标，将 $H_1=1$、$H_2=r$、$H_3=r\sin\theta$ 代入，可得

$$\nabla^2\varphi=\frac{1}{r^2}\frac{\partial}{\partial r}\left(r^2\frac{\partial\varphi}{\partial r}\right)+\frac{1}{r^2\sin\theta}\frac{\partial}{\partial\theta}\left(\sin\theta\frac{\partial\varphi}{\partial\theta}\right)+\frac{1}{r^2\sin^2\theta}\frac{\partial^2\varphi}{\partial\phi^2} \tag{1.3.25}$$

基于实际物理场分布的唯一性，常采用分离变量法求解拉普拉斯方程。令 $\varphi=f(r)g(\theta)h(\phi)$，代入拉普拉斯方程并整理后得

$$\frac{1}{f}\frac{\mathrm{d}}{\mathrm{d}r}\left(r^2\frac{\partial f}{\partial r}\right)+\left[\frac{1}{g\sin\theta}\frac{\mathrm{d}}{\mathrm{d}\theta}\left(\sin\theta\frac{\mathrm{d}g}{\mathrm{d}\theta}\right)+\frac{1}{h\sin^2\theta}\frac{\mathrm{d}^2h}{\partial\phi^2}\right]=0 \tag{1.3.26}$$

上式第一项的变量为 r，第二项的变量为 θ、ϕ，如果使上式对任意(r,θ,ϕ)均成立，就要求两项都等于与 r、θ、ϕ 无关的常数 l，即令

$$\frac{1}{f}\frac{\mathrm{d}}{\mathrm{d}r}\left(r^2\frac{\mathrm{d}f}{\mathrm{d}r}\right)=l \tag{1.3.27}$$

$$\frac{1}{g\sin\theta}\frac{\mathrm{d}}{\mathrm{d}\theta}\left(\sin\theta\frac{\mathrm{d}g}{\mathrm{d}\theta}\right)+\frac{1}{h\sin^2\theta}\frac{\mathrm{d}^2h}{\partial\phi^2}=-l \tag{1.3.28}$$

将上面第二式按变量进行整理后，得

$$\left[\frac{\sin\theta}{g}\frac{\mathrm{d}}{\mathrm{d}\theta}\left(\sin\theta\frac{\mathrm{d}g}{\mathrm{d}\theta}\right)+l\sin^2\theta\right]+\frac{1}{h}\frac{\mathrm{d}^2h}{\partial\phi^2}=0 \tag{1.3.29}$$

进一步分离变量，取常数 n，令

$$\frac{\sin\theta}{g}\frac{\mathrm{d}}{\mathrm{d}\theta}\left(\sin\theta\frac{\mathrm{d}g}{\mathrm{d}\theta}\right)+l\sin^2\theta=n \tag{1.3.30}$$

$$\frac{1}{h}\frac{\mathrm{d}^2h}{\partial\phi^2}=-n \tag{1.3.31}$$

这样，可以将拉普拉斯方程转化为三个常微分方程。可以看出，式(1.3.31)的解具有正弦或余弦的形式。考虑到函数 φ 在 $\phi=0$ 面上的单值性，即 $\varphi(2\pi)=\varphi(0)$，常数 n 必须为整数 m 的 2 次方。此时方程(1.3.31)存在两个独立的解：

$$h_1=\sin m\phi,\quad h_2=\cos m\phi \tag{1.3.32}$$

其中，m 为大于等于零的整数。

取变量替换 $z=\cos\theta$，将方程(1.3.30)转变为

$$z=\frac{\mathrm{d}}{\mathrm{d}z}\left[(1-z^2)\frac{\mathrm{d}g}{\mathrm{d}z}\right]+\left(l-\frac{m^2}{1-z^2}\right)g=0 \tag{1.3.33}$$

上式为**缔合勒让德方程**。由于在 $z=\pm1$ 处解必须有限，只能取 $l=n(n+1)$，此时上式的解为缔合勒让德函数

$$g=\mathrm{P}_n^m(z)=\mathrm{P}_n^m(\cos\theta) \tag{1.3.34}$$

在 $l=n(n+1)$ 条件下，方程(1.3.27)的两个独立的解为

$$f=R^n,\frac{1}{R^{n+1}} \tag{1.3.35}$$

于是拉普拉斯方程的解为

$$\begin{aligned}\varphi(R,\theta,\phi)=&\sum_{l=0}^{\infty}\sum_{m=0}^{l}\left[\left(a_{nm}R^n+\frac{b_{nm}}{R^{n+1}}\right)\cos m\phi\,\mathrm{P}_n^m(\cos\theta)\right]+\\&\sum_{l=0}^{\infty}\sum_{m=0}^{l}\left[\left(c_{nm}R^n+\frac{d_{nm}}{R^{n+1}}\right)\sin m\phi\,\mathrm{P}_n^m(\cos\theta)\right]\end{aligned} \tag{1.3.36}$$

其中，a_{nm}、b_{nm}、c_{nm}、d_{nm} 为待定系数，待定系数需要通过边界条件来确定。

1.4 矢量场的亥姆霍兹定理

1.4.1 场的概念及分类

从数学上看，场是定义在空间区域上的函数。从物理上讲，在空间区域中的任一点具有确定的物理量与之对应，并且该物理量在该点具有确定的空间分布，其随时间的变化规律也是确定的，该物理量叫作与该空间对应的场。

标量场：如果物理量是标量，只有大小没有方向，则称该场为**标量场**，如温度场、电势场、高度场等。标量场是空间坐标(x,y,z)的标量函数，即

$$\varphi(\boldsymbol{r})=\varphi(x,y,z) \tag{1.4.1}$$

矢量场：如果物理量是矢量，既有大小又有方向，则称该场为**矢量场**，如重力场、电场、磁

场等。矢量场是空间坐标(x,y,z)的矢量函数，即

$$\boldsymbol{A}(\boldsymbol{r}) = \sum_i A_i(x,y,z)\boldsymbol{e}_i \tag{1.4.2}$$

二阶张量场：空间坐标(x,y,z)的二阶张量函数，即

$$\boldsymbol{T}(\boldsymbol{r}) = \sum_{ij} T_{ij}(x,y,z)\boldsymbol{e}_i\boldsymbol{e}_j \tag{1.4.3}$$

如果场与时间无关，则称为**静态场**，反之称为**时变场**。

1.4.2　格林定理

$$\oint_S \varphi\,\nabla\phi\cdot \mathrm{d}\boldsymbol{S} = \int_V (\varphi\,\nabla^2\phi + \nabla\varphi\cdot\nabla\phi)\mathrm{d}V \tag{1.4.4}$$

$$\oint_S (\phi\,\nabla\varphi - \varphi\,\nabla\phi)\cdot \mathrm{d}\boldsymbol{S} = \int_V (\phi\,\nabla^2\varphi - \varphi\,\nabla^2\phi)\mathrm{d}V \tag{1.4.5}$$

$$\oint_S \phi\,\nabla\phi\cdot \mathrm{d}\boldsymbol{S} = \int_V [\phi\,\nabla^2\phi + (\nabla\phi)^2]\mathrm{d}V \tag{1.4.6}$$

证明　将 $\varphi\,\nabla\phi$ 代入高斯定理$\oint_S \boldsymbol{A}\cdot \mathrm{d}\boldsymbol{S} = \int_V \nabla\cdot\boldsymbol{A}\mathrm{d}V$，得

$$\oint_S \varphi\,\nabla\phi\cdot \mathrm{d}\boldsymbol{S} = \int_V \nabla\cdot(\varphi\,\nabla\phi)\mathrm{d}V = \int_V (\varphi\,\nabla^2\phi + \nabla\varphi\cdot\nabla\phi)\mathrm{d}V$$

将上式中 ϕ 与 φ 互换，得

$$\oint_S \phi\,\nabla\varphi\cdot \mathrm{d}\boldsymbol{S} = \int_V (\phi\,\nabla^2\varphi + \nabla\phi\cdot\nabla\varphi)\mathrm{d}V$$

两式相减得

$$\oint_S (\phi\,\nabla\varphi - \varphi\,\nabla\phi)\cdot \mathrm{d}\boldsymbol{S} = \int_V (\phi\,\nabla^2\varphi - \varphi\,\nabla^2\phi)\mathrm{d}V$$

在式(1.4.4)中，取 $\phi=\varphi$，得

$$\oint_S \phi\,\nabla\phi\cdot \mathrm{d}\boldsymbol{S} = \int_V [\phi\,\nabla^2\phi + (\nabla\phi)^2]\mathrm{d}V$$

1.4.3　亥姆霍兹定理

1. *无旋场与无源场*

对于一个矢量场的认识可以通过其散度和旋度值来进行分析，按照其旋度和散度的取值情况可将其分为以下两类。

1)无旋场

如果一个矢量场 $\boldsymbol{F}(\boldsymbol{x})$的旋度处处为零，则其矢量场称为**无旋场**，又称为**纵场**。无旋场可用一个标量场 φ 的梯度来表示。由环路定理可知，无旋场沿着任意闭合路径的积分为零。

$$\nabla\times\boldsymbol{F} = \boldsymbol{0} \Leftrightarrow \boldsymbol{F} = -\nabla\varphi \Leftrightarrow \oint \boldsymbol{F}\cdot \mathrm{d}\boldsymbol{l} = 0 \tag{1.4.7}$$

2)无源场

如果一个矢量场 $\boldsymbol{F}(\boldsymbol{x})$的散度处处为零，则其矢量场称为**无源场**，又称为**横场**。无源场可用一个矢量场 $\boldsymbol{A}$ 的旋度来表示。由高斯定理可知，无源场沿着任意闭合曲面的积分为零。

$$\nabla\cdot \boldsymbol{F}=0 \Leftrightarrow \boldsymbol{F}=\nabla\times \boldsymbol{A} \Leftrightarrow \oint \boldsymbol{F}\cdot \mathrm{d}\boldsymbol{S}=0 \tag{1.4.8}$$

2. 亥姆霍兹定理

如果一个矢量场 $\boldsymbol{F}(\boldsymbol{x})$ 的散度 $\nabla\cdot\boldsymbol{F}(\boldsymbol{x})$ 和旋度 $\nabla\times\boldsymbol{F}(\boldsymbol{x})$ 给定，并且当 $x\to\infty$ 时，两者都比 $1/x^2$ 更快地趋于零，且 $\boldsymbol{F}(\boldsymbol{x})$ 也趋于零，则 $\boldsymbol{F}(\boldsymbol{x})$ 可由其散度 $\nabla\cdot\boldsymbol{F}(\boldsymbol{x})$ 和旋度 $\nabla\times\boldsymbol{F}(\boldsymbol{x})$ 唯一决定，即

$$\boldsymbol{F}(\boldsymbol{x})=-\nabla\varphi(\boldsymbol{x})+\nabla\times\boldsymbol{A}(\boldsymbol{x}) \tag{1.4.9}$$

其中

$$\varphi(\boldsymbol{x})=\frac{1}{4\pi}\int_{V'}\frac{\nabla'\cdot\boldsymbol{F}(\boldsymbol{x}')}{|\boldsymbol{x}-\boldsymbol{x}'|}\mathrm{d}V'$$

$$\boldsymbol{A}(\boldsymbol{x})=\frac{1}{4\pi}\int_{V'}\frac{\nabla'\times\boldsymbol{F}(\boldsymbol{x}')}{|\boldsymbol{x}-\boldsymbol{x}'|}\mathrm{d}V' \tag{1.4.10}$$

证明 取 $V\geqslant V'$，根据 $\delta(\boldsymbol{x}-\boldsymbol{x}')$ 函数的性质，则

$$\boldsymbol{F}(\boldsymbol{x})=\int_V\boldsymbol{F}(\boldsymbol{x}')\delta(\boldsymbol{x}-\boldsymbol{x}')\mathrm{d}V'$$

考虑到

$$\nabla^2\left(\frac{1}{|\boldsymbol{x}-\boldsymbol{x}'|}\right)=-4\pi\delta(\boldsymbol{x}-\boldsymbol{x}')$$

所以

$$\begin{aligned}\boldsymbol{F}(\boldsymbol{x})&=-\frac{1}{4\pi}\int_V\boldsymbol{F}(\boldsymbol{x}')\,\nabla^2\left(\frac{1}{|\boldsymbol{x}-\boldsymbol{x}'|}\right)\mathrm{d}V'=-\frac{1}{4\pi}\nabla^2\int_V\frac{\boldsymbol{F}(\boldsymbol{x}')}{|\boldsymbol{x}-\boldsymbol{x}'|}\mathrm{d}V'\\&=-\frac{1}{4\pi}\nabla\nabla\cdot\int_V\frac{\boldsymbol{F}(\boldsymbol{x}')}{|\boldsymbol{x}-\boldsymbol{x}'|}\mathrm{d}V'+\frac{1}{4\pi}\nabla\times\nabla\times\int_V\frac{\boldsymbol{F}(\boldsymbol{x}')}{|\boldsymbol{x}-\boldsymbol{x}'|}\mathrm{d}V'\\&=-\nabla\left(\frac{1}{4\pi}\nabla\cdot\int_V\frac{\boldsymbol{F}(\boldsymbol{x}')}{|\boldsymbol{x}-\boldsymbol{x}'|}\mathrm{d}V'\right)+\nabla\times\left(\frac{1}{4\pi}\nabla\times\int_V\frac{\boldsymbol{F}(\boldsymbol{x}')}{|\boldsymbol{x}-\boldsymbol{x}'|}\mathrm{d}V'\right)\end{aligned}$$

令

$$\varphi'(\boldsymbol{x})=\frac{1}{4\pi}\nabla\cdot\int_V\frac{\boldsymbol{F}(\boldsymbol{x}')}{|\boldsymbol{x}-\boldsymbol{x}'|}\mathrm{d}V'$$

$$\boldsymbol{A}'(\boldsymbol{x})=\frac{1}{4\pi}\nabla\times\int_V\frac{\boldsymbol{F}(\boldsymbol{x}')}{|\boldsymbol{x}-\boldsymbol{x}'|}\mathrm{d}V'$$

只要

$$\varphi'(\boldsymbol{x})=\varphi(\boldsymbol{x}),\qquad \boldsymbol{A}'(\boldsymbol{x})=\boldsymbol{A}(\boldsymbol{x})$$

定理就得以证明。

考虑到

$$\nabla\cdot\left(\frac{\boldsymbol{F}(\boldsymbol{x}')}{|\boldsymbol{x}-\boldsymbol{x}'|}\right)=-\boldsymbol{F}(\boldsymbol{x}')\cdot\nabla'\left(\frac{1}{|\boldsymbol{x}-\boldsymbol{x}'|}\right)=\frac{\nabla'\cdot\boldsymbol{F}(\boldsymbol{x}')}{|\boldsymbol{x}-\boldsymbol{x}'|}-\nabla'\cdot\left(\frac{\boldsymbol{F}(\boldsymbol{x}')}{|\boldsymbol{x}-\boldsymbol{x}'|}\right)$$

$$\begin{aligned}\nabla\times\left(\frac{\boldsymbol{F}(\boldsymbol{x}')}{|\boldsymbol{x}-\boldsymbol{x}'|}\right)&=\nabla\left(\frac{1}{|\boldsymbol{x}-\boldsymbol{x}'|}\right)\times\boldsymbol{F}(\boldsymbol{x}')=-\nabla'\left(\frac{1}{|\boldsymbol{x}-\boldsymbol{x}'|}\right)\times\boldsymbol{F}(\boldsymbol{x}')\\&=\frac{\nabla'\times\boldsymbol{F}(\boldsymbol{x}')}{|\boldsymbol{x}-\boldsymbol{x}'|}-\nabla'\times\left(\frac{\boldsymbol{F}(\boldsymbol{x}')}{|\boldsymbol{x}-\boldsymbol{x}'|}\right)\end{aligned}$$

于是有

$$\begin{aligned}\varphi'(\boldsymbol{x}) &= \frac{1}{4\pi}\int_V \frac{\nabla' \cdot \boldsymbol{F}(\boldsymbol{x}')}{|\boldsymbol{x}-\boldsymbol{x}'|}\mathrm{d}V' - \frac{1}{4\pi}\int_V \nabla' \cdot \left[\frac{\boldsymbol{F}(\boldsymbol{x}')}{|\boldsymbol{x}-\boldsymbol{x}'|}\right]\mathrm{d}V' \\ &= \varphi(\boldsymbol{x}) - \frac{1}{4\pi}\oint_S\int_V \left[\frac{\boldsymbol{F}(\boldsymbol{x}')}{|\boldsymbol{x}-\boldsymbol{x}'|}\right]\cdot \mathrm{d}\boldsymbol{S}' \\ &= \varphi(\boldsymbol{x}) \\ \boldsymbol{A}'(\boldsymbol{x}) &= \frac{1}{4\pi}\int_V \frac{\nabla' \times \boldsymbol{F}(\boldsymbol{x}')}{|\boldsymbol{x}-\boldsymbol{x}'|}\mathrm{d}V' - \frac{1}{4\pi}\int_V \nabla' \times \left[\frac{\boldsymbol{F}(\boldsymbol{x}')}{|\boldsymbol{x}-\boldsymbol{x}'|}\right]\mathrm{d}V' \\ &= \boldsymbol{A}(\boldsymbol{x}) - \frac{1}{4\pi}\oint_S \left[\frac{\boldsymbol{F}(\boldsymbol{x}')}{|\boldsymbol{x}-\boldsymbol{x}'|}\right]\cdot \mathrm{d}\boldsymbol{S}' \\ &= \boldsymbol{A}(\boldsymbol{x})\end{aligned}$$

定理得证。

由上可知，散度为零的场称为横场，旋度为零的场称为纵场。考虑到

$$\nabla\times[-\nabla\varphi(\boldsymbol{x})]\equiv\boldsymbol{0},\quad \nabla\cdot[\nabla\times\boldsymbol{A}(\boldsymbol{x})]\equiv 0$$

即 $-\nabla\varphi(\boldsymbol{x})$ 为矢量场 $\boldsymbol{F}(\boldsymbol{x})$ 的纵场分量，$\nabla\times\boldsymbol{A}(\boldsymbol{x})$ 为矢量场的横场分量，因此亥姆霍兹定理又可以描述为矢量场 $\boldsymbol{F}(\boldsymbol{x})$ 可以分解为纵场与横场，即

$$\boldsymbol{F}(\boldsymbol{x})=\boldsymbol{F}_{\mathrm{l}}(\boldsymbol{x})+\boldsymbol{F}_{\mathrm{t}}(\boldsymbol{x}) \tag{1.4.11}$$

其中

$$\begin{aligned}\boldsymbol{F}_{\mathrm{l}}(\boldsymbol{x}) &= -\nabla\varphi(\boldsymbol{x}) = -\frac{1}{4\pi}\nabla\int_{V'}\frac{\nabla'\cdot\boldsymbol{F}(\boldsymbol{x}')}{|\boldsymbol{x}-\boldsymbol{x}'|}\mathrm{d}V' \\ \boldsymbol{F}_{\mathrm{t}}(\boldsymbol{x}) &= \nabla\times\boldsymbol{A}(\boldsymbol{x}) = \frac{1}{4\pi}\nabla\times\int_{V'}\frac{\nabla'\times\boldsymbol{F}(\boldsymbol{x}')}{|\boldsymbol{x}-\boldsymbol{x}'|}\mathrm{d}V'\end{aligned} \tag{1.4.12}$$

亥姆霍兹定理表明，矢量场需要同时用到散度和旋度来进行描述，这也是电动力学中经常要计算电磁场的散度和旋度的原因。

思考题

1. 说明梯度、散度、旋度的物理意义。
2. 某区域散度为零的场是无源场吗？
3. 两个矢量点乘可以交换前后次序吗？叉乘呢？
4. 采用张量来描述物理量有何优点？
5. 张量与并矢的联系和区别是什么？
6. 简述亥姆霍兹定理的内容及其意义。
7. 球坐标系中的拉普拉斯方程及其通解如何表示？
8. 试阐述任意场可分解为横场和纵场的原理。
9. 理解 $\nabla\times\nabla\varphi=\boldsymbol{0}$，说明该式在电动力学中的重要意义。
10. 理解 $\nabla\cdot(\nabla\times\boldsymbol{A})=0$，说明该式在电动力学中的重要意义。
11. 说明下列表达式的取值：

(1)δ_{ij}；(2)$\sum\limits_{i,j=1}^{3}\delta_{ij}$；(3)$\varepsilon_{ijk}$；(4)$\sum\limits_{i,j,k=1}^{3}\varepsilon_{ijk}$；(5)$\delta_{ij}\varepsilon_{ijk}$；(6)$\sum\limits_{i,j,k=1}^{3}\delta_{ij}\varepsilon_{ijk}$；(7)$\boldsymbol{e}_i\cdot\boldsymbol{e}_j$；(8)$\sum\limits_{i,j=1}^{3}\boldsymbol{e}_i\cdot\boldsymbol{e}_j$；

(9)$\boldsymbol{e}_3\times\boldsymbol{e}_2$；(10)$\sum\limits_{i,j=1}^{3}\boldsymbol{e}_i\times\boldsymbol{e}_j$。

练习题

1.求下列标量场的∇u：

(1)$u=2xy$；(2)$u=x^2+y^2$；(3)$u=\mathrm{e}^x\sin y$；(4)$u=x^2y^3z^4$。

2.求标量场$u=xyz^2-2x+x^2y$在点(−1.0,3.0,−2.0)处的梯度。

3.求下列空间矢量场的散度：

(1)$\boldsymbol{A}=(2z-3y)\boldsymbol{e}_x+(3x-z)\boldsymbol{e}_y+(y-2x)\boldsymbol{e}_z$；

(2)$\boldsymbol{A}=(3x^2-2yz)\boldsymbol{e}_x+(y^3+yz^2)\boldsymbol{e}_y+(xyz-3xz^2)\boldsymbol{e}_z$。

4.求矢量场$\boldsymbol{A}=xyz(\boldsymbol{e}_x+\boldsymbol{e}_y+\boldsymbol{e}_z)$在点$M(1.0,3.0,2.0)$处的旋度。

5.求矢量场$\boldsymbol{A}=x^3\boldsymbol{e}_x+y^3\boldsymbol{e}_y+z^3\boldsymbol{e}_z$从内穿出所给闭曲面$S$的通量，这里$S$为球面，球面方程为$x^2+y^2+z^2=a^2$。

6.求矢量场$\boldsymbol{A}=-y\boldsymbol{e}_x+x\boldsymbol{e}_y+c\boldsymbol{e}_z$($c$为常数)沿曲线的环量，这里曲线满足圆周方程$x^2+y^2=R^2$，$z=0$，且旋转方向与$z$轴成右手螺旋关系。

7.证明：$\nabla\cdot\dfrac{\boldsymbol{r}}{r^3}=4\pi\delta(\boldsymbol{r})$。

8.采用两种方法证明如下公式：

(1)$\nabla(\varphi u)=u\nabla\varphi+\varphi\nabla u$；

(2)$\nabla\cdot(\varphi\boldsymbol{f})=\nabla\varphi\cdot\boldsymbol{f}+\varphi\nabla\cdot\boldsymbol{f}$；

(3)$\nabla\times(\varphi\boldsymbol{f})=(\nabla\varphi)\times\boldsymbol{f}+\varphi\nabla\times\boldsymbol{f}$；

(4)$\nabla\cdot(\boldsymbol{f}\times\boldsymbol{g})=(\nabla\times\boldsymbol{f})\cdot\boldsymbol{g}-(\nabla\times\boldsymbol{g})\cdot\boldsymbol{f}$；

(5)$\nabla\times(\boldsymbol{f}\times\boldsymbol{g})=(\boldsymbol{g}\cdot\nabla)\boldsymbol{f}-(\nabla\cdot\boldsymbol{f})\boldsymbol{g}+(\nabla\cdot\boldsymbol{g})\boldsymbol{f}-(\boldsymbol{f}\cdot\nabla)\boldsymbol{g}$；

(6)$\nabla(\boldsymbol{f}\cdot\boldsymbol{g})=\boldsymbol{f}\times(\nabla\times\boldsymbol{g})+\boldsymbol{g}\times(\nabla\times\boldsymbol{f})+(\boldsymbol{f}\cdot\nabla)\boldsymbol{g}+(\boldsymbol{g}\cdot\nabla)\boldsymbol{f}$；

(7)$\nabla\times\nabla\varphi=\boldsymbol{0}$；

(8)$\nabla\cdot\nabla\varphi=\nabla^2\varphi$。

9.已知$\boldsymbol{r}=\boldsymbol{x}-\boldsymbol{x}'=(x-x')\boldsymbol{e}_x+(y-y')\boldsymbol{e}_y+(z-z')\boldsymbol{e}_z=\sum(x_i-x_i')\boldsymbol{e}_i$，证明：

(1)$\nabla r=-\nabla' r=\dfrac{\boldsymbol{r}}{r}$；(2)$\nabla\cdot\boldsymbol{r}=-\nabla'\cdot\boldsymbol{r}=3$；(3)$\nabla\times\boldsymbol{r}=-\nabla'\times\boldsymbol{r}=\boldsymbol{0}$；

(4)$\nabla\dfrac{1}{r}=-\nabla'\dfrac{1}{r}=-\dfrac{\boldsymbol{r}}{r^3}$；(5)$\nabla\cdot\dfrac{\boldsymbol{r}}{r^3}=-\nabla'\cdot\dfrac{\boldsymbol{r}}{r^3}=0$ （当$r\neq0$时）；

(6)$\nabla\times\dfrac{\boldsymbol{r}}{r^3}=-\nabla'\times\dfrac{\boldsymbol{r}}{r^3}=\boldsymbol{0}$。

10.证明：设$\boldsymbol{k}$和$\boldsymbol{E}_0$均为常矢量，满足$\mathrm{i}=\sqrt{-1}$，$\boldsymbol{E}=\boldsymbol{E}_0\mathrm{e}^{\mathrm{i}\boldsymbol{k}\cdot\boldsymbol{r}}$，证明以下结论：

(1)$(\boldsymbol{k}\cdot\nabla)\boldsymbol{r}=\boldsymbol{k}$；(2)$\nabla(\boldsymbol{k}\cdot\boldsymbol{r})=\boldsymbol{k}$；(3)$\nabla\cdot\boldsymbol{E}=\mathrm{i}\boldsymbol{k}\cdot\boldsymbol{E}$；

(4)$\nabla\times\boldsymbol{E}=\mathrm{i}\boldsymbol{k}\times\boldsymbol{E}$；(5)对任意矢量$\boldsymbol{A}$，有$(\boldsymbol{k}\cdot\nabla)\boldsymbol{A}=\boldsymbol{k}\cdot\nabla\boldsymbol{A}$。

思维导图

矢量代数与微分运算

基本算符

$$\delta_{ij}=\begin{cases}0 & (i\neq j)\\ 1 & (i=j)\end{cases}$$

$$\varepsilon_{ijk}=\begin{cases}1 & [(i,j,k)=(1,2,3),(2,3,1),(3,1,2)(\text{偶次置换})]\\ -1 & [(i,j,k)=(3,2,1),(2,1,3),(1,3,2)(\text{奇次置换})]\\ 0 & (i,j,k\ \text{中有两个或三个取值相同时})\end{cases}$$

矢量运算

$$\boldsymbol{a}\cdot\boldsymbol{b}=ab\cos\theta=\sum_{i=1}^{3}a_ib_i$$

$$\boldsymbol{a}\times\boldsymbol{b}=ab\sin\theta\boldsymbol{e}_n=\sum_{i,j,k=1}^{3}\varepsilon_{ijk}a_ib_j\boldsymbol{e}_k=\begin{vmatrix}\boldsymbol{e}_1 & \boldsymbol{e}_2 & \boldsymbol{e}_3\\ a_1 & a_2 & a_3\\ b_1 & b_2 & b_3\end{vmatrix}$$

$$\boldsymbol{a}\cdot(\boldsymbol{b}\times\boldsymbol{c})=\begin{vmatrix}a_1 & a_2 & a_3\\ b_1 & b_2 & b_3\\ c_1 & c_2 & c_3\end{vmatrix}$$

$$\boldsymbol{a}\cdot(\boldsymbol{b}\times\boldsymbol{c})=\boldsymbol{b}\cdot(\boldsymbol{c}\times\boldsymbol{a})=\boldsymbol{c}\cdot(\boldsymbol{a}\times\boldsymbol{b})$$

$$\boldsymbol{a}\times(\boldsymbol{b}\times\boldsymbol{c})=(\boldsymbol{a}\cdot\boldsymbol{c})\boldsymbol{b}-(\boldsymbol{a}\cdot\boldsymbol{b})\boldsymbol{c}$$

微分运算

一阶微分：

- 梯度：$(\nabla\varphi)\boldsymbol{e}_l=\dfrac{\mathrm{d}\varphi}{\mathrm{d}l}$
- 散度：$\nabla\cdot\boldsymbol{A}=\lim\limits_{\Delta V\to 0}\dfrac{\oint_S\boldsymbol{A}\cdot\mathrm{d}\boldsymbol{S}}{\Delta V}$
- 旋度：$(\nabla\times\boldsymbol{A})\cdot\boldsymbol{e}_n=\lim\limits_{\Delta S\to 0}\dfrac{\oint_l\boldsymbol{A}\cdot\mathrm{d}\boldsymbol{l}}{\Delta S}$

二阶微分：

- 拉普拉斯算子 $\nabla\cdot\nabla\varphi=\nabla^2\varphi$
- $\nabla\times(\nabla\times\boldsymbol{A})=\nabla(\nabla\cdot\boldsymbol{A})-\nabla^2\boldsymbol{A}$
- 微分恒等式 $\begin{cases}\nabla\times\nabla\varphi=\boldsymbol{0}\\ \nabla\times(\nabla\cdot\boldsymbol{A})=\boldsymbol{0}\end{cases}$

→ **微分定理**

$$\int_a^b(\nabla\varphi)\cdot\mathrm{d}\boldsymbol{l}=\varphi(b)-\varphi(a)$$

$$\oint_S\boldsymbol{A}\cdot\mathrm{d}\boldsymbol{S}=\int_V\nabla\cdot\boldsymbol{A}\mathrm{d}V$$

$$\oint_l\boldsymbol{A}\cdot\mathrm{d}\boldsymbol{l}=\int_S(\nabla\times\boldsymbol{A})\mathrm{d}\boldsymbol{S}$$

→ **格林定理**

$$\oint_S\varphi\nabla\phi\cdot\mathrm{d}S=\int_V[\varphi\nabla^2\phi-\nabla\varphi\cdot\nabla\phi]\mathrm{d}V$$

$$\oint_S[\phi\nabla\varphi-\varphi\nabla\phi]\cdot\mathrm{d}S=\int_V[\phi\nabla^2\varphi-\varphi\nabla^2\phi]\mathrm{d}V$$

$$\oint_S\phi\nabla\phi\cdot\mathrm{d}S=\int_V[\phi\nabla^2\phi-(\nabla\phi)^2]\mathrm{d}V$$

→

$$\nabla\times\boldsymbol{A}=\boldsymbol{0}\Leftrightarrow\boldsymbol{A}=-\nabla\varphi\Leftrightarrow\oint\boldsymbol{F}\cdot\mathrm{d}\boldsymbol{l}=0$$

$$\nabla\cdot\boldsymbol{A}=0\Leftrightarrow\boldsymbol{A}=\nabla\times\boldsymbol{A}\Leftrightarrow\oint\boldsymbol{A}\cdot\mathrm{d}\boldsymbol{S}=0$$

→ **亥姆霍兹定理**

任意矢量场 $\boldsymbol{A}=\boldsymbol{A}_t+\boldsymbol{A}_l$，其中 $\nabla\cdot\boldsymbol{A}_t=0,\nabla\times\boldsymbol{A}_l=\boldsymbol{0}$

不同坐标系下∇算符的常用计算公式

∇的微分运算	直角坐标	球坐标	柱坐标
梯度	$\nabla\varphi=\boldsymbol{e}_1\frac{\partial\varphi}{\partial x}+\boldsymbol{e}_2\frac{\partial\varphi}{\partial y}+\boldsymbol{e}_3\frac{\partial\varphi}{\partial z}$	$\nabla\varphi=\boldsymbol{e}_r\frac{\partial\varphi}{\partial r}+\boldsymbol{e}_\theta\frac{1}{r}\frac{\partial\varphi}{\partial\theta}+\boldsymbol{e}_\phi\frac{1}{r\sin\theta}\frac{\partial\varphi}{\partial\phi}$	$\nabla\varphi=\boldsymbol{e}_\rho\frac{\partial\varphi}{\partial\rho}+\boldsymbol{e}_\phi\frac{1}{\rho}\frac{\partial\varphi}{\partial\phi}+\boldsymbol{e}_z\frac{\partial\varphi}{\partial z}$
散度	$\nabla\cdot\boldsymbol{A}=\frac{\partial A_1}{\partial x}+\frac{\partial A_2}{\partial y}+\frac{\partial A_3}{\partial z}$	$\nabla\cdot\boldsymbol{A}=\frac{1}{r^2}\frac{\partial}{\partial r}(r^2A_r)+\frac{1}{r\sin\theta}\frac{\partial}{\partial\theta}(\sin\theta A_\theta)+\frac{1}{r\sin\theta}\frac{\partial A_\phi}{\partial\phi}$	$\nabla\cdot\boldsymbol{A}=\frac{1}{\rho}\frac{\partial}{\partial\rho}(\rho A_\rho)+\frac{1}{\rho}\frac{\partial A_\phi}{\partial\phi}+\frac{\partial A_z}{\partial z}$
旋度	$\nabla\times\boldsymbol{A}=\boldsymbol{e}_3\left(\frac{\partial A_2}{\partial x}-\frac{\partial A_1}{\partial y}\right)+\boldsymbol{e}_2\left(\frac{\partial A_1}{\partial z}-\frac{\partial A_3}{\partial x}\right)+\boldsymbol{e}_1\left(\frac{\partial A_3}{\partial y}-\frac{\partial A_2}{\partial z}\right)$	$\nabla\times\boldsymbol{A}=\frac{1}{r\sin\theta}\left[\frac{\partial}{\partial\theta}(\sin\theta A_\phi)-\frac{\partial A_\theta}{\partial\phi}\right]\boldsymbol{e}_r+\frac{1}{r}\left[\frac{1}{\sin\theta}\frac{\partial A_r}{\partial\phi}-\frac{\partial}{\partial r}(rA_\phi)\right]\boldsymbol{e}_\theta+\frac{1}{r}\left[\frac{\partial}{\partial r}(rA_\theta)-\frac{\partial A_r}{\partial\theta}\right]\boldsymbol{e}_\phi$	$\nabla\times\boldsymbol{A}=\left[\frac{1}{\rho}\frac{\partial A_z}{\partial\phi}-\frac{\partial A_\phi}{\partial z}\right]\boldsymbol{e}_\rho+\left[\frac{\partial A_\rho}{\partial z}-\frac{\partial A_z}{\partial\rho}\right]\boldsymbol{e}_\phi+\frac{1}{\rho}\left[\frac{\partial}{\partial\rho}(rA_\phi)-\frac{\partial A_\rho}{\partial\phi}\right]\boldsymbol{e}_z$
拉普拉斯算子	$\nabla^2\varphi=\nabla\cdot\nabla\varphi=\frac{\partial^2\varphi}{\partial x^2}+\frac{\partial^2\varphi}{\partial y^2}+\frac{\partial^2\varphi}{\partial z^2}$	$\nabla^2\varphi=\frac{1}{r^2}\frac{\partial}{\partial r}\left(r^2\frac{\partial\varphi}{\partial r}\right)+\frac{1}{r^2\sin\theta}\frac{\partial}{\partial\theta}\left(\sin\theta\frac{\partial\varphi}{\partial\theta}\right)+\frac{1}{r^2\sin^2\theta}\frac{\partial^2\varphi}{\partial\phi^2}$	$\nabla^2\varphi=\frac{1}{\rho}\frac{\partial}{\partial\rho}\left(r\frac{\partial\varphi}{\partial\rho}\right)+\frac{1}{\rho^2}\frac{\partial^2\varphi}{\partial\phi^2}+\frac{\partial^2\varphi}{\partial z^2}$

第 2 章　电磁现象的普遍规律

电磁场具有物质属性，存在特定的运动形态和变化规律，并且可以和带电物质发生相互作用。电动力学的研究方法是运用演绎法将电磁学中归纳总结的实验现象进行理论凝练得到电磁场的普遍规律，然后利用这些规律来分析各种具体电磁场问题。

首先，从稳恒电磁场规律入手，逐渐分析变化的电磁场情形，得到真空中的麦克斯韦方程组；其次，将这些方程扩展到介质中的电磁场问题，获得电磁场现象的普遍规律；最后，介绍电磁场的边值关系和电磁场的守恒定律。本章内容奠定了整个电动力学的理论基础。

2.1　电荷守恒定律

2.1.1　电荷与电荷量子化

自然界中稳定存在的物体由原子构成，原子又由质子、中子和核外电子构成，因此质子、中子、电子是构成宏观物体的基本粒子。物体中的电子带负电，质子带等量正电，中子不显电性，物体宏观上呈电中性。但是，通过摩擦起电或静电感应，电子会从一个物体转移到另一个物体，或从物体的一个区域转移到另一个区域，失去电子的物体或区域带正电，得到电子的物体或区域带负电，并且得失电子的总和相等，体现电荷的守恒特性。除此之外，电荷还具有量子性，即宏观物体所带电量只能是电子电量的整数倍，即 $q=ne$，其中 n 为整数，$e=-1.6\times10^{-19}$ C 为电子电量。电荷的这种只取分立值的特性称为**电荷的量子化**。微观粒子的最新研究表明，质子、中子、电子也是有结构的，它们由更小的夸克构成，夸克所带电量是电子电量的 1/3 或 2/3。带分数电荷的夸克的发现，并不破坏电荷的量子性，只是将能测到的最小的一份电量变得更小。由于电子电量本身就很小，宏观物体的带电量可以看成是连续的。

2.1.2　电荷密度与电流密度

将宏观带电体分成许多宏观小、微观大的体积元 ΔV，体积元所带电量 Δq 可看作是均匀分布的，则将体积元 ΔV 的电荷体密度定义为

$$\rho=\lim_{\Delta V\to 0}\frac{\Delta q}{\Delta V} \tag{2.1.1}$$

对于面状、线状带电体，分别定义电荷面密度 σ 和线密度 λ 为

$$\sigma=\lim_{\Delta S\to 0}\frac{\Delta q}{\Delta S} \tag{2.1.2}$$

$$\lambda=\lim_{\Delta l\to 0}\frac{\Delta q}{\Delta l} \tag{2.1.3}$$

其中，ΔS、Δl 分别代表带电体的面积单元(面元)、长度单元(线元)。

2.1.3　电荷守恒定律

大量物理、化学实验研究发现，自然界中的电荷既不会凭空产生，也不会无故消失，只能从一个物体转移到另一物体，或从物体的一个区域转移到另一个区域，电荷的总和守恒。这个实验定律称为**电荷守恒定律**，是自然界的普遍规律，也称为电动力学的第一个基本定律。

电荷的定向移动形成电流，电流的强弱用电流强度 I 来描述，即单位时间内通过导体横截面的电量，电流强度是宏观平均效果。为精确描述各点处的电荷流动情况，则必须引入电流密度。

如图 2－1 所示，设 $\mathrm{d}\boldsymbol{S}$ 为过某点 P 的任一面元，它的外法线方向与电流方向的夹角为 θ。定义电流密度 $\boldsymbol{J}$ 的方向为沿该点的电流方向，它的数值等于单位时间垂直通过单位面积的电量。于是通过面元 $\mathrm{d}\boldsymbol{S}$ 的电流 $\mathrm{d}I$ 与电流密度 $\boldsymbol{J}$ 的关系为

$$\mathrm{d}I=J\mathrm{d}S\cos\theta=\boldsymbol{J}\cdot\mathrm{d}\boldsymbol{S} \tag{2.1.4}$$

通过任一曲面 $\boldsymbol{S}$ 的电流 I 为

$$I=\int_S\boldsymbol{J}\cdot\mathrm{d}\boldsymbol{S} \tag{2.1.5}$$

在图 2－2 中，如果形成电流的带电粒子的电荷密度为 ρ，平均速度为 $\boldsymbol{v}$，则电流密度 $\boldsymbol{J}=\rho\boldsymbol{v}$。当同时存在多种带电粒子时，其电荷密度和平均速度分别为 ρ_i、$\boldsymbol{v}_i$，则总的电流密度为

$$\boldsymbol{J}=\sum_i\rho_i\boldsymbol{v}_i \tag{2.1.6}$$

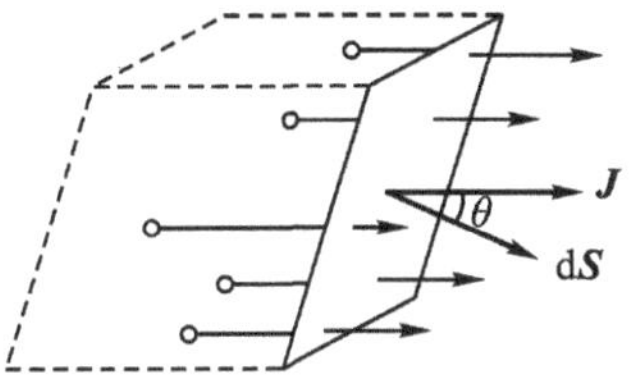

图 2－1　电流密度的定义

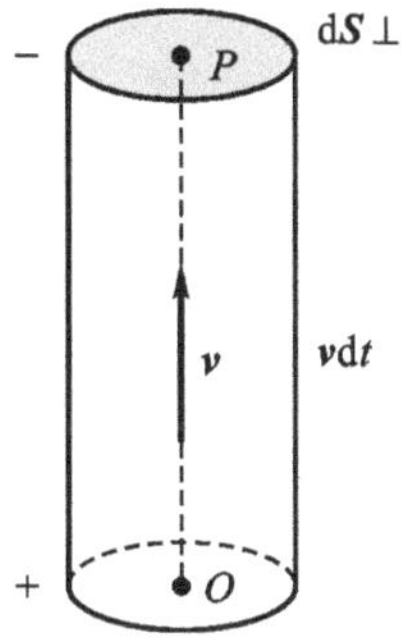

图 2－2　带电粒子的电流密度

取任一确定区域 V，其边界为闭合曲面 $\boldsymbol{S}$。根据电荷守恒定律可知，单位时间内通过界面 $\boldsymbol{S}$ 的电流应该等于该界面包围的体积 V 内电荷的减少率，即电荷守恒定律的积分形式

$$\oiint_S\boldsymbol{J}\cdot\mathrm{d}\boldsymbol{S}=-\int_V\frac{\partial\rho}{\partial t}\mathrm{d}V \tag{2.1.7}$$

采用高斯定理，把上式左边的面积分变为体积分

$$\oint_S \boldsymbol{J} \cdot \mathrm{d}\boldsymbol{S} = \int_V \nabla \cdot \boldsymbol{J} \mathrm{d}V \tag{2.1.8}$$

考虑到所取的体积或面元是任意的，故有

$$\nabla \cdot \boldsymbol{J} + \frac{\partial \rho}{\partial t} = 0 \tag{2.1.9}$$

上式也称为**电流连续性方程**，它是电荷守恒定律的微分形式。

若 V 为全空间，则闭合界面 $\boldsymbol{S}$ 上没有电流的流入或流出，式(2.1.7)左侧为 0，于是式(2.1.7)右侧亦为 0，即

$$\frac{\mathrm{d}}{\mathrm{d}t}\int_V \rho \mathrm{d}V = 0 \tag{2.1.10}$$

该式表示全空间的总电荷守恒。

电荷守恒定律对任意变化电流都成立。对于恒定电流情况，电荷分布不变，即 $\frac{\partial \rho}{\partial t}=0$，于是可得

$$\nabla \cdot \boldsymbol{J} = 0 \tag{2.1.11}$$

上式表示恒定电流的连续性，即恒定电流的流线必为闭合曲线，没有源点和终点，也就是说恒定电流只能在闭合电路中通过。

2.2 真空中的静电场基本方程

库仑定律的建立过程和现代意义

2.2.1 库仑定律

库仑定律给出：真空中两个静止点电荷 q_1、q_2 之间存在相互作用力，q_1 受到 q_2 的作用力为

$$\boldsymbol{F}_{1,2} = \frac{1}{4\pi\varepsilon_0}\frac{q_1 q_2}{r_{1,2}^3}\boldsymbol{r}_{1,2} \tag{2.2.1}$$

其中，$\boldsymbol{r}_{1,2}$ 为由 q_2 指向 q_1 的径矢，$r_{1,2} = |\boldsymbol{r}_{1,2}|$；$\varepsilon_0$ 为真空介电常数。

库仑定律表明两电荷之间存在相互作用力，但没有说明电荷之间相互作用力是怎么传递的。实际上，电荷激发电场，电场以有限的速度向外传递，空间中存在电场分布，处在电场空间中的电荷将受到电场力的作用。为便于描述，将激发电场的电荷称为**源电荷**，感受电场的电荷称为**场电荷**。无数事实证明，电荷激发的电场具有物质的属性，它和实际物体一样也具有能量和动量，并且可以脱离电荷而独立存在和传播。

库仑定律表明，静止点电荷所受到的电场力与作为源的电荷成线性关系。因此，如果空间中同时存在多个点电荷 $q_1, q_2, \cdots$，那么点电荷 q 所受静电力为各点电荷 q_i 单独对 q 的作用力的矢量和，即

$$\boldsymbol{F} = \sum_i \frac{1}{4\pi\varepsilon_0}\frac{q_i q}{r_i^3}\boldsymbol{r}_i \tag{2.2.2}$$

其中，$\boldsymbol{r}_i$ 为由 q_i 指向 q 的径矢。

对于连续带电的宏观物体，可将电荷分解成多个点电荷，利用上式可求出连续带电体对点电荷 q 的作用力为

$$\boldsymbol{F}=\int_V \frac{q\rho(\boldsymbol{x}')}{4\pi\varepsilon_0 r^3}\boldsymbol{r}\mathrm{d}V' \tag{2.2.3}$$

其中，$\boldsymbol{x}'$为激发电场的源电荷的位置矢量，$\rho(\boldsymbol{x}')$为源电荷的体电荷密度，积分遍布源电荷分布区域。

2.2.2 电场强度

库仑定理表明，静电力与场电荷成线性关系，因此可以用单位正电荷(场电荷)在某一位置所受到的力来表示源电荷在此处所产生的电场的强弱，称为**电场强度**，用 $\boldsymbol{E}$ 来描述。在源电荷 q 所激发的电场中的某点 $\boldsymbol{r}$ 处，放置检验电荷 q_0，设 q_0 受到的电场力为 $\boldsymbol{F}$，则 $\boldsymbol{r}$ 处的电场强度为

$$\boldsymbol{E}(r)=\frac{\boldsymbol{F}}{q_0}=\frac{q}{4\pi\varepsilon_0}\frac{\boldsymbol{r}}{r^3} \tag{2.2.4}$$

场强仅与源电荷 q 和场点位置 $\boldsymbol{r}$ 有关，与检验电荷 q_0 无关。由电场力的叠加性可知，当空间同时存在多个源电荷时，场点 $\boldsymbol{r}$ 处的场强也满足叠加原理，即

$$\boldsymbol{E}(r)=\frac{\sum_i \boldsymbol{F}_i}{q_0}=\sum_i \frac{q_i}{4\pi\varepsilon_0}\frac{\boldsymbol{r}}{r^3}=\sum_i \boldsymbol{E}_i \tag{2.2.5}$$

对于电荷连续分布的情形，设电荷密度为 $\rho(\boldsymbol{x}')$，则电荷体系所激发的电场为

$$\boldsymbol{E}(r)=\int \frac{\rho(\boldsymbol{x}')\boldsymbol{r}}{4\pi\varepsilon_0 r^3}\mathrm{d}V' \tag{2.2.6}$$

式(2.2.5)和式(2.2.6)代表静电场的叠加性，静电场的叠加性起源于库仑定律所揭示的静电力与源电荷之间的线性关系。

静电场和静磁场的高斯定理

2.2.3 高斯定理与电场的散度

真空中电荷激发的电场，通过任一闭合曲面的通量满足高斯定理，即

$$\oiint_S \boldsymbol{E}\cdot\mathrm{d}\boldsymbol{S}=\frac{1}{\varepsilon_0}\int_V \rho(r')\mathrm{d}V'=\frac{q}{\varepsilon_0} \tag{2.2.7}$$

证明　用任一闭合曲面 $\boldsymbol{S}$ 包围电荷 q，$\mathrm{d}\boldsymbol{S}$ 为曲面上的任一面元，则 q 激发的电场通过面元 $\mathrm{d}\boldsymbol{S}$ 的通量为

$$\boldsymbol{E}\cdot\mathrm{d}\boldsymbol{S}=\frac{q}{4\pi\varepsilon_0 r^2}\cos\theta\mathrm{d}S$$

其中，θ 为 $\mathrm{d}\boldsymbol{S}$ 与 $\boldsymbol{r}$ 的夹角。于是通过闭合曲面 $\boldsymbol{S}$ 的总通量为

$$\oint_S \boldsymbol{E}\cdot\mathrm{d}\boldsymbol{S}=\oint_S \frac{q}{4\pi\varepsilon_0 r^2}\cos\theta\mathrm{d}S=\frac{q}{4\pi\varepsilon_0}\oint \mathrm{d}\Omega=\frac{q}{\varepsilon_0}$$

如果曲面 $\boldsymbol{S}$ 外还有其他电荷 q'，则激发的电场线必定从曲面 $\boldsymbol{S}$ 的一侧穿入而从另一侧穿出，或者从旁边经过，无论哪种情形，q'对曲面 $\boldsymbol{S}$ 的通量都没有任何贡献，也就是说通量仅取决于曲面内的电荷，而与曲面外的电荷无关。如果源电荷是单位正电荷，那么包围源电荷

的任一曲面的电场通量为$\frac{1}{\varepsilon_0}$，可见$\frac{1}{\varepsilon_0}$代表单位电荷所发出的电场线的条数。因此，式(2.2.7)所描述的高斯定理表示源电荷 q 所激发的电场线的总条数为$\frac{q}{\varepsilon_0}$，也满足线性叠加性。事实上，不仅静电场满足线性叠加性，变化电场也满足线性叠加性。

对于电荷连续分布的情形，高斯定理可写成

$$\oint_S \boldsymbol{E} \cdot \mathrm{d}\boldsymbol{S} = \frac{1}{\varepsilon_0}\int_V \rho \mathrm{d}V \tag{2.2.8}$$

采用高斯定理，将上式左侧的面积分变成体积分

$$\oint_S \boldsymbol{E} \cdot \mathrm{d}\boldsymbol{S} = \int_V \nabla \cdot \boldsymbol{E} \mathrm{d}V$$

考虑到 $\mathrm{d}V$ 的任意性，式(2.2.8)可写成微分方程

$$\nabla \cdot \boldsymbol{E} = \frac{\rho}{\varepsilon_0} \tag{2.2.9}$$

上式表明静电场是有源场，电荷是电场的源，电场线从正电荷发出而终止于负电荷或无穷远处，有头有尾，且在空间中连续通过。凡是电场突变，即不连续的地方，一定存在电荷。反之，没有电荷分布的区域，电场不发生突变。可见，微分形式的高斯定理代表了空间各点电荷分布与电场突变的关系，和高斯定律的积分形式相比更加精确、深刻。尽管散度方程是库仑平方反比定律的必然结果，但比库仑平方反比定律深刻得多。

2.2.4 环路定理与电场的旋度

静电场和静磁场的环路定理

取任一闭合回路 C，计算电场的环路积分，有

$$\begin{aligned}\oint_C \boldsymbol{E} \cdot \mathrm{d}\boldsymbol{l} &= \frac{q}{4\pi\varepsilon_0}\oint_C \frac{\boldsymbol{r}}{r^3} \cdot \mathrm{d}\boldsymbol{l} = \frac{q}{4\pi\varepsilon_0}\oint_C \frac{r\,\mathrm{d}l\cos\theta}{r^3} \\ &= \frac{q}{4\pi\varepsilon_0}\oint_C \frac{\mathrm{d}r}{r^2} = -\frac{q}{4\pi\varepsilon_0}\oint_C \mathrm{d}\left(\frac{1}{r}\right) = 0\end{aligned}$$

即

$$\oint_C \boldsymbol{E} \cdot \mathrm{d}\boldsymbol{l} = 0 \tag{2.2.10}$$

此即为**静电场的环路定理**。

上式表明，对静电场，任一电荷形成的电场对任一环路的积分都是0。根据矢量分析，上式左侧可写为

$$\boldsymbol{E} \cdot \mathrm{d}\boldsymbol{l} = \nabla \times \boldsymbol{E} \cdot \mathrm{d}\boldsymbol{S} \tag{2.2.11}$$

于是上式可变为

$$\iint_S (\nabla \times \boldsymbol{E}) \cdot \mathrm{d}\boldsymbol{S} = 0 \tag{2.2.12}$$

考虑到环路及以环路为边界的曲面的任意性，可得

$$\nabla \times \boldsymbol{E} = \boldsymbol{0} \tag{2.2.13}$$

即静电场的旋度处处为0。旋度的几何意义如式(2.2.11)所示，旋度在面元法线方向的

投影代表单位面积的环量。静电场的旋度为零，可以得到沿任意环路的环量为零，因此静电场没有涡旋结构，即静电场是无旋场，仅存在沿径向的纵场，不存在沿切向的横场。因此，静电场是保守场，电场做功与具体路径无关。

真空中静电场的规律可总结为

微分形式：

$$\begin{cases}\nabla\cdot\boldsymbol{E}=\dfrac{\rho}{\varepsilon_0}\\ \nabla\times\boldsymbol{E}=\boldsymbol{0}\end{cases}\tag{2.2.14}$$

积分形式：

$$\begin{cases}\oiint_S\boldsymbol{E}\cdot\mathrm{d}\boldsymbol{S}=\dfrac{q}{\varepsilon_0}\\ \oint_C\boldsymbol{E}\cdot\mathrm{d}\boldsymbol{l}=0\end{cases}\tag{2.2.15}$$

例 2－1　有一总电荷为 Q、半径为 a 的均匀带电球体，求球体中各点的电场强度，并计算电场强度的散度和旋度。

解　1)计算电场强度

以带电球体的球心为球心作半径为 r 的高斯球面。由于球体均匀带电，根据球对称性可知，电场强度的方向沿着径向 $\boldsymbol{e}_r$，即 $\boldsymbol{E}=E\boldsymbol{e}_r$。

当 $r\geqslant a$ 时，高斯球面包围的总电荷为 Q，由高斯定理得

$$\oint_S\boldsymbol{E}\cdot\mathrm{d}\boldsymbol{S}=\oint_S E\cdot\mathrm{d}S=4\pi r^2E=\frac{Q}{\varepsilon_0}$$

因此

$$\boldsymbol{E}=\frac{Q\boldsymbol{r}}{4\pi\varepsilon_0 r^3}\quad(r\geqslant a)$$

当 $r<a$ 时，设带电球体的体电荷密度为 ρ，可得

$$\rho=\frac{Q}{\frac{4}{3}\pi a^3}$$

高斯球面包围的总电荷为

$$\frac{4}{3}\pi r^3\rho=\frac{Qr^3}{a^3}$$

由高斯定理得

$$\oint_S\boldsymbol{E}\cdot\mathrm{d}\boldsymbol{S}=\oint_S E\cdot\mathrm{d}S=4\pi r^2E=\frac{Qr^3}{a^3\varepsilon_0}$$

因此

$$\boldsymbol{E}=\frac{Q}{4\pi\varepsilon_0 a^3}\boldsymbol{r}\quad(r<a)$$

总结，均匀带电球所产生的电场为

$$E=\begin{cases}\dfrac{Q\boldsymbol{r}}{4\pi\varepsilon_0 r^3} & (r\geqslant a)\\ \dfrac{Q}{4\pi\varepsilon_0 a^3}\boldsymbol{r} & (r<a)\end{cases}$$

2)计算电场的散度

当 $r\geqslant a$ 时,由式(1.2.46)可得电场的散度为

$$\nabla\cdot\boldsymbol{E}=\frac{Q}{4\pi\varepsilon_0}\left(\nabla\cdot\frac{\boldsymbol{r}}{r^3}\right)=0\quad(r\geqslant a)$$

当 $r<a$ 时,由式(1.2.40)可得电场的散度为

$$\nabla\cdot\boldsymbol{E}=\frac{Q}{4\pi\varepsilon_0 a^3}(\nabla\cdot\boldsymbol{r})=\frac{3Q}{4\pi\varepsilon_0 a^3}=\frac{\rho}{\varepsilon_0}\quad(r<a)$$

总结,电场的散度为

$$\nabla\cdot\boldsymbol{E}=\begin{cases}0 & (r\geqslant a)\\ \dfrac{\rho}{\varepsilon_0} & (r<a)\end{cases}$$

3)计算电场的旋度

当 $r\geqslant a$ 时,根据式(1.2.47)可得电场的旋度为

$$\nabla\times\boldsymbol{E}=\frac{Q}{4\pi\varepsilon_0}\left(\nabla\times\frac{\boldsymbol{r}}{r^3}\right)=\boldsymbol{0}$$

当 $r<a$ 时,根据式(1.2.41)可得电场的旋度为

$$\nabla\times\boldsymbol{E}=\frac{Q}{4\pi\varepsilon_0 a^3}(\nabla\times\boldsymbol{r})=\boldsymbol{0}$$

总结电场的散度为

$$\nabla\times\boldsymbol{E}=\boldsymbol{0}$$

此例题再次说明静电场是无旋场,其旋度处处为零;根据静电场散度可知静电场是有源场,球内区域的散度为 $\frac{\rho}{\varepsilon_0}$,但球外区域的散度为 0,说明散度具有局域性,电场的散度只与场点位置处的电荷密度有关。

2.3 真空中的静磁场基本方程

2.3.1 毕奥-萨伐尔定律

实验发现,电流元之间也存在相互作用力,该相互作用力是通过磁场传递的。设回路电流 I' 在空间产生的磁感应强度为 $\boldsymbol{B}$,$\boldsymbol{B}$ 可由毕奥-萨伐尔定律给出:

$$\boldsymbol{B}=\frac{\mu_0}{4\pi}\oint_L\frac{I'\mathrm{d}\boldsymbol{l}'\times\boldsymbol{r}}{r^3}\tag{2.3.1}$$

由上式可知,磁感应强度的大小与激发磁场的电流元强度成正比,因此磁感应强度同电场一样满足叠加原理。此外,磁感应强度的大小与径矢的平方成反比,这与电场强度的规律

相似。所不同是电场方向与径矢方向相同，而磁场方向与径矢方向垂直。

考虑到电流元

$$I'\mathrm{d}\boldsymbol{l}'=[\boldsymbol{J}(\boldsymbol{x}')\cdot\mathrm{d}\boldsymbol{S}']\mathrm{d}\boldsymbol{l}'=\boldsymbol{J}(\boldsymbol{x}')\mathrm{d}S_n'\mathrm{d}\boldsymbol{l}'=\boldsymbol{J}(\boldsymbol{x}')(\mathrm{d}S_n'\mathrm{d}\boldsymbol{l}')=\boldsymbol{J}(\boldsymbol{x}')\mathrm{d}V'$$

于是磁感应强度也可写为

$$\boldsymbol{B}=\frac{\mu_0}{4\pi}\int_V\frac{\boldsymbol{J}(\boldsymbol{x}')\times\boldsymbol{r}}{r^3}\mathrm{d}V' \tag{2.3.2}$$

可见，激发静磁场的源可以写为 $I'\mathrm{d}\boldsymbol{l}'$，也可以写为 $\boldsymbol{J}(\boldsymbol{x}')\mathrm{d}V'$。

实验表明，电流元 $I\mathrm{d}\boldsymbol{l}$ 受到电流 I' 的磁场力为

$$\mathrm{d}\boldsymbol{F}=I\mathrm{d}\boldsymbol{l}\times\boldsymbol{B}=\boldsymbol{J}(\boldsymbol{x})\mathrm{d}V\times\boldsymbol{B} \tag{2.3.3}$$

这就是电流元在磁场中受到的安培力。从上式看，两个电流元之间的磁场力不满足牛顿第三定律，这表明孤立的电流元是不存在的，实际存在的稳恒电流必须形成回路，两个电流回路线圈所受到的安培力仍然满足牛顿第三定律。

2.3.2　磁场的散度

对静磁场 $\boldsymbol{B}=\frac{\mu_0}{4\pi}\int_V\frac{\boldsymbol{J}(\boldsymbol{x}')\times\boldsymbol{r}}{r^3}\mathrm{d}V'$ 求散度，有

$$\nabla\cdot\boldsymbol{B}=\nabla\cdot\left[\frac{\mu_0}{4\pi}\int_V\frac{\boldsymbol{J}(\boldsymbol{x}')\times\boldsymbol{r}}{r^3}\mathrm{d}V'\right]=\frac{\mu_0}{4\pi}\int_V\left[\nabla\cdot\frac{\boldsymbol{J}(\boldsymbol{x}')\times\boldsymbol{r}}{r^3}\right]\mathrm{d}V'$$

根据

$$\nabla\cdot(\boldsymbol{f}\times\boldsymbol{g})=\boldsymbol{g}\cdot(\nabla\times\boldsymbol{f})-\boldsymbol{f}\cdot(\nabla\times\boldsymbol{g})$$

有

$$\nabla\cdot\boldsymbol{B}=\frac{\mu_0}{4\pi}\int_V\left\{[\nabla\times\boldsymbol{J}(\boldsymbol{x}')]\cdot\frac{\boldsymbol{r}}{r^3}-\left(\nabla\times\frac{\boldsymbol{r}}{r^3}\right)\cdot\boldsymbol{J}(\boldsymbol{x}')\right\}\mathrm{d}V'$$

由于

$$\nabla\times\boldsymbol{J}(\boldsymbol{x}')=\boldsymbol{0},\qquad\nabla\times\frac{\boldsymbol{r}}{r^3}=\boldsymbol{0}$$

所以

$$\nabla\cdot\boldsymbol{B}=0 \tag{2.3.4}$$

这表明，静磁场为无源场，不存在与静电场中的电荷对应的磁荷，静磁场的激发源只能是稳恒电流。

取任意体积元，对上式进行体积分，并根据积分变换有

$$\int_V(\nabla\cdot\boldsymbol{B})\mathrm{d}V=\oint_S\boldsymbol{B}\cdot\mathrm{d}\boldsymbol{S}=0$$

即

$$\oint_S\boldsymbol{B}\cdot\mathrm{d}\boldsymbol{S}=0 \tag{2.3.5}$$

上式称为**静磁场的高斯定理**。对任意闭合的曲面，静磁场的磁通量为 0，这正好代表磁荷 q_m 为 0。

2.3.3 磁场的旋度

已知$\nabla \cdot \boldsymbol{B}=0$，由矢量分析可知$\nabla \cdot (\nabla \times \boldsymbol{A})=0$，可见，必定存在矢量函数$\boldsymbol{A}$，使得$\boldsymbol{B}=\nabla \times \boldsymbol{A}$。与静电场中的静电势相类比，可将矢量函数$\boldsymbol{A}$定义为静磁场的矢势。

下面先推导矢势$\boldsymbol{A}$的表达式。

$$\begin{aligned}\boldsymbol{B} &= \frac{\mu_0}{4\pi}\int_V \frac{\boldsymbol{J}(\boldsymbol{x}') \times \boldsymbol{r}}{r^3}\mathrm{d}V' = -\frac{\mu_0}{4\pi}\int_V \boldsymbol{J}(\boldsymbol{x}') \times \left(\nabla\frac{1}{r}\right)\mathrm{d}V' \\ &= \frac{\mu_0}{4\pi}\int_V \nabla \times \left[\frac{\boldsymbol{J}(\boldsymbol{x}')}{r}\right]\mathrm{d}V' \\ &= \nabla \times \left\{\frac{\mu_0}{4\pi}\int_V \left[\frac{\boldsymbol{J}(\boldsymbol{x}')}{r}\right]\mathrm{d}V'\right\}\end{aligned}$$

定义矢势为

$$\boldsymbol{A} = \frac{\mu_0}{4\pi}\int_V \left[\frac{\boldsymbol{J}(\boldsymbol{x}')}{r}\right]\mathrm{d}V' \tag{2.3.6}$$

这样静磁场的矢势与静电场的标势$\varphi(\boldsymbol{x}) = \dfrac{1}{4\pi\varepsilon_0}\displaystyle\int_V \frac{\rho(\boldsymbol{x}')}{r}\mathrm{d}V'$相对应，对于稳恒电磁场，其对应关系为：$\mu_0 \to \dfrac{1}{\varepsilon_0}$，$\boldsymbol{J}(\boldsymbol{x}') \to \rho(\boldsymbol{x}')$，$\boldsymbol{A} \to \varphi$。

接下来计算磁场的旋度：

$$\nabla \times \boldsymbol{B} = \nabla \times (\nabla \times \boldsymbol{A}) = \nabla(\nabla \cdot \boldsymbol{A}) - \nabla^2 \boldsymbol{A}$$

1)先计算$\nabla \cdot \boldsymbol{A}$

$$\begin{aligned}\nabla \cdot \boldsymbol{A} &= \nabla \cdot \left[\frac{\mu_0}{4\pi}\int_V \frac{\boldsymbol{J}(\boldsymbol{x}')}{r}\mathrm{d}V'\right] = \frac{\mu_0}{4\pi}\int_V \nabla \cdot \left[\frac{\boldsymbol{J}(\boldsymbol{x}')}{r}\right]\mathrm{d}V' \\ &= \frac{\mu_0}{4\pi}\int_V \boldsymbol{J}(\boldsymbol{x}') \cdot \nabla\frac{1}{r}\mathrm{d}V' = -\frac{\mu_0}{4\pi}\int_V \boldsymbol{J}(\boldsymbol{x}') \cdot \left(\nabla'\frac{1}{r}\right)\mathrm{d}V' \\ &= -\frac{\mu_0}{4\pi}\int_V \nabla' \cdot \left[\frac{\boldsymbol{J}(\boldsymbol{x}')}{r}\right]\mathrm{d}V' + \frac{\mu_0}{4\pi}\int_V \frac{1}{r}\nabla' \cdot \boldsymbol{J}(\boldsymbol{x}')\mathrm{d}V' \\ &= -\frac{\mu_0}{4\pi}\oint_S \left[\frac{\boldsymbol{J}(\boldsymbol{x}')}{r}\right] \cdot \mathrm{d}\boldsymbol{S}' + \frac{\mu_0}{4\pi}\int_V \frac{1}{r}\nabla' \cdot \boldsymbol{J}(\boldsymbol{x}')\mathrm{d}V'\end{aligned}$$

上式第一项由于V'中包含了所有电流，因此作为V'的边界曲面$\boldsymbol{S}'$上没有电流的进出，即电流的面积分为零，第二项由于稳恒电流的连续性，得$\nabla' \cdot \boldsymbol{J}(\boldsymbol{x}')=0$，于是可得

$$\nabla \cdot \boldsymbol{A} = 0 \tag{2.3.7}$$

2)再计算$\nabla^2 \boldsymbol{A}$

$$\begin{aligned}\nabla^2 \boldsymbol{A} &= \frac{\mu_0}{4\pi}\nabla^2\int_V \frac{\boldsymbol{J}(\boldsymbol{x}')}{r}\mathrm{d}V' = \frac{\mu_0}{4\pi}\int_V \boldsymbol{J}(\boldsymbol{x}')\nabla^2\left(\frac{1}{r}\right)\mathrm{d}V' \\ &= \frac{\mu_0}{4\pi}\int_V \boldsymbol{J}(\boldsymbol{x}')\nabla \cdot \left(-\frac{\boldsymbol{r}}{r^3}\right)\mathrm{d}V'\end{aligned}$$

由于

$$\nabla \cdot \left(\frac{\boldsymbol{r}}{r^3}\right) = \lim_{\Delta V \to 0}\frac{\oint \frac{\boldsymbol{r}}{r^3} \cdot \mathrm{d}\boldsymbol{S}}{\Delta V} = \lim_{\Delta V \to 0}\frac{\oint \frac{\boldsymbol{r}}{r^3} \cdot \mathrm{d}\Omega r^2 \boldsymbol{e}_r}{\Delta V}$$

$$= \lim_{\Delta V \to 0} \frac{\oint \mathrm{d}\Omega}{\Delta V} = \lim_{a \to 0} \frac{4\pi}{\frac{4}{3}\pi a^3} \to \infty$$

同时

$$\int_V \left(\nabla \cdot \frac{\boldsymbol{r}}{r^3}\right) \mathrm{d}V = \oint \frac{\boldsymbol{r}}{r^3} \cdot \mathrm{d}\boldsymbol{S} = 4\pi$$

可见

$$\nabla \cdot \frac{\boldsymbol{r}}{r^3} = 4\pi\delta(\boldsymbol{r}) = 4\pi\delta(\boldsymbol{x} - \boldsymbol{x}') \tag{2.3.8}$$

$$\begin{aligned} \nabla^2 \boldsymbol{A} &= \frac{\mu_0}{4\pi}\int_V \boldsymbol{J}(\boldsymbol{x}')\, \nabla \cdot \left(-\frac{\boldsymbol{r}}{r^3}\right) \mathrm{d}V' \\ &= -\frac{\mu_0}{4\pi}\int_V \boldsymbol{J}(\boldsymbol{x}')\, 4\pi\delta(\boldsymbol{x} - \boldsymbol{x}')\, \mathrm{d}V' \\ &= -\mu_0 \boldsymbol{J}(\boldsymbol{x}) \end{aligned} \tag{2.3.9}$$

于是可得

$$\nabla \times \boldsymbol{B} = \mu_0 \boldsymbol{J}(\boldsymbol{x}) \tag{2.3.10}$$

上式两边同时对以任意闭合曲线 L 为边界线的曲面 $\boldsymbol{S}$ 求通量，有

$$\int_S \nabla \times \boldsymbol{B} \cdot \mathrm{d}\boldsymbol{S} = \oint_L \boldsymbol{B} \cdot \mathrm{d}\boldsymbol{l} = \mu_0 \int_S \boldsymbol{J} \cdot \mathrm{d}\boldsymbol{S} = \mu_0 I$$

即

$$\oint_L \boldsymbol{B} \cdot \mathrm{d}\boldsymbol{l} = \mu_0 I \tag{2.3.11}$$

上式表明静磁场沿闭合曲线的环量与被该闭合曲线包围的电流成正比，称为**静磁场的环路定理**。单位电流所激发的静磁场，沿单位长度环路的环量的大小为 μ_0，μ_0 代表单位电流所激发的磁场的强弱。因此代表静磁场强弱的 μ_0 与代表静电场强弱的 $\frac{1}{\varepsilon_0}$ 相对应。

静磁场的基本方程汇总如下：

微分形式：

$$\begin{cases} \nabla \cdot \boldsymbol{B} = 0 \\ \nabla \times \boldsymbol{B} = \mu_0 \boldsymbol{J}(\boldsymbol{x}) \end{cases} \tag{2.3.12}$$

积分形式：

$$\begin{cases} \oint_S \boldsymbol{B} \cdot \mathrm{d}\boldsymbol{S} = 0 \\ \oint_L \boldsymbol{B} \cdot \mathrm{d}\boldsymbol{l} = \mu_0 \boldsymbol{I} \end{cases} \tag{2.3.13}$$

由此可知：静磁场是有旋无源场，磁场线是闭合的，无头无尾；静磁场是非保守场，电流激发的磁场总是以涡旋形式出现；由于旋度局域性，某点上的磁感应强度的旋度只和该点处的电流密度有关；运动的电荷会产生磁场，因此运动的电荷才能与磁场发生相互作用，而静电荷不能。

2.4 真空中的麦克斯韦方程组 洛伦兹力公式

前面讲述的是静电场、静磁场的规律，既然电流可以产生磁场，那么反过来磁场是否能产生电场呢？两者是否具有更紧密的联系？这些规律能否推广到时变情况？需要进行哪些修正？时变情况下电场和磁场是否有关？这些是我们要进一步考虑的。

2.4.1 法拉第电磁感应定律

既然电能产生磁，相反地，磁是否能产生电？在法拉第之前，已有科学家发现了某些现象，如法国科学家阿拉果曾发现电磁阻尼和电磁驱动现象，但未能将其与电磁感应相联系。法拉第最早通过实验发现变化的磁场可以激发电场，闭合线圈中的感应电动势（见图2－3）与磁通量变化率成正比，产生的感应电流阻碍原磁通量的变化，即

$$\varepsilon=-\frac{\mathrm{d}\Phi}{\mathrm{d}t}=-\frac{\mathrm{d}}{\mathrm{d}t}\int_S \boldsymbol{B}\cdot\mathrm{d}\boldsymbol{S} \tag{2.4.1}$$

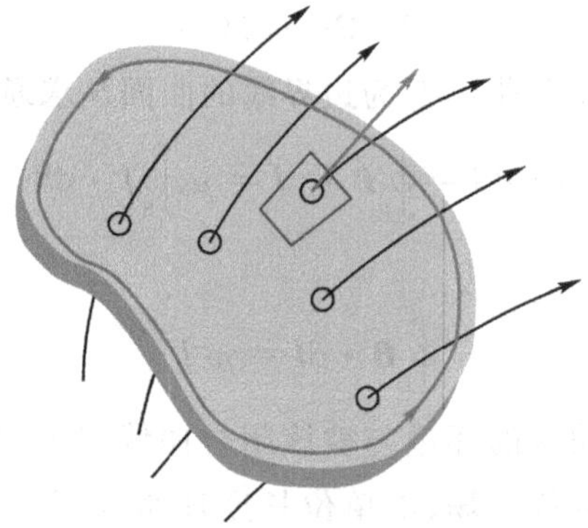

图 2－3 感应电动势

事实上，非静电场沿闭合回路的积分就是电动势，即

$$\varepsilon=\oint \boldsymbol{E}\cdot\mathrm{d}\boldsymbol{l} \tag{2.4.2}$$

以上两式联立，可得

$$\oint \boldsymbol{E}\cdot\mathrm{d}\boldsymbol{l}=-\frac{\mathrm{d}}{\mathrm{d}t}\int_S \boldsymbol{B}\cdot\mathrm{d}\boldsymbol{S}=-\int_S \frac{\partial \boldsymbol{B}}{\partial t}\cdot\mathrm{d}\boldsymbol{S}$$

采用斯托克斯定理，将左侧线积分转化为面积分后，可得

$$\int_S \nabla\times\boldsymbol{E}\cdot\mathrm{d}\boldsymbol{S}=-\int_S \frac{\partial \boldsymbol{B}}{\partial t}\cdot\mathrm{d}\boldsymbol{S}$$

考虑到面元 $\mathrm{d}\boldsymbol{S}$ 的任意性，上式两侧的被积函数应相等，即

$$\nabla\times\boldsymbol{E}=-\frac{\partial \boldsymbol{B}}{\partial t} \tag{2.4.3}$$

上式说明，变化的磁场能激发电场，将这种电场称为**感应电场**。感应电场是涡旋场，而静电场是无旋场，两者存在显著区别。如果同时存在静电荷和变化的磁场，那么总电场包括

库仑电场和感应电场，其中电荷激发的库仑场为纵场，变化磁场激发的感应场为横场，此时总电场的散度、旋度分别为

$$\nabla\cdot\boldsymbol{E}=\nabla\cdot\boldsymbol{E}_{\mathrm{t}}+\nabla\cdot\boldsymbol{E}_{\mathrm{l}}=0+\frac{\rho}{\varepsilon_0}=\frac{\rho}{\varepsilon_0} \tag{2.4.4}$$

$$\nabla\times\boldsymbol{E}=\nabla\times\boldsymbol{E}_{\mathrm{t}}+\nabla\times\boldsymbol{E}_{\mathrm{l}}=-\frac{\partial\boldsymbol{B}}{\partial t}+0=-\frac{\partial\boldsymbol{B}}{\partial t} \tag{2.4.5}$$

2.4.2　位移电流假设 麦克斯韦方程组

真空中麦克斯韦方程组的讨论

法拉第电磁感应定律表明，变化的磁场可以激发感应电场。我们不禁要问：变化的电场是否可以激发感应磁场？

将稳恒磁场的旋度$\nabla\times\boldsymbol{B}=\mu_0\boldsymbol{J}(\boldsymbol{x})$代入矢量分析恒等式$\nabla\cdot(\nabla\times\boldsymbol{B})\equiv0$可得

$$\nabla\cdot(\nabla\times\boldsymbol{B})=\nabla\cdot(\mu_0\boldsymbol{J})=0$$

即要求

$$\nabla\cdot\boldsymbol{J}=0$$

该表达式与电荷守恒定律$\nabla\cdot\boldsymbol{J}+\frac{\partial\rho}{\partial t}=0$相矛盾。事实上，电荷守恒定律是一种普遍性规律，这种矛盾表明稳恒磁场旋度表达式$\nabla\times\boldsymbol{B}=\mu_0\boldsymbol{J}(\boldsymbol{x})$不适用于变化场的情形，需要进行修正。

将$\nabla\cdot\boldsymbol{E}=\frac{\rho}{\varepsilon_0}$代入电荷守恒定律，有

$$\nabla\cdot\boldsymbol{J}+\frac{\partial}{\partial t}(\varepsilon_0\,\nabla\cdot\boldsymbol{E})=\nabla\cdot\left(\boldsymbol{J}+\varepsilon_0\frac{\partial}{\partial t}\boldsymbol{E}\right)=0$$

上式第二项代表变化电场的影响。

定义位移电流$\boldsymbol{J}_{\mathrm{d}}=\varepsilon_0\frac{\partial\boldsymbol{E}}{\partial t}$，则磁场的旋度可表示为

$$\nabla\times\boldsymbol{B}=\mu_0\boldsymbol{J}+\mu_0\varepsilon_0\frac{\partial\boldsymbol{E}}{\partial t} \tag{2.4.6}$$

取总电流密度

$$\boldsymbol{J}_{\mathrm{t}}=\boldsymbol{J}+\varepsilon_0\frac{\partial}{\partial t}\boldsymbol{E} \tag{2.4.7}$$

则

$$\nabla\cdot\boldsymbol{J}_{\mathrm{t}}=0 \tag{2.4.8}$$

上式既满足电荷守恒定律，又满足矢量分析恒等式$\nabla\cdot(\nabla\times\boldsymbol{B})\equiv0$，上述矛盾消失了。

经改造后，电场的散度、旋度和磁场的散度、旋度分别为

$$\begin{cases}\nabla\times\boldsymbol{E}=-\dfrac{\partial\boldsymbol{B}}{\partial t}\\[2ex]\nabla\times\boldsymbol{B}=\mu_0\boldsymbol{J}+\mu_0\varepsilon_0\dfrac{\partial\boldsymbol{E}}{\partial t}\\[2ex]\nabla\cdot\boldsymbol{E}=\dfrac{\rho}{\varepsilon_0}\\[2ex]\nabla\cdot\boldsymbol{B}=0\end{cases} \tag{2.4.9}$$

下面来分析上述四个微分方程对可变电磁场的适用范围。在式(2.4.9)中,第一式、第二式已经包含了变化的磁场激发的感应电场,或变化的电场激发的感应磁场,因此第一式、第二式适用于变化的电磁场情形。由于感应电场为横场,而横场的散度为0,故第三式中的$\boldsymbol{E}$实际上包含了作为库仑场的纵场和作为感应场的横场,因此也适用于变化的电磁场。由第二式知,感应磁场和稳恒磁场都是横场,因此第四式中的$\boldsymbol{B}$也适用于变化的电磁场情形。把上述四个微分方程构成的方程组称为**麦克斯韦方程组**。

麦克斯韦方程组包含12个标量方程,但仅含6个未知数($E_x, E_y, E_z, B_x, B_y, B_z$),因此有一半标量方程不独立。利用关于电场的矢量分析恒等式

$$\nabla \cdot (\nabla \times \boldsymbol{E}) \equiv 0 \Rightarrow \nabla \cdot \left(-\frac{\partial \boldsymbol{B}}{\partial t}\right) = -\frac{\partial}{\partial t}(\nabla \cdot \boldsymbol{B})$$

可见,$\nabla \cdot \boldsymbol{B}$为不随时间变化的常数。不失一般性,令该常数为0,即可得到$\nabla \cdot \boldsymbol{B} = 0$。同样地,利用关于磁场的矢量分析恒等式

$$\nabla \cdot (\nabla \times \boldsymbol{B}) \equiv 0 \Rightarrow \nabla \cdot \left(\mu_0 \boldsymbol{J} + \mu_0 \varepsilon_0 \frac{\partial \boldsymbol{E}}{\partial t}\right) = \mu_0 \nabla \cdot \left(\boldsymbol{J} + \varepsilon_0 \frac{\partial \boldsymbol{E}}{\partial t}\right)$$

考虑到电荷守恒定律$\nabla \cdot \boldsymbol{J} + \frac{\partial \rho}{\partial t} = 0$,可推出

$$\nabla \cdot \boldsymbol{E} = \frac{\rho}{\varepsilon_0} \tag{2.4.10}$$

可见,麦克斯韦方程组的前两个方程包含了后两个方程。

麦克斯韦方程组具有重要的物理意义,具体包括:

(1)ρ、$\boldsymbol{J}$为激发电磁场的源,不过ρ激发纵场,$\boldsymbol{J}$激发横场。

(2)自由真空中,$\rho=0$、$\boldsymbol{J}=0$,此时麦克斯韦方程组转变为

$$\begin{cases} \nabla \times \boldsymbol{E} = -\dfrac{\partial \boldsymbol{B}}{\partial t} \\ \nabla \times \boldsymbol{B} = \mu_0 \varepsilon_0 \dfrac{\partial \boldsymbol{E}}{\partial t} \\ \nabla \cdot \boldsymbol{E} = 0 \\ \nabla \cdot \boldsymbol{B} = 0 \end{cases} \tag{2.4.11}$$

这表明电场和磁场相互激发形成电磁场,电磁场可以脱离电荷、电流而以波的形式传播,传播的速度为光速$c = \dfrac{1}{\sqrt{\mu_0 \varepsilon_0}}$。

(3)变化的电场和磁场具有很好的对称性,尤其是自由真空条件下的麦克斯韦方程组的对称性更明显:$\boldsymbol{E}$和$\boldsymbol{B}$对应,ρ和$\boldsymbol{J}$对应,$\dfrac{\partial \boldsymbol{E}}{\partial t}$和$\dfrac{\partial \boldsymbol{B}}{\partial t}$对应,$\mu_0$和$\dfrac{1}{\varepsilon_0}$对应,即电场可由电荷或变化的磁场激发,而磁场可由电流或变化的电场激发;同时对称中包含对称性破缺,如不存在与电荷ρ对应的磁荷ρ_{m},则不存在与电流$\boldsymbol{J}$对应的磁流$\boldsymbol{J}_{\mathrm{m}}$,感应电场是左旋的,而感应磁场是右旋的。磁场始终是无源的,而电场同时包含有无源分量和有源分量。

2.4.3　洛伦兹力公式

静电场对电荷的静电力为

$$\boldsymbol{F}=\boldsymbol{E}q$$

那么单位体积电荷受到的力(力密度)为

$$\boldsymbol{f}=\frac{\mathrm{d}\boldsymbol{F}}{\mathrm{d}V}=\frac{\boldsymbol{E}\mathrm{d}q}{\mathrm{d}V}=\rho\boldsymbol{E}$$

对于电荷为 q、速度为 $\boldsymbol{v}$ 的运动粒子，在磁场 $\boldsymbol{B}$ 中所受到的洛伦兹力为

$$\boldsymbol{F}=q\boldsymbol{v}\times\boldsymbol{B} \tag{2.4.12}$$

定义单位体积的洛伦兹力为力密度 $\boldsymbol{f}$，则

$$\boldsymbol{f}=\frac{\mathrm{d}\boldsymbol{F}}{\mathrm{d}V}=\frac{\mathrm{d}q}{\mathrm{d}V}\boldsymbol{v}\times\boldsymbol{B}=\rho\boldsymbol{v}\times\boldsymbol{B}=\boldsymbol{J}\times\boldsymbol{B} \tag{2.4.13}$$

假定以上公式普遍成立，于是电磁场中单位体积电荷体系所受到的力密度为

$$\boldsymbol{f}=\rho\boldsymbol{E}+\boldsymbol{J}\times\boldsymbol{B} \tag{2.4.14}$$

上述公式称为**洛伦兹力公式**。

近现代物理实验无不证实麦克斯韦方程组和洛伦兹力公式的正确性。电荷守恒定律、麦克斯韦方程组、洛伦兹力公式一起构成经典电动力学的基本定律，称为描述电荷体系与电磁场运动的基本方程。

2.5　介质中的麦克斯韦方程组

研究宏观电磁场问题时，常会遇到有介质存在的情况，此时麦克斯韦方程组是否成立或形式上需要哪些改变？这是本节要讨论的问题。

事实上，无论是哪种介质，都是由正负电荷构成的，因此介质完全可以当作是大量电荷构成的电荷体系。当没有外场时，电荷仅在平衡位置附近做无规则热运动，介质内不存在宏观的电荷或电流分布。当存在外场时，介质将发生极化和磁化，介质表面或内部将出现宏观的电荷或电流分布。这些电荷及电流将激发附加电场和磁场，使总的电磁场发生变化。

2.5.1　极化

构成绝缘介质的分子有两类:无极分子和极性分子。无极分子的正负电荷中心重合，没有固有偶极矩。但在外场作用下，无极分子的正负电荷沿相反方向移动，形成沿电场方向的感应偶极矩，此时介质表面出现净的束缚电荷，内部出现宏观偶极矩。有极分子的正负电荷中心不重合，存在固有偶极矩，在热运动的驱动下固有偶极矩的分布杂乱无章，因此不存在宏观的偶极矩。但在外场作用下，固有偶极矩趋向于沿电场方向排列，因此形成宏观偶极矩，介质表面也出现净的束缚电荷。在电场作用下，介质表面出现束缚电荷，或介质内出现宏观偶极矩的现象称为**介质的极化**。

设单个分子的偶极矩为 $\boldsymbol{p}_i$，单位体积内的分子偶极矩称为**极化强度 $\boldsymbol{P}$**，即

$$\boldsymbol{P}=\frac{\sum_i \boldsymbol{p}_i}{\Delta V} \tag{2.5.1}$$

下面以极性分子为例，说明表面束缚电荷与极化强度的关系。如图 2-4 所示，设极性分子是由间距为 l、电荷量为 q 的正负电荷构成的，则极性分子的故有偶极矩为 $\boldsymbol{p}=q\boldsymbol{l}$。介质内任取边长为 l、左右截面为 d$\boldsymbol{S}$ 的体积元 dV。当不存在外电场的时候，由于无规则的热运动，体积元 dV 内的净电荷为 0。介质两端施加外电场后，有电荷从右侧截面穿出。设穿出的电荷为正电荷 dq'，则

$$\mathrm{d}q'=nq\boldsymbol{l}\cdot\mathrm{d}\boldsymbol{S}=\boldsymbol{P}\cdot\mathrm{d}\boldsymbol{S}$$

其中，n 代表极性分子的浓度。于是体积元 dV 内的净电荷为等量负电荷 dq，可表示为

$$\mathrm{d}q=-\mathrm{d}q'=-\boldsymbol{P}\cdot\mathrm{d}\boldsymbol{S}$$

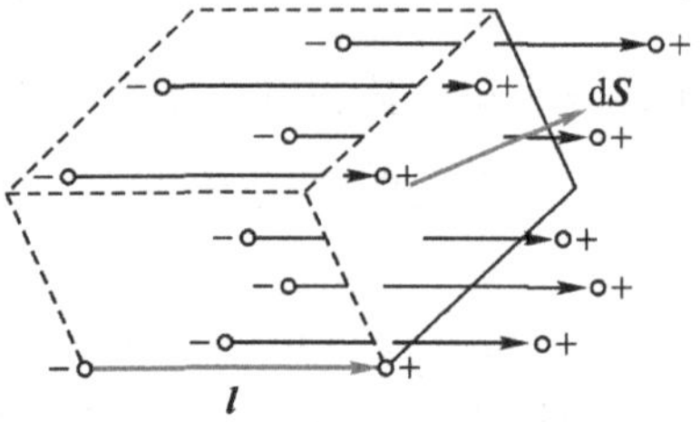

图 2-4 介质的极化

介质内因极化而出现的局域净电荷称为**极化电荷**。设介质内极化电荷体密度为 ρ_p，则体积元 dV 内的极化电荷可表示为

$$\int_V \rho_\mathrm{p}\mathrm{d}V=-\oint_S \boldsymbol{P}\cdot\mathrm{d}\boldsymbol{S}$$

利用高斯定理将上式右侧转变为体积分，则有

$$\rho_\mathrm{p}=-\nabla\cdot\boldsymbol{P} \tag{2.5.2}$$

上式表明，对于均匀极化的介质，内部的极化电荷体密度为零，此时的极化电荷仅出现在外表面或不同介质的界面处。

如图 2-5 所示，取 $l\to 0$，则体积元 dV 转变为面积元 d$\boldsymbol{S}$，$\boldsymbol{P}$ 对侧面的积分为零。设极化电荷的面密度为 σ_p，左右截面的极化强度分别为 $\boldsymbol{P}_1$ 和 $\boldsymbol{P}_2$、法线为 $\boldsymbol{e}_n$，则有

$$\sigma_\mathrm{p}=-(\boldsymbol{P}_2\cdot\boldsymbol{e}_n-\boldsymbol{P}_1\cdot\boldsymbol{e}_n)\mathrm{d}\boldsymbol{S}$$

所以

$$\sigma_\mathrm{p}=-\boldsymbol{e}_n\cdot(\boldsymbol{P}_2-\boldsymbol{P}_1) \tag{2.5.3}$$

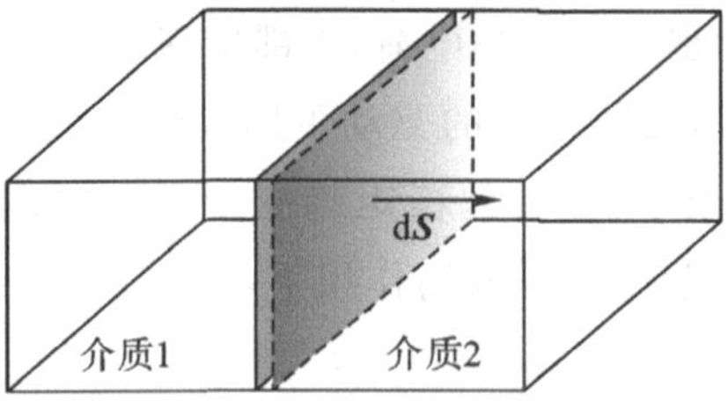

图 2-5 极化电荷面密度

对于介质的外表面，其极化电荷面密度为

$$\sigma_p = \boldsymbol{e}_n \cdot \boldsymbol{P} \tag{2.5.4}$$

极化电荷 ρ_p 与自由电荷 ρ_f 本质上没有区别，都可以激发电场。根据麦克斯韦方程组，总电场与两种电荷的关系为

$$\nabla \cdot \boldsymbol{E} = \frac{\rho_f + \rho_p}{\varepsilon_0} = \frac{\rho_f - \nabla \cdot \boldsymbol{P}}{\varepsilon_0}$$

即

$$\nabla \cdot (\varepsilon_0 \boldsymbol{E} + \boldsymbol{P}) = \frac{\rho_f}{\varepsilon_0}$$

定义电位移矢量

$$\boldsymbol{D} = \varepsilon_0 \boldsymbol{E} + \boldsymbol{P} \tag{2.5.5}$$

于是有

$$\nabla \cdot \boldsymbol{D} = \rho_f \tag{2.5.6}$$

电位移矢量 $\boldsymbol{D}$ 是一个辅助物理量，不代表介质中的真实场强。从电场与电位移矢量散度的表达式可以看出，两者在数量上的区别仅仅表现在以不同的尺度进行了重新标定，$\boldsymbol{D}$ 的引入使介质中的微分方程可以采用易于实验测量的自由电荷密度来表示。

对于线性介质，$\boldsymbol{D}$ 与 $\boldsymbol{E}$ 场强的关系为

$$\boldsymbol{D} = \varepsilon_0 \varepsilon_r \boldsymbol{E} \tag{2.5.7}$$

其中，ε_r 为相对介电常数。于是极化强度 $\boldsymbol{P}$ 与 $\boldsymbol{E}$ 的关系为

$$\boldsymbol{P} = \varepsilon_0 (\varepsilon_r - 1) \boldsymbol{E} = \varepsilon_0 \chi \boldsymbol{E} \tag{2.5.8}$$

式中，χ 称为**介质的极化率**。

设介质中电荷 q_i 的位矢为 $\boldsymbol{x}_i$，则极化强度又可表示为

$$\boldsymbol{P} = \frac{\sum_i q_i \boldsymbol{x}_i}{\Delta V} = \sum_i \rho_i \boldsymbol{x}_i \tag{2.5.9}$$

时变电场作用下，电荷的位移随电场的变化而变化，从而形成时变电流。变化的极化强度形成的电流称为**极化电流**，相应的电流密度为

$$\boldsymbol{J}_p = \frac{\partial \boldsymbol{P}}{\partial t} = \sum_i \rho_i \boldsymbol{v}_i \tag{2.5.10}$$

和自由电荷所形成的电流一样，极化电流也将激发磁场。

2.5.2　磁化

原子中的电子，一方面沿不同的轨道绕核不停地转动，另一方面还绕着自己的轴不停地自旋。电子的这些运动可看作是环形电流，环形电流形成磁偶极矩。没有外磁场时，这些磁偶极矩的取向是随机的，其矢量和为零，不呈现任何宏观效应。当存在外磁场时，这些磁偶极矩将按照一定的方向排列，不仅磁偶极矩矢量和不为零，还出现定向的电流密度，这种出现宏观磁偶极矩和磁化电流的现象称为**磁化现象**。磁化的强弱可用磁化强度来表示。

设分子环流的电流为 i，截面积为 $\boldsymbol{a}$，定义分子环流的磁偶极矩

$$\boldsymbol{m}=i\boldsymbol{a} \tag{2.5.11}$$

定义单位体积的磁偶极矩为磁化强度，即

$$\boldsymbol{M}=\frac{\sum_i \boldsymbol{m}_i}{\Delta V} \tag{2.5.12}$$

磁化强度 $\boldsymbol{M}$ 和磁化电流密度 $\boldsymbol{J}_m$ 的关系可用如下模型加以说明。设 $\boldsymbol{S}$ 为介质内任一曲面，其边界线为 L，分子环流按照图 2-6 所示的方向规则排列，下面考虑穿出 $\boldsymbol{S}$ 的电流（磁化电流 $\boldsymbol{I}_m$）。边界线 L 以内的分子环流，一进一出地穿越曲面 $\boldsymbol{S}$，故穿出 $\boldsymbol{S}$ 的净电流为 0。但是，被边界线 L 所链环的分子环流，只能一次穿入或穿出 $\boldsymbol{S}$，从而对净电流有贡献。以边界线 L 为中线，以分子环流的截面积为底面积，沿边界线 L 作一弯曲的封闭圆柱体，如图 2-7 所示，中心位于该圆柱体内的分子环流对净电流有贡献。

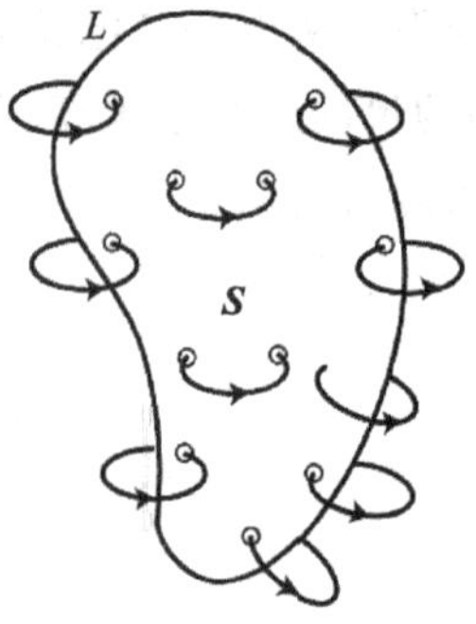

图 2-6　介质的磁化

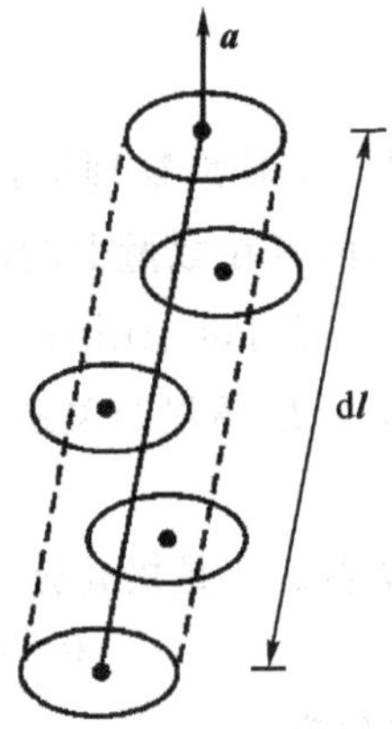

图 2-7　磁化强度的计算

设单位体积的分子数为 n，则净电流为

$$\boldsymbol{I}_m=\oint_L in\boldsymbol{a}\cdot d\boldsymbol{l}=\oint_L n\boldsymbol{m}\cdot d\boldsymbol{l}=\oint_L \boldsymbol{M}\cdot d\boldsymbol{l} \tag{2.5.13}$$

设磁化电流密度为 $\boldsymbol{J}_m$，则根据矢量分析有

$$\int_S \boldsymbol{J}_m\cdot d\boldsymbol{S}=\oint_L \boldsymbol{M}\cdot d\boldsymbol{l}=\int_S(\nabla\times\boldsymbol{M})\cdot d\boldsymbol{S} \tag{2.5.14}$$

考虑到面元 $d\boldsymbol{S}$ 的任意性，有

$$\boldsymbol{J}_m=\nabla\times\boldsymbol{M} \tag{2.5.15}$$

2.5.3　介质中的麦克斯韦方程组

当介质中存在电磁场时，介质中除了自由电荷密度 ρ_f 外，还有极化电荷密度 $\rho_p=-\nabla\cdot\boldsymbol{P}$，因此介质中的总电荷密度为

$$\rho_t=\rho_f+\rho_p=\rho_f-\nabla\cdot\boldsymbol{P}$$

自由电荷和极化电荷没有本质区别，都可以激发电场。同时，介质中的电流除了传导电流密度 $\boldsymbol{J}_f$ 外，还存在变化电场产生的电流 $\varepsilon_0\dfrac{\partial \boldsymbol{E}}{\partial t}$、极化电流 $\boldsymbol{J}_p=\dfrac{\partial \boldsymbol{P}}{\partial t}$和磁化电流 $\boldsymbol{J}_m=\nabla\times\boldsymbol{M}$，

因此介质中的总电流密度为

$$\boldsymbol{J}_{\mathrm{t}}=\boldsymbol{J}_{\mathrm{f}}+\varepsilon_0 \frac{\partial \boldsymbol{E}}{\partial t}+\boldsymbol{J}_{\mathrm{p}}+\boldsymbol{J}_{\mathrm{m}}=\boldsymbol{J}_{\mathrm{f}}+\varepsilon_0 \frac{\partial \boldsymbol{E}}{\partial t}+\frac{\partial \boldsymbol{P}}{\partial t}+\nabla \times \boldsymbol{M} \tag{2.5.16}$$

根据矢量恒等式$\nabla \cdot (\nabla \times \boldsymbol{B}) \equiv 0$,可得

$$\nabla \cdot \boldsymbol{J}_{\mathrm{t}}=0 \tag{2.5.17}$$

可见,总电流满足连续性方程。同时,这些电流都可以激发磁场。因此,只要用总电荷密度和总电流密度代替真空中麦克斯韦方程组中的自由电荷密度和传导电流密度,就可以得到介质中的麦克斯韦方程组

$$\begin{cases}\nabla \times \boldsymbol{E}=-\dfrac{\partial \boldsymbol{B}}{\partial t} \\ \nabla \times \boldsymbol{B}=\mu_0\left(\boldsymbol{J}_{\mathrm{f}}+\varepsilon_0 \dfrac{\partial \boldsymbol{E}}{\partial t}+\dfrac{\partial \boldsymbol{P}}{\partial t}+\nabla \times \boldsymbol{M}\right) \\ \nabla \cdot \boldsymbol{E}=\dfrac{1}{\varepsilon_0}\left(\rho_{\mathrm{f}}-\nabla \cdot \boldsymbol{P}\right) \\ \nabla \cdot \boldsymbol{B}=0\end{cases} \tag{2.5.18}$$

定义辅助矢量磁场强度

$$\boldsymbol{H}=\frac{\boldsymbol{B}}{\mu_0}-\boldsymbol{M} \tag{2.5.19}$$

则

$$\nabla \times \boldsymbol{H}=\boldsymbol{J}_{\mathrm{f}}+\varepsilon_0 \frac{\partial \boldsymbol{E}}{\partial t}+\frac{\partial \boldsymbol{P}}{\partial t} \tag{2.5.20}$$

若将真空中的位移电流 $\boldsymbol{J}_{\mathrm{d}}=\varepsilon_0 \dfrac{\partial \boldsymbol{E}}{\partial t}$扩展到介质中,有

$$\boldsymbol{J}_{\mathrm{D}}=\frac{\partial \boldsymbol{D}}{\partial t}=\frac{\partial}{\partial t}\left(\varepsilon_0 \boldsymbol{E}+\boldsymbol{P}\right)=\varepsilon_0 \frac{\partial \boldsymbol{E}}{\partial t}+\frac{\partial \boldsymbol{P}}{\partial t} \tag{2.5.21}$$

则

$$\nabla \times \boldsymbol{H}=\boldsymbol{J}_{\mathrm{f}}+\boldsymbol{J}_{\mathrm{D}} \tag{2.5.22}$$

引入电位移矢量 $\boldsymbol{D}$ 和磁场强度 $\boldsymbol{H}$ 作为辅助物理量,可以消除上式中不易测量的物理量 ρ_{p}、$\boldsymbol{J}_{\mathrm{p}}$、$\boldsymbol{J}_{\mathrm{m}}$,此时介质中的麦克斯韦方程组变为

$$\begin{cases}\nabla \times \boldsymbol{E}=-\dfrac{\partial \boldsymbol{B}}{\partial t} \\ \nabla \times \boldsymbol{H}=\boldsymbol{J}_{\mathrm{f}}+\dfrac{\partial \boldsymbol{D}}{\partial t} \\ \nabla \cdot \boldsymbol{D}=\rho_{\mathrm{f}} \\ \nabla \cdot \boldsymbol{B}=0\end{cases} \tag{2.5.23}$$

相应的积分形式的麦克斯韦方程组为

$$\begin{cases} \oint_S \boldsymbol{D} \cdot \mathrm{d}\boldsymbol{S} = q_{\mathrm{f}} \\ \oint_L \boldsymbol{E} \cdot \mathrm{d}\boldsymbol{l} = -\dfrac{\mathrm{d}}{\mathrm{d}t}\int \boldsymbol{B} \cdot \mathrm{d}\boldsymbol{S} \\ \oint_S \boldsymbol{B} \cdot \mathrm{d}\boldsymbol{S} = 0 \\ \oint_L \boldsymbol{H} \cdot \mathrm{d}\boldsymbol{l} = I_{\mathrm{f}} + \dfrac{\mathrm{d}}{\mathrm{d}t}\int \boldsymbol{D} \cdot \mathrm{d}\boldsymbol{S} \end{cases} \tag{2.5.24}$$

根据矢量恒等式及电荷守恒定律，有

$$0=\nabla \cdot (\nabla\times\boldsymbol{H})=\nabla\cdot\left(\boldsymbol{J}_{\mathrm{f}}+\frac{\partial\boldsymbol{D}}{\partial t}\right)=\nabla\cdot\boldsymbol{J}_{\mathrm{f}}+\frac{\partial}{\partial t}(\nabla\cdot\boldsymbol{D})=\frac{\partial}{\partial t}(\nabla\cdot\boldsymbol{D}-\rho_{\mathrm{f}})$$

因此

$$\nabla\cdot\boldsymbol{D}-\rho_{\mathrm{f}}=C$$

总可以选择$\nabla\cdot\boldsymbol{D}-\rho_{\mathrm{f}}=0$的时刻为初始时刻，那么以后任意时刻都有

$$\nabla\cdot\boldsymbol{D}=\rho_{\mathrm{f}}$$

可见，总可以由式(2.5.23)中的第二式推导出第三式。

同样地，对于关于电场的矢量恒等式有

$$0=\nabla\cdot(\nabla\times\boldsymbol{E})=\nabla\cdot\left(-\frac{\partial\boldsymbol{B}}{\partial t}\right)=-\frac{\partial}{\partial t}(\nabla\cdot\boldsymbol{B})$$

可见，也可以通过选择恰当的初始时刻，使$\nabla\cdot\boldsymbol{B}=0$。因此，总可以由式(2.5.23)中的第一式推导出第四式。

总之，麦克斯韦方程组的四个方程中，可认为只有前两个方程为基本方程，后两个为导出方程。麦克斯韦方程组中包含$\boldsymbol{E}$、$\boldsymbol{B}$、$\boldsymbol{D}$、$\boldsymbol{H}$这四个场矢量，却仅有两个独立的方程，因此还必须增加能够反映场矢量内在关联的方程，这些方程称为**介质的电磁性质方程**，或**介质电磁性质的本构关系**。对于各向同性的非铁磁介质，有

$$\boldsymbol{P}=\varepsilon_0\chi_{\mathrm{e}}\boldsymbol{E} \tag{2.5.25}$$

$$\boldsymbol{D}=\varepsilon_0\boldsymbol{E}+\boldsymbol{P}=\varepsilon_0(1+\chi_{\mathrm{e}})\boldsymbol{E}=\varepsilon_0\varepsilon_{\mathrm{r}}\boldsymbol{E}=\varepsilon\boldsymbol{E} \tag{2.5.26}$$

$$\boldsymbol{M}=\chi_{\mathrm{m}}\boldsymbol{H} \tag{2.5.27}$$

$$\boldsymbol{B}=\mu_0(\boldsymbol{H}+\boldsymbol{M})=\mu_0(1+\chi_{\mathrm{m}})\boldsymbol{H}=\mu_0\mu_{\mathrm{r}}\boldsymbol{H}=\mu\boldsymbol{H} \tag{2.5.28}$$

如果介质各项异性，则介质的电磁性质方程中的ε、μ就不再是标量了，而必须用张量表示。导电物质中还存在欧姆定律，即$\boldsymbol{J}=\sigma\boldsymbol{E}$。对于各项异性的导电物质，$\sigma$也是张量。

2.6 电磁场的边值关系

电磁场在界面处会发生反射、折射等物理现象，部分场矢量会发生跃变，微分形式的麦克斯韦方程组失效，这时只能采用积分形式的麦克斯韦方程组进行分析。

2.6.1　界面的法向分量

跨越界面作一扁平的圆柱体，上、下底面与界面平行，如图 2－8 所示。底面面积为 ΔS，高 $h\rightarrow 0$。取电位移矢量对圆柱体上底、下底和侧面构成的封闭曲面进行面积分，侧面的面积分趋于 0，仅剩上、下底面的面积分，于是有

$$(D_{2n}-D_{1n})\Delta S=\sigma_{\mathrm{f}}\Delta S$$

即

$$D_{2n}-D_{1n}=\sigma_{\mathrm{f}} \qquad (2.6.1)$$

可见，电位移矢量的法向分量在两种介质的界面上会发生跃变，$\boldsymbol{D}_n$ 的跃变与界面上的自由电荷面密度相关。

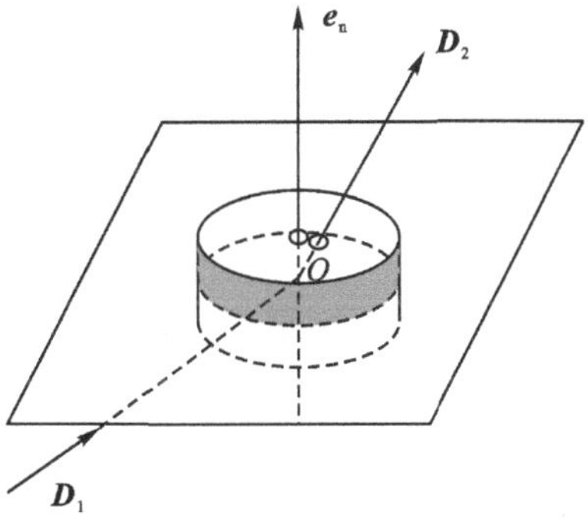

图 2－8　两种介质法向分量边界条件

同样地，计算磁感应强度的面积分，有

$$(B_{2n}-B_{1n})\Delta S=0$$

即

$$B_{2n}-B_{1n}=0 \qquad (2.6.2)$$

可见，磁感应强度沿法向连续。

2.6.2　界面的切向分量

电磁场边值关系的理解与记忆

作一与界面垂直的扁长矩形，长边与界面平行且垂直于界面处的电流密度如图 2－9 所示。长边长为 Δl，高 $\Delta h\rightarrow 0$，界面上的传导电流与矩形截面垂直。电场沿矩形进行环路积分，沿着高 Δh 的线积分趋于 0，仅剩下沿长边的积分。考虑到电位移矢量穿过矩形截面的通量趋于零，因此有

$$(H_{2t}-H_{1t})\Delta l=I_{\mathrm{f}}$$

其中，I_{f} 为穿过边长 Δl 的传导电流。设界面上的传导电流线密度为 $\boldsymbol{\alpha}_{\mathrm{f}}$，则 $I_{\mathrm{f}}=\alpha_{\mathrm{f}}\Delta l$，于是有

$$H_{2t}-H_{1t}=\alpha_{\mathrm{f}} \qquad (2.6.3)$$

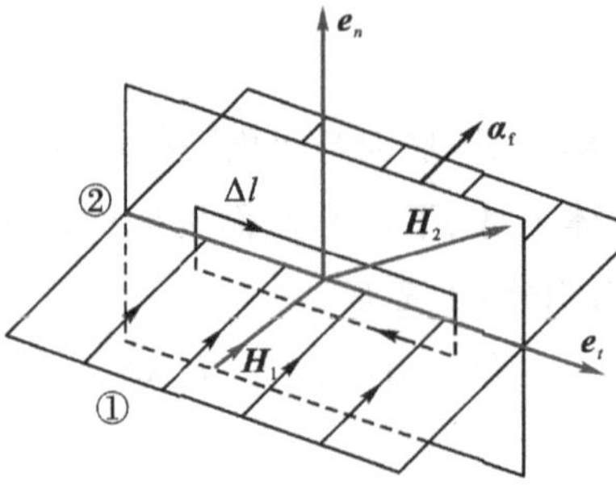

图 2-9　两种介质切向分量边界条件

同样地，计算电场强度的线积分时，考虑到磁感应强度矢量穿过矩形截面的通量趋于零，于是有

$$(E_{2t}-E_{1t})\Delta l=0$$

即

$$E_{2t}-E_{1t}=0 \tag{2.6.4}$$

可见，电场强度沿切向连续。

界面法向分量与切向分量汇总在一起，结果如下：

$$\begin{cases} E_{2t}-E_{1t}=0 \\ H_{2t}-H_{1t}=\alpha_{\mathrm{f}} \\ D_{2n}-D_{1n}=\sigma_{\mathrm{f}} \\ B_{2n}-B_{1n}=0 \end{cases} \tag{2.6.5}$$

设 $\boldsymbol{e}_n$、$\boldsymbol{e}_t$ 分别为界面的法向、切向单位矢量，则上式可用矢量描述为

$$\begin{cases} \boldsymbol{e}_n\times(\boldsymbol{E}_2-\boldsymbol{E}_1)=\boldsymbol{0} \\ \boldsymbol{e}_n\times(\boldsymbol{H}_2-\boldsymbol{H}_1)=\boldsymbol{\alpha}_{\mathrm{f}} \\ \boldsymbol{e}_n\cdot(\boldsymbol{D}_2-\boldsymbol{D}_1)=\sigma_{\mathrm{f}} \\ \boldsymbol{e}_n\cdot(\boldsymbol{B}_2-\boldsymbol{B}_1)=0 \end{cases} \tag{2.6.6}$$

有时，还会用到如下的边值关系

$$\begin{cases} \boldsymbol{e}_n\cdot(\boldsymbol{P}_2-\boldsymbol{P}_1)=-\sigma_{\mathrm{p}} \\ \boldsymbol{e}_n\cdot(\boldsymbol{J}_2-\boldsymbol{J}_1)=-\dfrac{\partial\sigma}{\partial t} \\ \boldsymbol{e}_n\times(\boldsymbol{M}_2-\boldsymbol{M}_1)=\boldsymbol{\alpha}_{\mathrm{m}} \end{cases} \tag{2.6.7}$$

证明　上述公式中的第一式在前文中已经证明，此处仅证明第二式、第三式。

跨越界面作一扁平的圆柱体。已知$\nabla\cdot\boldsymbol{J}+\dfrac{\partial\rho}{\partial t}=0$，方程两边进行体积分，可得

$$\int_V \nabla\cdot\boldsymbol{J}\mathrm{d}V=-\frac{\partial}{\partial t}\int_V\rho\mathrm{d}V=-\frac{\partial q}{\partial t}=-\frac{\partial}{\partial t}\int_S\sigma\mathrm{d}S$$

其中，σ 为两个介质界面上的面电荷密度。因此有

$$\oint_S\boldsymbol{J}\cdot\mathrm{d}\boldsymbol{S}=-\frac{\partial}{\partial t}\int_S\sigma\mathrm{d}S$$

$$(\boldsymbol{J}_2-\boldsymbol{J}_1)\cdot \boldsymbol{e}_n\Delta S=-\frac{\partial \sigma}{\partial t}\Delta S$$

即

$$\boldsymbol{e}_n\cdot(\boldsymbol{J}_2-\boldsymbol{J}_1)=-\frac{\partial \sigma}{\partial t}$$

作一与界面垂直的扁长矩形。已知 $\boldsymbol{J}_{\mathrm{m}}=\nabla\times\boldsymbol{M}$，两边面积分，可得

$$\int \boldsymbol{J}_{\mathrm{m}}\cdot \mathrm{d}\boldsymbol{S}=\int \nabla\times\boldsymbol{M}\cdot \mathrm{d}\boldsymbol{S}=\oint_l \boldsymbol{M}\cdot \mathrm{d}\boldsymbol{l}$$

上式左侧、右侧分别可写为

$$\int \boldsymbol{J}_{\boldsymbol{M}}\cdot \mathrm{d}\boldsymbol{S}=I_{\mathrm{m}}=\alpha_{\mathrm{m}}\Delta l=(\boldsymbol{\alpha}_{\mathrm{m}}\times\boldsymbol{e}_n)\cdot\boldsymbol{e}_t\Delta l$$

$$\oint_l \boldsymbol{M}\cdot \mathrm{d}\boldsymbol{l}=(\boldsymbol{M}_2-\boldsymbol{M}_1)\cdot\boldsymbol{e}_t\Delta l$$

因此

$$(\boldsymbol{M}_2-\boldsymbol{M}_1)_{//}=\boldsymbol{\alpha}_{\mathrm{m}}\times\boldsymbol{e}_n$$

$$\boldsymbol{e}_n\times(\boldsymbol{M}_2-\boldsymbol{M}_1)_{//}=\boldsymbol{e}_n\times(\boldsymbol{M}_2-\boldsymbol{M}_1)=\boldsymbol{\alpha}_{\mathrm{m}}$$

即

$$\boldsymbol{e}_n\times(\boldsymbol{M}_2-\boldsymbol{M}_1)=\boldsymbol{\alpha}_{\mathrm{m}}$$

2.7　电磁场的守恒定律

2.7.1　电磁作用下的能量守恒

电磁场是一种物质，对电荷和电流有电磁力的作用，能对介质做功，满足能量守恒定律。电磁场以波的形式传播，既传播电磁振动，又传播电磁能量。

设 x 点处电磁场的能量密度为 $w(\boldsymbol{x},t)$，则任一区域 V 内单位时间的能量增量为 $\frac{\mathrm{d}}{\mathrm{d}t}\int_V w\mathrm{d}V$。设电磁场的能流密度为 $\boldsymbol{S}$，$\boldsymbol{S}$ 又称为**坡印亭矢量**，其大小表示单位时间垂直流过单位横截面积的能量，方向代表能量流动方向，以向外为正。那么单位时间通过区域 V 的边界 $\boldsymbol{\sigma}$ 流入的电磁场能量为 $-\oint_{\boldsymbol{\sigma}}\boldsymbol{S}\cdot\mathrm{d}\boldsymbol{\sigma}$。设电磁场对电荷作用的力密度为 f，电荷运动速度为 v，那么单位时间内电磁场对带电体所做的功为 $\int_V \boldsymbol{f}\cdot\boldsymbol{v}\mathrm{d}V$。区域 V 内的能量守恒定律表达式为

$$-\oint_{\boldsymbol{\sigma}}\boldsymbol{S}\cdot\mathrm{d}\boldsymbol{\sigma}=\int_V \boldsymbol{f}\cdot\boldsymbol{v}\mathrm{d}V+\frac{\mathrm{d}}{\mathrm{d}t}\int_V w\mathrm{d}V \tag{2.7.1}$$

将电磁场和带电体看作一个系统，即单位时间流入系统的电磁能量可以转化为单位时间内电磁场对带电体所做的功（也就是单位时间内带电体机械能的增加）和单位时间电磁场能量的增加。

当 V 趋于 ∞ 时，左侧为 0，于是有

$$\int_V \boldsymbol{f} \cdot \boldsymbol{v} \mathrm{d}V = -\frac{\mathrm{d}}{\mathrm{d}t}\int_V w \mathrm{d}V \tag{2.7.2}$$

上式表示电磁场对电荷体系所做的功等于区域内电磁场能量的减少。

若将面积分转换成体积分，并让积分区域 V 趋于零，则上式转变为某点处的能量守恒定律表达式

$$\nabla \cdot \boldsymbol{S} + \frac{\partial w}{\partial t} + \boldsymbol{f} \cdot \boldsymbol{v} = 0 \tag{2.7.3}$$

根据洛伦兹力公式，有

$$\boldsymbol{f} \cdot \boldsymbol{v} = (\rho \boldsymbol{E} + \rho \boldsymbol{v} \times \boldsymbol{B}) \cdot \boldsymbol{v} = \rho \boldsymbol{v} \cdot \boldsymbol{E} + \boldsymbol{J} \cdot \boldsymbol{E} \tag{2.7.4}$$

由麦克斯韦方程组可知

$$\boldsymbol{J} = \nabla \times \boldsymbol{H} - \frac{\partial \boldsymbol{D}}{\partial t} \tag{2.7.5}$$

于是有

$$\boldsymbol{J} \cdot \boldsymbol{E} = \boldsymbol{E} \cdot (\nabla \times \boldsymbol{H}) - \boldsymbol{E} \cdot \frac{\partial \boldsymbol{D}}{\partial t} \tag{2.7.6}$$

根据矢量分析公式及麦克斯韦方程组，有

$$\boldsymbol{E} \cdot (\nabla \times \boldsymbol{H}) = -\nabla \cdot (\boldsymbol{E} \times \boldsymbol{H}) + \boldsymbol{H} \cdot (\nabla \times \boldsymbol{E}) = -\nabla \cdot (\boldsymbol{E} \times \boldsymbol{H}) - \boldsymbol{H} \cdot \frac{\partial \boldsymbol{B}}{\partial t}$$

代入式(2.7.6)，有

$$\boldsymbol{J} \cdot \boldsymbol{E} = -\nabla \cdot (\boldsymbol{E} \times \boldsymbol{H}) - \boldsymbol{E} \cdot \frac{\partial \boldsymbol{D}}{\partial t} - \boldsymbol{H} \cdot \frac{\partial \boldsymbol{B}}{\partial t} \tag{2.7.7}$$

与式(2.7.4)相比，可得能流密度 $\boldsymbol{S}$ 和能量密度变化率 $\frac{\partial w}{\partial t}$ 的表达式为

$$\boldsymbol{S} = \boldsymbol{E} \times \boldsymbol{H} \tag{2.7.8}$$

$$\frac{\partial w}{\partial t} = \boldsymbol{E} \cdot \frac{\partial \boldsymbol{D}}{\partial t} + \boldsymbol{H} \cdot \frac{\partial \boldsymbol{B}}{\partial t} \tag{2.7.9}$$

介质中能量的变化为

$$\delta w = \boldsymbol{E} \cdot \delta \boldsymbol{D} + \boldsymbol{H} \cdot \delta \boldsymbol{B} \tag{2.7.10}$$

对于各向同性的线性介质，$\boldsymbol{D} = \varepsilon \boldsymbol{E}$，$\boldsymbol{B} = \mu \boldsymbol{H}$，且 ε、μ 为常数。对上式积分，可得各向同性的线性介质的电磁场能量密度

$$w_{\mathrm{e,m}} = \frac{1}{2}(\boldsymbol{E} \cdot \boldsymbol{D} + \boldsymbol{B} \cdot \boldsymbol{H}) \tag{2.7.11}$$

对于真空情形，则有

$$w_{\mathrm{e,m}} = \frac{1}{2}\left(\varepsilon_0 E^2 + \frac{1}{\mu_0} B^2\right) \tag{2.7.12}$$

上式表示真空中的电磁场能量密度，其中电场、磁场的能量密度分别为 $\varepsilon_0 E^2/2$ 和 $B^2/2\mu_0$。对于真空中的平板电容器情形，设极板上的电荷为 q，电压为 U，极板的面积为 S，极板之间的间距为 d，则电容器中所存储的静电能为 $W = qU/2$，体积 $V = Sd$，则电容器内部的电磁场的能量密度即为静电场的能量密度，大小恰好为 $w = \varepsilon_0 E^2/2$。

2.7.2　电磁作用下的动量守恒

牛顿运动第二定律表明，力是动量的时间变化率

$$\boldsymbol{F}=\frac{\mathrm{d}(m\boldsymbol{v})}{\mathrm{d}t}$$

电磁场对带电体系有力的作用，就要进行动量的交换。单位体积电荷系统在电磁场中受到的力可用力密度表示为

$$\boldsymbol{f}=\rho\boldsymbol{E}+\boldsymbol{J}\times\boldsymbol{B}$$

其中，力密度 $\boldsymbol{f}$ 也代表单位时间内单位体积电荷系统所受到的冲量，因此力密度方程右侧应代表单位时间内单位电荷系统从电磁场获得的动量。

考虑电磁场由电场 $\boldsymbol{E}$ 和磁场 $\boldsymbol{B}$ 描述，采用真空中的麦克斯韦方程组，将上式中的 ρ 和 $\boldsymbol{J}$ 用 $\boldsymbol{E}$ 和 $\boldsymbol{B}$ 代换。由于

$$\nabla\cdot\boldsymbol{E}=\frac{\rho}{\varepsilon_0}$$

$$\nabla\times\boldsymbol{B}=\mu_0\varepsilon_0\frac{\partial\boldsymbol{E}}{\partial t}+\mu_0\boldsymbol{J}$$

所以上式转变为

$$\boldsymbol{f}=\varepsilon_0(\nabla\cdot\boldsymbol{E})\boldsymbol{E}+\frac{1}{\mu_0}(\nabla\times\boldsymbol{B})\times\boldsymbol{B}-\varepsilon_0\frac{\partial\boldsymbol{E}}{\partial t}\times\boldsymbol{B}\tag{2.7.13}$$

麦克斯韦方程组中 $\boldsymbol{E}$、$\boldsymbol{B}$ 具有很好的对偶性，也就是说电磁场中 $\boldsymbol{E}$、$\boldsymbol{B}$ 处于等价地位。考虑到

$$\nabla\cdot\boldsymbol{B}=0,\quad \nabla\times\boldsymbol{E}=-\frac{\partial\boldsymbol{B}}{\partial t}$$

可将力密度的表达式进一步改造成 $\boldsymbol{E}$、$\boldsymbol{B}$ 对称的形式

$$\begin{aligned}\boldsymbol{f}&=\left[\varepsilon_0(\nabla\cdot\boldsymbol{E})\boldsymbol{E}+\frac{1}{\mu_0}(\nabla\times\boldsymbol{B})\times\boldsymbol{B}+\frac{1}{\mu_0}(\nabla\cdot\boldsymbol{B})\boldsymbol{B}+\varepsilon_0(\nabla\times\boldsymbol{E})\times\boldsymbol{E}\right]-\\&\quad\left[\varepsilon_0\frac{\partial\boldsymbol{E}}{\partial t}\times\boldsymbol{B}+\varepsilon_0(\nabla\times\boldsymbol{E})\times\boldsymbol{E}\right]\\&=\left[\varepsilon_0(\nabla\cdot\boldsymbol{E})\boldsymbol{E}+\frac{1}{\mu_0}(\nabla\times\boldsymbol{B})\times\boldsymbol{B}+\frac{1}{\mu_0}(\nabla\cdot\boldsymbol{B})\boldsymbol{B}+\varepsilon_0(\nabla\times\boldsymbol{E})\times\boldsymbol{E}\right]-\\&\quad\varepsilon_0\frac{\partial}{\partial t}(\boldsymbol{E}\times\boldsymbol{B})\end{aligned}\tag{2.7.14}$$

考虑到

$$\begin{aligned}(\nabla\cdot\boldsymbol{E})\boldsymbol{E}+(\nabla\times\boldsymbol{E})\times\boldsymbol{E}&=(\nabla\cdot\boldsymbol{E})\boldsymbol{E}+(\boldsymbol{E}\cdot\nabla)\boldsymbol{E}-\frac{1}{2}\nabla(\boldsymbol{E}\cdot\boldsymbol{E})\\&=\nabla\cdot(\boldsymbol{E}\boldsymbol{E})-\frac{1}{2}\nabla\cdot(\boldsymbol{I}E^2)\\&=\nabla\cdot\left(\boldsymbol{E}\boldsymbol{E}-\frac{1}{2}\boldsymbol{I}E^2\right)\end{aligned}$$

其中，$\boldsymbol{I}$ 为单位二阶张量。

同理可得

$$(\nabla\cdot\boldsymbol{B})\boldsymbol{B}+(\nabla\times\boldsymbol{B})\boldsymbol{B}=\nabla\cdot\left(\boldsymbol{BB}-\frac{1}{2}\boldsymbol{I}B^2\right)$$

令

$$\boldsymbol{g}=\varepsilon_0\boldsymbol{E}\times\boldsymbol{B} \tag{2.7.15}$$

$$\boldsymbol{T}=-\varepsilon_0\boldsymbol{EE}-\frac{1}{\mu_0}\boldsymbol{BB}+\frac{1}{2}\boldsymbol{I}\left(\varepsilon_0E^2+\frac{1}{\mu_0}B^2\right) \tag{2.7.16}$$

于是力密度表达式可转变为

$$\boldsymbol{f}=-\nabla\cdot\boldsymbol{T}-\frac{\partial\boldsymbol{g}}{\partial t} \tag{2.7.17}$$

两边同时对 V 进行体积分，并移项后可得

$$\int_V\boldsymbol{f}\,\mathrm{d}V+\frac{\mathrm{d}}{\mathrm{d}t}\int_V\boldsymbol{g}\,\mathrm{d}V=-\int_V\nabla\cdot\boldsymbol{T}\mathrm{d}V=-\oint_S\boldsymbol{T}\cdot\mathrm{d}\boldsymbol{S} \tag{2.7.18}$$

将电磁场和带电体系看作一个系统，上式表示单位时间流入系统的动量转化为单位时间内电磁场对带电体的冲量（也就是单位时间内带电体系动量的增加）和单位时间内电磁场动量的增加。

当体积 V 遍及整个空间时，上式等号右侧积分为零，可以得到

$$\int_V\boldsymbol{f}\,\mathrm{d}V=-\frac{\mathrm{d}}{\mathrm{d}t}\int_V\boldsymbol{g}\,\mathrm{d}V$$

即电磁场动量的减少等于电荷体系所获得的动量，上式表示电磁场的动量守恒定律的积分形式。其中，$\boldsymbol{g}$ 代表电磁场的动量密度，$\boldsymbol{T}$ 代表动量流密度。

电磁场的动量密度与能流密度之间满足

$$\boldsymbol{g}=\varepsilon_0\boldsymbol{E}\times\boldsymbol{B}=\mu_0\varepsilon_0\boldsymbol{E}\times\boldsymbol{H}=\frac{S}{c^2} \tag{2.7.19}$$

例 2-2 设一简单的电磁系统，由载流 I_f 的线圈 C 和质量为 m、电量为 q 的带电粒子构成。将带电粒子由无穷远处缓慢移动至 r_P 处的 P 点。求在此过程中外力要克服线圈对带电粒子及带电粒子对线圈的洛伦兹力所带来的冲量。

解 线圈激发的磁场为

$$\boldsymbol{B}=\frac{\mu_0}{4\pi}\int_V\frac{\boldsymbol{J}_f(\boldsymbol{x}')\times\boldsymbol{r}}{r^3}\mathrm{d}V$$

线圈磁场对带电粒子产生洛伦兹力 $\boldsymbol{F}_q$，要维持带电粒子的缓慢匀速运动，外力为克服洛伦兹力给与电荷的冲量为

$$-\boldsymbol{F}_q\mathrm{d}t=-(q\boldsymbol{v}\times\boldsymbol{B})\mathrm{d}t=-q\boldsymbol{v}\mathrm{d}t\times\int_V\frac{\mu_0}{4\pi}\frac{\boldsymbol{J}_f\times\boldsymbol{r}}{r^3}\mathrm{d}V'=-q\mathrm{d}\boldsymbol{l}\times\oint_C\frac{\mu_0}{4\pi}\frac{I_f\mathrm{d}\boldsymbol{l}'\times\boldsymbol{r}}{r^3}$$

同样地，运动电荷激发的磁场也会对线圈电流产生洛伦兹力 $\boldsymbol{F}_I$，外力为克服此洛伦兹力给与线圈的冲量为

$$-\boldsymbol{F}_I\mathrm{d}t=-\oint_C I_f\mathrm{d}\boldsymbol{l}'\times\boldsymbol{B}_q\mathrm{d}t=-\oint_C I_f\mathrm{d}\boldsymbol{l}'\times\frac{\mu_0q\boldsymbol{v}\times(-\boldsymbol{r})}{4\pi r^3}\mathrm{d}t=\oint_C I_f\mathrm{d}\boldsymbol{l}'\times\frac{\mu_0q\mathrm{d}\boldsymbol{l}\times\boldsymbol{r}}{4\pi r^3}\mathrm{d}t$$

因此外力给与体系的总冲量为

$$-(\boldsymbol{F}_q+\boldsymbol{F}_I)\mathrm{d}t=\frac{\mu_0 I_{\mathrm{f}}q}{4\pi}\left(-\oint_C\frac{\mathrm{d}\boldsymbol{l}\times(\mathrm{d}\boldsymbol{l}'\times\boldsymbol{r})}{r^3}+\oint_C\frac{\mathrm{d}\boldsymbol{l}'\times(\mathrm{d}\boldsymbol{l}\times\boldsymbol{r})}{r^3}\right)$$

$$=\frac{\mu_0 I_{\mathrm{f}}q}{4\pi}\mathrm{d}\boldsymbol{l}\cdot\oint_C\left(\nabla\frac{1}{r}\right)\mathrm{d}\boldsymbol{l}'$$

两边分别对时间、空间积分，可得

$$-\int_0^{t_P}(\boldsymbol{F}_q+\boldsymbol{F}_I)\mathrm{d}t=\frac{\mu_0 I_{\mathrm{f}}q}{4\pi}\int_\infty^{x_P}\mathrm{d}\boldsymbol{l}\cdot\oint_C\left(\nabla\frac{1}{r}\right)\mathrm{d}\boldsymbol{l}'=\frac{\mu_0 I_{\mathrm{f}}q}{4\pi}\oint_C\mathrm{d}\boldsymbol{l}'\int_\infty^{x_P}\left(\nabla\frac{1}{r}\right)$$

$$=\frac{\mu_0 I_{\mathrm{f}}q}{4\pi}\oint_C\frac{1}{r_P}\mathrm{d}\boldsymbol{l}'=q\int_V\frac{\mu_0\boldsymbol{J}_{\mathrm{f}}\mathrm{d}V'}{4\pi r_P}=q\boldsymbol{A}(\boldsymbol{r}_P)$$

上式表明，稳恒磁场某点矢势的物理意义为将单位正电荷从无穷远处移到该点过程中外力克服洛伦兹力给予体系的冲量。该冲量转化为电磁场动量存储于电磁场中，因此电磁场的动量可表示为

$$\boldsymbol{G}_{\mathrm{e,m}}=q\boldsymbol{A}(\boldsymbol{r})$$

或者可表示为

$$\boldsymbol{G}_{\mathrm{e,m}}=\int_V\boldsymbol{g}\,\mathrm{d}V=\int_V\varepsilon_0\boldsymbol{E}\times\boldsymbol{B}\mathrm{d}V=q\boldsymbol{A}$$

考虑到机械动量，带电粒子的总动量为

$$\boldsymbol{P}=m\boldsymbol{v}+q\boldsymbol{A}$$

2.7.3　电磁作用下的角动量守恒

电磁场对带电系统的洛伦兹力，也可使带电系统产生旋转，实现电磁场与带电系统之间的角动量的交换。

设电磁场对带电体的力矩为 $\boldsymbol{M}$，带电体的机械角动量为 $\boldsymbol{L}_{\mathrm{m}}$，则带电体内任意体积微 $\mathrm{d}V$ 所受洛伦兹力、力矩及角动量与力矩的关系分别为

$$\mathrm{d}\boldsymbol{F}=(\rho\boldsymbol{E}+\boldsymbol{J}\times\boldsymbol{B})\mathrm{d}V$$

$$\mathrm{d}\boldsymbol{M}=\boldsymbol{r}\times\mathrm{d}\boldsymbol{F}=\boldsymbol{r}\times(\rho\boldsymbol{E}+\boldsymbol{J}\times\boldsymbol{B})\mathrm{d}V$$

$$\frac{\mathrm{d}\boldsymbol{L}_{\mathrm{m}}}{\mathrm{d}t}=\int_V\mathrm{d}\boldsymbol{M}=\int_V\boldsymbol{r}\times(\rho\boldsymbol{E}+\boldsymbol{J}\times\boldsymbol{B})\mathrm{d}V \tag{2.7.20}$$

考虑到

$$\boldsymbol{T}=\frac{1}{2}\left(\varepsilon_0E^2+\frac{B^2}{\mu_0}\right)\boldsymbol{I}-\varepsilon_0\boldsymbol{E}\boldsymbol{E}-\frac{1}{\mu_0}\boldsymbol{B}\boldsymbol{B}$$

$$\boldsymbol{f}=-\nabla\cdot\boldsymbol{T}-\frac{1}{c^2}\frac{\partial\boldsymbol{S}}{\partial t}$$

以及

$$\boldsymbol{r}\times(\nabla\cdot\boldsymbol{T})=-\nabla\cdot(\boldsymbol{T}\times\boldsymbol{r})$$

可得

$$\frac{\mathrm{d}\boldsymbol{L}_{\mathrm{m}}}{\mathrm{d}t}=-\frac{\mathrm{d}}{\mathrm{d}t}\int_V\boldsymbol{r}\times\boldsymbol{g}\mathrm{d}V-\int_V\boldsymbol{r}\times(\nabla\cdot\boldsymbol{T})\mathrm{d}V$$

$$=-\frac{\mathrm{d}}{\mathrm{d}t}\int_V\boldsymbol{r}\times\boldsymbol{g}\mathrm{d}V-\int_V\nabla\cdot(-\boldsymbol{T}\times\boldsymbol{r})\mathrm{d}V \tag{2.7.21}$$

利用积分变换，将上式右侧第二项转变为面积分，则有

$$\frac{\mathrm{d}\boldsymbol{L}_{\mathrm{m}}}{\mathrm{d}t}=-\frac{\mathrm{d}}{\mathrm{d}t}\int_V \boldsymbol{r}\times\boldsymbol{g}\mathrm{d}V-\oint_S(-\boldsymbol{T}\times\boldsymbol{r})\cdot\mathrm{d}\boldsymbol{S} \tag{2.7.22}$$

其中，$\frac{\mathrm{d}\boldsymbol{L}_{\mathrm{m}}}{\mathrm{d}t}$为单位时间电荷体系角动量增量，$\int_V \boldsymbol{r}\times\boldsymbol{g}\mathrm{d}V$ 为区域 V 内电磁场的角动量，$\oint_S(-\boldsymbol{T}\times\boldsymbol{r})\cdot\mathrm{d}\boldsymbol{S}$ 为单位时间流出区域 V 的角动量。上式表示电磁场的角动量守恒，即单位时间流入系统的角动量等于系统内单位时间电荷体系角动量的增量和电磁场角动量的增量。

设单位体积电磁场角动量（角动量密度）为 $\boldsymbol{l}_{\mathrm{e,m}}$，单位时间垂直流过单位截面的角动量（角动量流密度）为 $\boldsymbol{M}$，则有

$$\boldsymbol{l}_{\mathrm{e,m}}=\boldsymbol{r}\times\boldsymbol{g} \tag{2.7.23}$$

$$\boldsymbol{M}=-\boldsymbol{T}\times\boldsymbol{r} \tag{2.7.24}$$

2.8 麦克斯韦方程组的完备性

在给定的初始条件与边界条件下，麦克斯韦方程组不可能存在两个互不等价的解，这一性质称为**麦克斯韦方程组的完备性**。

假设同时存在两组解（$\boldsymbol{E}_1,\boldsymbol{B}_1$）和（$\boldsymbol{E}_2,\boldsymbol{B}_2$），它们不仅满足麦克斯韦方程组，还满足初始条件和边界条件。则有

$$\begin{cases}\nabla\times\boldsymbol{E}_1=-\dfrac{\partial\boldsymbol{B}_1}{\partial t}\\ \nabla\times\boldsymbol{H}_1=\boldsymbol{J}_{\mathrm{f}}+\dfrac{\partial\boldsymbol{D}_1}{\partial t}\\ \nabla\cdot\boldsymbol{D}_1=\rho_{\mathrm{f}}\\ \nabla\cdot\boldsymbol{B}_1=0\end{cases},\quad\begin{cases}\nabla\times\boldsymbol{E}_2=-\dfrac{\partial\boldsymbol{B}_2}{\partial t}\\ \nabla\times\boldsymbol{H}_2=\boldsymbol{J}_{\mathrm{f}}+\dfrac{\partial\boldsymbol{D}_2}{\partial t}\\ \nabla\cdot\boldsymbol{D}_2=\rho_{\mathrm{f}}\\ \nabla\cdot\boldsymbol{B}_2=0\end{cases}$$

令

$$\boldsymbol{E}=\boldsymbol{E}_1-\boldsymbol{E}_2,\quad \boldsymbol{B}=\boldsymbol{B}_1-\boldsymbol{B}_2$$

则 $\boldsymbol{E}$、$\boldsymbol{B}$ 满足类似自由真空下的麦克斯韦方程组

$$\begin{cases}\nabla\times\boldsymbol{E}=-\dfrac{\partial\boldsymbol{B}}{\partial t}\\ \nabla\times\boldsymbol{B}=\mu\varepsilon\dfrac{\partial\boldsymbol{E}}{\partial t}\\ \nabla\cdot\boldsymbol{E}=0\\ \nabla\cdot\boldsymbol{B}=0\end{cases}$$

且有初始条件

$$\boldsymbol{E}(0,\boldsymbol{r})=\boldsymbol{0},\quad \boldsymbol{B}(0,\boldsymbol{r})=\boldsymbol{0}$$

和边界条件

$$\boldsymbol{E}\big|_S=\boldsymbol{0},\quad \boldsymbol{B}\big|_S=\boldsymbol{0}$$

此时电磁场的能量表达式也与自由真空类似，即

$$W=\int_V \frac{1}{2}\left(\varepsilon E^2+\frac{B^2}{\mu}\right)\mathrm{d}V$$

根据能量守恒定律，上式对时间求导，可得

$$\begin{aligned}\frac{\mathrm{d}W}{\mathrm{d}t}&=\frac{\mathrm{d}}{\mathrm{d}t}\int_V \frac{1}{2}\left(\varepsilon \boldsymbol{E}\cdot\boldsymbol{E}+\frac{\boldsymbol{B}\cdot\boldsymbol{B}}{\mu}\right)\mathrm{d}V=\frac{1}{\mu}\int_V[(\nabla\times\boldsymbol{B})\cdot\boldsymbol{E}-(\nabla\times\boldsymbol{E})\cdot\boldsymbol{B}]\mathrm{d}V\\&=-\frac{1}{\mu}\int_V[\nabla\cdot(\boldsymbol{E}\times\boldsymbol{B})]\mathrm{d}V=-\frac{1}{\mu}\oint_S(\boldsymbol{E}\times\boldsymbol{B})\cdot\mathrm{d}\boldsymbol{S}\end{aligned}$$

考虑到边界处 $\boldsymbol{E}|_S=\boldsymbol{B}|_S=\boldsymbol{0}$，因此上式两侧均为零，即电磁场能量为不随时间变化的常数。

进一步考虑到初始时刻 $\boldsymbol{E}(0,\boldsymbol{r})=\boldsymbol{B}(0,\boldsymbol{r})=\boldsymbol{0}$，即初始时刻的电磁场能量 $W_0=0$，所以电磁场能量始终为零，即

$$W=\int_V \frac{1}{2}\left(\varepsilon E^2+\frac{B^2}{\mu}\right)\mathrm{d}V=0$$

由于被积函数均大于等于零，仅此可得

$$E=B=0$$

即

$$\boldsymbol{E}_1=\boldsymbol{E}_2,\quad \boldsymbol{B}_1=\boldsymbol{B}_2$$

可见，所设的两组解是同解，证毕。

2.9　对偶场

麦克斯韦方程组表明电场和磁场具有较好的对偶性。如无源空间的麦克斯韦方程组

$$\begin{cases}\nabla\cdot\boldsymbol{D}=0\\ \nabla\times\boldsymbol{E}=-\dfrac{\partial\boldsymbol{B}}{\partial t}\\ \nabla\cdot\boldsymbol{B}=0\\ \nabla\times\boldsymbol{H}=\dfrac{\partial\boldsymbol{D}}{\partial t}\end{cases}\tag{2.9.1}$$

做如下代换：

$$\boldsymbol{E}\rightarrow c\mu_0\boldsymbol{H}',\quad \boldsymbol{D}\rightarrow c\varepsilon_0\boldsymbol{B}',\quad c\mu_0\boldsymbol{H}\rightarrow-\boldsymbol{E}',\quad c\varepsilon_0\boldsymbol{B}\rightarrow-\boldsymbol{D}'$$

其中，$c=\dfrac{1}{\sqrt{\varepsilon_0\mu_0}}$。

可得

$$\begin{cases}\nabla\cdot\boldsymbol{B}'=0\\ \nabla\times\boldsymbol{H}'=\dfrac{\partial\boldsymbol{D}'}{\partial t}\\ \nabla\cdot\boldsymbol{D}'=0\\ \nabla\times\boldsymbol{E}'=-\dfrac{\partial\boldsymbol{B}'}{\partial t}\end{cases}\tag{2.9.2}$$

可见,无源的麦克斯韦方程组在如上代换下方程的形式具有协变性,只是方程次序发生了变换。称 $\boldsymbol{E}'$、$\boldsymbol{B}'$ 为 $\boldsymbol{E}$、$\boldsymbol{B}$ 的**对偶场**。

但是在有源空间区域,麦克斯韦方程组的对偶性被破坏,其根本原因在于目前不存在磁单极(自由磁荷)。如果有一天发现存在磁单极,并令 ρ_{m}、$\boldsymbol{J}_{\mathrm{m}}$ 分别代表磁荷密度和自由磁荷所形成的磁流密度,则麦克斯韦方程组可写成

$$\begin{cases}\nabla\cdot\boldsymbol{D}=\rho_{\mathrm{e}}\\ \nabla\times\boldsymbol{E}=-\dfrac{\partial\boldsymbol{B}}{\partial t}-\mu_0\boldsymbol{J}_{\mathrm{m}}\\ \nabla\cdot\boldsymbol{B}=\mu_0\rho_{\mathrm{m}}\\ \nabla\times\boldsymbol{H}=\dfrac{\partial\boldsymbol{D}}{\partial t}+\boldsymbol{J}_{\mathrm{e}}\end{cases}\tag{2.9.3}$$

如果进一步对场源做变换:

$$\rho_{\mathrm{e}}\to\frac{\rho'_{\mathrm{m}}}{c},\quad \boldsymbol{J}_{\mathrm{e}}\to\frac{\boldsymbol{J}'_{\mathrm{m}}}{c},\quad \rho_{\mathrm{m}}\to-\rho'_{\mathrm{e}}c,\quad \boldsymbol{J}_{\mathrm{m}}\to-\boldsymbol{J}'_{\mathrm{e}}c$$

则上述有源麦克斯韦方程组也具有协变性。

从对偶变换的不变性可知,对于任一电磁体系,总可以找到其相应的对偶体系,其场矢量由对偶体系确定,如对一纯电场体系 $\boldsymbol{E}(x,y,z)$,一定存在一个对偶的纯磁场体系 $\boldsymbol{B}'(x,y,z)$,其函数形式与 $\boldsymbol{E}(x,y,z)$完全相同,反之亦然。

对偶性建立了电场与磁场之间的内在联系,使一个体系的研究可以用对偶体系进行。如对于电流连续性方程(电荷守恒定律),存在相应的磁流连续性方程(磁荷守恒定律)

$$\frac{\partial\rho_{\mathrm{m}}}{\partial t}+\nabla\cdot\boldsymbol{J}_{\mathrm{m}}=0\tag{2.9.4}$$

阅读材料

麦克斯韦方程组的多维度理解

麦克斯韦方程组是经典电磁场理论的精髓,它在电磁场领域的地位和牛顿第二定律在力学领域、薛定谔方程在量子领域的地位同等重要。本篇就麦克斯韦方程组的一般建立过程、麦克斯韦方程组的相关定律推导、麦克斯韦方程组的其他建立途径和麦克斯韦方程组蕴含的美学思想这四个维度作以简要概述。

1. 麦克斯韦方程组的一般建立过程

在电磁理论发展过程中,科学家们就电学和磁学的现象及规律,提出了诸多定律和定理,具体包括电学中的库仑定律、欧姆定律,磁学中的毕奥-萨伐尔-拉普拉斯定律、安培定律,电磁相互作用的法拉第电磁感应定律,等等。作出重要贡献的物理学家如图 2-10 所示。

(a) 库仑　　(b) 毕奥　　(c) 法拉第

图 2－10　在电学、磁学和电磁感应等领域作出重要贡献的物理学家

19 世纪五六十年代，麦克斯韦耗费了近十年心血，在总结前人研究成果的基础上，创造性地提出了感生电场和位移电流两大假设，建立了完整的电磁理论体系。1855 年他发表了电磁论文《论法拉第力线》，在文中用数学语言表述了他的力线思想，引进了感生电场概念，创造性地提出了变化的磁场激发感生电场这一理论。相隔七年后，在 1861 年他又发表了《论物理力线》，提出了变化的电场激发磁场，并且预言了电磁波的存在。《电磁场的动力学理论》是麦克斯韦的第三篇论文，发表于 1864 年，他从实验事实出发，运用了场论观点，引进了位移电流概念，结合了高斯定理和电荷守恒定律，建立起了电磁场的基本方程，即伟大的麦克斯韦方程组，如图 2－11 所示。论文中列出了由 20 个等式和 20 个变量构成的最初形式的麦克斯韦方程组。最初这组方程从数学形式上看比较复杂，后经英国数学物理学家亥维赛和德国物理学家赫兹的归纳整理，变成了四个方程，形式简单，沿用至今。

图 2－11　麦克斯韦和麦克斯韦方程组

2. 麦克斯韦方程组的相关定律和定理推导

麦克斯韦方程组是电磁场理论的高度浓缩，是电磁理论的根基，由麦克斯韦方程组可以推证电磁场理论的基本原理和规律，具体包括库仑定律、静电场的高斯定理、电荷守恒定律、静电场的安培环路定理、毕奥－萨伐尔－拉普拉斯定律、磁场的高斯定理、稳恒磁场的安培环路定理、法拉第电磁感应定律、电磁场的能量守恒定律、静电势和磁矢势满足的泊松方程等，如图 2 - 12 所示。

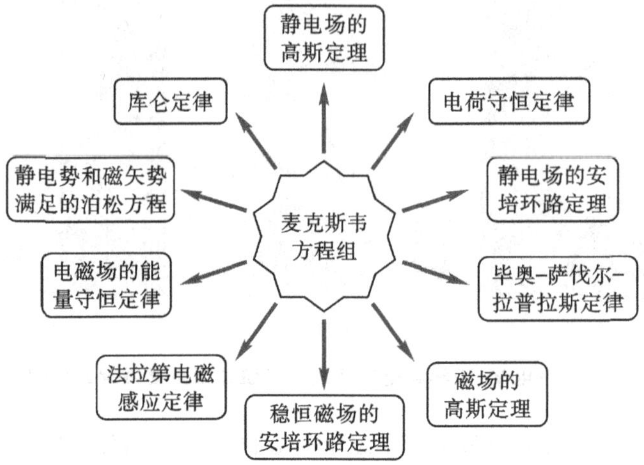

图 2 - 12　麦克斯韦方程组的相关定律和定理推导

3. 麦克斯韦方程组的其他建立途径

麦克斯韦方程组是麦克斯韦及一大批物理学家智慧的结晶，是留给人类的一笔巨大而永恒的财富，开启了人类文明和幸福的新时代，自然受到众多物理学家的高度关注。继麦克斯韦之后，许多物理学家也试图想办法通过其他途径建立麦克斯韦方程组，例如，根据电磁场能量守恒定律和近距作用原理、库仑定律和洛伦兹变换、拉氏函数的规范不变性和变分原理、库仑定律和直接电磁场变换等。这些获得麦克斯韦方程组的方法主要通过数学推演，过程较为复杂，但有助于人们对麦克斯韦方程组及相关定律和定理的深刻理解，提高认识深度。

4. 麦克斯韦方程组蕴含的美学思想

美国麻省理工学院的教授凯派什曾说过："科学家的灵窍、诗人的心扉、画家的慧眼，此三者所感受到的都是同样的和谐、同样的优美、同样的富有韵律和节奏。"无论科学家还是诗人，都试图用自己手中的画笔描绘出一幅美丽的"图画"。"美"作为极不确定的概念，在某种程度上也成了物理学家们进行研究时的一个指导原则。

英国数学家邦迪曾回忆，当他提出一个自认为有道理的设想时，爱因斯坦只要觉得这个公式不够美，他就对之完全失去兴趣。因为他深信：美是探求理论物理学中重要结果的一个指导原则。

我国伟大的理论物理学家杨振宁先生在谈到这一转变时指出：爱因斯坦不是从实验上已证实了麦克斯韦方程组出发，去追问这些方程组的对称性是什么，而是把局面颠倒过来，从对称性出发去发问方程组应该怎样。我们把原先的地位颠倒过来的这一崭新的程序，称为"对称性支配相互作用"。这大大缩短了探索事物基本定律的历程，为物理基础研究的高速发展开辟了新的道路。其实，对称性思维也渗透于生活的方方面面，如图 2 - 13 所示。

图 2－13　生活中的对称性

麦克斯韦方程组作为物理学最美方程，它集简单、对称、和谐、统一之美学原则于一身。这里的简单主要体现在逻辑基础（库仑、毕奥-萨伐尔-拉普拉斯、法拉第电磁感应这三大定律以及涡旋电场、位移电流两大假设）的简单和数学形式的简单。对称主要指思维的对称性（电生磁、磁生电）和数学表达的对称性，需要说明，只有在真空中麦克斯韦方程组才具有完全对称的数学表达形式，而介质中的麦克斯韦方程组并不完全对称，因未寻得磁单极子而使其存在对称性破缺。和谐主要指麦克斯韦方程组与物理学中的能量守恒、电量守恒、变分原理等重要物理理论相容。统一指通过真空中的麦克斯韦方程组，可以推导出真空中电场强度和磁感应强度所满足的波动方程，从而得到电磁波在真空中的传播速度，而其大小恰恰等于真空中的光速，即实现了电、磁和光的统一。当然，麦克斯韦方程组的美不仅限于以上几点，还可进一步挖掘深度、拓展广度。

思考题

1. 麦克斯韦提出了哪两大假设，从而才建立了麦克斯韦方程组？

2. 写出真空中麦克斯韦方程组的积分、微分形式，并说明每一个方程的物理意义。

3. 查阅文献了解库仑平方反比定律的提出、验证和意义，并说明从中获得了什么启示。

4. 如果库仑定律并非精确满足平方反比定律，那么它对电动力学有何影响？对整个物理学有何影响？

5. 如何理解静电力或静电场的叠加性？

6. 磁单极子存在吗？试说明理由。查阅文献了解磁单极子的最新理论研究进展。

7. 如果存在磁单极子，麦克斯韦方程应写成什么形式？

8. 变化的电场产生涡旋磁场，变化的磁场产生涡旋电场，这说明了什么？

9. 位移电流是在什么条件下提出的？有何重要意义？

10. 洛伦兹力成立的条件是什么？说明洛伦兹力密度的物理意义。

11. 什么是极化？极化的特征是什么？写出极化强度与束缚电荷面密度的关系。

12. 什么是磁化？磁化的特征是什么？写出磁化强度与磁化电流密度的关系。

13. 写出场和电荷系统的能量守恒定律的一般形式。

14. 库仑平方反比定律说明了什么？系数 $1/(4\pi\varepsilon_0)$ 的物理意义是什么？

15. 高斯定理 $\oint \boldsymbol{E} \cdot \mathrm{d}\boldsymbol{S} = q/\varepsilon_0$ 中的 $1/\varepsilon_0$ 代表什么物理意义？

16. 讨论真空中麦克斯韦方程组的对偶性、对称性破缺及电场与磁场的相互激发。

17. 说明传导电流和位移电流的相同和不同之处。

练习题

1. 证明：极化电荷体密度 ρ_p 与电极化强度 $\boldsymbol{P}$ 的关系为 $\rho_p=-\nabla\cdot\boldsymbol{P}$。

2. 证明：$\nabla\cdot\boldsymbol{J}_t=0$，其中 $\boldsymbol{J}_t=\boldsymbol{J}_f+\boldsymbol{J}_d+\boldsymbol{J}_p+\boldsymbol{J}_m$，这里 $\boldsymbol{J}_t$ 表示总电流密度矢量，$\boldsymbol{J}_f$、$\boldsymbol{J}_d$、$\boldsymbol{J}_p$ 和 $\boldsymbol{J}_m$ 依次为传导电流、磁场变换产生的电流、极化电流和磁化电流密度矢量。

3. 写出真空中、自由真空中和介质中麦克斯韦方程组的微分形式，并进行比较。

4. 写出电磁场的边值关系，并进行证明。

5. 已知空间电场为 $\boldsymbol{E}=\dfrac{a\boldsymbol{r}}{r^2}+\dfrac{b\boldsymbol{r}}{r^3}$，其中 a、b 为常数，证明空间电荷分布为 $\rho=\varepsilon_0\left[\dfrac{a}{r^2}+4\pi b\delta(\boldsymbol{r})\right]$。

6. 证明：电偶极子在远场的电势为 $\varphi=\dfrac{\boldsymbol{P}\cdot\boldsymbol{r}}{4\pi\varepsilon_0 r^3}$，电场为 $\boldsymbol{E}=\dfrac{1}{4\pi\varepsilon_0}\left[\dfrac{3(\boldsymbol{P}\cdot\boldsymbol{r})\boldsymbol{r}}{r^5}-\dfrac{\boldsymbol{P}}{r^3}\right]$。

7. 证明在均匀介质内部，极化电荷体密度 ρ_p 总是等于自由电荷体密度 ρ_f 的 $-\left(1-\dfrac{\varepsilon_0}{\varepsilon}\right)$倍。

8. 对于稳恒磁场，在某均匀非铁磁介质内部，磁化电流密度为 $\boldsymbol{J}_m$，自由电流密度为 $\boldsymbol{J}_f$，磁导率为 μ，试证明：$\boldsymbol{J}_m$ 与 $\boldsymbol{J}_f$ 间的关系为 $\boldsymbol{J}_m=(\mu/\mu_0-1)\boldsymbol{J}_f$。

9. 电流 I 均匀分布于半径为 a 的无限长直导线内，求磁感应强度分布及旋度。

10. 如图所示，无限大平行板电容器内充满两层各向同性的均匀介质，两介质分界面与极板平行。设极板上自由电荷面密度为 $\pm\sigma_f$，求电容器内电场强度和束缚电荷的分布。

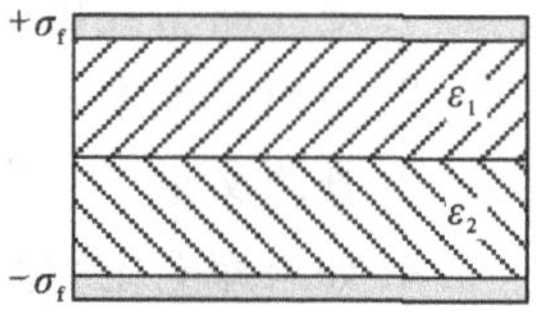

习题 10 图

11. 证明：均匀介质内部的极化电荷体密度与自由电荷体密度的关系满足 $\rho_p=\left(\dfrac{\varepsilon_0}{\varepsilon}-1\right)\rho_f$。

12. 试用边值关系证明：在绝缘介质与导体的分界面上，在静电情况下，导体外的电场线总是垂直于导体表面；在恒定电流情况下，导体内电场线总是平行于导体表面。

13. 由两个圆形极板组成的平行板容器漏电，证明：直流电源供电时进入电容器的能流等于它损耗的焦耳热。

14. 证明：通过空间任意闭合曲面的自由电流和位移电流的总量为零。

15. 已知一个电荷系统的偶极矩定义为 $\boldsymbol{p}(t)=\int\rho(\boldsymbol{x}',t)\boldsymbol{x}'\mathrm{d}V'$，利用电荷守恒定律 $\nabla\cdot\boldsymbol{J}+\dfrac{\partial\rho}{\partial t}=0$，证明：$\boldsymbol{p}(t)$ 的变化率 $\dfrac{\mathrm{d}\boldsymbol{P}}{\mathrm{d}t}=\int\boldsymbol{J}(\boldsymbol{x}',t)\mathrm{d}V'$。

思维导图

不同情形下的麦克斯韦方程组

库仑定律
毕奥-萨伐尔定律
法拉第电磁定律
能量守恒定律
爱因斯坦位移电流

$$E(r)=\frac{1}{4\pi\varepsilon_0}\int\frac{\rho(\boldsymbol{x}')\boldsymbol{r}}{r^3}\mathrm{d}V'$$

$$\boldsymbol{B}=\frac{\mu_0}{4\pi}\int_V=\frac{\boldsymbol{J}(\boldsymbol{x}')\times\boldsymbol{r}}{r^3}\mathrm{d}V'$$

$$\nabla\times\boldsymbol{E}=\frac{\partial\boldsymbol{B}}{\partial t}$$

$$\nabla\cdot\boldsymbol{J}+\frac{\partial\rho}{\partial t}=0$$

$$\boldsymbol{J}_t=\boldsymbol{J}+\boldsymbol{J}_d=\boldsymbol{J}+\varepsilon_0\frac{\partial}{\partial t}\boldsymbol{E}$$

真空中的麦克斯韦方程组

$$\nabla\times\boldsymbol{E}=-\frac{\partial\boldsymbol{B}}{\partial t}$$
$$\nabla\times\boldsymbol{B}=\mu_0\boldsymbol{J}+\mu_0\varepsilon_0\frac{\partial\boldsymbol{E}}{\partial t}$$
$$\nabla\cdot\boldsymbol{E}=\frac{\rho}{\varepsilon_0}$$
$$\nabla\cdot\boldsymbol{B}=0$$

真空无源 $\rho=0$，$\boldsymbol{J}=0$ →

$$\nabla\times\boldsymbol{E}=-\frac{\partial\boldsymbol{B}}{\partial t}$$
$$\nabla\times\boldsymbol{B}=\mu_0\varepsilon_0\frac{\partial\boldsymbol{E}}{\partial t}$$
$$\nabla\cdot\boldsymbol{E}=0$$
$$\nabla\cdot\boldsymbol{B}=0$$

极化 ρ_p，磁化 $\boldsymbol{J}_m$ ↓

介质中的麦克斯韦方程组

$$\nabla\times\boldsymbol{E}=-\frac{\partial\boldsymbol{B}}{\partial t}$$
$$\nabla\times\boldsymbol{B}=\mu_0(\boldsymbol{J}_f+\boldsymbol{J}_m+\boldsymbol{J}_p)+\varepsilon_0\frac{\partial\boldsymbol{E}}{\partial t}$$
$$\nabla\cdot\boldsymbol{E}=\frac{\rho_f+\rho_p}{\varepsilon_0}=\frac{\rho}{\varepsilon}$$
$$\nabla\cdot\boldsymbol{B}=0$$

$\boldsymbol{D}=\varepsilon_0\boldsymbol{E}-\boldsymbol{P}$，$\boldsymbol{H}=\frac{1}{\mu_0}\boldsymbol{B}-\boldsymbol{M}$，$\boldsymbol{J}_m=\nabla\times\boldsymbol{M}$，$\boldsymbol{J}_p=\frac{\partial\boldsymbol{P}}{\partial t}$ →

$$\nabla\times\boldsymbol{E}=-\frac{\partial\boldsymbol{B}}{\partial t}$$
$$\nabla\times\boldsymbol{H}=\boldsymbol{J}_f-\frac{\partial\boldsymbol{D}}{\partial t}$$
$$\nabla\cdot\boldsymbol{D}=\rho_f$$
$$\nabla\cdot\boldsymbol{B}=0$$

麦克斯韦方程组的边界条件

$$\oint_S\boldsymbol{D}\cdot\mathrm{d}\boldsymbol{S}=q_f$$
$$\oint_L\boldsymbol{E}\cdot\mathrm{d}\boldsymbol{l}=-\frac{\mathrm{d}}{\mathrm{d}t}\int\boldsymbol{B}\cdot\mathrm{d}\boldsymbol{S}$$
$$\oint_S\boldsymbol{E}\cdot\mathrm{d}\boldsymbol{S}=0$$
$$\oint_L\boldsymbol{H}\cdot\mathrm{d}\boldsymbol{l}=I_f+\frac{\mathrm{d}}{\mathrm{d}t}\int\boldsymbol{D}\cdot\mathrm{d}\boldsymbol{S}$$

→

$$E_{2t}-E_{1t}=0$$
$$H_{2t}-H_{1t}=\alpha_f$$
$$D_{2n}-D_{1n}=\sigma_f$$
$$B_{2n}-B_{1n}=0$$

→

$$\boldsymbol{e}_n\times(\boldsymbol{E}_2-\boldsymbol{E}_1)=\boldsymbol{0}$$
$$\boldsymbol{e}_n\times(\boldsymbol{H}_2-\boldsymbol{H}_1)=\boldsymbol{\alpha}_f$$
$$\boldsymbol{e}_n\cdot(\boldsymbol{D}_2-\boldsymbol{D}_1)=\sigma_f$$
$$\boldsymbol{e}_n\cdot(\boldsymbol{B}_2-\boldsymbol{B}_1)=0$$

$$\nabla\cdot\boldsymbol{J}_f=\frac{\partial\rho_f}{\partial t}$$
$$\nabla\cdot\boldsymbol{P}=-\rho_p$$
$$\nabla\times\boldsymbol{M}=\boldsymbol{J}_m$$

→

$$\boldsymbol{e}_n\cdot(\boldsymbol{J}_{f2}-\boldsymbol{J}_{f1})=\frac{\partial\sigma_f}{\partial t}$$
$$\boldsymbol{e}_n\cdot(\boldsymbol{P}_2-\boldsymbol{P}_1)=-\sigma_p$$
$$\boldsymbol{e}_n\times(\boldsymbol{M}_2-\boldsymbol{M}_1)=\boldsymbol{\alpha}_m$$

力密度与电磁场能量、动量和角动量

力密度 $\boldsymbol{f}=\rho\boldsymbol{E}-\boldsymbol{J}\times\boldsymbol{B}$

- 能量守恒：$-\nabla\cdot\boldsymbol{S}=\frac{\partial w}{\partial t}+\boldsymbol{f}\cdot\boldsymbol{v}$；$\boldsymbol{S}=\boldsymbol{E}\times\boldsymbol{H}$，$w=\frac{1}{2}(\boldsymbol{E}\cdot\boldsymbol{D}+\boldsymbol{H}\cdot\boldsymbol{B})$
- 动量守恒：$\boldsymbol{f}=-\nabla\cdot\boldsymbol{T}-\frac{\partial\boldsymbol{g}}{\partial t}$；$\boldsymbol{g}=\varepsilon_0\boldsymbol{E}\times\boldsymbol{B}$，$\boldsymbol{T}=-\varepsilon_0\boldsymbol{EE}-\frac{1}{\mu_0}\boldsymbol{BB}+\frac{1}{2}\boldsymbol{I}\left(\varepsilon_0E^2+\frac{1}{\mu_0}B^2\right)$
- 角动量守恒：$\frac{\mathrm{d}\boldsymbol{L}_m}{\mathrm{d}t}=-\frac{\mathrm{d}}{\mathrm{d}t}\int_V\boldsymbol{r}\times\boldsymbol{g}\mathrm{d}V-\oint_S(-\boldsymbol{T}\times\boldsymbol{r})\cdot\mathrm{d}\boldsymbol{S}$；$\boldsymbol{l}_{e,m}=\boldsymbol{r}\times\boldsymbol{g}$，$\boldsymbol{M}=-\boldsymbol{T}\times\boldsymbol{r}$

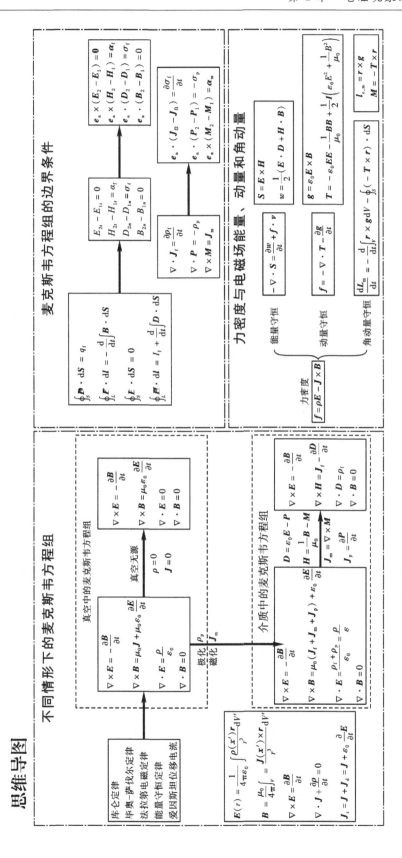

第 3 章　静电场

在上一章中，基于散度和旋度定理，就电磁场的普遍规律进行了高度概括和总结，得到了完备的麦克斯韦方程组。同时，对电磁场的边值问题和能量传输特点进行了介绍。本章从偏微分方程和相关函数出发，对静电场的求解作更深入的讨论。

关于静电场的求解，若直接从场强出发，由于是一个矢量，会给运算带来较多不便。而能够描述静电场性质的另一物理量就是标势，从标势出发，对于极其复杂的问题，先求解标势，再根据场强与标势的微分关系获得电场的分布则容易得多。这里围绕标势，运用分离变量法、镜像法和格林函数法以及多级展开等求解。多种方法的比对，能使读者深刻领悟到灵活应对、具体问题具体分析物理思想的重要性。

3.1　静电场的标势及微分方程

3.1.1　静电场的标势

静电场与磁场无关，静电场的麦克斯韦方程组如下：

$$\nabla\times\boldsymbol{E}=0 \tag{3.1.1}$$

$$\nabla\cdot\boldsymbol{D}=\rho_{\mathrm{f}} \tag{3.1.2}$$

可见，静电场是有源无旋场。式(3.1.1)两边对任意曲面进行面积分，并根据积分变换将左侧的面积分转换为以曲面为边界的线积分，则可以得到静电场的环路定理的积分形式：

$$\oint_L \boldsymbol{E}\cdot\mathrm{d}\boldsymbol{l}=0 \tag{3.1.3}$$

即静电场沿任意环路的积分为 0。事实上，上式表示单位正电荷沿任意闭合路径运动一周，静电场对电荷所做的功为 0，即静电场对电荷做功与具体路径无关。因此，可以定义静电势 φ，某点的静电势仅与该点的位置有关，而与具体路径无关。根据能量守恒定律，当电荷从 P_1 运动到 P_2 后，静电场对电荷所做的功等于电荷静电势能的减少量，即

$$W=\int_{P_1}^{P_2}\boldsymbol{E}\cdot\mathrm{d}\boldsymbol{l}=\varphi(P_1)-\varphi(P_2)=-[\varphi(P_2)-\varphi(P_1)] \tag{3.1.4}$$

上式表示成微分形式，有

$$\mathrm{d}\varphi=-\boldsymbol{E}\cdot\mathrm{d}\boldsymbol{l} \tag{3.1.5}$$

考虑电势的全微分

$$d\varphi=\frac{\partial\varphi}{\partial x}dx+\frac{\partial\varphi}{\partial y}dy+\frac{\partial\varphi}{\partial z}dz=\nabla\varphi\cdot d\boldsymbol{l} \tag{3.1.6}$$

比较以上两式，可得

$$\boldsymbol{E}=-\nabla\varphi \tag{3.1.7}$$

一般地，对于电荷分布有限大小的带电体，取无穷远处的电势为 0，于是某点 P 的电势表示为

$$\varphi(P)=\int_P^\infty \boldsymbol{E}\cdot d\boldsymbol{l} \tag{3.1.8}$$

对于真空中的点电荷，激发的电场为

$$\boldsymbol{E}=\frac{q}{4\pi\varepsilon_0 r^3}\boldsymbol{r}$$

因此，点电荷的电势表示为

$$\varphi(P)=\int_r^\infty \frac{q\boldsymbol{r}}{4\pi\varepsilon_0 r^3}\cdot d\boldsymbol{r}=\int_r^\infty \frac{q}{4\pi\varepsilon_0 r^2}dr=\frac{q}{4\pi\varepsilon_0 r} \tag{3.1.9}$$

对于多个点电荷构成的电荷体系，根据场的叠加性 $\boldsymbol{E}=\sum_i \boldsymbol{E}_i$，于是

$$\begin{aligned}\varphi(P)&=\int_P^\infty \boldsymbol{E}\cdot d\boldsymbol{r}=\int_P^\infty \sum_i \boldsymbol{E}_i\cdot d\boldsymbol{r}\\&=\sum_i\int_P^\infty \boldsymbol{E}_i\cdot d\boldsymbol{r}=\sum_i\varphi_i=\sum_i\frac{q_i}{4\pi\varepsilon_0 r_i}\end{aligned} \tag{3.1.10}$$

即电势也满足叠加性。因此，对于连续分布的电荷体系，静电势可表示为

$$\varphi(\boldsymbol{x})=\int_V \frac{dq}{4\pi\varepsilon_0 r}=\int_V \frac{\rho(\boldsymbol{x}')dV'}{4\pi\varepsilon_0 r} \tag{3.1.11}$$

3.1.2　静电势的微分方程和边值关系

引入静电势后，电场的微分方程就可以用电势的微分方程来代替，这样做的优点在于将矢量方程转变为标量方程，方便求解。

均匀各向同性的线性介质中，$\boldsymbol{D}=\varepsilon\boldsymbol{E}$，因此

$$\nabla\cdot\boldsymbol{D}=\rho_f=\varepsilon\,\nabla\cdot\boldsymbol{E}=-\varepsilon\,\nabla^2\varphi$$

即

$$\nabla^2\varphi=-\frac{\rho_f}{\varepsilon} \tag{3.1.12}$$

对于 $\rho_f=0$ 的区域，上式可转变为

$$\nabla^2\varphi=0 \tag{3.1.13}$$

式(3.1.12)建立了自由电荷分布与电势的普遍关系，称为**泊松方程**。式(3.1.13)称为**拉普拉斯方程**，是泊松方程的特例。求解以上二阶偏微分方程，根据电势的边值关系和边界条件确定解中的待定系数，即可获得电势的具体表达式。然后，根据电场强度与电势的微分关系，就可以得到电场的分布了。

在两介质界面上，电场的边值关系为

$$\boldsymbol{e}_n \times (\boldsymbol{E}_2 - \boldsymbol{E}_1) = 0 \tag{3.1.14}$$

$$\boldsymbol{e}_n \cdot (\boldsymbol{D}_2 - \boldsymbol{D}_1) = \sigma_f \tag{3.1.15}$$

式(3.1.14)和式(3.1.15)依次表明，电场沿切向连续，沿法向突变，其中 $\boldsymbol{e}_n$ 方向如图3-1所示。图中，在介质的分界面处取跨越两介质的扁长矩形，其中长边与界面平行且长度为 Δl，高 $\Delta h \to 0$。设位于介质1中的顶点的极化强度为 P_1、P_1'，相应的电势分别为 φ_1、φ_1'。位于介质2中的对应顶点的极化强度为 P_2、P_2'，相应的电势分别为 φ_2、φ_2'。无论介质界面处是否存在电荷，界面处的电场总是有限的，由于 $\Delta h \to 0$，所以电场沿高度方向 P_1P_2 的线积分为0，于是有 $\Delta\varphi = \varphi_2 - \varphi_1 = 0$，即界面两侧电势连续：

$$\varphi_1 = \varphi_2 \tag{3.1.16}$$

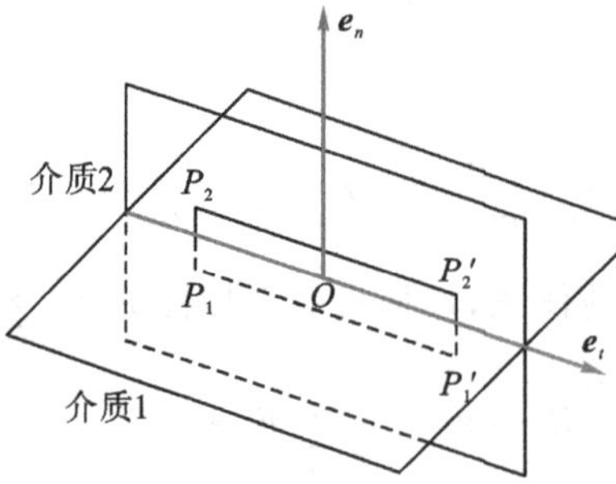

图3-1　介质1指向介质2的法向单位矢量 $\boldsymbol{e}_n$ 方向

当界面处存在自由电荷面密度时

$$D_{2n} - D_{1n} = \sigma_f \tag{3.1.17}$$

考虑到

$$D_n = (\varepsilon E)_n = -(\varepsilon \nabla\varphi)_n = -\varepsilon \frac{\partial \varphi}{\partial n} \tag{3.1.18}$$

可以得到关于电势的第二个边值关系

$$\varepsilon_2 \frac{\partial \varphi_2}{\partial n} - \varepsilon_1 \frac{\partial \varphi_1}{\partial n} = -\sigma_f \tag{3.1.19}$$

当空间中存在导体时，自由电荷仅分布在导体表面，导体为等势体，于是导体表面的边值关系转变为

$$\varphi = 常数 \tag{3.1.20}$$

式(3.1.19)中，假设1为导体，2为介质，则该式可表示为

$$\varepsilon \frac{\partial \varphi}{\partial n} = -\sigma_f \tag{3.1.21}$$

式中，ε 为介质的介电常数。

3.1.3　静电场能量

根据电磁场的能量守恒定律，得到了电磁场能量密度变化率的表达式为

$$\frac{\partial w}{\partial t} = \boldsymbol{E} \cdot \frac{\partial \boldsymbol{D}}{\partial t} + \boldsymbol{H} \cdot \frac{\partial \boldsymbol{B}}{\partial t} \tag{3.1.22}$$

对于各向同性的线性介质，$\boldsymbol{D}=\varepsilon\boldsymbol{E}$，且 ε 为常数，于是静电场的能量密度为

$$w_e=\frac{1}{2}\boldsymbol{E}\cdot\boldsymbol{D} \tag{3.1.23}$$

相应地，静电场的总能量为

$$W=\frac{1}{2}\int_{\infty}\boldsymbol{E}\cdot\boldsymbol{D}\mathrm{d}V \tag{3.1.24}$$

如果静电场的总能量能用标量来表示，计算起来会更简便。考虑到

$$w_e=\frac{1}{2}(-\nabla\varphi)\cdot\boldsymbol{D}=-\frac{1}{2}[\nabla\cdot(\varphi\boldsymbol{D})-\varphi\nabla\cdot\boldsymbol{D}]=-\frac{1}{2}[\nabla\cdot(\varphi\boldsymbol{D})-\rho_f\varphi] \tag{3.1.25}$$

于是静电场的总能量为

$$W=\frac{1}{2}\int_V\rho_f\varphi\mathrm{d}V-\frac{1}{2}\int_V\nabla\cdot(\varphi\boldsymbol{D})\mathrm{d}V \tag{3.1.26}$$

根据散度定理，将上式最后一项的体积分转变为面积分，则有

$$W=\frac{1}{2}\int_V\rho_f\varphi\mathrm{d}V-\frac{1}{2}\oint_S\varphi\boldsymbol{D}\cdot\mathrm{d}\boldsymbol{S} \tag{3.1.27}$$

上述积分区域应遍布整个空间，于是最后一项的积分为 0，因此

$$W=\frac{1}{2}\int_V\rho_f\varphi\mathrm{d}V \tag{3.1.28}$$

上式表明，静电场的能量的确可以写成两个标量 ρ_f、φ 的函数。不过，$\rho_f\varphi$ 不能看作是静电场的能量密度，因为在电荷源以外的区域，也存在电场，因此也具有能量密度。对于电荷连续分布情形，电势为 $\varphi=\int_{V'}\frac{\rho(\boldsymbol{x}')}{4\pi\varepsilon r}\mathrm{d}V'$，此时静电场的能量可表达为

$$W=\frac{1}{8\pi\varepsilon}\int_V\mathrm{d}V\int_{V'}\frac{\rho(\boldsymbol{x})\rho(\boldsymbol{x}')}{r}\mathrm{d}V' \tag{3.1.29}$$

注意在以上表达式中，式(3.1.24)是普遍成立的，而式(3.1.28)和式(3.1.29)仅在静电场下成立。

例 3-1　求均匀带电量为 Q、半径为 a、介电常数为 ε 的介质球的静电场总能量。

解法 1　由 $W=\frac{1}{2}\int_{\infty}\boldsymbol{E}\cdot\boldsymbol{D}\mathrm{d}V$ 计算。分球内、球外两个区域进行分析。

球外区域 $r>a$，由高斯定理可求出球外区域的电场强度、电位移矢量分别为

$$\boldsymbol{E}_{外}=\frac{Q}{4\pi\varepsilon_0 r^2}\boldsymbol{e}_r,\quad \boldsymbol{D}_{外}=\frac{Q}{4\pi r^2}\boldsymbol{e}_r$$

$$W_{外}=\frac{1}{2}\int_a^{\infty}\boldsymbol{E}_{外}\cdot\boldsymbol{D}_{外}\,\mathrm{d}V=\frac{1}{2}\int_a^{\infty}\frac{Q}{4\pi\varepsilon_0 r^2}\cdot\frac{Q}{4\pi r^2}\cdot 4\pi r^2\mathrm{d}r=\frac{Q^2}{8\pi\varepsilon_0 a}$$

球内区域 $r<a$，由高斯定理可求出球内区域的电场强度、电位移矢量分别为

$$\boldsymbol{E}_{内}=\frac{Qr}{4\pi\varepsilon a^3}\boldsymbol{e}_r,\quad \boldsymbol{D}_{内}=\frac{Qr}{4\pi a^3}\boldsymbol{e}_r$$

$$W_{内}=\frac{1}{2}\int_0^{a}\boldsymbol{E}_{内}\cdot\boldsymbol{D}_{内}\,\mathrm{d}V=\frac{1}{2}\int_0^{a}\frac{Qr}{4\pi\varepsilon a^3}\cdot\frac{Qr}{4\pi a^3}\cdot 4\pi r^2\mathrm{d}r=\frac{Q^2}{40\pi\varepsilon a}$$

所以

$$W=W_{外}+W_{内}=\frac{Q^2}{8\pi\varepsilon_0 a}+\frac{Q^2}{40\pi\varepsilon a}$$

解法 2 由 $W=\frac{1}{2}\int_V \rho\varphi \mathrm{d}V$ 计算。根据高斯定理得到介质内外的电场分别为

$$\boldsymbol{E}_{内}=\frac{Qr}{4\pi\varepsilon a^3}\boldsymbol{e}_r,\quad \boldsymbol{E}_{外}=\frac{Q}{4\pi\varepsilon_0 r^2}\boldsymbol{e}_r$$

于是球内的电势为

$$\begin{aligned}\varphi &= \int_{内}\boldsymbol{E}_{内}\cdot \mathrm{d}\boldsymbol{r}+\int_{外}\boldsymbol{E}_{外}\cdot \mathrm{d}\boldsymbol{r}\\ &= \int_{内}\frac{Qr}{4\pi\varepsilon a^3}\boldsymbol{e}_r\cdot \mathrm{d}\boldsymbol{r}+\int_{外}\frac{Q}{4\pi\varepsilon_0 r^2}\boldsymbol{e}_r\cdot \mathrm{d}\boldsymbol{r}\\ &= \int_r^a \frac{Qr}{4\pi\varepsilon a^3}\mathrm{d}r+\int_a^\infty \frac{Q}{4\pi\varepsilon_0 r^2}\mathrm{d}r\\ &= \frac{Q}{8\pi\varepsilon a}+\frac{Q}{4\pi\varepsilon_0 a}-\frac{Qr^2}{8\pi\varepsilon a^3}\end{aligned}$$

又介质球的电荷体密度为

$$\rho=\frac{Q}{\frac{4}{3}\pi a^3}$$

则介质球激发的静电场总能量为

$$\begin{aligned}W &= \frac{1}{2}\int_{内}\rho\varphi \mathrm{d}V\\ &= \frac{1}{2}\rho\left(\frac{Q}{8\pi\varepsilon a}+\frac{Q}{4\pi\varepsilon_0 a}\right)\frac{4}{3}\pi a^3-\frac{1}{2}\int_0^a \rho\,\frac{Qr^2}{8\pi\varepsilon a^3}4\pi r^2\,\mathrm{d}r\\ &= \frac{Q^2}{40\pi\varepsilon a}+\frac{Q^2}{8\pi\varepsilon_0 a}\end{aligned}$$

3.2 唯一性定理

3.2.1 介质中的唯一性定理

分析电场的分布，关键在于求解泊松方程或拉普拉斯方程。泊松方程和拉普拉斯方程属于二阶偏微分方程，运用数学方法获得理论上的精确解比较繁琐。事实上，电荷分布确定后，静电场的分布就是唯一的，物理上可根据电荷分布的特点提出电势的试探解，只要试探解满足泊松方程或拉普拉斯方程，并满足给定的边界条件，那么该试探解就是所求的唯一正确的解。因此，唯一性定理在静电场分析中具有基础性作用。

介质中的唯一性定理：设区域 V 内给定自由电荷的分布 $\rho(x)$，且给定关于电势的边界条件 $\varphi|_s$ 或 $\left.\frac{\partial\varphi}{\partial n}\right|_s$，那么区域 V 内的静电场就唯一确定，其中 $\varphi|_s$ 表示边界 S 上的电势，$\left.\frac{\partial\varphi}{\partial n}\right|_s$

为边界处电势的法向偏导数。

证明　不失一般性，设区域 V 是分区均匀的。假设有两组不同的解 φ' 和 φ'' 均满足唯一性定理的两个条件。令

$$\varphi=\varphi'-\varphi''$$

则分区 V_i 内的泊松方程为

$$\nabla^2\varphi'=-\frac{\rho}{\varepsilon_i},\quad \nabla^2\varphi''=-\frac{\rho}{\varepsilon_i}$$

即

$$\nabla^2\varphi=\nabla^2\varphi'-\nabla^2\varphi''$$

可见，φ 满足拉普拉斯方程。

设 V_i 与 V_j 相邻，由界面处电势连续性可知

$$\varphi_i'=\varphi_j',\quad \varphi''_i=\varphi_j''$$

即

$$\varphi_i=\varphi_j$$

设边界处的自由电荷密度为 $\sigma_{f_{ij}}$，则边界处电势的梯度满足

$$\varepsilon_i\left(\frac{\partial\varphi'}{\partial n}\right)_i-\varepsilon_j\left(\frac{\partial\varphi'}{\partial n}\right)_j=-\sigma_{f_{ij}} \tag{3.2.1}$$

$$\varepsilon_i\left(\frac{\partial\varphi''}{\partial n}\right)_i-\varepsilon_j\left(\frac{\partial\varphi''}{\partial n}\right)_j=-\sigma_{f_{ij}} \tag{3.2.2}$$

即

$$\varepsilon_i\left(\frac{\partial\varphi}{\partial n}\right)_i=\varepsilon_j\left(\frac{\partial\varphi}{\partial n}\right)_j \tag{3.2.3}$$

在整个区域 V 的边界 S 上，有

$$\varphi|_s=\varphi'|_s-\varphi''|_s=0 \tag{3.2.4}$$

$$\text{或}\quad \left.\frac{\partial\varphi}{\partial n}\right|_s=\left.\frac{\partial\varphi'}{\partial n}\right|_s-\left.\frac{\partial\varphi''}{\partial n}\right|_s=0 \tag{3.2.5}$$

考虑 V_i 的界面 S_i 上关于 $\varepsilon_i\varphi\,\nabla\varphi$ 的闭合曲面积分为

$$\begin{aligned}\oint_{S_i}\varepsilon_i\varphi\,\nabla\varphi\cdot\mathrm{d}\boldsymbol{S}&=\int_{V_i}\nabla\cdot(\varepsilon_i\varphi\,\nabla\varphi)\mathrm{d}V\\&=\int_{V_i}\varepsilon_i\,(\nabla\varphi)^2\mathrm{d}V+\int_{V_i}\varepsilon_i\varphi\,\nabla^2\varphi\mathrm{d}V\\&=\int_{V_i}\varepsilon_i\,(\nabla\varphi)^2\mathrm{d}V\geqslant 0\end{aligned}$$

对所有分区 V_i 求和，则有

$$\sum_i\oint_{S_i}\varepsilon_i\varphi\,\nabla\varphi\cdot\mathrm{d}\boldsymbol{S}=\sum_i\int_{V_i}\varepsilon_i\,(\nabla\varphi)^2\mathrm{d}V\geqslant 0$$

不过，相邻分区界面法向取向相反，即 $\mathrm{d}\boldsymbol{S}_i=-\mathrm{d}\boldsymbol{S}_j$，区域 V 内的分区界面关于上式左侧的面积分之和为 0，因此上式左侧仅剩下关于 V 的边界面 S 上的面积分。前面已推知 $\varphi|_s=0$，因此上式左侧为 0，于是上式右侧也有 0，即

$$\nabla\varphi=0$$

即

$$\varphi=\varphi'-\varphi''=\text{常数}$$

考虑到$\boldsymbol{E}=-\nabla\varphi$,电势的物理意义在于电势差,而非电势的绝对值。$\varphi'$和$\varphi''$具有相同的分布,且大小仅相差一个常数,因此两者所描述的电场为同一个电场,静电场的唯一性定理得证。

3.2.2 导体存在时的唯一性定理

导体存在时的唯一性定理:设区域 V 内有部分导体,给定导体之外的电荷分布为 ρ,给定各导体上的总电荷为 q_i,以及区域 V 的边界 S 上的$\varphi|_s$ 或$\left.\frac{\partial\varphi}{\partial n}\right|_s$,则 V 内的电场唯一确定。

证明 对于与导体不相邻的区域,满足介质内的唯一性定理,因此这里仅考虑与导体相邻的区域。

设有两个解 φ'和 φ''同时满足上述条件,令

$$\varphi=\varphi'-\varphi''$$

则 φ 满足

$$\nabla^2\varphi=0$$

设导体表面自由电荷面密度为 σ_f,介质的介电常数为 ε,则介质与导体界面处满足边值关系

$$\varepsilon\frac{\partial\varphi'}{\partial n}=\varepsilon\frac{\partial\varphi''}{\partial n}=-\sigma_f$$

将上式对导体的表面 S_i 进行面积分,得

$$\oint_{S_i}\varepsilon\frac{\partial\varphi'}{\partial n}\mathrm{d}S=\oint_{S_i}\varepsilon\frac{\partial\varphi''}{\partial n}\mathrm{d}S=-\oint_{S_i}\sigma_f\mathrm{d}S=-q_i$$

因此,对于与导体相邻的介质,有

$$\oint_{S_i}\varepsilon\frac{\partial\varphi}{\partial n}\mathrm{d}S=\oint_{S_i}\varepsilon\frac{\partial(\varphi'-\varphi'')}{\partial n}\mathrm{d}S=0$$

同时有

$$\varphi|_{S_i}=\varphi'|_{S_i}-\varphi''|_{S_i}=\text{常量},\quad \text{或}\quad \left.\frac{\partial\varphi}{\partial n}\right|_S=\left.\frac{\partial(\varphi'-\varphi'')}{\partial n}\right|_S=0$$

因此

$$\begin{aligned}\oint_{S_i}\varphi\,\nabla\varphi\cdot\mathrm{d}\boldsymbol{S}&=\int_{V_i}\nabla\cdot(\varphi\,\nabla\varphi)\mathrm{d}V=\int_{V_i}(\nabla\varphi)^2\mathrm{d}V+\int_{V_i}\varphi\,\nabla^2\varphi\mathrm{d}V\\&=\int_{V_i}(\nabla\varphi)^2\mathrm{d}V\geqslant 0\end{aligned}$$

其中,V_i 为与导体相邻的介质的体积。由于 S_i 为导体表面,表面上的电势为一常数 φ_i,因此上式左侧为

$$\oint_{S_i}\varphi\,\nabla\varphi\cdot\mathrm{d}\boldsymbol{S}=\varphi_i\oint_{S_i}\nabla\varphi\cdot\mathrm{d}\boldsymbol{S}=-\varphi_i\oint_{S_i}\frac{\partial\varphi}{\partial n}\mathrm{d}S=0$$

对比以上两式可知

$$\nabla\varphi=0$$

即 φ' 和 φ'' 最多只差一个常数，两者描述的电场分布是完全相同的，可见介质内的电场是唯一的。

根据介质内的电场，可确定介质表面的电势及自由电荷面密度，即可以获得导体的电势及电荷，这样整个体系的电场都唯一地确定下来了，定理得证。

例 3-2　如图 3-2 所示，带电量为 Q、半径为 a 的导体球外有一同心导体球壳，球壳内半径为 b。在导体球与球壳之间分布着介质，左半部介电常数为 ε_1，右半部介电常数为 ε_2，求电场和球壳上的电荷分布。

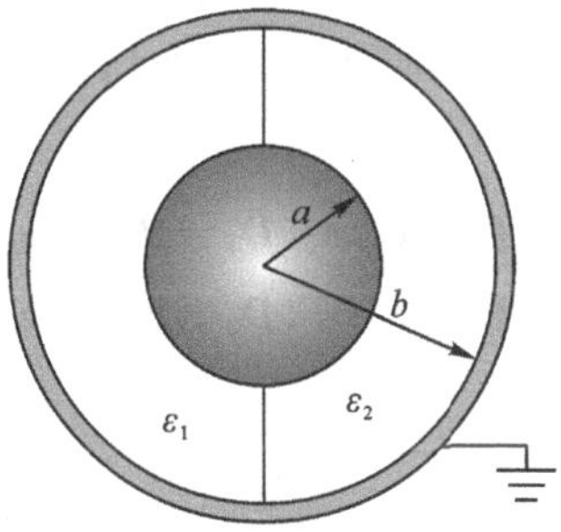

图 3-2　例 3-2 图

解　1)唯一性分析

已知导体上的电荷（内部导体球上的电荷为 Q，外球壳内表面上的感应电荷为 $-Q$），导体外的电荷分布 $\rho_f=0$，以及边界上的电势（外球壳接地），因此解是唯一的。

2)根据对称性分析电场的大致分布，确定电场通解的表达式

①电场仅分布在两球壳之间的介质内。由于电场与导体表面垂直，因此电场沿径向连续；②两介质的界面处，考虑到电场沿切向连续，而介质界面的切向恰好为导体球的径向，因此 $E_1|_S=E_2|_S$，其中下标 1、2 分别代表左半部、右半部；③球对称的电场分布满足①、②的要求，也满足唯一性条件，因此设 $\boldsymbol{E}_1=\dfrac{A}{r^2}\boldsymbol{e}_r$，$\boldsymbol{E}_2=\dfrac{B}{r^2}\boldsymbol{e}_r$，其中 A、B 为待定系数；④由于左右两部分介质内外表面的电势分别相同，故 $A=B$，即

$$\boldsymbol{E}_1=\frac{A}{r^2}\boldsymbol{e}_r,\quad \boldsymbol{E}_2=\frac{A}{r^2}\boldsymbol{e}_r$$

3)根据边界条件或边值关系，求电场表达式中的待定系数

根据边值关系，导体球带电量为 Q，可得

$$\oint_S\boldsymbol{D}\cdot\mathrm{d}\boldsymbol{S}=\int_{S_1}\varepsilon_1\boldsymbol{E}_1\cdot\mathrm{d}\boldsymbol{S}+\int_{S_2}\varepsilon_2\boldsymbol{E}_2\cdot\mathrm{d}\boldsymbol{S}=Q$$

代入电场的表达式，可得

$$2\pi A(\varepsilon_1+\varepsilon_2)=Q$$

即

$$A=\frac{Q}{2\pi(\varepsilon_1+\varepsilon_2)}$$

于是有

$$\boldsymbol{E}_1=\frac{Q}{2\pi(\varepsilon_1+\varepsilon_2)r^2}\boldsymbol{e}_r,\quad \boldsymbol{E}_2=\frac{Q}{2\pi(\varepsilon_1+\varepsilon_2)r^2}\boldsymbol{e}_r$$

4)计算其他问题

设内部金属球左半部、右半部的自由电荷面密度分别为 σ_1、σ_2，内部金属球半径为 a，则

$$\sigma_1=D_{1n}=\varepsilon_1E_1=\frac{\varepsilon_1Q}{2\pi a^2(\varepsilon_1+\varepsilon_2)}$$

$$\sigma_2=D_{2n}=\varepsilon_2E_2=\frac{\varepsilon_2Q}{2\pi a^2(\varepsilon_1+\varepsilon_2)}$$

对于介质的内表面，还存在极化电荷密度 σ_{p}，介质内表面左、右两部分的总电荷密度分别为

$$\sigma_{\mathrm{f1}}+\sigma_{\mathrm{p1}}=D_1-\boldsymbol{e}_{n1}\cdot\boldsymbol{P}_1=\boldsymbol{e}_{n1}\cdot(\boldsymbol{D}_1-\boldsymbol{P}_1)=\boldsymbol{e}_{n1}\cdot(\varepsilon_0\boldsymbol{E}_1)=\varepsilon_0E_1$$

$$\sigma_{\mathrm{f2}}+\sigma_{\mathrm{p2}}=D_2-\boldsymbol{e}_{n2}\cdot\boldsymbol{P}_2=\boldsymbol{e}_{n2}\cdot(\boldsymbol{D}_2-\boldsymbol{P}_2)=\boldsymbol{e}_{n2}\cdot(\varepsilon_0\boldsymbol{E}_2)=\varepsilon_0E_2$$

由于

$$\varepsilon_0E_1=\frac{\varepsilon_0Q}{2\pi a^2(\varepsilon_1+\varepsilon_2)}=\varepsilon_0E_2$$

因此

$$\sigma_{\mathrm{f1}}+\sigma_{\mathrm{p1}}=\sigma_{\mathrm{f2}}+\sigma_{\mathrm{p2}}$$

即介质内表面上的总电荷分布相同。

介质外表面上的总电荷为(设外球壳内半径为 b)

$$\begin{aligned}\sigma'_{\mathrm{f1}}+\sigma'_{\mathrm{p1}}&=D'_1-\boldsymbol{e}'_{n1}\cdot\boldsymbol{P}_1=\boldsymbol{e}_{n1}\cdot(\boldsymbol{D}'_1-\boldsymbol{P}'_1)=\boldsymbol{e}'_{n1}\cdot(\varepsilon_0\boldsymbol{E}'_1)\\&=\varepsilon_0E'_1=\frac{\varepsilon_0Q}{2\pi b^2(\varepsilon_1+\varepsilon_2)}\end{aligned}$$

$$\begin{aligned}\sigma'_{\mathrm{f2}}+\sigma'_{\mathrm{p2}}&=D'_2-\boldsymbol{e}'_{n2}\cdot\boldsymbol{P}_2=\boldsymbol{e}_{n2}\cdot(\boldsymbol{D}'_2-\boldsymbol{P}'_2)=\boldsymbol{e}'_{n2}\cdot(\varepsilon_0\boldsymbol{E}'_2)\\&=\varepsilon_0E'_2=\frac{\varepsilon_0Q}{2\pi b^2(\varepsilon_1+\varepsilon_2)}\end{aligned}$$

可见，依然满足

$$\sigma'_{\mathrm{f1}}+\sigma'_{\mathrm{p1}}=\sigma'_{\mathrm{f2}}+\sigma'_{\mathrm{p2}}$$

外球壳内表面上的自由电荷面密度为

$$\sigma''_1=D''_1=\frac{\varepsilon_1Q}{2\pi(\varepsilon_1+\varepsilon_2)b^2}$$

$$\sigma''_2=D''_2=\frac{\varepsilon_2Q}{2\pi(\varepsilon_1+\varepsilon_2)b^2}$$

3.3 拉普拉斯方程的解

分离变量法

理论上分析静电场的分布，关键在于求解泊松方程

$$\nabla^2\varphi=-\frac{\rho_f}{\varepsilon} \tag{3.3.1}$$

从数学上看，泊松方程为二阶非齐次偏微分方程，应该先计算相应的齐次方程，即拉普拉斯方程

$$\nabla^2\varphi=0 \tag{3.3.2}$$

事实上，很多时候，静电场主要由导体表面的自由电荷决定，如平行板电容器。此时空间中不存在自由电荷，因此求解拉普拉斯方程也具有现实意义。

涉及对矢径求导，采用球坐标系是最方便的。设球坐标的三个分量分别为 R、θ、ϕ，其中 R 为半径、θ 为极角、ϕ 为方位角，且 $0\leqslant\theta\leqslant\pi$、$0\leqslant\phi\leqslant 2\pi$。球坐标下的拉普拉斯方程为

$$\nabla^2\varphi=\frac{1}{R^2}\frac{\partial}{\partial R}\left(R^2\frac{\partial\varphi}{\partial R}\right)+\frac{1}{R^2\sin\theta}\frac{\partial}{\partial\theta}\left(\sin\theta\frac{\partial\varphi}{\partial\theta}\right)+\frac{1}{R^2\sin^2\theta}\frac{\partial^2\varphi}{\partial\phi^2}=0 \tag{3.3.3}$$

采用分离变量法，可得拉普拉斯方程的通解为

$$\begin{aligned}\varphi(R,\theta,\phi)=&\sum_{n,m}\left[\left(a_{nm}R^n+\frac{b_{nm}}{R^{n+1}}\right)\cos m\phi\,\mathrm{P}_n^m(\cos\theta)\right]+\\&\sum_{n,m}\left[\left(c_{nm}R^n+\frac{d_{nm}}{R^{n+1}}\right)\sin m\phi\,\mathrm{P}_n^m(\cos\theta)\right]\end{aligned} \tag{3.3.4}$$

其中，a_{nm}、b_{nm}、c_{nm}、d_{nm} 为待定系数，待定系数需要通过边界条件来确定，$\mathrm{P}_n^m(\cos\theta)$ 为缔合勒让德函数。

若电荷分布具有轴对称性，则选该对称轴为极轴，则电势 φ 与方位角 ϕ 无关，取 $m=0$，此时拉普拉斯方程的通解可简化为

$$\varphi(R,\theta)=\sum_{n=0}^{\infty}\left(a_nR^n+\frac{b_n}{R^{n+1}}\right)\mathrm{P}_n(\cos\theta) \tag{3.3.5}$$

若电荷分布具有球对称性，则取 $m=n=0$，拉普拉斯方程的通解可进一步简化为

$$\varphi(R)=a+\frac{b}{R} \tag{3.3.6}$$

这与点电荷产生的场分布相似。这里，a_n、b_n、a、b 为待定系数。

例 3-3　将一电容率为 ε 的介质球置于均匀外场 $\boldsymbol{E}_0$ 中，求电势分布、电场分布、介质球偶极矩的电场、表面束缚电荷面密度。已知介质球半径为 R_0，球外为真空。

解　(1)分析电荷、电场的对称性，分区域写出电势的通解

电荷与电场的分布具有轴对称性，对称轴为通过球心与外场平行的轴线，取该轴线为极坐标的极轴。球内、球外自由电荷密度均为 0，因此球内外的电势均满足拉普拉斯方程。根据具有轴对称的拉普拉斯方程的通解形式，可写出

$$\varphi_1=\sum_n\left(a_nR^n+\frac{b_n}{R^{n+1}}\right)\mathrm{P}_n(\cos\theta)\quad (r>R_0)$$

$$\varphi_2=\sum_n\left(c_nR^n+\frac{d_n}{R^{n+1}}\right)\mathrm{P}_n(\cos\theta)\quad (r\leqslant R_0)$$

其中，a_n、b_n、c_n、d_n 为待定系数。

(2)列出边值关系和边界条件，确定通解中的待定系数

在 $R\to\infty$处，$\boldsymbol{E}\to\boldsymbol{E}_0$，$\varphi_1\to -E_0R\cos\theta=-E_0R\mathrm{P}_1(\cos\theta)$，因而

$$\Rightarrow\quad a_1=-E_0,\quad a_n=0\quad (n=0\ 或\ n\geqslant 2)$$

在 $R=0$ 处，电势应有限，由此

$$\Rightarrow\quad d_n=0\quad (n\geqslant 0)$$

在 $R=R_0$ 处，$\varphi_1=\varphi_2$，$\varepsilon_0\dfrac{\partial\varphi_1}{\partial R}=\varepsilon\dfrac{\partial\varphi_2}{\partial R}$，则

$$\Rightarrow\begin{cases}-E_0R_0\mathrm{P}_1(\cos\theta)+\displaystyle\sum_n\frac{b_n}{R_0^{n+1}}\mathrm{P}_n(\cos\theta)=\sum_n c_nR_0^n\mathrm{P}_n(\cos\theta)\\-E_0\mathrm{P}_1(\cos\theta)-\displaystyle\sum_n\frac{(n+1)b_n}{R_0^{n+2}}\mathrm{P}_n(\cos\theta)=\frac{\varepsilon}{\varepsilon_0}\sum_n nc_nR_0^{n-1}\mathrm{P}_n(\cos\theta)\end{cases}$$

比较 P_1 的系数，可得

$$\begin{cases}-E_0R_0+\dfrac{b_1}{R_0^2}=c_1R_0\\-E_0-\dfrac{2b_1}{R_0^3}=\dfrac{\varepsilon}{\varepsilon_0}c_1\end{cases}\quad\Rightarrow\quad\begin{cases}b_1=\dfrac{\varepsilon-\varepsilon_0}{\varepsilon+2\varepsilon_0}E_0R_0^3\\c_1=-\dfrac{3\varepsilon_0}{\varepsilon+2\varepsilon_0}E_0\end{cases}$$

比较 $\mathrm{P}_n(n\geqslant 2)$的系数，可得 $b_n=c_n=0$，因此

$$\begin{cases}\varphi_1=-E_0R\cos\theta+\dfrac{\varepsilon-\varepsilon_0}{\varepsilon+2\varepsilon_0}\dfrac{E_0R_0^3\cos\theta}{R^2}\\\varphi_2=-\dfrac{3\varepsilon_0}{\varepsilon+2\varepsilon_0}E_0R\cos\theta\end{cases}$$

(3)根据电势表达式，求解电场和其他物理量

$$\begin{cases}\boldsymbol{E}_1=-\nabla\varphi_1=\boldsymbol{E}_0-\dfrac{\varepsilon-\varepsilon_0}{\varepsilon+2\varepsilon_0}\dfrac{R_0^3}{R^3}\boldsymbol{E}_0+\dfrac{\varepsilon-\varepsilon_0}{\varepsilon+2\varepsilon_0}\dfrac{3R_0^3}{R^3}E_0\cos\theta\boldsymbol{e}_R\\\boldsymbol{E}_2=-\nabla\varphi_2=\dfrac{3\varepsilon_0}{\varepsilon+2\varepsilon_0}\boldsymbol{E}_0\end{cases}$$

介质球的极化强度为

$$\boldsymbol{P}=\boldsymbol{D}-\varepsilon_0\boldsymbol{E}=(\varepsilon-\varepsilon_0)\boldsymbol{E}=\frac{\varepsilon-\varepsilon_0}{\varepsilon+2\varepsilon_0}3\varepsilon_0\boldsymbol{E}_0$$

介质球的总电偶极矩为

$$\boldsymbol{p}=\frac{4}{3}\pi R_0^3\boldsymbol{P}=\frac{\varepsilon-\varepsilon_0}{\varepsilon+2\varepsilon_0}4\pi\varepsilon_0R_0^3\boldsymbol{E}_0$$

介质球电偶极矩所产生的电势为

$$\frac{1}{4\pi\varepsilon_0}\frac{\boldsymbol{p}\cdot\boldsymbol{R}}{R^3}=\frac{\varepsilon-\varepsilon_0}{\varepsilon+2\varepsilon_0}\frac{E_0R_0^3}{R^2}\cos\theta$$

上式对应于 φ_1 中的第二项。

介质球表面极化电荷面密度为

$$\boldsymbol{\sigma}_{\mathrm{p}}=\boldsymbol{e}_R\cdot\boldsymbol{P}=\frac{\varepsilon-\varepsilon_0}{\varepsilon+2\varepsilon_0}3\varepsilon_0E_0\cos\theta$$

例 3-4 将一半径为 R_0 的接地导体球置于均匀外场 $\boldsymbol{E}_0$ 中，求电势、电场的分布，及导体上的电荷面密度。

解 导体内、外自由电荷密度均为零，所以导体内、外均满足拉普拉斯方程。

在无穷远处，$\boldsymbol{E}\to\boldsymbol{E}_0$，$\varphi_1\to -E_0R\cos\theta=-E_0R\mathrm{P}_1(\cos\theta)$，所以

$$a_1=-E_0,\quad a_n=0\quad (n=0,n\geqslant 2)$$

即

$$\varphi_1=-E_0R\mathrm{P}_1(\cos\theta)+\sum\frac{b_n}{R^{n+1}}\mathrm{P}_n(\cos\theta)$$

在 $R=0$ 处，φ_2 有限，故

$$d_n=0\quad (n\geqslant 0)$$

即

$$\varphi_2=\sum_n c_nR^n\mathrm{P}_n(\cos\theta)$$

导体球表面，有

$$R=R_0,\quad \varphi_1=\varphi_2\quad \Rightarrow\quad -E_0R_0+\frac{b_1}{R_0^2}=c_1R_0$$

$$\varepsilon_2\frac{\partial\varphi_2}{\partial R}-\varepsilon_0\frac{\partial\varphi_1}{\partial R}=\sigma$$

考虑到球心、球面的电势都为 0，所以有

$$-E_0R_0+\frac{b_1}{R_0^2}=c_1R_0=0$$

$$\Rightarrow\quad b_1=E_0R_0^3$$

$$\Rightarrow\quad \varphi_1=-E_0R\cos\theta+\frac{E_0R_0^3}{R^2}\cos\theta$$

$$\Rightarrow\quad \sigma=-\varepsilon_0\frac{\partial\varphi_1}{\partial R}\Big|_{R=R_0}=3\varepsilon_0E_0\cos\theta$$

例 3-5 带电量为 Q 的导体球壳，同心地包围一个接地的导体球。已知导体球半径为 R_1，导体球壳内半径、外半径分别为 R_2、R_3，求空间各点的电势分布及金属球壳上的电荷分布。

解 根据题意，电荷分布具有球对称性。设导体球壳内、外的电势分别为

$$\varphi_1=a+\frac{b}{R}\quad (R>R_3)$$

$$\varphi_2=c+\frac{d}{R}\quad (R_2>R>R_1)$$

考虑到导体球接地，相应的边界条件为

$$\varphi_2\big|_{R=R_1}=\varphi_1\big|_{R\to\infty}=0$$

考虑到导体球壳是等势体，相应的边界条件为

$$\varphi_2\big|_{R=R_2}=\varphi_1\big|_{R=R_3}$$

已知导体球壳带电量为 Q，相应的边界条件为

$$-\oint_{R=R_3}\frac{\partial\varphi_1}{\partial R}R^2\mathrm{d}\Omega+\oint_{R=R_2}\frac{\partial\varphi_2}{\partial R}R^2\mathrm{d}\Omega=\frac{Q}{\varepsilon_0}$$

将上述边界条件代入电势表达式，可得关于待定系数的方程组

$$a=0$$

$$c+\frac{d}{R_1}=0$$

$$c+\frac{d}{R_2}=\frac{b}{R_3}$$

$$b-d=\frac{Q}{4\pi\varepsilon_0}$$

求解上述方程组，可得待定系数

$$d=\frac{Q_1}{4\pi\varepsilon_0},\quad b=\frac{Q}{4\pi\varepsilon_0}+\frac{Q_1}{4\pi\varepsilon_0},\quad c=-\frac{Q_1}{4\pi\varepsilon_0 R_1}$$

其中，$Q_1=-\frac{R_3^{-1}}{R_1^{-1}-R_2^{-1}+R_3^{-1}}Q$。把待定系数代入电势表达式中，得到电势的解为

$$\varphi_1=\frac{Q+Q_1}{4\pi\varepsilon_0 R}\quad (R>R_3)$$

$$\varphi_2=\frac{Q_1}{4\pi\varepsilon_0}\left(\frac{1}{R}-\frac{1}{R_1}\right)\quad (R_2>R>R_1)$$

导体球上的感应电荷为

$$-\varepsilon_0\oint_{R=R_1}\frac{\partial\varphi_2}{\partial R}R^2\mathrm{d}\Omega=Q_1$$

球壳内表面、外表面上的电荷分别为

$$\varepsilon_0\oint_{R=R_2}\frac{\partial\varphi_2}{\partial R}R^2\mathrm{d}\Omega=-Q_1$$

$$-\varepsilon_0\oint_{R=R_3}\frac{\partial\varphi_1}{\partial R}R^2\mathrm{d}\Omega=Q+Q_1$$

例 3-6 在均匀外电场 $\boldsymbol{E}_0$ 中置入带均匀自由电荷密度 ρ_f 的绝缘介质球，介质的介电常数为 ε，求空间各点的电势。

解 以球心坐标为原点，建立球坐标系。设外电场沿极轴方向，介质球半径为 R_0，则球内、外的电势可表示为

$$\nabla^2\varphi_1=-\frac{\rho_f}{\varepsilon}\quad (R<R_1)$$

$$\nabla^2\varphi_2=0\quad (R>R_2)$$

当 $R=0$，φ_1 有限；当 $R\to\infty$，$\varphi_2\to -E_0R\cos\theta$；当 $R=R_0$，有

$$\varphi_1=\varphi_2,\quad \varepsilon\frac{\partial\varphi_1}{\partial R}=\varepsilon_0\frac{\partial\varphi_2}{\partial R}$$

由于电荷分布具有球对称性，根据高斯定理可求出球内外的电场 $\boldsymbol{E}_{1\rho}$ 和 $\boldsymbol{E}_{2\rho}$，进而可求出电势

$$\varphi_{1\rho}=\frac{\rho_f(R_0^2-R^2)}{6\varepsilon}+\frac{\rho_f R_0^2}{3\varepsilon_0}$$

$$\varphi_{2\rho}=\frac{\rho_f R_0^3}{3\varepsilon_0 R}$$

其中，$\varphi_{1\rho}$为泊松方程的特解，故上述两个方程的解可写为

$$\varphi_1=\varphi_{1\rho}+\varphi_1', \qquad \varphi_2=\varphi_{2\rho}+\varphi_2'$$

其中，φ_1' 和 φ_2' 均为轴对称下拉普拉斯方程的通解，根据边界关系可解出

$$\varphi_1=\frac{\rho_f(R_0^2-R^2)}{6\varepsilon}+\frac{\rho_f R_0^2}{3\varepsilon_0}-\frac{3\varepsilon_0}{\varepsilon+2\varepsilon_0}E_0 R\cos\theta$$

$$\varphi_2=\frac{\rho_f R_0^3}{3\varepsilon_0 R}-E_0 R\cos\theta+\frac{(\varepsilon-\varepsilon_0)E_0 R_0^3}{(\varepsilon+2\varepsilon_0)R^2}\cos\theta$$

上式中

$$\varphi_1'=-\frac{3\varepsilon_0}{\varepsilon+2\varepsilon_0}E_0 R\cos\theta$$

$$\varphi_2'=-E_0 R\cos\theta+\frac{(\varepsilon-\varepsilon_0)E_0 R_0^3}{(\varepsilon+2\varepsilon_0)R^2}\cos\theta$$

其中，φ_1' 为原外场与介质球面极化电荷在球内区域产生的均匀电场的叠加；φ_2' 为原外场与介质球面极化电荷产生的偶极场的叠加。φ_1' 和 φ_2' 即不带电的均匀介质球置于均匀外场 $\boldsymbol{E}_0$ 时的解，此结果和本节例 3－3 结果一致。

例 3－7　均匀介质球的中心有一个点电荷 Q_f，介质球的介电常数为 ε，球外为真空。用分离变量法求空间电势分布。

解　根据题意，电荷和电场分布具有球对称性。建立球坐标系，坐标原点位于介质球球心。设介质球半径为 R_0，球内、外的电势方程分别为

$$\nabla^2\varphi_1=-\frac{Q_f}{\varepsilon}\delta(x) \quad (R<R_0)$$

$$\nabla^2\varphi_2=0 \quad (R>R_0)$$

相应的边界条件：当 $R=0$，$\varphi_1\to\infty$；当 $R\to\infty$，$\varphi_2\to 0$；当 $R=R_0$，有

$$\varphi_1=\varphi_2, \quad \varepsilon\frac{\partial\varphi_1}{\partial R}=\varepsilon_0\frac{\partial\varphi_2}{\partial R}$$

介质球所满足的泊松方程的一个特解是点电荷的电势 φ_{Q_f}。由电势叠加原理，球内、外的电势都应当为 $\varphi=\varphi_{Q_f}+\varphi'$，其中 φ'代表极化电荷产生的电势，而极化电荷的电势满足拉普拉斯方程。根据边界条件，介质球所满足的泊松方程的解可写为

$$\varphi_1=\varphi_{Q_f}+\varphi_1'=\frac{Q_f}{4\pi\varepsilon R}+a \quad (R<R_0)$$

$$\varphi_2=\varphi_{Q_f}+\varphi_2'=\frac{Q_f}{4\pi\varepsilon_0 R}+\frac{b}{R} \quad (R>R_0)$$

将以上两式代入球面处的边界条件，可得

$$\varphi_1=\frac{Q_f}{4\pi\varepsilon R}+\frac{(\varepsilon-\varepsilon_0)Q_f}{4\pi\varepsilon\varepsilon_0 R_0} \quad (R<R_0)$$

$$\varphi_2=\frac{Q_f}{4\pi\varepsilon_0 R} \quad (R>R_0)$$

由 $\rho_p=\dfrac{\varepsilon_0-\varepsilon}{\varepsilon}\rho_f$，得球心处自由点电荷 Q_f 表面的介质出现极化电荷量为

$$Q_p=\frac{\varepsilon_0-\varepsilon}{\varepsilon}Q_f$$

则介质球表面必定出现等量异号的电荷，即

$$-Q_p=\frac{\varepsilon-\varepsilon_0}{\varepsilon}Q_f$$

结合对称性表明：Q_f 表面介质极化的电荷与介质球表面的极化电荷在球外激发的电势相互抵消。因此，球内电势仅由中心的点电荷 Q_f 产生。

3.4 镜像法

当空间存在点电荷和导体或介质表面时，将在导体、介质表面形成感应电荷或束缚电荷。只要表面是规则的，形成的感应电荷或束缚电荷的分布就具有某种对称性，此时它们可以用一个或多个假想的电荷来代替，只要假想电荷所激发的场也具有该种对称性即可。这种假想的电荷称为**像电荷**，用像电荷代替感应电荷或束缚电荷，求解电场分布的方法称为**镜像法**。

例 3-8 接地无限大平面导体板附近有一点电荷 Q，求空间电势。

解 电场分布具有轴对称性，且导体表面附近的电场线与导体表面垂直。这种电场分布与等量异号点电荷对所产生的电场一致，因此像电荷应与源电荷等量异号、对称地分居导体平面两侧。证明如下。

由于静电屏蔽，在左半空间，$\varphi=0$；在右半空间，Q 在 $(0,0,a)$，电势满足泊松方程。在边界上，$\varphi|_{z=0}=0$。从物理问题的对称性和边界条件考虑，假想电荷应在左半空间 z 轴上。设电量为 Q'，位置为 $(0,0,a')$，于是空间任一点 $P(x,y,z)$ 的电势 φ 为

$$\varphi=\frac{1}{4\pi\varepsilon_0}\left(\frac{Q}{\sqrt{x^2+y^2+(z-a)^2}}+\frac{Q'}{\sqrt{x^2+y^2+(z-a')^2}}\right)$$

由边界条件确定 Q'、a'、和 φ。

$$\varphi|_{z=0}=0 \quad\Rightarrow\quad \frac{Q}{\sqrt{x^2+y^2+a^2}}=-\frac{Q'}{\sqrt{x^2+y^2+a'^2}}$$

解得：$Q'=-Q$，$a'=\pm a$（考虑到像电荷在左半空间，故舍去正号解）。则

$$\varphi=\frac{Q}{4\pi\varepsilon_0}\left(\frac{1}{\sqrt{x^2+y^2+(z-a)^2}}-\frac{1}{\sqrt{x^2+y^2+(z+a)^2}}\right)$$

可见，对无限大平面而言，像电荷与源电荷对称分布，电量相等，电性相反。

导体面上感应电荷面密度为

$$\sigma=-\varepsilon_0\frac{\partial\varphi}{\partial z}=\frac{Q}{4\pi}\left\{\frac{z-a}{[(x^2+y^2+(z-a)^2)]^{3/2}}-\frac{z+a}{[(x^2+y^2+(z+a)^2)]^{3/2}}\right\}$$

例 3-9 如图 3-3 所示，点电荷 Q 位于两相互垂直的半无限大导体平面所围成的直角空间内，点电荷到两导体平面的距离分别为 a 和 b，求空间电势。

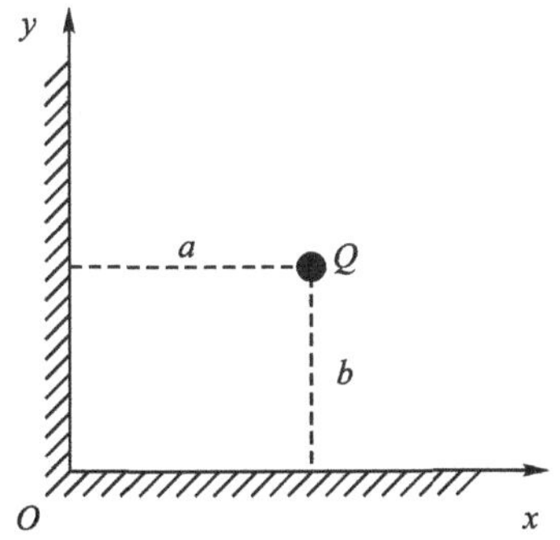

图 3-3　例 3-9 图

解　如图所示,Q 的坐标为$(a,b,0)$。根据电场相对于导体平面对称的要求,需要两个一级像电荷 Q_1' 和 Q_2',$Q_1'=-Q$ 位于$(-a,b,0)$,$Q_2'=-Q$ 位于$(a,-b,0)$。同时还需要一个二级像电荷,以抵消 Q_1' 和 Q_2' 对另一个导体面的影响,因此 $Q_3'=Q$ 位于$(-a,-b,0)$。于是空间某点 $P(x,y,z)$的电势 φ 为

$$\varphi=\frac{Q}{4\pi\varepsilon_0}\left[\frac{1}{\sqrt{(x-a)^2+(y-b)^2+z^2}}-\frac{1}{\sqrt{(x+a)^2+(y-b)^2+z^2}}-\frac{1}{\sqrt{(x-a)^2+(y+b)^2+z^2}}+\frac{1}{\sqrt{(x+a)^2+(y+b)^2+z^2}}\right]$$

例 3-10　真空中有一半径为 R_0 的接地导体球,距球心为 $a(a>R_0)$处有一点电荷 Q,求空间各点的电势。

解　因导体球接地,故球的电势为零。根据镜像法原则,假想电荷应在球内。因导体球的感应电荷分布具有轴对称性,故假想电荷应在球心与球外点电荷的连线上,即极轴上(见图 3-4)。

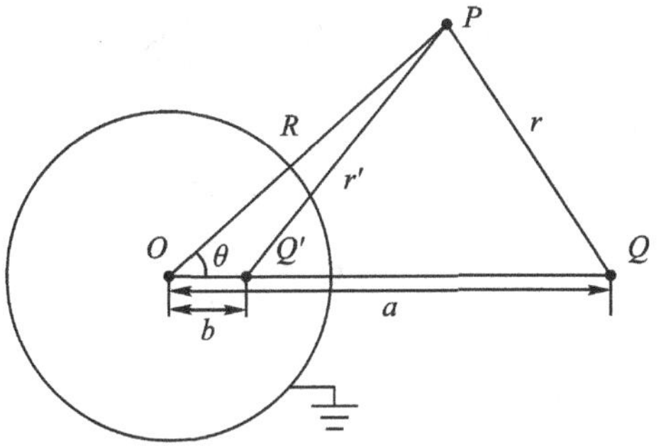

图 3-4　例 3-10 图

设像电荷放在距球心为 b 的位置处,则像电荷与点电荷在球外空间任意点 P 处激发的电势为

$$\varphi=\frac{1}{4\pi\varepsilon_0}\left(\frac{Q}{r}+\frac{Q'}{r'}\right)$$

由边界条件确定 Q'和 r'。设$\overline{OQ'}=b$,则

$$r=\sqrt{R^2+a^2-2Ra\cos\theta}$$

$$r'=\sqrt{R^2+b^2-2Rb\cos\theta}$$

根据边界条件 $\varphi|_{R=R_0}=0$，得

$$\left(\frac{Q}{r}+\frac{Q'}{r'}\right)\bigg|_{R=R_0}=0$$

即

$$\frac{Q}{\sqrt{R_0^2+a^2-2aR_0\cos\theta}}+\frac{Q'}{\sqrt{R_0^2+b^2-2bR_0\cos\theta}}\equiv 0$$

移项并两边同时平方，得

$$\frac{Q^2}{R_0^2+a^2-2aR_0\cos\theta}=\frac{Q'^2}{R_0^2+b^2-2bR_0\cos\theta}$$

即

$$Q^2(R_0^2+b^2)-2Q^2R_0b\cos\theta=Q'^2(R_0^2+a^2)-2Q'^2R_0a\cos\theta$$

考虑到对任意 θ，上式均成立，故

$$\begin{cases}Q^2b=Q'^2a\\Q^2(R_0^2+b^2)=Q'^2(R_0^2+a^2)\end{cases}$$

将以上式相除，得

$$\frac{b}{R_0^2+b^2}=\frac{a}{R_0^2+a^2}$$

进一步可写为

$$aR_0^2+ab^2=bR_0^2+a^2b$$

该方程有两种可能的解：

$$\begin{cases}b=a,\quad Q'=\pm Q & (1)\\ b=\dfrac{R_0^2}{a},\quad Q'=\pm\dfrac{R_0}{a}Q & (2)\end{cases}$$

根据题意，a 不能等于 b，因此解(1)舍去。

又根据以上恒等式可知，Q 和 Q' 总是异号关系，因此

$$b=\frac{R_0^2}{a},\quad Q'=-\frac{R_0}{a}Q$$

即

$$\begin{cases}\varphi=\dfrac{Q}{4\pi\varepsilon_0}\left(\dfrac{1}{\sqrt{R^2+a^2-2Ra\cos\theta}}-\dfrac{R_0/a}{\sqrt{R^2+b^2-2Rb\cos\theta}}\right) & (R\geqslant R_0)\\ \varphi=0 & (R<R_0)\end{cases}$$

讨论 3-1 (1) $|Q'|<|Q|$，因此由 Q 发出的电场线只有一部分收敛于导体球面上，剩下的部分伸展至无穷远，如图 3-5 所示。

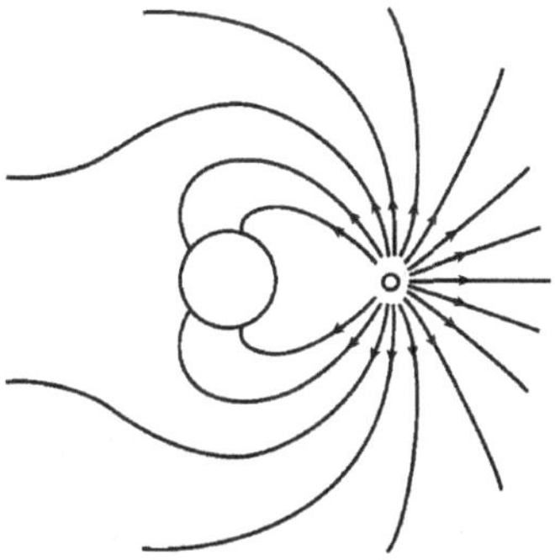

图 3-5　电场线部分收敛于导体球面，部分伸至无穷远

(2)球面感应电荷分布如下：

$$\sigma=-\varepsilon_0\frac{\partial\varphi}{\partial R}\Big|_{R=R_0}=-\frac{Q}{4\pi}\frac{a^2-R_0^2}{R_0(a^2-R_0^2-2R_0a\cos\theta)^{3/2}}$$

$$Q'=\oint_{R=R_0}\sigma\mathrm{d}S=-\frac{R_0}{a}Q$$

球面感应电荷分布的简单计算方法：考虑球心处电势为 0，则

$$\frac{Q'}{4\pi\varepsilon_0R_0}+\frac{Q}{4\pi\varepsilon_0a}=0\quad\Rightarrow\quad Q'=-\frac{R_0}{a}Q$$

讨论 3-2　(1)导体球不接地。为了不破坏导体是等势体的条件，由对称性知道，Q''必须放在球心处。考虑球心处电势与球面电势相同，且球面正、负感应电荷在球心处产生的电势相互抵消，则有

$$\frac{Q}{4\pi\varepsilon_0a}=\frac{Q}{4\pi\varepsilon_0(a-R_0)}-\frac{\frac{R_0}{a}Q}{4\pi\varepsilon_0(R_0-b)}+\frac{Q''}{4\pi\varepsilon_0R_0}$$

得

$$Q''=\frac{R_0}{a}Q$$

恰好满足电中性条件！

在球外任一点的电势为

$$\varphi_1=\varphi+\frac{Q''}{4\pi\varepsilon_0R}$$

其中，φ 为球外点电荷与像电荷 Q'激发的电势。

球内电势为

$$\varphi_{内}=\varphi_{球心}=\frac{Q}{4\pi\varepsilon_0a}$$

(2)若导体球不接地，且带上自由电荷 Q_0，导体上总电荷为 Q_0，Q_0 分布在球面上。此时要保持导体为等势体，即球心与球左顶点电势增量相等，相应的镜像电荷必须放在球心处，且电量为 Q_0，于是球外任一点的电势为

$$\varphi_2=\varphi+\frac{Q''}{4\pi\varepsilon_0R}+\frac{Q_0}{4\pi\varepsilon_0R}=\frac{1}{4\pi\varepsilon_0}\left(\frac{Q}{r}-\frac{R_0Q}{ar'}+\frac{Q_0+R_0Q/a}{R}\right)$$

3.5 格林函数法

线性均匀介质区域 V 内，若给定电荷分布 $\rho(x)$，则 V 中的电势分布 $\varphi(x)$ 满足泊松方程

$$\nabla^2\varphi=-\frac{\rho}{\varepsilon}$$

若已知 V 边界 S 上的电势为 $\varphi|_S$，称为**第一类边界条件**；若已知 V 边界 S 上电势的法向微商，称为**第二类边界条件**。结合上述两类边界条件求解泊松方程，分别称为**第一类边值问题**和**第二类边值问题**。

点电荷是电荷分布的基本模型，如果能得到点电荷在特定环境下的电场分布，根据电场的叠加性，原则上也能得到任意电荷体系在该特定环境下的电场分布。先分析单位点电荷的场分布，然后再计算任意边界条件下，任意电荷分布所对应的电场分布的方法，称为**格林函数法**。通过格林函数法，可以获得泊松方程的形式解。

3.5.1 格林函数

设单位点电荷位于 $\boldsymbol{x}'$ 处，则 $\boldsymbol{x}'$ 处的电荷密度 $\rho\to\infty$，而其他区域的电荷密度 $\rho=0$，则点电荷的电荷密度可采用 δ 函数来表示：

$$\rho=\delta(\boldsymbol{x}-\boldsymbol{x}')=\begin{cases}0 & (\boldsymbol{x}\neq\boldsymbol{x}')\\ \infty & (\boldsymbol{x}=\boldsymbol{x}')\end{cases}\tag{3.5.1}$$

显然由

$$\int_{V\to\infty}\rho\mathrm{d}V=\int_{V\to\infty}\delta(\boldsymbol{x}-\boldsymbol{x}')\mathrm{d}V=1\tag{3.5.2}$$

单位点电荷的电势所满足的泊松方程为

$$\nabla^2\varphi=-\frac{\rho}{\varepsilon}=-\frac{\delta(\boldsymbol{x}-\boldsymbol{x}')}{\varepsilon}\tag{3.5.3}$$

格林函数一般用 $G(\boldsymbol{x},\boldsymbol{x}')$ 表示，其中 $\boldsymbol{x}'$ 代表源点，即点电荷所在位置，而 $\boldsymbol{x}$ 代表场点。把式(3.5.3)中的 φ 换成 $G(\boldsymbol{x},\boldsymbol{x}')$，即得到格林函数所满足的泊松方程

$$\nabla^2 G(\boldsymbol{x},\boldsymbol{x}')=-\frac{1}{\varepsilon}\delta(\boldsymbol{x}-\boldsymbol{x}')\tag{3.5.4}$$

3.5.2 格林公式和泊松方程的形式解

通过格林函数可以获得一般边值问题的形式解。设区域 V 内有任意两个函数 $\phi(\boldsymbol{r})$ 和 $\varphi(\boldsymbol{x})$，采用格林公式可得

$$\int_V(\phi\,\nabla^2\varphi-\varphi\,\nabla^2\phi)\mathrm{d}V=\oint_S\left(\phi\frac{\partial\varphi}{\partial n}-\varphi\frac{\partial\phi}{\partial n}\right)\mathrm{d}S\tag{3.5.5}$$

取格林公式中的 φ 为所要求的电势，即 $\nabla^2\varphi=-\frac{\rho}{\varepsilon}$；取 ϕ 为格林函数 $G(\boldsymbol{x},\boldsymbol{x}')$，把格林公式中的积分变量由 $\boldsymbol{x}$ 改为 $\boldsymbol{x}'$，格林函数 G 中的 $\boldsymbol{x}$、$\boldsymbol{x}'$ 也互换，得

$$\int_V[G(\boldsymbol{x}',\boldsymbol{x})\nabla'^2\varphi(\boldsymbol{x}')-\varphi(\boldsymbol{x}')\,\nabla'^2G(\boldsymbol{x}',\boldsymbol{x})]\mathrm{d}V'$$

$$=\oint_S\left[G(\boldsymbol{x}',\boldsymbol{x})\frac{\partial\varphi(\boldsymbol{x}')}{\partial n'}-\varphi(\boldsymbol{x}')\frac{\partial G(\boldsymbol{x}',\boldsymbol{x})}{\partial n'}\right]\mathrm{d}S' \tag{3.5.6}$$

由式(3.5.4),上式左边第二项为

$$\frac{1}{\varepsilon}\int\varphi(\boldsymbol{x}')\delta(\boldsymbol{x}'-\boldsymbol{x})\mathrm{d}V'=\frac{1}{\varepsilon}\varphi(\boldsymbol{x}) \tag{3.5.7}$$

式(3.5.6)左边第一项用式(3.5.4)代入,得

$$\varphi(\boldsymbol{x})=\int_V G(\boldsymbol{x}',\boldsymbol{x})\rho(\boldsymbol{x}')\mathrm{d}V'+\varepsilon\oint_S\left[G(\boldsymbol{x}',\boldsymbol{x})\frac{\partial\varphi(\boldsymbol{x}')}{\partial n'}-\varphi(\boldsymbol{x}')\frac{\partial G(\boldsymbol{x}',\boldsymbol{x})}{\partial n'}\right]\mathrm{d}S' \tag{3.5.8}$$

若已知 V 的边界 S 上存在第一类边界条件

$$\varphi|_S=0 \tag{3.5.9}$$

即边界上 $G(\boldsymbol{x}',\boldsymbol{x})=0$。

则电势表达式为

$$\varphi(\boldsymbol{x})=\int_V G(\boldsymbol{x}',\boldsymbol{x})\rho(\boldsymbol{x}')\mathrm{d}V'-\varepsilon\oint_S\varphi(\boldsymbol{x}')\frac{\partial G(\boldsymbol{x}',\boldsymbol{x})}{\partial n'}\mathrm{d}S' \tag{3.5.10}$$

式(3.5.10)满足边界条件式(3.5.9)的解称为**泊松方程在区域 V 的第一类边值问题的格林函数**。可见,只要知道格林函数 $G(\boldsymbol{x}',\boldsymbol{x})$ 的具体表达式,在给定边界条件上的 $\varphi|_S$ 情形下,即可以计算出区域 V 内的 $\varphi(\boldsymbol{x})$,因而第一类边值问题完全解决。

由于 $G(\boldsymbol{x}',\boldsymbol{x})$ 是 $\boldsymbol{x}$ 点上单位正的点电荷所产生的电势,则边值关系还可以表示为

$$\varepsilon\frac{\partial\varphi}{\partial n}=-\sigma_f \quad 或 \quad \frac{\partial\varphi}{\partial n}=-\frac{1}{\varepsilon S} \tag{3.5.11}$$

上式对边界进行面积分,可得

$$\oint_S\frac{\partial\varphi}{\partial n'}\mathrm{d}S'=\oint_S\frac{\partial G(\boldsymbol{x}',\boldsymbol{x})}{\partial n'}\mathrm{d}S'=-\frac{q}{\varepsilon}=-\frac{1}{\varepsilon} \tag{3.5.12}$$

则电势的表达式为

$$\varphi(\boldsymbol{x})=\int_V G(\boldsymbol{x}',\boldsymbol{x})\rho(\boldsymbol{x}')\mathrm{d}V'+\varepsilon\oint_S G(\boldsymbol{x}',\boldsymbol{x})\frac{\partial\varphi(\boldsymbol{x}')}{\partial n'}\mathrm{d}S'+\langle\varphi\rangle_S \tag{3.5.13}$$

其中,$\langle\varphi\rangle_S$ 为电势在界面 S 上的平均值。则式(3.5.13)为满足边界条件式(3.5.12)的解称为**泊松方程在区域 V 的第二类边值问题的格林函数**。

由式(3.5.13)可知,要确定电势的解,还必须确定电势在界面 S 上的平均值 $\langle\varphi\rangle_S$。实际问题中经常会碰到所考察的区域包含无穷大界面的情形,这时的边界面 $S\to\infty$。故有

$$\left.\frac{\partial G(\boldsymbol{x}',\boldsymbol{x})}{\partial n'}\right|_{x'\in S}=-\frac{1}{\varepsilon S}=0$$

于是有

$$\langle\varphi\rangle_S=\frac{1}{S}\oint_S\varphi\mathrm{d}S=-\frac{1}{\varepsilon S}=0$$

则式(3.5.13)变为

$$\varphi(\boldsymbol{x})=\int_V G(\boldsymbol{x}',\boldsymbol{x})\rho(\boldsymbol{x}')\mathrm{d}V'+\varepsilon\oint_S G(\boldsymbol{x}',\boldsymbol{x})\frac{\partial\varphi(\boldsymbol{x}')}{\partial n'}\mathrm{d}S' \tag{3.5.14}$$

3.5.3　镜像法求格林函数

由以上讨论可知,首先要得到格林函数的具体表达式,才能获得边值问题的最终解。下

面介绍用镜像法求格林函数的步骤。

1)无界空间的格林函数

位于 $\boldsymbol{x}'(x',y',z')$处的单位正点电荷在无界空间的场点 $\boldsymbol{x}(x,y,z)$处激发的电势为

$$G(\boldsymbol{x},\boldsymbol{x}')=\frac{1}{4\pi\varepsilon_0}\cdot\frac{1}{\sqrt{(x-x')^2+(y-y')^2+(z-z')^2}} \tag{3.5.15}$$

2)上半空间的格林函数

以无限大导体平面上任一点为坐标原点,设单位点电荷位于(x',y',z'),由镜像法可直接写出场点(x,y,z)处的电势为

$$G(\boldsymbol{x},\boldsymbol{x}')=\frac{1}{4\pi\varepsilon_0}\left[\frac{1}{\sqrt{(x-x')^2+(y-y')^2+(z-z')^2}}-\frac{1}{\sqrt{(x-x')^2+(y-y')^2+(z+z')^2}}\right] \tag{3.5.16}$$

3)球外空间的格林函数

如图 3-6 所示,以球心 O 为坐标原点,设电荷所在源点 P'的坐标为(x',y',z'),任意场点 P 的坐标为(x,y,z),则 $R=\sqrt{x^2+y^2+z^2}$,$R'=\sqrt{x'^2+y'^2+z'^2}$。3.4 节例 3-9 中的 a 对应于 R',b 对应于$\dfrac{R_0^2}{R'}$,镜像电荷所在点的坐标为$\dfrac{b}{a}\boldsymbol{x}'=\dfrac{R_0^2}{R'^2}\boldsymbol{x}'$,则

$$r=|\boldsymbol{x}-\boldsymbol{x}'|=\sqrt{R^2+R'^2-2RR'\cos\alpha}$$

$$r'=\left|\boldsymbol{x}-\frac{R_0^2}{R'^2}\boldsymbol{x}'\right|=\frac{\sqrt{R^2R'^2+R_0^4-2R_0^2RR'\cos\alpha}}{R'}$$

其中,α 为 $\boldsymbol{x}$ 与 $\boldsymbol{x}'$之间的夹角。采用球坐标表示,设 P 点的坐标为(R,θ,ϕ),P'点的坐标为(R',θ',ϕ'),则有

$$\cos\alpha=\cos\theta\cos\theta'+\sin\theta\sin\theta'\cos(\phi-\phi') \tag{3.5.17}$$

代入 3.4 节例 3-10 的结果,可得球外空间格林函数为

$$G(\boldsymbol{x},\boldsymbol{x}')=\frac{1}{4\pi\varepsilon_0}\left[\frac{1}{\sqrt{R^2+R'^2-2RR'\cos\alpha}}-\frac{1}{\sqrt{\left(\frac{RR'}{R_0}\right)+R_0^2-2RR'\cos\alpha}}\right] \tag{3.5.18}$$

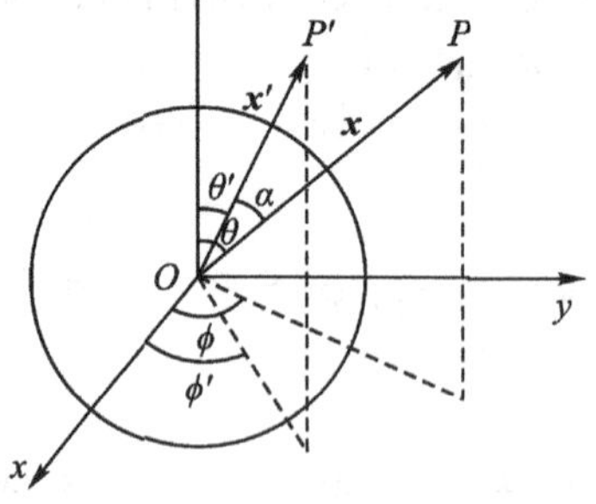

图 3-6　球外空间的格林函数

3.6 电多极矩法

3.6.1 电势的多级展开

实际的物理问题中，激发电场的电荷往往集中在很小的区域，而需要计算电场分布的场点又远离电荷区域，这时可以通过泰勒级数展开，采用多极矩近似来表示远场点的电场。

设真空中电荷体系的密度为 $\rho(\boldsymbol{x}')$，则激发的电势为

$$\varphi(\boldsymbol{x}) = \int_V \frac{\rho(\boldsymbol{x}')}{4\pi\varepsilon_0 r}\mathrm{d}V' \tag{3.6.1}$$

设场点到原点的距离为 $R=\sqrt{x^2+y^2+z^2}$，源点到原点的距离为 $R'=\sqrt{x'^2+y'^2+z'^2}$，源点到场点的距离为 $r=\sqrt{(x-x')^2+(y-y')^2+(z-z')^2}$，将上式进行泰勒展开，就能得到各级偶极矩。

一元函数 $f(x)$在 $R=\sqrt{x^2+y^2+z^2}$点的泰勒级数展开式为

$$\begin{aligned} f(x) &= f(a)+(x-a)f'(a)+\frac{1}{2!}(x-a)^2 f''(a)+\cdots \\ &= \sum_{i=1}^{\infty}\frac{1}{n!}\left[(x-a)\frac{\mathrm{d}}{\mathrm{d}x}\right]^n f(a) \end{aligned}$$

类似地，多元函数 $f(x,y,z)$在 $x=a$、$y=b$、$z=c$ 点的泰勒级数展开式为

$$f(x,y,z)=\sum_{i=1}^{\infty}\frac{1}{n!}\left[(x-a)\frac{\partial}{\partial x}+(y-b)\frac{\partial}{\partial y}+(z-c)\frac{\partial}{\partial z}\right]^n f(a,b,c)$$

同理，函数 $f(\boldsymbol{x}-\boldsymbol{x}')$在 $\boldsymbol{x}'=\boldsymbol{0}$ 处的泰勒级数展开式为

$$\begin{aligned} f(\boldsymbol{x}-\boldsymbol{x}') &= f(\boldsymbol{x})-\sum_{i=1}^{3}x_i'\frac{\partial}{\partial x_i}f(\boldsymbol{x})+\frac{1}{2!}\sum_{ij}^{3}x_i'x_j'\frac{\partial^2}{\partial x_i\partial x_j}f(\boldsymbol{x})+\cdots \\ &= f(\boldsymbol{x})-\boldsymbol{x}'\cdot\nabla f(\boldsymbol{x})+\frac{1}{2!}(\boldsymbol{x}'\cdot\nabla)^2 f(\boldsymbol{x})+\cdots \end{aligned}$$

上式用到了对应关系 $\boldsymbol{x}-\boldsymbol{x}'\rightarrow\boldsymbol{x}$、$x\rightarrow a$、$(\boldsymbol{x}-\boldsymbol{x}')-\boldsymbol{x}=-\boldsymbol{x}'\rightarrow x-a$，令

$$f(\boldsymbol{x}-\boldsymbol{x}')=\frac{1}{r}=\frac{1}{\sqrt{(x-x')^2+(y-y')^2+(z-z')^2}}$$

并用 R 表示坐标原点到场点的距离，即

$$\frac{1}{R}=\frac{1}{\sqrt{x^2+y^2+z^2}}$$

则$\dfrac{1}{r}$在 $\boldsymbol{x}'=\boldsymbol{0}$ 处的泰勒级数展开式为

$$\frac{1}{r}=\frac{1}{R}-\boldsymbol{x}'\cdot\nabla\frac{1}{R}+\frac{1}{2!}\sum_{i,j=1}x_i'x_j'\frac{\partial^2}{\partial x_i\partial x_j}\frac{1}{R}+\cdots \tag{3.6.2}$$

于是有

$$\varphi(\boldsymbol{x})=\frac{1}{4\pi\varepsilon_0}\int_V\rho(\boldsymbol{x}')\left(\frac{1}{R}-\boldsymbol{x}'\cdot\nabla\frac{1}{R}+\frac{1}{2!}\sum_{i,j=1}x_i'x_j'\frac{\partial^2}{\partial x_i\partial x_j}\frac{1}{R}+\cdots\right)\mathrm{d}V' \tag{3.6.3}$$

引入电荷体系的电量 q_f、电偶极矩 $\boldsymbol{p}$、电四极矩 $\boldsymbol{D}$：

电单极子

$$q_f = \int_V \rho(\boldsymbol{x}')\mathrm{d}V' \tag{3.6.4}$$

电偶极矩

$$\boldsymbol{p} = \int_V \rho(\boldsymbol{x}')\boldsymbol{x}'\mathrm{d}V' \tag{3.6.5}$$

电四极矩

$$\boldsymbol{D} = \int_V 3\rho(\boldsymbol{x}')\boldsymbol{x}'\boldsymbol{x}'\mathrm{d}V' \tag{3.6.6}$$

则电荷体系激发的电势可表示为

$$\begin{aligned}\varphi(\boldsymbol{x}) &= \varphi^{(0)} + \varphi^{(1)} + \varphi^{(2)} + \cdots \\ &= \frac{q_f}{4\pi\varepsilon_0 R} - \frac{1}{4\pi\varepsilon_0}\boldsymbol{p}\cdot\nabla\frac{1}{R} + \frac{1}{24\pi\varepsilon_0}\sum_{ij} D_{ij}\,\frac{\partial^2}{\partial x_i \partial x_j}\,\frac{1}{R} + \cdots \\ &= \frac{q_f}{4\pi\varepsilon_0 R} - \frac{1}{4\pi\varepsilon_0}\boldsymbol{p}\cdot\nabla\frac{1}{R} + \frac{1}{4\pi\varepsilon_0}\,\frac{1}{6}\boldsymbol{D}:\nabla\nabla\frac{1}{R} + \cdots\end{aligned} \tag{3.6.7}$$

3.6.2 电多极矩

从式(3.6.7)不难看出：①$\varphi^{(0)} = \frac{q_f}{4\pi\varepsilon_0 R}$代表将电荷体系看作位于坐标原点的点电荷 q_f 激发的电势；②$\varphi^{(1)} = -\frac{1}{4\pi\varepsilon_0}\boldsymbol{p}\cdot\nabla\frac{1}{R}$代表电荷分布形成的电偶极矩 $\boldsymbol{p}$ 位于坐标原点时所激发的电势。如果电荷分布相对于原点对称，即 $\rho(\boldsymbol{x}')=\rho(-\boldsymbol{x}')$，则

$$\begin{aligned}\boldsymbol{p} &= \int_V \rho(\boldsymbol{x}')\boldsymbol{x}'\mathrm{d}V' = -\int_V \rho(-\boldsymbol{x}')\boldsymbol{x}'\mathrm{d}V' \\ &= -\int_V \rho(\boldsymbol{x}')\boldsymbol{x}'\mathrm{d}V' = -\boldsymbol{p}\end{aligned} \tag{3.6.8}$$

即 $\boldsymbol{p}=\boldsymbol{0}$，因此只有对原点不对称的电荷体系才有电偶极矩。

总电荷为 0 而电偶极矩不为 0 的最简单的电荷体系是中心位于坐标原点的一对正负电荷。如图 3－7 所示，设$+q$ 位于$(0,0,z)$，$-q$ 位于$(0,0,-z)$，则电偶极矩为 $\boldsymbol{p}=2qz\boldsymbol{k}$，它所产生的电势为

$$\varphi=\frac{q}{4\pi\varepsilon_0}\left(\frac{1}{r_+}-\frac{1}{r_-}\right)$$

对于远场情形，$l\ll R$，有

$$\begin{aligned}\frac{1}{r_+}-\frac{1}{r_-} &\approx \frac{1}{R-\frac{l}{2}\cos\theta}-\frac{1}{R+\frac{l}{2}\cos\theta} \\ &\approx \frac{1}{R^2}l\cos\theta=\frac{lz}{R^3}=-l\,\frac{\partial}{\partial z}\left(\frac{1}{R}\right)\end{aligned} \tag{3.6.9}$$

因此电偶极子在远场所激发的电势为

$$\varphi \approx -\frac{ql}{4\pi\varepsilon_0}\frac{\partial}{\partial z}\left(\frac{1}{R}\right) = -\frac{1}{4\pi\varepsilon_0}p_z\frac{\partial}{\partial z}\left(\frac{1}{R}\right)$$
$$= -\frac{1}{4\pi\varepsilon_0}\boldsymbol{p}\cdot\nabla\left(\frac{1}{R}\right) \tag{3.6.10}$$

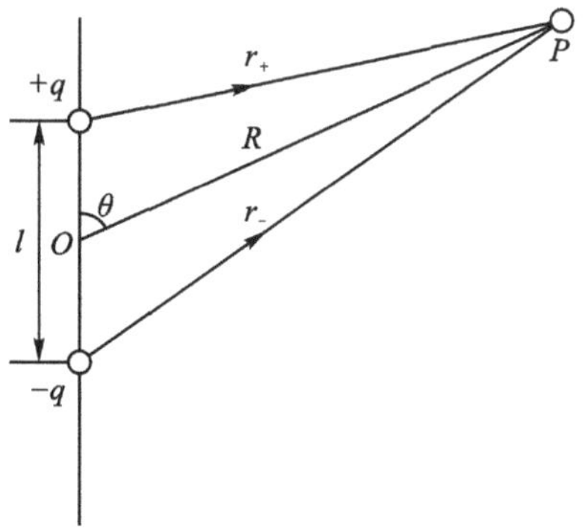

图 3-7　电偶极矩在空间激发电势

③$\varphi^{(2)} = \frac{1}{24\pi\varepsilon_0}\boldsymbol{D}:\nabla\nabla\frac{1}{R}$代表中心位于坐标原点的电四极矩所产生的电势。电四极矩的分量 D_{ij} 为

$$D_{ij} = \int_V 3\rho(\boldsymbol{x}')x_i'x_j'\mathrm{d}V' \tag{3.6.11}$$

图 3-8 给出了一对电偶极矩 $\pm\boldsymbol{p}$ 构成的电四极矩模型，设正电荷 q 位于 $z=\pm b$，负电荷 $-q$ 位于 $z=\pm a$。电荷体系的总电荷为 0，总电偶极矩也为 0，因此必须考虑体系的电四极矩。由于四个电荷的横坐标 $x_i=0$，纵坐标 $y_i=0$，因此

$$D_{11}=D_{12}=D_{13}=D_{22}=D_{23}=0$$

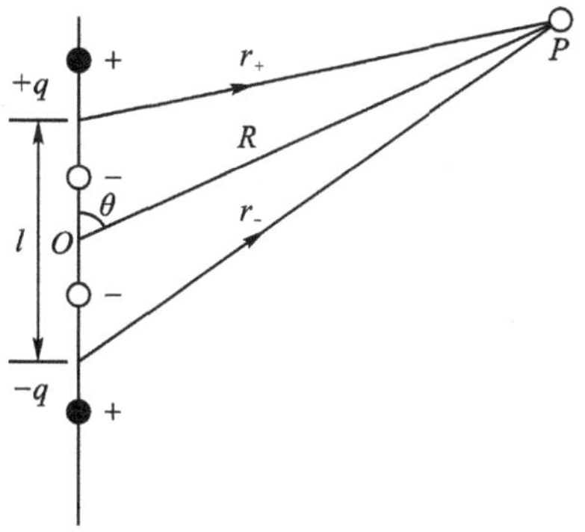

图 3-8　一对正负电荷组成的体系

只有 $D_{33}\neq 0$，则

$$D_{33} = 3[qb^2+(-q)a^2+(-q)a^2+qb^2]$$
$$= 6q(b^2-a^2) = 6q(b-a)(b+a) = 6pl$$

当然了，上述电四极矩也可以看成是两个沿 z 轴对称分布的电偶极矩，因此远场处的电

势也可以根据电偶极矩的电势公式进行计算

$$\begin{aligned}\varphi&=-\frac{1}{4\pi\varepsilon_0}p\frac{\partial}{\partial z}\frac{1}{r_+}+\frac{1}{4\pi\varepsilon_0}p\frac{\partial}{\partial z}\frac{1}{r_-}\\&=-\frac{1}{4\pi\varepsilon_0}p\frac{\partial}{\partial z}\left(\frac{1}{r_+}-\frac{1}{r_-}\right)\\&\approx\frac{1}{4\pi\varepsilon_0}pl\frac{\partial^2}{\partial z^2}\frac{1}{R}\\&=\frac{1}{4\pi\varepsilon_0}\frac{1}{6}D_{33}\frac{\partial^2}{\partial z^2}\frac{1}{R}\end{aligned}\tag{3.6.12}$$

具有 D_{ij} 分量的电荷体系如图 3－9 所示。

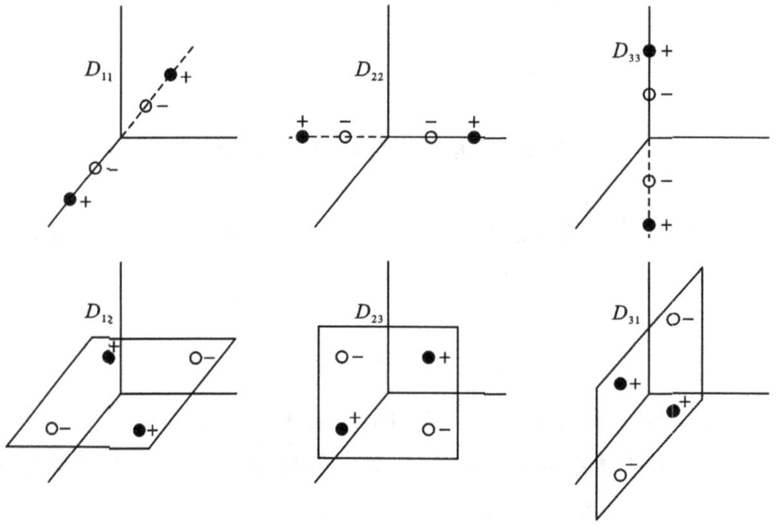

图 3－9　电荷体系中各分量上的电荷

电四极矩为对称张量，有 6 个分量，分别为 D_{11}、D_{22}、D_{33}、$D_{12}=D_{21}$、$D_{13}=D_{31}$、$D_{23}=D_{32}$。事实上，可以证明电四极矩只有 5 个独立分量，证明如下：

$$\nabla^2\frac{1}{R}=0\quad(R\neq0)\tag{3.6.13}$$

引入符号 δ_{ij}：

$$\delta_{ij}=\begin{cases}1&(i=j)\\0&(i\neq j)\end{cases}\tag{3.6.14}$$

则式(3.6.13)可写为

$$\sum_{ij}\delta_{ij}\frac{\partial^2}{\partial x_i\partial x_j}\frac{1}{R}=0\tag{3.6.15}$$

重新定义电四极矩张量

$$D_{ij}=\int_V(3x_i'x_j'-r'^2\delta_{ij})\rho(\boldsymbol{x}')\mathrm{d}V'\tag{3.6.16}$$

此时电四极矩张量满足

$$D_{11}+D_{22}+D_{33}=0$$

因此，电四极矩只有 5 个独立变量。

采用张量，则电四极矩可写为

$$\boldsymbol{D}=\int_V(3\boldsymbol{x}'\boldsymbol{x}'-r'^2\boldsymbol{I})\rho(\boldsymbol{x}')\mathrm{d}V' \tag{3.6.17}$$

其中，$\boldsymbol{I}$ 为单位张量。采用新定义的电四极矩后，$\varphi^{(2)}$ 可写为

$$\varphi^{(2)}=\frac{1}{4\pi\varepsilon_0}\frac{1}{6}\sum_{ij}D_{ij}\frac{\partial^2}{\partial x_i\partial x_j}\frac{1}{R} \tag{3.6.18}$$

若电荷分布具有球对称性，则 $D_{11}+D_{22}+D_{33}=0$，且 $D_{12}=D_{23}=D_{31}=0$，因此球对称电荷分布没有电四极矩。事实上，由高斯定理可知，球对称电荷分布对应的电场也是球对称的，球外电场和集中于球心处的点电荷的电场一致，因此球对称点电荷体系没有各级电多极矩。反之，若电荷分布偏离球对称，一般会出现电四极矩。

3.6.3　电荷体系在外电场中的能量

根据泰勒展开，任意电荷体系激发的电势，都可以看作为位于坐标原点的系列电多极子所激发的电势和，即电荷体系可看作是位于坐标原点的系列电多极子所构成的，因此电荷体系在外场中的能量必然可看作是系列位于坐标原点的电多极子的电势能之和。

设外电场电势为 φ_e，将 φ_e 对坐标原点进行泰勒级数展开，有

$$\varphi_e(\boldsymbol{x})=\varphi_e(0)+\sum_{i=1}^{3}x_i\frac{\partial}{\partial x_i}\varphi_e(0)+\frac{1}{2!}\sum_{ij}^{3}x_ix_j\frac{\partial^2}{\partial x_i\partial x_j}\varphi_e(0)+\cdots \tag{3.6.19}$$

于是，具有电荷分布 $\rho(\boldsymbol{x})$ 的体系在外场中的能量为

$$\begin{aligned}W&=\int\rho\varphi_e\mathrm{d}V=\int\rho(\boldsymbol{x})\left[\varphi_e(0)+\sum_{i=1}^{3}x_i\frac{\partial}{\partial x_i}\varphi_e(0)+\frac{1}{2!}\sum_{i,j=1}^{3}x_ix_j\frac{\partial^2}{\partial x_i\partial x_j}\varphi_e(0)+\cdots\right]\mathrm{d}V\\&=q\varphi_e(0)+\sum_{i=1}^{3}p_i\frac{\partial}{\partial x_i}\varphi_e(0)+\frac{1}{6}\sum_{i,j=1}^{3}D_{ij}\frac{\partial^2}{\partial x_i\partial x_j}\varphi_e(0)+\cdots\\&=q\varphi_e(0)+\boldsymbol{p}\cdot\nabla\varphi_e(0)+\frac{1}{6}\boldsymbol{D}:\nabla\nabla\varphi_e(0)+\cdots\end{aligned} \tag{3.6.20}$$

展开式第一项：$W^{(0)}=q\varphi_e(0)$，代表将体系的电荷集中在坐标原点时在外场的能量。展开式第二项：$W^{(1)}=\boldsymbol{p}\cdot\nabla\varphi_e(0)=-\boldsymbol{p}\cdot\boldsymbol{E}_e(0)$，代表体系的电偶极子在外场中的能量。展开式第三项：$W^{(2)}=-\frac{1}{6}\boldsymbol{D}:\nabla\boldsymbol{E}_e$，代表电四极子在外场中的能量。

阅读材料

库仑定律建立的历史过程和现代意义

库仑定律是整个静电学的基础，是电磁学的基本定律之一。本篇就库仑定律的提出、验证、影响和启示作以简要介绍。

1. 库仑定律的提出

17 世纪中叶，牛顿力学已取得了辉煌胜利，科学家们借助于万有引力规律，对电力和磁力作了种种猜测。

1759 年，德国柏林科学院院士艾皮努斯在研究中假设，电荷之间斥力和引力随带电物体距离减少而增大。1760 年，伯努利首先猜测，电力与万有引力一样，服从平方反比定律，这种想法非常具有代表性。1766 年，德国普利斯特利在好友富兰克林金属杯中软木小球实验的启发下，大胆猜测其与平方反比的关系。1769 年，英国爱丁堡大学的罗比逊首次通过实验推断：两个电荷间的电力与它们间距离的平方成反比。

随后，在 1772 年至 1773 年期间，英国卡文迪什第一次精确测量出了电作用力与距离的关系，这一结果在当时条件下已相当精确，可惜未发表。最后，在 1785 年，法国物理学家库仑用电斥力扭秤和电引力单摆实验证明了电力遵从平方反比定律，如图 3－10 所示。库仑得到的这一关系式精确度如何呢？这方面得到了一些物理学家的高度关注，并做实验进行了相关验证，下面就这方面内容作以讲解。

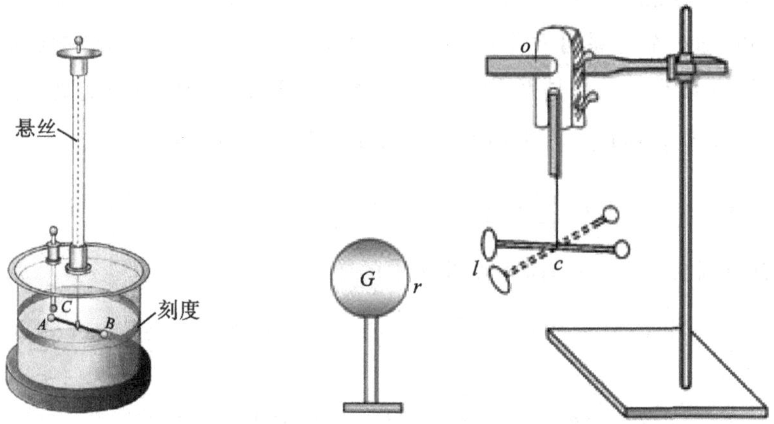

(a) 电斥力扭秤　　(b) 电引力单摆

图 3－10　库仑实验

2. 库仑定律的精确度验证

首先，罗比逊根据两个带电小球之间产生的斥力与被支起的转臂受到的重力平衡这一实验，得到力 $\boldsymbol{F}$ 的大小与 $1/r^n$ 成正比，这里取 $n=2+\delta$，得 $\delta=0.06$，罗比逊将 0.06 视为实验误差，得出电力服从平方反比定律这一结论。

随后，卡文迪什通过同心球电荷分布实验，得出力 $\boldsymbol{F}$ 大小仍旧与 $1/r^n$ 成正比，这里取 $n=2+\delta$，得 $\delta\leqslant 0.02$，可以发现平方反比指数更为接近。

1864 年，麦克斯韦在整理和重复卡文迪什工作时，十分重视同心球电荷分布的实验，他亲自设计实验装置和实验方法，把测量空腔导体内球的电量改为测量电位，并推算了实验的处理公式，计算得 $\delta\leqslant 5\times10^{-5}$。

1936 年，美国沃塞斯特工学院普林顿和劳顿在新的基础上验证了库仑定律，他们改进了卡文迪什和麦克斯韦的零值法，消除和避免了实验中的几项主要误差，测得 $\delta\leqslant 2\times10^{-9}$。

1971 年，美国威廉等人采用高频高压信号、锁定放大器和光学纤维传输来保证实验条件，但基本方法和设计思想与卡文迪什、麦克斯韦一脉相承，实验结果为 $\delta \leqslant (2.7 \pm 3.1) \times 10^{-16}$。

关于库仑平方反比关系的精确度验证，还有一些科学家也做了这方面工作，汇总如表 3-1 所示。

表 3-1　库仑平方反比关系的精确度验证实验汇总

时间	实验人员	指数偏差
1769 年	罗比逊	6×10^{-2}
1773 年	卡文迪什	2×10^{-2}
1785 年	库仑	4×10^{-2}
1873 年	麦克斯韦	4.9×10^{-5}
1936 年	普林顿和劳顿	2.0×10^{-9}
1968 年	科克伦和兰肯	9.2×10^{-12}
1970 年	巴特利特等人	1.3×10^{-13}
1971 年	威廉等人	$(2.7\pm3.1)\times10^{-16}$

从表 3-1 中可以看出，随着年份的增加，库仑平方反比定律的指数精确度大幅度提高。那么，库仑平方反比定律的指数精确度为什么得到了这么多科学家的重视呢？如果不符合库仑平方反比关系，会给我们的现代生活带来什么影响？

3. *库仑定律的现代影响*

库仑定律如果不符合平方反比关系，将会导致光子静质量不为零、光子偏振态不再是 2 和 3、规范变换性被破坏、黑体辐射公式需要被修改、电荷不守恒、真空发生色散效应、光速可变。也就是说，不符合库仑平方反比定律，电磁学和整个物理学大厦基础将被破坏，可谓牵一发而动全身！

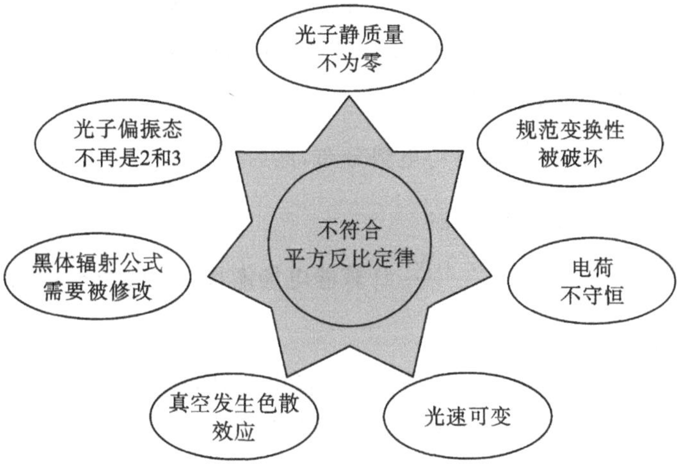

图 3-11　库仑定律不符合平方反比导致的结果

以上就是库仑定律的提出、验证和现代影响，通过上述学习，还可获得以下启示。

4. 库仑定律的启示

1)类比法的运用

纵观整个静电学的发展，都是建立在牛顿万有引力、库仑平方反比基础上的。设想：如果仅靠实验具体数据的积累，不知将等到何年何月。由此可以体会到：类比法在物理理论建立过程中有着举足轻重的作用，它通过触类旁通、异中求同，获得原有基础上的创新！

2)百折不挠、精益求精

从1769年到1971年，从罗比逊到威廉等人，都对库仑定律中偏离平方反比的指数偏差进行了多次验证，使得指数偏差数量级从10^{-2}降到了10^{-16}，精确度大幅度提高。可以看出，定律的建立是许多位科学家心血的凝结。道路是曲折的，知识是严谨的。在科学研究中，需要百折不挠的勇气和精益求精的恒心。

3)灵活应对、与时俱进

在库仑定律精确度的验证过程中，依次进行了仪器装置的改进、测量参量的变更和现代科技方法的综合运用。这些表明，物理定律的发展要受到时代的制约，需要根据现有的条件灵活应对，与时俱进，不断完善。

思考题

1. 电场的切向分量连续，说明了什么问题？

2. 磁场的法向分量连续，说明了什么问题？

3. 泊松方程$\nabla^2\varphi=-\dfrac{\rho}{\varepsilon}$适用于哪种电场？对介质分布有何要求？如何求解泊松方程？

4. 均匀各向同性介质中静电势满足的微分方程是什么？介质分界面上静电势满足哪两个边界条件？有导体存在时边值关系有何改变？

5. 写出静电场能量的两种表达式，并说明物理意义和区别。

6. 简述静电场的唯一性定理，并说明唯一性定理的重要意义。

7. 概括静电场边界条件的类型。

8. 由公式$\varphi=-\dfrac{1}{4\pi\varepsilon_0}\displaystyle\int\dfrac{\rho\mathrm{d}V}{r}$可求得电势分布，然后用$\boldsymbol{E}=-\nabla\varphi$即可求得电场的分布，这种方法有何局限性？场强$\boldsymbol{E}$的方向呢？

9. 根据$W=\dfrac{1}{8\pi\varepsilon}\displaystyle\int\mathrm{d}V\int\dfrac{\rho(x)\rho(x')\mathrm{d}V'}{r}$计算静电场能量时，要求全空间必须充满均匀介质才成立，试说明其理由。

10. 镜像法的基本思想和理论依据是什么？像电荷只能放在哪个区域？

11. 电偶极子$\boldsymbol{P}$在外电场$\boldsymbol{E}$中的相互作用能量怎么表示？

12. 对于一个小区域内电荷体系在远处激发的势，如何将它展开成各级多极子激发的势的迭加？

13. 球对称电荷分布系统相对于球心原点有没有电多极矩？相对于其他点呢？

14. 真空中相距为 a、带电量分别为 q_1 和 q_2 的两个静止点电荷间相互作用能如何考虑？

练习题

1. 已知真空中静电场电势的表达式为 $\varphi(x)=\dfrac{x^2}{\varepsilon_0}+\dfrac{U}{d}x$，式中 U 和 d 为已知量，单位为 V，求电场强度的分布和电荷体密度 ρ。

2. 两个半径分别为 a 和 b 的同心导体球壳，其中 $a<b$，令内球接地，外球带电量为 Q，试用分离变量法求空间电势分布。

3. 一均匀介质球的半径为 R_0，在其中心置一点电荷 Q_f，介质球的电容率为 ε，球外为真空，试用分离变量法求空间电势分布。

4. 一电容率为 ε 的介质球置于均匀外场 $\boldsymbol{E}_0$ 中，求介质球内、外的电势分布。

5. 两同心球壳之间对称地充满两种介质，左半部电容率为 ε_1，右半部电容率为 ε_2。设内球壳带总电荷 Q，外球壳接地，求左、右两半球介质内的场强分布。

6. 半径为 R_0 的接地导体球置于均匀外电场 $\boldsymbol{E}_0$ 中，导体球外为真空。试用分离变量法求导体球外的电势及导体球面上的自由电荷面密度 σ_f。

7. 求均匀带电量为 Q、半径为 a、介电常数为 ε 的介质球的静电场总能量。

8. 在两个互相垂直的接地导体平面所围成的直角空间内有一点电荷 Q，它到两个平面的距离分别为 a 和 b，其坐标为 $(a,b,0)$，那么当用镜像法求空间的电势时，应放置多少个镜像电荷？这时所围成的直角空间内任意点 (x,y,z) 的电势是多少？

9. 两个无穷大的接地导体平面分别组成 θ 为 45°、60°和 90°的两面角，在两面角内与两导体平面等距离处置一点电荷 Q，则在以上三种情形下，试证明像电荷的个数分别为 7、5 和 3。

10. 内、外半径分别为 a 和 b 的两个同心带电球面，均匀地带有相同电荷 Q，则这两个带电球面之间的相互作用能为多少？系统的总静电能呢？

11. 证明球对称分布的电荷体系对于球心的电偶极矩和电四极矩均为零。

思维导图

静电场的势与场

静电场中的麦克斯韦方程组
$$\begin{cases}\nabla\times\boldsymbol{E}=\boldsymbol{0}\\ \nabla\cdot\boldsymbol{D}=\rho_{\mathrm{f}}\end{cases}$$

→ 矢量恒等性质与等价替换 →

静电场的标势与电场
$$\boldsymbol{E}=-\nabla\varphi$$
$$\varphi(\boldsymbol{x})=\int_V\frac{\rho(\boldsymbol{x}')\mathrm{d}V'}{4\pi\varepsilon_0 r}$$

→ 代入麦克斯韦方程组 →

微分方程与边界条件
$$\nabla^2\varphi=\frac{\rho_{\mathrm{f}}}{\varepsilon}$$
$$\begin{cases}\varphi_1=\varphi_2\\ \varepsilon_2\dfrac{\partial\varphi_2}{\partial n}-\varepsilon_1\dfrac{\partial\varphi_1}{\partial n}=-\sigma_{\mathrm{f}}\end{cases}$$

→ $\rho(x)$ 给定，$\varphi|_s$ 或 $\left.\dfrac{\partial\varphi}{\partial n}\right|_s$ 给定 →

唯一性定理
结论：场唯一
意义：满足微分方程与边界条件的解就是唯一解

标势求解的特殊方法

分离变量法 $\nabla^2\varphi=0$

球坐标系通解形式

$$\varphi(R,\theta,\phi)=\sum_{n,m}\left[\left(a_{nm}R^n+\frac{b_{nm}}{R^{n+1}}\right)\cos m\phi\,\mathrm{P}_n^m(\cos\theta)\right]+\sum_{n,m}\left[\left(c_{nm}R^n+\frac{d_{nm}}{R^{n+1}}\right)\sin m\phi\,\mathrm{P}_n^m(\cos\theta)\right]$$

其中，a_{nm}、b_{nm}、c_{nm}、d_{nm} 为待定系数，待定系数由边界条件来确定

特殊情形的简化：轴对称与球对称电荷分布

$$\varphi(R,\theta)=\sum_{n=0}^{\infty}\left(a_nR^n+\frac{b_n}{R^{n+1}}\right)\mathrm{P}_n(\cos\theta)\qquad \varphi(R)=a+\frac{b}{R}$$

格林函数法 $\nabla^2\varphi=\dfrac{\delta(\boldsymbol{x}-\boldsymbol{x}')}{\varepsilon}$

无界空间
$$G(\boldsymbol{x}-\boldsymbol{x}')=\frac{1}{4\pi\varepsilon_0}\cdot\frac{1}{\sqrt{(x-x')^2+(y-y')^2+(z-z')^2}}$$

上半空间
$$G(\boldsymbol{x}-\boldsymbol{x}')=\frac{1}{4\pi\varepsilon_0}\left[\frac{1}{\sqrt{(x-x')^2+(y-y')^2+(z-z')^2}}-\frac{1}{\sqrt{(x-x')^2+(y-y')^2+(z+z')^2}}\right]$$

球外空间
$$G(\boldsymbol{x}-\boldsymbol{x}')=\frac{1}{4\pi\varepsilon_0}\left[\frac{1}{\sqrt{R^2+R'^2-2RR'\cos\alpha}}-\frac{1}{\sqrt{\left(\dfrac{RR'}{R_0}\right)^2+R_0^2-2RR'\cos\alpha}}\right]$$

电多极矩法 $\varphi(\boldsymbol{x})=\int_V\dfrac{\rho(\boldsymbol{x}')}{4\pi\varepsilon_0 r}\mathrm{d}V'$

多级近似展开 $\varphi(\boldsymbol{x})=\varphi^{(0)}+\varphi^{(1)}+\varphi^{(2)}+\cdots$

电单极电势 $\varphi^{(0)}=\dfrac{q_{\mathrm{f}}}{4\pi\varepsilon_0R}$

电偶极电势 $\varphi^{(1)}=-\dfrac{1}{4\pi\varepsilon_0}\boldsymbol{p}\cdot\nabla\dfrac{1}{R}$

电四极电势 $\varphi^{(2)}=\dfrac{1}{4\pi\varepsilon_0}\dfrac{1}{6}\sum_{ij}D_{ij}\dfrac{\partial^2}{\partial x_i\partial x_j}\dfrac{1}{R}$

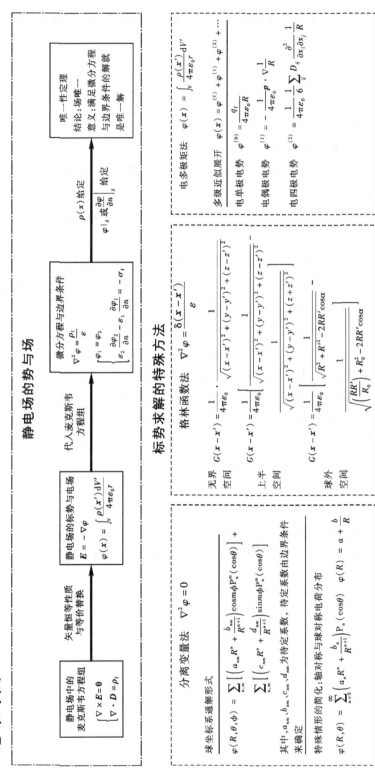

第 4 章　静磁场

上一章主要介绍了静止电荷激发的静电场求解问题。那么，当电荷定向运动时会形成恒定电流，针对其激发的静磁场，该如何求解呢？根据麦克斯韦方程组可知，静电场和静磁场之间互不影响，因此求解可以分开进行。本章主要就静磁场的求解问题作以讨论。

和静电场有源无旋不同，静磁场为无源有旋场，因此可以引入磁矢势来描述静磁场。磁矢势复杂，不易求解。但注意到在没有电流分布的区域内，磁场强度的旋度等于零，基于此也可以像静电场标势一样引入磁标势，仿照静电场进行求解。同时，对静电场和静磁场各量进行比较分析，以便更好地感悟电场和磁场的对称性以及对称性破缺。

4.1　磁矢势

4.1.1　磁矢势

对于稳恒电磁场，由麦克斯韦方程组可知，电场和磁场是相互独立的，可以分别求解。同时，麦克斯韦方程组显示出电场和磁场方程具有很好的对偶性，因此可借鉴前面所讲述的静电场的分析方法分析静磁场，如采用势的概念来描述。麦克斯韦方程组中，关于静磁场的方程为

$$\nabla\times\boldsymbol{H}=\boldsymbol{J} \tag{4.1.1}$$

$$\nabla\cdot\boldsymbol{B}=0 \tag{4.1.2}$$

由于磁场是有旋场，不能像静电场一样直接定义标量性质的静磁势。考虑矢量分析的恒等式，对任意矢量 $\boldsymbol{A}$，有

$$\nabla\cdot(\nabla\times\boldsymbol{A})=0$$

与式(4.1.2)比较可知，$\boldsymbol{B}$ 可以定义为某个矢量 $\boldsymbol{A}$ 的旋度，即

$$\boldsymbol{B}=\nabla\times\boldsymbol{A} \tag{4.1.3}$$

由于 $\boldsymbol{A}$ 为矢量，称 $\boldsymbol{A}$ 为磁矢势。对 $\boldsymbol{B}$ 求通量

$$\int_S\boldsymbol{B}\cdot\mathrm{d}\boldsymbol{S}=\int_S\nabla\times\boldsymbol{A}\cdot\mathrm{d}\boldsymbol{S}=\oint_L\boldsymbol{A}\cdot\mathrm{d}\boldsymbol{l} \tag{4.1.4}$$

可见，磁矢势 $\boldsymbol{A}$ 的物理意义在于：$\boldsymbol{A}$ 沿任意闭合路径的环量等于通过以该环路为边界的任意曲面的磁通量。这里需要注意：$\boldsymbol{A}$ 的环量才有物理意义，每点上的 $\boldsymbol{A}$ 没有直接的物理意义。

既然任意矢量旋度的散度恒为 0，因此对应于同一个 $\boldsymbol{B}$ 的磁矢势 $\boldsymbol{A}$ 是不唯一的，这为选

择合适的 $\boldsymbol{A}$ 提供了灵活性。例如，矢量恒等式表明任意标量函数 φ 梯度的旋度为 0，因此 $\boldsymbol{A}$、$\boldsymbol{A}+\nabla\varphi$ 对应于同一个 $\boldsymbol{B}$。为降低随意性，往往对 A 施加一定的限制条件，这些限制条件称为**规范条件**。常见的规范条件有两种，一种是库仑规范（$\nabla\cdot\boldsymbol{A}=0$），另一种是洛伦兹规范。

4.1.2 磁矢势的微分方程

下面仿照静电学，寻找关于磁矢势的微分方程。对于线性均匀介质 $\boldsymbol{B}=\mu\boldsymbol{H}$，$\boldsymbol{B}$ 的旋度为 $\nabla\times\boldsymbol{B}=\mu\boldsymbol{J}$，将 $\boldsymbol{B}=\nabla\times\boldsymbol{A}$ 代入，可得

$$\nabla\times\boldsymbol{B}=\nabla\times(\nabla\times\boldsymbol{A})=\nabla(\nabla\cdot\boldsymbol{A})-\nabla^2\boldsymbol{A}=\mu\boldsymbol{J} \tag{4.1.5}$$

若令 $\nabla\cdot\boldsymbol{A}=0$，则上式可简化为

$$\nabla^2\boldsymbol{A}=-\mu\boldsymbol{J} \tag{4.1.6}$$

上式与静电势的微分方程 $\nabla^2\varphi=-\dfrac{\rho}{\varepsilon}$ 具有很好的对称性，这样静电场的求解方法就可以直接用于计算磁矢势。静磁场中常采用的限制条件为库仑规范（$\nabla\cdot\boldsymbol{A}=0$），在库仑规范下，静电场与静磁场的相关表达式具有很好的对偶性，正确反映了稳恒电磁场的主要特征，因此在稳恒电磁场中一般采用库仑规范。

根据散度的定义，库伦规范假定 $\nabla\cdot\boldsymbol{A}=0$，即认为静磁场是无源的，满足麦克斯韦方程组中 $\nabla\cdot\boldsymbol{B}=0$ 的要求。也就是说，不存在与正、负电荷相对应的独立的静磁荷，因此磁矢势 $\boldsymbol{A}$ 是连续闭合的，无始无终，不会发生突变。根据亥姆霍兹定理，任意矢量场都可分解为横场和纵场，分别用散度 $\nabla\cdot\boldsymbol{A}=0$ 和旋度 $\nabla\times\boldsymbol{A}=\boldsymbol{0}$ 来表示。既然假定散度为零，那么必将有 $\nabla\times\boldsymbol{A}\neq\boldsymbol{0}$，即磁矢势是有旋场，这与静磁场的实验事实相吻合。

库仑规范下静磁场与静电场微分方程的对偶性表明，磁矢势 $\boldsymbol{A}$ 与静电势 φ 的表达式也将具有很好的对偶性。考虑到满足泊松方程的点电荷的静电势为

$$\varphi=\int_V\frac{\rho(\boldsymbol{x}')\mathrm{d}V'}{4\pi\varepsilon_0 r} \tag{4.1.7}$$

根据对偶性可直接写出磁矢势的表达式

$$\boldsymbol{A}=\frac{\mu}{4\pi}\int_V\frac{\boldsymbol{J}(\boldsymbol{x}')\mathrm{d}V'}{r} \tag{4.1.8}$$

如第 1 章所述，该式满足 $\nabla\cdot\boldsymbol{A}=0$ 的规范条件。得到 $\boldsymbol{A}$ 的表达式，就可以求出 $\boldsymbol{B}$ 的表达式

$$\begin{aligned}\boldsymbol{B}&=\nabla\times\boldsymbol{A}=\frac{\mu}{4\pi}\nabla\times\int_V\frac{\boldsymbol{J}(\boldsymbol{x}')\mathrm{d}V'}{r}=\frac{\mu}{4\pi}\int_V\nabla\left(\frac{1}{r}\right)\times\boldsymbol{J}(\boldsymbol{x}')\mathrm{d}V'\\&=\frac{\mu}{4\pi}\int_V\frac{\boldsymbol{J}(\boldsymbol{x}')\times\boldsymbol{r}}{r^3}\mathrm{d}V'\end{aligned} \tag{4.1.9}$$

对于线电流激发静磁场的情形，$\boldsymbol{J}\mathrm{d}V'=I\mathrm{d}\boldsymbol{l}$，于是上式变为

$$\boldsymbol{B}=\frac{\mu}{4\pi}\int_V\frac{I\mathrm{d}\boldsymbol{l}\times\boldsymbol{r}}{r^3} \tag{4.1.10}$$

这正是毕奥-萨伐尔定律的内容。可见，在库仑规范条件下，根据对偶性得到的磁矢势表达式，能够正确地反映真实的磁场。

4.1.3 磁矢势的边值关系

两分界面上磁场的边值关系为

$$\boldsymbol{e}_n \cdot (\boldsymbol{B}_2 - \boldsymbol{B}_1) = 0 \tag{4.1.11}$$

$$\boldsymbol{e}_n \times (\boldsymbol{H}_2 - \boldsymbol{H}_1) = \boldsymbol{\alpha}_{\mathrm{f}} \tag{4.1.12}$$

将 $\boldsymbol{B} = \nabla \times \boldsymbol{A}$、$\boldsymbol{B} = \mu \boldsymbol{H}$ 代入上式，可得

$$\boldsymbol{e}_n \cdot (\nabla \times \boldsymbol{A}_2 - \nabla \times \boldsymbol{A}_1) = 0 \tag{4.1.13}$$

$$\boldsymbol{e}_n \times \left(\frac{\nabla \times \boldsymbol{A}_2}{\mu_2} - \frac{\nabla \times \boldsymbol{A}_1}{\mu_1} \right) = \boldsymbol{\alpha}_{\mathrm{f}} \tag{4.1.14}$$

上述边界条件过于复杂，不容易看出其中的物理含义，常用更简洁的形式加以代替。在分界面两侧取一狭长回路，其长为 Δl、高为 $\Delta h \to 0$，计算磁矢势对回路的积分

$$\oint_L \boldsymbol{A} \cdot \mathrm{d}\boldsymbol{l} = (A_{2t} - A_{1t}) \Delta l$$

又

$$\oint_L \boldsymbol{A} \cdot \mathrm{d}\boldsymbol{l} = \int_S \boldsymbol{B} \cdot \mathrm{d}\boldsymbol{S} \to 0$$

因此

$$A_{2t} = A_{1t} \tag{4.1.15}$$

在分界面两侧取扁平圆柱体，对圆柱体侧面和底面进行面积分，在库仑规范条件下，有

$$\oint_S \boldsymbol{A} \cdot \mathrm{d}\boldsymbol{S} = \int_V \nabla \cdot \boldsymbol{A} \mathrm{d}V = 0$$

即

$$A_{2n} = A_{1n} \quad (\nabla \cdot \boldsymbol{A} = 0) \tag{4.1.16}$$

以上两个边界条件可以统一成一个表达式：

$$\boldsymbol{A}_2 = \boldsymbol{A}_1 \quad (\nabla \cdot \boldsymbol{A} = 0) \tag{4.1.17}$$

即界面处磁矢势是连续的，这与静电场中静电势连续 $\varphi_1 = \varphi_2$ 相对应。

4.1.4 静磁场的唯一性定理

上一章介绍了静电场的唯一性定理，由式(4.1.6)可知，静磁场的矢势满足的方程和静电场类似，并且静磁场也存在边界条件，因此静磁场也存在相应的唯一性定理，具体表述如下。

在一定体积 V 内，给定两个条件：

(1) 电流和磁介质分布已知，并且磁感应强度 $\boldsymbol{B}$ 和磁场强度 $\boldsymbol{H}$ 间存在关系式 $\boldsymbol{B} = \mu \boldsymbol{H}$，式中，$\mu$ 为介质的磁导率；

(2) 区域 V 边界上的磁矢势 $\boldsymbol{A}$ 或磁场强度 $\boldsymbol{H}$ 的切向分量已知。

满足以上条件，则在该区域内就能获得唯一正确的解，该区域的磁场就能唯一地确定。

下面对这一结论作以证明。和静电场相类似，采用反证法。

假设对同一体系,存在两种不同的解 $\boldsymbol{B}_1$ 和 $\boldsymbol{B}_2$,则

$$\boldsymbol{B}_1=\nabla\times\boldsymbol{A}_1=\mu\boldsymbol{H}_1$$

$$\boldsymbol{B}_2=\nabla\times\boldsymbol{A}_2=\mu\boldsymbol{H}_2$$

由于 $\boldsymbol{A}$ 电流分布已知,因此有

$$\nabla\times\boldsymbol{H}_1=\nabla\times\boldsymbol{H}_2=\boldsymbol{J}$$

式中,$\boldsymbol{J}$ 为电流密度矢量。根据场强叠加原理可得

$$\boldsymbol{B}=\boldsymbol{B}_1-\boldsymbol{B}_2,\quad \boldsymbol{H}=\boldsymbol{H}_1-\boldsymbol{H}_2$$

则相应地

$$\boldsymbol{A}=\boldsymbol{A}_1-\boldsymbol{A}_2$$

$$\nabla\times\boldsymbol{H}=\nabla\times\boldsymbol{H}_1-\nabla\times\boldsymbol{H}_2=\boldsymbol{J}-\boldsymbol{J}=\boldsymbol{0}$$

在体积 V 内做如下积分:

$$\begin{aligned}\int_V\boldsymbol{B}\cdot\boldsymbol{H}\mathrm{d}V&=\int_V(\nabla\times\boldsymbol{A})\cdot\boldsymbol{H}\mathrm{d}V\\&=\int_V[\nabla\cdot(\boldsymbol{A}\times\boldsymbol{H})+\boldsymbol{A}\cdot(\nabla\times\boldsymbol{H})]\mathrm{d}V\end{aligned}$$

由上面可知,$\nabla\times\boldsymbol{H}=\boldsymbol{0}$,则

$$\begin{aligned}\int_V\boldsymbol{B}\cdot\boldsymbol{H}\mathrm{d}V&=\int_V[\nabla\cdot(\boldsymbol{A}\times\boldsymbol{H})+\boldsymbol{A}\cdot(\nabla\times\boldsymbol{H})]\mathrm{d}V\\&=\int_V\nabla\cdot(\boldsymbol{A}\times\boldsymbol{H})\mathrm{d}V\\&=\oint_S(\boldsymbol{A}\times\boldsymbol{H})\cdot\mathrm{d}\boldsymbol{S}\end{aligned}$$

又

$$\begin{aligned}\int_V\boldsymbol{B}\cdot\boldsymbol{H}\mathrm{d}V&=\int_V(\boldsymbol{B}_1-\boldsymbol{B}_2)\cdot(\boldsymbol{H}_1-\boldsymbol{H}_2)\mathrm{d}V\\&=\int_V\frac{1}{\mu}(\boldsymbol{B}_1-\boldsymbol{B}_2)\cdot(\boldsymbol{B}_1-\boldsymbol{B}_2)\mathrm{d}V\\&=\oint_S[\boldsymbol{e}_n\times(\boldsymbol{A}_1-\boldsymbol{A}_2)]\cdot(\boldsymbol{H}_1-\boldsymbol{H}_2)\mathrm{d}S\end{aligned}\tag{4.1.18}$$

或

$$\begin{aligned}\int_V\boldsymbol{B}\cdot\boldsymbol{H}\mathrm{d}V&=\int_V(\boldsymbol{B}_1-\boldsymbol{B}_2)\cdot(\boldsymbol{H}_1-\boldsymbol{H}_2)\mathrm{d}V\\&=\int_V\frac{1}{\mu}(\boldsymbol{B}_1-\boldsymbol{B}_2)\cdot(\boldsymbol{B}_1-\boldsymbol{B}_2)\mathrm{d}V\\&=-\oint_S[\boldsymbol{e}_n\times(\boldsymbol{H}_1-\boldsymbol{H}_2)]\cdot(\boldsymbol{A}_1-\boldsymbol{A}_2)\mathrm{d}S\end{aligned}\tag{4.1.19}$$

下面分两种情况。

(1)已知这个体系边界上 $\boldsymbol{A}$ 的切向分量,由于是同一个体系,边界值应该一样,则

$$\boldsymbol{e}_n\times\boldsymbol{A}_1=\boldsymbol{e}_n\times\boldsymbol{A}_2$$

由式(4.1.18)得

$$\oint_S [\boldsymbol{e}_n \times (\boldsymbol{A}_1 - \boldsymbol{A}_2)] \cdot (\boldsymbol{H}_1 - \boldsymbol{H}_2) \mathrm{d}S = 0$$

即

$$\int_V \frac{1}{\mu} (\boldsymbol{B}_1 - \boldsymbol{B}_2) \cdot (\boldsymbol{B}_1 - \boldsymbol{B}_2) \mathrm{d}V = 0$$

(2)已知这个体系边界上 $\boldsymbol{H}$ 的切向分量，由于是同一个体系，边界值也应该一样，则

$$\boldsymbol{e}_n \times \boldsymbol{H}_1 = \boldsymbol{e}_n \times \boldsymbol{H}_2$$

由式(4.1.19)得

$$-\oint_S [\boldsymbol{e}_n \times (\boldsymbol{H}_1 - \boldsymbol{H}_2)] \cdot (\boldsymbol{A}_1 - \boldsymbol{A}_2) \mathrm{d}S = 0$$

同样得

$$\int_V \frac{1}{\mu} (\boldsymbol{B}_1 - \boldsymbol{B}_2) \cdot (\boldsymbol{B}_1 - \boldsymbol{B}_2) \mathrm{d}V = 0$$

式中，磁导率 μ 恒为正值，故要使积分为零，被积函数必须恒等于零。
即

$$\boldsymbol{B}_1 = \boldsymbol{B}_2$$

由此可见，假设的两种解相等，说明仅有一个解，即唯一性定理得证。

例 4－1　已知匝数密度为 n、电流为 I 的无限长直圆柱形螺线管，根据唯一性定理求解管内、外磁感应强度 $\boldsymbol{B}$。

解　设螺线管半径为 R_0，螺线管内部磁感应强度为 $\boldsymbol{B}_1$、外部为 $\boldsymbol{B}_2$。则满足全部定解的条件为

$$\nabla \cdot \boldsymbol{B} = 0, \quad \nabla \times \boldsymbol{H} = \boldsymbol{0} \quad (r < R_0 \text{ 或 } r > R_0)$$

当 $r=0$ 时，$\boldsymbol{B}_1$ 有限；当 $r \to \infty$时，$\boldsymbol{B}_2 \to 0$；当 $r = R_0$ 时，有

$$\begin{cases} \boldsymbol{e}_n \cdot (\boldsymbol{B}_2 - \boldsymbol{B}_1) = 0 & \text{即 } B_{1r} = B_{2r} \\ \boldsymbol{e}_n \times (\boldsymbol{H}_2 - \boldsymbol{H}_1) = \boldsymbol{\alpha}_\mathrm{f} & \text{即 } \boldsymbol{e}_r \times (\boldsymbol{H}_2 - \boldsymbol{H}_1) = nI\boldsymbol{e}_\phi \end{cases}$$

式中，$\boldsymbol{e}_r$ 为沿螺线管半径方向的单位矢量，$\boldsymbol{e}_\phi$ 为沿电流方向的单位矢量，式中 $\boldsymbol{e}_n$ 和 $\boldsymbol{e}_r$ 的方向一致。

由于螺线管无限长，外部磁场为 0，即

$$\boldsymbol{H}_2 = \boldsymbol{0}$$

根据 $\boldsymbol{e}_r \times (\boldsymbol{H}_2 - \boldsymbol{H}_1) = nI\boldsymbol{e}_\phi$，得

$$\boldsymbol{H}_1 = nI\boldsymbol{e}_z$$

式中，$\boldsymbol{e}_z$ 沿螺线管轴线方向，并且和电流方向构成右手螺旋关系。

由此可见，该解满足场的方程和边界条件，因此是唯一正确的解。

4.1.5　静磁场的能量

与静电场类似的过程，可以得到静磁场能量的表达式。磁场的总能量为

$$W = \frac{1}{2} \int \boldsymbol{B} \cdot \boldsymbol{H} \mathrm{d}V \tag{4.1.20}$$

将 $\boldsymbol{B}=\nabla\times\boldsymbol{A}$、$\nabla\times\boldsymbol{H}=\boldsymbol{J}$ 代入上式可得

$$\begin{aligned}\boldsymbol{B}\cdot\boldsymbol{H}&=(\nabla\times\boldsymbol{A})\cdot\boldsymbol{H}\\&=\nabla\cdot(\boldsymbol{A}\times\boldsymbol{H})+\boldsymbol{A}\cdot(\nabla\times\boldsymbol{H})\\&=\nabla\cdot(\boldsymbol{A}\times\boldsymbol{H})+\boldsymbol{A}\cdot\boldsymbol{J}\end{aligned}\tag{4.1.21}$$

所以

$$\begin{aligned}W=\frac{1}{2}\int\boldsymbol{B}\cdot\boldsymbol{H}\mathrm{d}V&=\frac{1}{2}\int(\nabla\times\boldsymbol{A})\cdot\boldsymbol{H}\mathrm{d}V\\&=\frac{1}{2}\int[\nabla\cdot(\boldsymbol{A}\times\boldsymbol{H})+\boldsymbol{A}\cdot(\nabla\times\boldsymbol{H})]\mathrm{d}V\\&=\frac{1}{2}\oint_S(\boldsymbol{A}\times\boldsymbol{H})\cdot\mathrm{d}\boldsymbol{S}+\frac{1}{2}\int\boldsymbol{A}\cdot\boldsymbol{J}\mathrm{d}V\end{aligned}\tag{4.1.22}$$

若积分区域取整个空间，对于无穷远边界面

$$A\propto\frac{1}{r},\quad H\propto\frac{1}{r^2},\quad S\propto r^2$$

因此

$$\frac{1}{2}\oint_S(\boldsymbol{A}\times\boldsymbol{H})\cdot\mathrm{d}\boldsymbol{S}\to 0$$

于是有

$$\boldsymbol{W}=\frac{1}{2}\int\boldsymbol{A}\cdot\boldsymbol{J}\mathrm{d}V\tag{4.1.23}$$

可见，静磁场能量与静电场能量也有很好的对偶性。类似地，$\frac{1}{2}\boldsymbol{A}\cdot\boldsymbol{J}$ 也不能当作磁场能量密度。凡是存在磁场的地方就有磁场能量，相应磁场的能量密度与 $\boldsymbol{B}\cdot\boldsymbol{H}$ 有关，而与 $\boldsymbol{J}$ 没有直接关系。

对于线电流激发磁场的情况，如果要计算确定电流 $\boldsymbol{J}$ 分布在外磁场中相互作用的能量，则要把总电流 $\boldsymbol{J}_t$ 和总磁矢势 $\boldsymbol{A}_t$ 分解为

$$\boldsymbol{J}_t=\boldsymbol{J}+\boldsymbol{J}_e,\quad \boldsymbol{A}_t=\boldsymbol{A}+\boldsymbol{A}_e$$

其中，$\boldsymbol{J}$、$\boldsymbol{A}$ 分别代表电流分布本身及其激发的磁矢势，$\boldsymbol{J}_e$、$\boldsymbol{A}_e$ 分别代表激发外磁场的电流密度矢量和相应的外磁场矢势。于是总的磁场能为

$$\begin{aligned}W&=\frac{1}{2}\int(\boldsymbol{A}+\boldsymbol{A}_e)\cdot(\boldsymbol{J}+\boldsymbol{J}_e)\mathrm{d}V\\&=\frac{1}{2}\int\boldsymbol{A}\cdot\boldsymbol{J}\mathrm{d}V+\frac{1}{2}\int\boldsymbol{A}_e\cdot\boldsymbol{J}_e\mathrm{d}V+\frac{1}{2}\int(\boldsymbol{A}\cdot\boldsymbol{J}_e+\boldsymbol{A}_e\cdot\boldsymbol{J})\mathrm{d}V\end{aligned}\tag{4.1.24}$$

显然，上式前两项分别代表 $\boldsymbol{J}$、$\boldsymbol{J}_e$ 单独存在的能量，最后一项为 $\boldsymbol{J}'$ 在外场中的相互作用能。由于

$$\boldsymbol{A}\cdot\boldsymbol{J}_e=\boldsymbol{A}_e\cdot\boldsymbol{J}=\frac{\mu}{4\pi}\int\frac{\boldsymbol{J}\cdot\boldsymbol{J}_e}{r}\mathrm{d}V'$$

因此相互作用能表示为

$$\boldsymbol{W}_i=\int\boldsymbol{A}\cdot\boldsymbol{J}_e\mathrm{d}V=\int\boldsymbol{A}_e\cdot\boldsymbol{J}\mathrm{d}V\tag{4.1.25}$$

4.2　磁标势

由磁标势计算静磁场的一般方法

尽管磁矢势可以用来描述磁场，但矢势方程相对更加复杂，不容易求解。不禁要问，磁场中能否引入标势，建立标势的微分方程呢？由于磁场的旋度

$$\nabla\times\boldsymbol{H}=\boldsymbol{J}$$

两边进行面积分，得

$$\int_S(\nabla\times\boldsymbol{H})\cdot\mathrm{d}\boldsymbol{S}=\oint_L\boldsymbol{H}\cdot\mathrm{d}\boldsymbol{l}=\int_S\boldsymbol{J}\cdot\mathrm{d}\boldsymbol{S}=I$$

由于 $\boldsymbol{H}$ 的环路积分一般并不为 0，因此不能直接定义磁标势。不过，如果除去通电线圈及线圈所围成的壳层，那么剩余区域内的任一单连通区域，满足 $\nabla\times\boldsymbol{H}=\boldsymbol{0}$，$\boldsymbol{H}$ 的环路积分处处为 0，此时可仿照静电场定义磁标势 φ_{m}，且有

$$\boldsymbol{H}=-\nabla\varphi_{\mathrm{m}}\tag{4.2.1}$$

下面讨论磁标势满足的方程。由于

$$\nabla\cdot\boldsymbol{B}=\nabla\cdot(\mu_0\boldsymbol{H}+\mu_0\boldsymbol{M})=0$$

即

$$\nabla\cdot\boldsymbol{H}=-\nabla\cdot\boldsymbol{M}\tag{4.2.2}$$

与极化电荷密度的表达式 $\rho_{\mathrm{p}}=-\nabla\cdot\boldsymbol{P}$ 相比较，注意到 $\mu_0\boldsymbol{M}$ 与 $\boldsymbol{P}$ 的对应性，可以引入磁荷密度 ρ_{m}，令

$$\rho_m=-\mu_0\ \nabla\cdot\boldsymbol{M}\tag{4.2.3}$$

则

$$\nabla\cdot\boldsymbol{H}=\frac{\rho_{\mathrm{m}}}{\mu_0}\tag{4.2.4}$$

与静电场微分方程

$$\nabla\cdot\boldsymbol{E}=\frac{\rho}{\varepsilon_0}=\frac{\rho_{\mathrm{f}}+\rho_{\mathrm{p}}}{\varepsilon_0}\tag{4.2.5}$$

相比较，两者也具有较好的对偶性，主要区别在于静磁场中不存在自由磁荷。将式(4.2.1)代入式(4.2.4)，可得关于磁标势的二阶微分方程

$$\nabla^2\varphi_{\mathrm{m}}=-\frac{\rho_{\mathrm{m}}}{\mu_0}\tag{4.2.6}$$

对于均匀磁介质(非铁磁质)，磁化电荷仅分布在表面，其内部的束缚磁荷密度为

$$\begin{aligned}\rho_{\mathrm{m}}&=-\mu_0\ \nabla\cdot\boldsymbol{M}=\mu_0\ \nabla\cdot\boldsymbol{H}\\&=\mu_0\ \nabla\cdot\frac{\boldsymbol{B}}{\mu}=\frac{\mu_0}{\mu}\nabla\cdot\boldsymbol{B}=0\end{aligned}\tag{4.2.7}$$

对于分区均匀的磁介质，由于不同磁介质的磁化强度 $\boldsymbol{M}$ 不同，分界面上将会出现磁化电荷面密度 σ_{m}。采用与静电场类似的方法，可得到磁场的边值关系

$$\begin{cases}\varphi_{\mathrm{m}2}=\varphi_{\mathrm{m}1}\\\mu_2\left(\dfrac{\partial\varphi_{\mathrm{m}2}}{\partial n}\right)\bigg|_S=\mu_1\left(\dfrac{\partial\varphi_{\mathrm{m}1}}{\partial n}\right)\bigg|_S\end{cases}\tag{4.2.8}$$

或

$$\begin{cases}\left(\dfrac{\partial \varphi_{m2}}{\partial n}\right)\Big|_S-\left(\dfrac{\partial \varphi_{m1}}{\partial n}\right)\Big|_S=-\dfrac{\sigma_m}{\mu_0}\\ \sigma_m=-\boldsymbol{e}_n\cdot(\mu_0\boldsymbol{M}_2-\mu_0\boldsymbol{M}_1)\end{cases} \tag{4.2.9}$$

把磁标势法中有关磁场的表达式和静电场相关表达式进行对比，总结如表 4 - 1 所示。

表 4 - 1　静电场与静磁场相关表达式对比

静电场	静磁场
$\nabla\times\boldsymbol{E}=\boldsymbol{0}$	$\nabla\times\boldsymbol{H}=0$
$\nabla\cdot\boldsymbol{E}=(\rho_f+\rho_p)/\varepsilon_0$	$\nabla\cdot\boldsymbol{H}=\rho_m/\mu_0$
$\rho_p=-\nabla\cdot\boldsymbol{P}$	$\rho_m=-\nabla\cdot\mu_0\boldsymbol{M}$
$\boldsymbol{D}=\varepsilon_0\boldsymbol{E}+\boldsymbol{P}=\varepsilon\boldsymbol{E}$	$\boldsymbol{B}=\mu_0\boldsymbol{H}+\mu_0\boldsymbol{M}=\mu\boldsymbol{H}$
$\boldsymbol{E}=-\nabla\varphi$	$\boldsymbol{H}=-\nabla\varphi_m$
$\nabla^2\varphi=-(\rho_f+\rho_p)/\varepsilon_0$	$\nabla^2\varphi_m=-\rho_m/\mu_0$

从表中可以看出，静电场方程和静磁场方程有很好的对应性，电场强度 $\boldsymbol{E}$ 完全对应于磁场强度 $\boldsymbol{H}$，这就启发我们在求解静磁场问题时可以运用静电问题的求解方法。这里需要注意，从描述场的本质属性上来说，电场强度 $\boldsymbol{E}$ 和磁感应强度 $\boldsymbol{B}$ 是对应的。

例 4 - 2　求磁化矢量为 $\boldsymbol{M}_0$ 的均匀磁化铁球产生的磁场，磁化铁球半径为 R_0。

解

$$\rho_{m外}=0\quad(r>R_0)$$

$$\rho_{m内}=-\nabla\cdot(\mu_0\boldsymbol{M})=0\quad(r\leqslant R_0)$$

即球内、球外都满足拉普拉斯方程$\nabla^2\varphi_m=0$，即

$$\begin{cases}\nabla^2\varphi_{m1}=0\quad(r>R_0)\\ \nabla^2\varphi_{m2}=0\quad(r\leqslant R_0)\end{cases}$$

由于具有轴对称性，选极轴沿 $\boldsymbol{M}_0$ 方向，上述拉普拉斯方程解的形式为

$$\begin{cases}\varphi_{m1}=\sum\limits_n(a_nr^n+b_nr^{-(n+1)})\mathrm{P}_n\cos\theta\quad(r>R_0)\\ \varphi_{m2}=\sum\limits_n(c_nr^n+d_nr^{-(n+1)})\mathrm{P}_n\cos\theta\quad(r\leqslant R_0)\end{cases}$$

根据如下边界关系和边界条件

$$\varphi_{m1}\big|_{r\to\infty}\to0,\quad\varphi_{m2}\big|_{r=0}=有限值$$

可得

$$a_n=d_n=0$$

即

$$\begin{cases}\varphi_{m1}=\sum\limits_n b_nr^{-(n+1)}\mathrm{P}_n(\cos\theta)\quad(r>R_0)\\ \varphi_{m2}=\sum\limits_n c_nr^n\mathrm{P}_n(\cos\theta)\quad(r\leqslant R_0)\end{cases}$$

根据上式，可得球内磁感应强度、外磁感应强度分别为

$$B_{1r}=\mu_0 H_{1r}=-\mu_0\frac{\partial\varphi_{m1}}{\partial r}=\mu_0\sum_n(n+1)b_n r^{-(n+2)}P_n(\cos\theta)\quad(r>R_0)$$

$$B_{2r}=\mu_0 H_{2r}+\mu_0 M_r=-\mu_0\frac{\partial\varphi_{m2}}{\partial r}+\mu_0 M_0\cos\theta$$

$$=-\mu_0\sum_n nc_n r^{n-1}P_n(\cos\theta)+\mu_0 M_0\cos\theta\quad(r\leqslant R_0)$$

再根据如下边值关系：

$$\boldsymbol{e}_n\cdot(\boldsymbol{B}_2-\boldsymbol{B}_1)=0\quad\Rightarrow\quad B_{1r}\big|_{r=R_0}=B_{2r}\big|_{r=R_0}$$

$$\text{表面无传导电流}\quad\Rightarrow\quad\varphi_{m1}\big|_{r=R_0}=\varphi_{m2}\big|_{r=R_0}$$

可得

$$\sum_n(n+1)b_n R_0^{-(n+2)}P_n(\cos\theta)=-\sum_n nc_n R_0^{n-1}P_n(\cos\theta)+M_0P_1(\cos\theta)\quad(r>R_0)$$

$$\sum_n b_n R_0^{-(n+1)}P_n(\cos\theta)=\sum_n c_n R_0^n P_n(\cos\theta)\quad(r\leqslant R_0)$$

比较 $P_n(\cos\theta)$ 的系数，确定待定系数 a_n、b_n。

当 $n=1$ 时，有

$$\begin{cases}2b_1R_0^{-3}=-c_1+M_0\\ b_1R_0^{-2}=c_1R_0\end{cases}\quad\Rightarrow\quad\begin{cases}c_1=\dfrac{1}{3}M_0\\ b_1=\dfrac{1}{3}M_0R_0^3\end{cases}$$

当 $n\neq1$ 时，$b_n=c_n=0$，可得

$$\begin{cases}\varphi_{m1}=\dfrac{M_0R_0^3\cos\theta}{3r^2}=\dfrac{R_0^3\boldsymbol{M}_0\cdot\boldsymbol{r}}{3r^3}\quad(r>R_0)\\ \varphi_{m2}=\dfrac{M_0r\cos\theta}{3}=\dfrac{\boldsymbol{M}_0\cdot\boldsymbol{r}}{3}\quad(r\leqslant R_0)\end{cases}$$

进一步根据磁标势与磁场强度的微分关系，可得球内的磁场分布、球外的磁场分布分别为

$$\begin{cases}\boldsymbol{H}_1=-\nabla\varphi_{m1}=\dfrac{R_0^3}{3r^3}\left[\dfrac{3(\boldsymbol{M}_0\cdot\boldsymbol{r})\boldsymbol{r}}{r^2}-\boldsymbol{M}_0\right]\quad(r>R_0)\\ \boldsymbol{B}_1=\mu_0\boldsymbol{H}_1=\dfrac{\mu_0R_0^3}{3r^2}\left[\dfrac{3(\boldsymbol{M}_0\cdot\boldsymbol{r})\boldsymbol{r}}{r^2}-\boldsymbol{M}_0\right]\quad(r>R_0)\end{cases}$$

$$\begin{cases}\boldsymbol{H}_2=-\nabla\varphi_{m2}=-\dfrac{\boldsymbol{M}_0}{3}\quad(r\leqslant R_0)\\ \boldsymbol{B}_2=\mu_0(\boldsymbol{H}_2+\boldsymbol{M}_2)=\mu_0(\boldsymbol{H}_2+\boldsymbol{M}_0)=\dfrac{2}{3}\mu_0\boldsymbol{M}_0\quad(r\leqslant R_0)\end{cases}$$

这一结果如图 4－1 所示，**B** 线总是闭合的，**H** 线则不然，**H** 线从右半球面上的正磁荷发出，终止于左半球面的负磁荷上；在铁球内，**B** 与 **H** 反向。说明磁铁内部的 **B** 与 **H** 有很大差异。**B** 代表磁铁内的总宏观磁场，而 **H** 仅为一辅助场量。

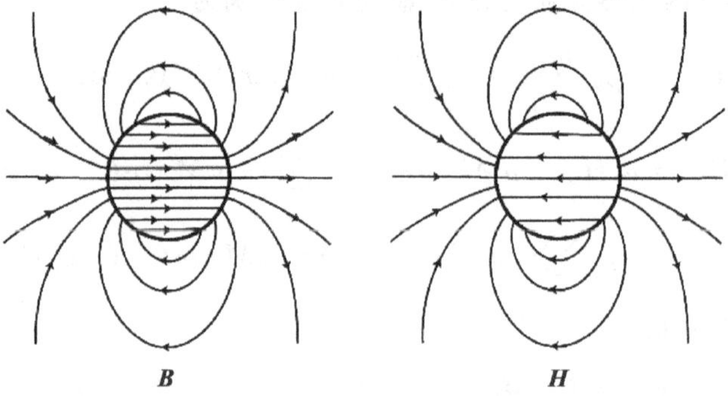

图 4-1 铁球内外的 $\boldsymbol{B}$ 线和 $\boldsymbol{H}$ 线

例 4-3 在均匀磁场 $\boldsymbol{B}_0$ 中，有一半径为 R_0、磁导率为 μ 的均匀介质球，球外为真空，求空间的磁标势和磁场分布。

解 根据电场和磁场的对称性，结合题意，读者很容易联想到均匀电场 $\boldsymbol{E}_0$ 中，半径为 R_0、磁导率为 μ 的均匀介质球内、外的电势求解问题，具体如 3.3 节例 3-3 所示，电势和电场分布分别为

$$\begin{cases}\varphi_1=-E_0R\cos\theta+\dfrac{\varepsilon-\varepsilon_0}{\varepsilon+2\varepsilon_0}\dfrac{E_0R_0^3\cos\theta}{R^2} & (r>R_0)\\ \varphi_2=-\dfrac{3\varepsilon_0}{\varepsilon+2\varepsilon_0}E_0R\cos\theta & (r\leqslant R_0)\end{cases}$$

$$\begin{cases}\boldsymbol{E}_1=-\nabla\varphi_1=\boldsymbol{E}_0-\dfrac{\varepsilon-\varepsilon_0}{\varepsilon+2\varepsilon_0}\dfrac{R_0^3}{R^3}\boldsymbol{E}_0+\dfrac{\varepsilon-\varepsilon_0}{\varepsilon+2\varepsilon_0}\dfrac{3R_0^3}{R^3}E_0\cos\theta\boldsymbol{e}_r & (r>R_0)\\ \boldsymbol{E}_2=-\nabla\varphi_2=\dfrac{3\varepsilon_0}{\varepsilon+2\varepsilon_0}\boldsymbol{E}_0 & (r\leqslant R_0)\end{cases}$$

按照表 4-1 中电场和磁场表示形式上各量的对应关系可得磁场的磁标势为

$$\begin{cases}\varphi_{1\mathrm{m}}=-H_0R\cos\theta+\dfrac{\mu-\mu_0}{\mu+2\mu_0}\dfrac{H_0R_0^3\cos\theta}{R^2} & (r>R_0)\\ \varphi_{2\mathrm{m}}=-\dfrac{3\mu_0}{\mu+2\mu_0}H_0R\cos\theta & (r\leqslant R_0)\end{cases}$$

将 $\boldsymbol{H}_0=\boldsymbol{B}_0/\mu_0$ 替换掉，则上式可以表示为

$$\begin{cases}\varphi_{1\mathrm{m}}=-\dfrac{B_0}{\mu_0}R\cos\theta+\dfrac{\mu-\mu_0}{\mu_0(\mu+2\mu_0)}\dfrac{B_0R_0^3\cos\theta}{R^2} & (r>R_0)\\ \varphi_{2\mathrm{m}}=-\dfrac{3}{\mu+2\mu_0}B_0R\cos\theta & (r\leqslant R_0)\end{cases}$$

再根据磁场强度与磁标势的关系可得

$$\begin{cases}\boldsymbol{H}_1=-\nabla\varphi_{1\mathrm{m}}=\boldsymbol{H}_0-\dfrac{\mu-\mu_0}{\mu+2\mu_0}\dfrac{R_0^3}{R^3}\boldsymbol{H}_0+\dfrac{\mu-\mu_0}{\mu+2\mu_0}\dfrac{3R_0^3}{R^3}H_0\cos\theta\boldsymbol{e}_r & (r>R_0)\\ \boldsymbol{H}_2=-\nabla\varphi_{2\mathrm{m}}=\dfrac{3\mu_0}{\mu+2\mu_0}\boldsymbol{H}_0 & (r\leqslant R_0)\end{cases}$$

将上式用已知量 $\boldsymbol{B}_0$ 表示为

$$\begin{cases} \boldsymbol{H}_1 = -\nabla\varphi_{1\mathrm{m}} = \dfrac{\boldsymbol{B}_0}{\mu_0} - \dfrac{\mu-\mu_0}{\mu_0(\mu+2\mu_0)}\dfrac{R_0^3}{R^3}\boldsymbol{B}_0 + \dfrac{3(\mu-\mu_0)}{\mu_0(\mu+2\mu_0)}\dfrac{R_0^3}{R^3}B_0\cos\theta\boldsymbol{e}_r & (r>R_0) \\ \boldsymbol{H}_2 = -\nabla\varphi_{2\mathrm{m}} = \dfrac{3\boldsymbol{B}_0}{\mu+2\mu_0} & (r\leqslant R_0) \end{cases}$$

又根据 $\boldsymbol{B}=\mu\boldsymbol{H}$，得

$$\begin{cases} \boldsymbol{B}_1 = \mu_0\boldsymbol{H}_1 = \boldsymbol{B}_0 - \dfrac{\mu-\mu_0}{\mu+2\mu_0}\dfrac{R_0^3}{R^3}\boldsymbol{B}_0 + \dfrac{3(\mu-\mu_0)}{\mu+2\mu_0}\dfrac{R_0^3}{R^3}B_0\cos\theta\boldsymbol{e}_r & (r>R_0) \\ \boldsymbol{B}_2 = \mu\boldsymbol{H}_2 = \dfrac{3\mu\boldsymbol{B}_0}{\mu+2\mu_0} & (r\leqslant R_0) \end{cases}$$

由此可见，本道题的求解是在同类型静电场问题的基础上，完全采用静电场和静磁场表示形式上各量的对应关系获得，这再次印证了静电场和静磁场高度的对称性。同时，也启发读者，在处理静电场和静磁场问题时，可以具体问题具体分析，运用技巧，灵活处理。

4.3　磁多极矩法

电偶极子和磁偶极子的对应关系

与静电势的多级展开类似，先将 $\dfrac{1}{r}$ 进行泰勒级数展开，有

$$\frac{1}{r} = \frac{1}{R} - \boldsymbol{x}'\cdot\nabla\frac{1}{R} + \frac{1}{2!}(\boldsymbol{x}'\cdot\nabla)^2\frac{1}{R} + \cdots$$

将矢势 $\boldsymbol{A}$ 按上式展开，有

$$\begin{aligned} \boldsymbol{A} &= \frac{\mu_0}{4\pi}\int_V \frac{\boldsymbol{J}(\boldsymbol{x}')\mathrm{d}V'}{r} \\ &= \frac{\mu_0}{4\pi R}\int_V \boldsymbol{J}(\boldsymbol{x}')\mathrm{d}V' - \frac{\mu_0}{4\pi}\int_V \boldsymbol{J}(\boldsymbol{x}')\boldsymbol{x}'\cdot\nabla\frac{1}{R}\mathrm{d}V' + \\ &\quad \frac{\mu_0}{8\pi}\int_V \boldsymbol{J}(\boldsymbol{x}')(\boldsymbol{x}'\cdot\nabla)^2\frac{1}{R}\mathrm{d}V' + \cdots \end{aligned} \tag{4.3.1}$$

将上式第一项记作 $\boldsymbol{A}^{(0)}$，则

$$\boldsymbol{A}^{(0)} = \frac{\mu_0}{4\pi R}\int_V \boldsymbol{J}(\boldsymbol{x}')\mathrm{d}V' = \frac{\mu_0}{4\pi R}\oint_L I\,\mathrm{d}\boldsymbol{l} = \boldsymbol{0} \tag{4.3.2}$$

可见，磁场展开式不包含磁单极项，即不存在与自由点电荷对应的自由磁荷。

将展开式(4.3.1)第二项记作 $\boldsymbol{A}^{(1)}$，则

$$\begin{aligned} \boldsymbol{A}^{(1)} &= -\frac{\mu_0}{4\pi}\int_V \boldsymbol{J}(\boldsymbol{x}')\boldsymbol{x}'\cdot\nabla\frac{1}{R}\mathrm{d}V' = -\frac{\mu_0 I}{4\pi}\oint_L \boldsymbol{x}'\cdot\nabla\frac{1}{R}\mathrm{d}\boldsymbol{l}' \\ &= \frac{\mu_0 I}{4\pi}\oint_L \boldsymbol{x}'\cdot\frac{\boldsymbol{R}}{R_3}\mathrm{d}\boldsymbol{l}' = \frac{\mu_0\boldsymbol{m}\times\boldsymbol{R}}{4\pi R^3} \end{aligned} \tag{4.3.3}$$

考虑到 $\mu_0 \boldsymbol{m} \to \boldsymbol{p}$，或者 $\mu_0 \boldsymbol{M} \to \boldsymbol{P}$，因此上式与电偶极矩产生的静电势具有很好的对应性。

由于 $\mathrm{d}\boldsymbol{x}' = \mathrm{d}\boldsymbol{l}'$，利用全微分沿闭合回路的线积分等于零，得

$$0 = \oint_L \mathrm{d}[(\boldsymbol{x}' \cdot \boldsymbol{R})\boldsymbol{x}'] = \oint_L (\boldsymbol{x}' \cdot \boldsymbol{R})\mathrm{d}\boldsymbol{l}' + \oint_L (\mathrm{d}\boldsymbol{l}' \cdot \boldsymbol{R})\boldsymbol{x}'$$

$$\oint_L (\boldsymbol{x}' \cdot \boldsymbol{R})\mathrm{d}\boldsymbol{l}' = \frac{I}{2}\oint_L (\boldsymbol{x}' \cdot \boldsymbol{R})\mathrm{d}\boldsymbol{l}' - (\mathrm{d}\boldsymbol{l}' \cdot \boldsymbol{R})\boldsymbol{x}' = \frac{1}{2}\oint_L (\boldsymbol{x}' \times \mathrm{d}\boldsymbol{l}') \times \boldsymbol{R}$$

因此 $\boldsymbol{A}^{(1)}$ 可表示成

$$\boldsymbol{A}^{(1)} = \frac{\mu_0}{4\pi R^3} \cdot \frac{I}{2}\oint_L (\boldsymbol{x}' \times \mathrm{d}\boldsymbol{l}') \times \boldsymbol{R} = \frac{\mu_0}{4\pi} \cdot \frac{\boldsymbol{m} \times \boldsymbol{R}}{R^3} \tag{4.3.4}$$

其中，

$$\boldsymbol{m} = \frac{I}{2}\oint_L \boldsymbol{x}' \times \mathrm{d}\boldsymbol{l}' = \frac{I}{2} \to \int_V \boldsymbol{x}' \times \boldsymbol{J}(\boldsymbol{x}')\mathrm{d}V'$$

为电流体系的磁偶极矩。对于线圈电流，它所围的面积为

$$\Delta \boldsymbol{S} = \frac{I}{2}\oint_L \boldsymbol{x}' \times \mathrm{d}\boldsymbol{l}'$$

因此

$$\boldsymbol{m} = I\Delta \boldsymbol{S}$$

磁偶极矩激发的磁场可表示为

$$\boldsymbol{B}^{(1)} = \nabla \times \boldsymbol{A}^{(1)} = \frac{\mu_0}{4\pi}\nabla \times \left(\boldsymbol{m} \times \frac{\boldsymbol{R}}{R^3}\right) = \frac{\mu_0}{4\pi}\left[\left(\nabla \cdot \frac{\boldsymbol{R}}{R^3}\right)\boldsymbol{m} - (\boldsymbol{m} \cdot \nabla)\frac{\boldsymbol{R}}{R^3}\right] \tag{4.3.5}$$

由于

$$\nabla \cdot \frac{\boldsymbol{R}}{R^3} = -\nabla^2 \frac{1}{R} = 0 \quad (R \neq 0)$$

因此

$$\boldsymbol{B}^{(1)} = -\frac{\mu_0}{4\pi}(\boldsymbol{m} \cdot \nabla)\frac{\boldsymbol{R}}{R^3}$$

又由于

$$\nabla\left(\boldsymbol{m} \cdot \frac{\boldsymbol{R}}{R^3}\right) = \boldsymbol{m} \times \left(\nabla \times \frac{\boldsymbol{R}}{R^3}\right) + (\boldsymbol{m} \cdot \nabla)\frac{\boldsymbol{R}}{R^3} = (\boldsymbol{m} \cdot \nabla)\frac{\boldsymbol{R}}{R^3}$$

可得

$$\begin{cases} \boldsymbol{B}^{(1)} = -\mu_0 \nabla \varphi_{\mathrm{m}}^{(1)} \\ \varphi_{\mathrm{m}}^{(1)} = \dfrac{\boldsymbol{m} \cdot \boldsymbol{R}}{4\pi R^3} \end{cases} \tag{4.3.6}$$

阅读材料

超　导

超导电性是指许多材料在低温下电阻完全消失的一种物理现象，超导电性研究对基础理论创新和应用技术发展都有重要意义，是凝聚态物理的重要课题。

1. 什么是超导？

1908 年，荷兰物理学家昂内斯在低温技术上取得了重要成就，首先实现将氦气转化为液态氦，因为氦的液化温度为－269 ℃。1911 年，昂内斯将汞冷却到该温度，对汞通电后他惊奇地发现，汞在该状态下电阻消失，无能量损失。该发现意义重大，因为通常情况下在材料中通以电流，不管是电导率多高的导体都会损失一些能量。昂内斯将这种新的物质状态称为超导体，并获得了 1913 年的诺贝尔物理学奖。

为什么超导材料可以在不产生能量损失的情况下使电流完美的流过呢？1911 年，昂内斯首先发现汞在 4.2 K 时具有超导特性，后来又发现其他金属和合金可以在更高的温度下实现超导，但临界温度还是较低，通常低于 150 K。为了研究电子在没有电阻的超导体中流动如何进行，须明白电阻的来源。在金属内部，距原子核最远的最外层电子可以自由地移动，因此可以把金属视为被电子组成的海洋所包围的原子组成，其中的电子以类似流体的方式流动，如果在金属的一侧通以电流，则金属中的电子就会发生定向移动，移动过程中电子将推动另一侧的电子腾出空间，即金属中出现电流。但是电子在金属中并不自由移动，当电子流过材料时，这些失去了最外层电子的原子带正电，就会妨碍电子的流动。事实上，原子在不停地振动，同时晶格中会有一些缺陷，导致电子会与振动中的原子发生碰撞，使电子发生散射，同时将能量传递给金属原子，从而导致电子振动得更加剧烈，进而引起原子振动加剧，强烈振动使金属在宏观上表现为发热，即由于电阻导致的能量损失。

图 4－2 为金属晶格结构示意图和运动的电子与振动的原子发生碰撞的示意图，其中大球为金属原子，小球为运动电子，虚线表示束缚金属原子的晶格结构。随着温度升高，原子振动越剧烈，则电阻越大，能量损失越多。所以电阻可以通过降低原子的振动来减小，即降低温度。但是电阻能不能降低到零呢？

为了研究该问题，必须深入学习微观下的物理规律，即量子力学。那么量子力学是如何解释超导现象的呢？量子力学中的不确定性原理指出，绝对静止是不存在的，即没有一个粒子可以同时具有确定的位置和确定的动量。1957 年，即昂内斯发现超导效应的 46 年后，第一个解释超导的微观理论才被提出。巴丁、库珀和施里弗提出了后来为了纪念他们的 BCS 理论，三人因此获得了 1972 年诺贝尔物理学奖。在讲 BCS 理论之前，首先需要了解一下费米子和玻色子。

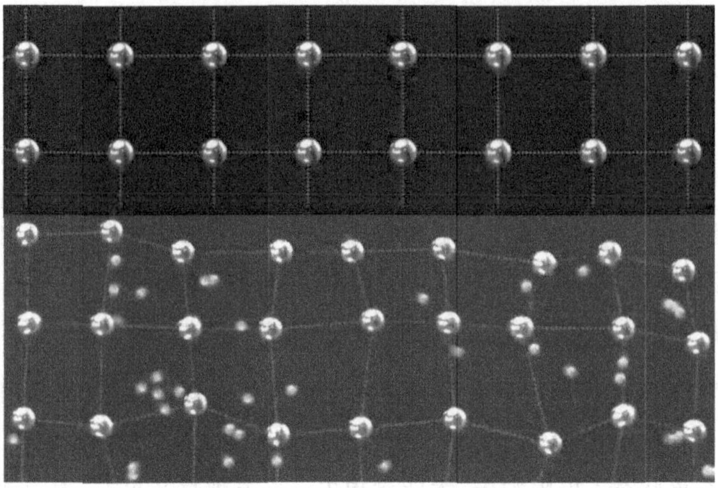

图 4-2　金属晶格结构示意图和运动的电子与振动的原子发生碰撞的示意图

物质由粒子组成，包括质子、中子和电子，每种粒子都具有与动量相关的特性，即自旋。这里的自旋并不是宏观物理上的旋转，称其为自旋的原因是电子的运动状态像具有角动量的条形磁铁。自旋值可以是普朗克常数的整数倍或者半整数倍，具有半整数倍自旋值的粒子称为费米子，具有整数倍的自旋值的粒子称为玻色子。电子的自旋值可以为＋1/2 或者－1/2，即电子为费米子。费米子和玻色子在微观尺度下的行为不同，任意数量的相同玻色子可以在量子系统中具有相同的能级。而两个或更多相同的费米子不能在量子系统中占据相同的能级，即泡利不相容原理。玻色子没有上述限制，而且在低温情况下有多个玻色子时，它们总是倾向于聚集在一起。当电子通过导体时，由于电子带负电会被其他电子排斥，同时电子也会吸引构成金属晶格的正离子，这种吸引使晶格变形，导致离子向电子的方向稍微移动，从而增加该晶格处的正电子密度，这些正电荷继续吸引其他电子。BCS 理论指出在远距离处由于移位的离子而引起的电子之间的这种吸引力可以克服电子的排斥力而使它们结合起来，两个结合起来的电子称为库珀对。原子晶格带正电的区域是声子的一部分，声子是具有相同频率的多个离子的集体运动。当材料的温度足够低时，库珀对将始终存在，因为没有足够的能量使其分开，那么这对电子就可以看为单个粒子。当两个电子以这种方式聚集在一起时，它们的半自旋相互作用，使之形成整数自旋，即电子开始具有玻色子的性质。由于库珀对不具有费米子的性质，其不再受泡利不相容原理的约束。由于任意玻色子可以处在相同的低能量状态，许多库珀对就可以看作一个整体，冷却至低温的玻色子占据最低的能量基态，这种状态称为玻色-爱因斯坦凝聚态。该整体行为就像低能量状态下单个玻色子电子一样，其带负电，可携带电子，可导电形成电流。

图 4-3 为库珀对在移位离子作用下的形成示意图和库珀对作为整体形成玻色-爱因斯坦凝聚态的示意图。一般情况下，当电子和原子碰撞并扩散时，它会进入比碰撞前更低的能量状态并损失一部分能量，该能量将传递给金属的晶格。但对于库珀对而言，已经没有更低

的能量状态可以进入了，即不存在这些玻色子可以占据的量子状态。因此，没有能量损失的原因是在该状态下已经无法失去能量了，即不存在比该能量更低的量子状态。库珀对和原子之间相互作用的缺失导致电阻消失，即材料变成了超导体。当温度高于临界温度时，库珀对就会被破坏，因为有足够的能量使之分开，则材料丧失超导性。所以是库珀对和材料声子的相互作用导致了超导现象。需要说明的是 BCS 理论对超导机制的解释是当前主流的解释，但是很有可能存在着我们尚不了解的机制在起作用。

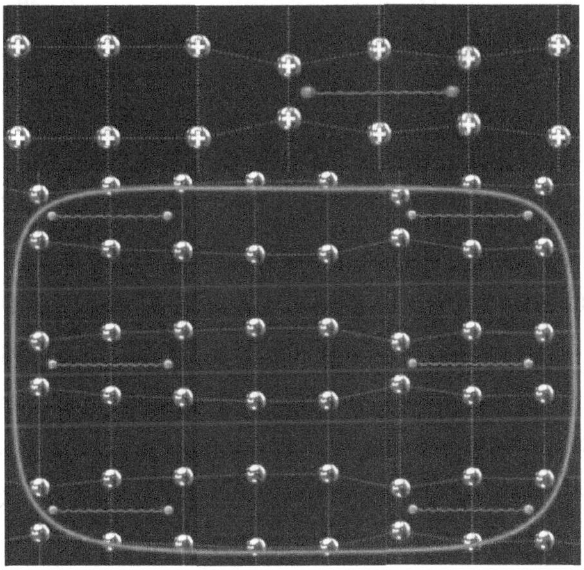

图 4－3　库珀对示意图和库珀对作为整体形成玻色-爱因斯坦凝聚态的示意图

2. 超导磁悬浮

1933 年，德国物理学家迈斯纳和奥克森费尔德对锡单晶球超导体做磁场分布测量时发现，在小磁场中把金属冷却使其处于超导态时，体内的磁场线一下子被排出了，磁场线不能穿过它的体内。也就是说，超导体处于超导态时，体内的磁场恒等于零，这种效应被称为“迈斯纳效应”。

实验发现，一个永磁体可以悬浮于超导体上方某一点，也可悬挂于下方某一位置，如图 4－4 所示。这是因为：当将一个永磁体移近超导体的表面时，由于磁场线不能进入超导体内，所以会在超导体表面形成很大的磁通密度梯度，感应出高临界电流，从而对永磁体产生排斥。排斥力随相对距离的减小而逐渐增大，它可以克服超导体的重力，使其悬浮在永磁体上方的一定高度上。当超导体远离永磁体移动时，会在超导体中产生一个负的磁通密度，感应出反向的临界电流，从而对永磁体产生吸力，可以克服超导体的重力，使其倒挂在永磁体下方的某一位置上。

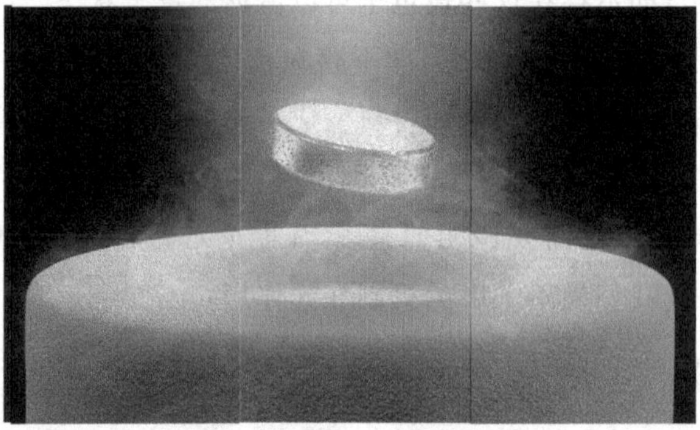

图 4-4　超导磁悬浮

随着时间的推移，科学工作者发现了许多新型高温超导材料。

中国著名物理学家和超导专家、高温超导奠基人赵忠贤院士领衔的中国科学家团队，在20多年里通过坚持与努力获得了铁基超导一大批研究成果：首先，发现了转变温度为40 K以上的铁基超导体；随后，陆续发现了一系列转变温度在50 K以上的铁基超导体，并创造了55 K的世界纪录，这一温度超出了麦克米兰极限温度(15 K)。赵忠贤院士在我国超导发展落后50年的情况下，秉着“把硬骨头啃出味来”的精神，实现了从起步、追赶到跻身世界前列。2018年，赵忠贤院士荣登《榜样3》榜样人物，他说：“核心科学技术，只能靠自己干出来。要把个人志趣同国家命运结合在一起，合作攻关，报效国家。”足可见，大师的心里，时刻牢记家国情怀。在工作中，赵忠英院士善于启发培养年轻人，他曾说：“我愿做铺路石子，让年轻的朋友大展宏图。”这也体现出了大师乐于奉献的精神。

2020年，在罗彻斯特大学第一个室温超导体诞生了，为氢化碳硫，临界温度达到了15 ℃。虽然临界温度达到了室温，但是该室温超导体要求极大的压力，该压力接近地心的压力，因此实用性还有待提高。

当前实用性最好的超导体为铁基超导体，其临界温度突破了常规超导体40 K。超导领域最著名的应用就是磁悬浮列车，超导磁体将火车车厢悬挂在U形混凝土导轨上方，就像普通磁体一样，同性相斥，致使列车悬浮。综上所述，超导技术有望为医疗、运输、能源和航天等领域带来翻天覆地的革新。

思考题

1. 什么是静电场的标势？什么是静磁场的矢势？
2. 对比静电场和静磁场下的麦克斯韦方程组。
3. 写出静磁场能量的两种表达形式，说明物理意义和区别。
4. 静磁场矢势的物理意义是什么？对比引入静电势和磁矢势的条件。
5. 什么是磁标势？引入磁标势的条件是什么？

6. 写出磁矢势、磁标势所满足的微分方程及边值关系和边界条件。

7. 在建立静磁场矢势 $\boldsymbol{A}$ 满足微分方程 $\nabla^2\boldsymbol{A}=-\mu\boldsymbol{J}$ 的过程中，矢势 $\boldsymbol{A}$ 满足的规范条件是什么？

8. 查阅资料，了解超导体的基本原理。

9. 讨论采用磁荷观点的麦克斯韦方程组的对称性。

10. 分析有限长螺线管的磁场分布。

练习题

1. 求磁化矢量为 $\boldsymbol{M}_0$ 的均匀磁化铁球产生的磁场。

2. 半径为 R、磁导率为 μ 的均匀介质球，置于均匀恒定的磁场 $\boldsymbol{B}_0=B_0\boldsymbol{e}_z$ 中，球外为真空。用磁标势法，求空间各点的磁感应强度。

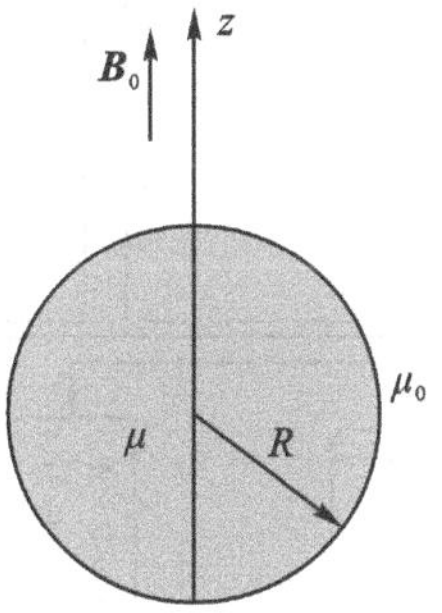

习题 2 图

3. 磁导率为 μ 的均匀磁介质充满整个空间，且介质中的磁感应强度为 $\boldsymbol{B}$。如果在介质中挖去半径为 R 的介质球，求球内、外的磁感应强度。

4. 试用 $\boldsymbol{A}$ 表示一个沿 z 方向的均匀恒定磁场 $\boldsymbol{B}_0$，写出 $\boldsymbol{A}$ 的两种不同表示形式，证明两者之差为无旋场。

5. 无限长直导线载有电流 I，求磁场的矢势和磁感应强度。

6. 证明：μ 趋近于无穷的磁性物质表面为等磁势面。

7. 均匀无限长直圆柱形螺线管载有电流 I，线圈匝数密度为 n，试用唯一性定理求管内、外的磁感应强度 $\boldsymbol{B}$。

8. 真空中有一半径为 R、带电量为 q 的均匀圆环，试利用电多极矩展开求离环心为 $r(r\gg R)$ 处的电势到二级近似。

9. 查阅文献了解阿哈罗诺夫-玻姆效应，并解释该效应的存在说明了什么问题。

10. 阅读资料并查阅文献，归纳超导体的基本现象。

11. 查阅文献，分析亥姆霍兹线圈的磁场分布特点。

思维导图

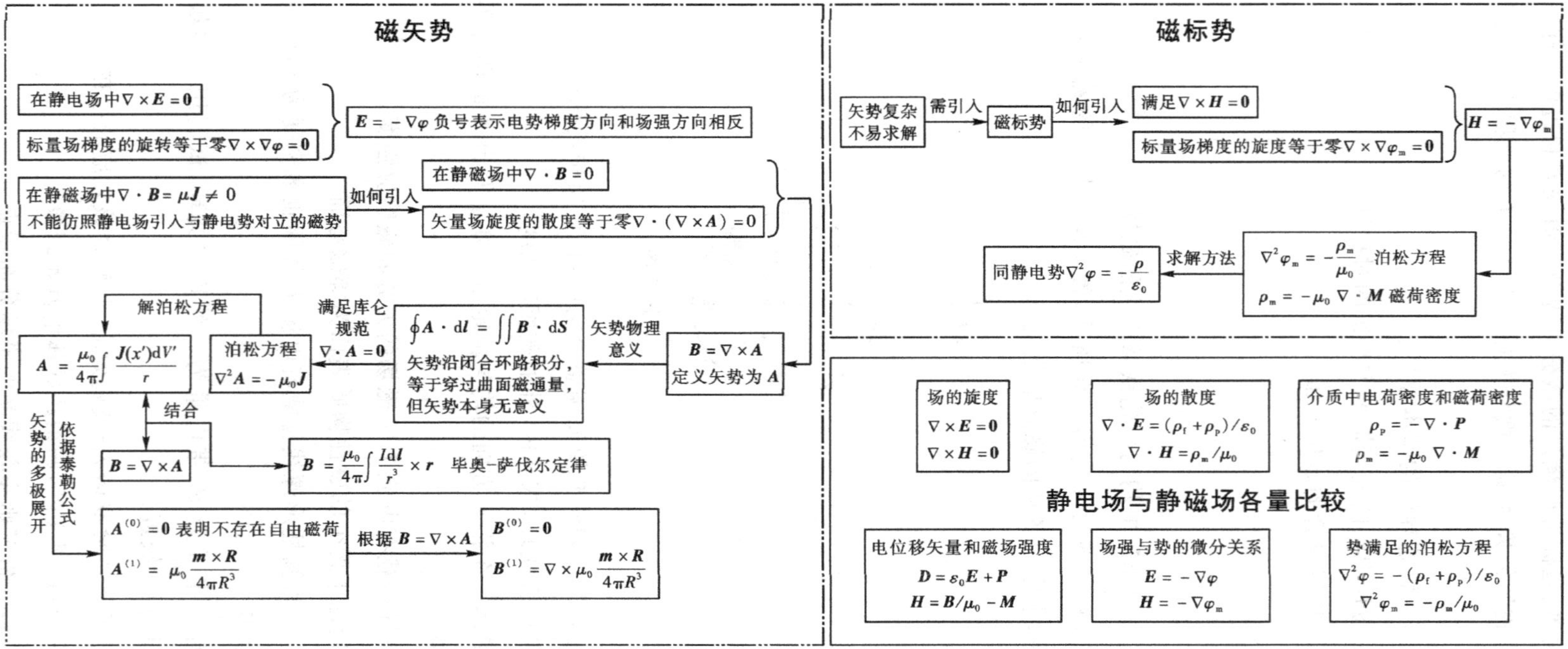
磁矢势
在静电场中$\nabla\times\boldsymbol{E}=\boldsymbol{0}$
标量场梯度的旋转等于零$\nabla\times\nabla\varphi=\boldsymbol{0}$
$\boldsymbol{E}=-\nabla\varphi$ 负号表示电势梯度方向和场强方向相反
在静磁场中$\nabla\cdot\boldsymbol{B}=\mu\boldsymbol{J}\neq0$
不能仿照静电场引入与静电势对立的磁势
如何引入
在静磁场中$\nabla\cdot\boldsymbol{B}=0$
矢量场旋度的散度等于零$\nabla\cdot(\nabla\times\boldsymbol{A})=0$
$\boldsymbol{B}=\nabla\times\boldsymbol{A}$
定义矢势为$\boldsymbol{A}$
矢势物理意义
$\oint\boldsymbol{A}\cdot d\boldsymbol{l}=\iint\boldsymbol{B}\cdot d\boldsymbol{S}$
矢势沿闭合环路积分，等于穿过曲面磁通量，但矢势本身无意义
满足库仑规范
$\nabla\cdot\boldsymbol{A}=\boldsymbol{0}$
泊松方程
$\nabla^2\boldsymbol{A}=-\mu_0\boldsymbol{J}$
解泊松方程
$\boldsymbol{A}=\frac{\mu_0}{4\pi}\int\frac{\boldsymbol{J}(x')dV'}{r}$
结合
$\boldsymbol{B}=\nabla\times\boldsymbol{A}$
$\boldsymbol{B}=\frac{\mu_0}{4\pi}\int\frac{Id\boldsymbol{l}}{r^3}\times\boldsymbol{r}$ 毕奥-萨伐尔定律
矢势的多极展开
依据泰勒公式
$\boldsymbol{A}^{(0)}=\boldsymbol{0}$ 表明不存在自由磁荷
$\boldsymbol{A}^{(1)}=\mu_0\frac{\boldsymbol{m}\times\boldsymbol{R}}{4\pi R^3}$
根据$\boldsymbol{B}=\nabla\times\boldsymbol{A}$
$\boldsymbol{B}^{(0)}=\boldsymbol{0}$
$\boldsymbol{B}^{(1)}=\nabla\times\mu_0\frac{\boldsymbol{m}\times\boldsymbol{R}}{4\pi R^3}$
磁标势
矢势复杂不易求解
需引入
磁标势
如何引入
满足$\nabla\times\boldsymbol{H}=\boldsymbol{0}$
标量场梯度的旋度等于零$\nabla\times\nabla\varphi_m=\boldsymbol{0}$
$\boldsymbol{H}=-\nabla\varphi_m$
$\nabla^2\varphi_m=-\frac{\rho_m}{\mu_0}$ 泊松方程
$\rho_m=-\mu_0\nabla\cdot\boldsymbol{M}$ 磁荷密度
求解方法
同静电势$\nabla^2\varphi=-\frac{\rho}{\varepsilon_0}$
静电场与静磁场各量比较
场的旋度
$\nabla\times\boldsymbol{E}=\boldsymbol{0}$
$\nabla\times\boldsymbol{H}=\boldsymbol{0}$
场的散度
$\nabla\cdot\boldsymbol{E}=(\rho_f+\rho_p)/\varepsilon_0$
$\nabla\cdot\boldsymbol{H}=\rho_m/\mu_0$
介质中电荷密度和磁荷密度
$\rho_p=-\nabla\cdot\boldsymbol{P}$
$\rho_m=-\mu_0\nabla\cdot\boldsymbol{M}$
电位移矢量和磁场强度
$\boldsymbol{D}=\varepsilon_0\boldsymbol{E}+\boldsymbol{P}$
$\boldsymbol{H}=\boldsymbol{B}/\mu_0-\boldsymbol{M}$
场强与势的微分关系
$\boldsymbol{E}=-\nabla\varphi$
$\boldsymbol{H}=-\nabla\varphi_m$
势满足的泊松方程
$\nabla^2\varphi=-(\rho_f+\rho_p)/\varepsilon_0$
$\nabla^2\varphi_m=-\rho_m/\mu_0$

第 5 章　电磁波的传播

前面章节主要介绍了静电场和静磁场的特性，所研究的电磁场并未发生时间和空间上的变化，没有形成电磁波。当电场和磁场发生变化时，电磁场以电磁波的形式存在，即在空间或介质中传播着的交变电磁场为电磁波。

本章首先介绍电磁波谱和平面电磁波的基本概念，然后介绍电磁波的传播规律，主要包括电磁波在介质界面的反射和折射、电磁波在介质中的色散和吸收、电磁波在导体中的传播、电磁波在谐振腔和波导中的传播。由于电磁波在现代社会中具有广泛的应用，研究电磁波的传播问题具有重要的科学意义和应用价值。

5.1　电磁波谱

根据麦克斯韦电磁场理论，变化的电场在其周围空间产生变化的磁场，而变化的磁场又在其周围空间产生变化的电场。这样，变化的电场和变化的磁场之间相互依赖，相互激发，交替产生，并以一定速度由近及远地在空间传播出去形成电磁波。当电场和磁场变化频率较低时，电磁波主要在导体内传播；当频率逐渐提高时，电磁波就会外溢到导体之外，向外传递能量。

对于电磁波的描述有波长和频率两个参数，真空中这两个参数通过光速 c（$c=h\nu$）联系起来，本质上两者是一样的。实验证明，无线电波、红外线、可见光、紫外线、X 射线、γ 射线都是电磁波。为了对电磁波有全面的认识，按照波长或频率、波数、能量的顺序把这些电磁波排列起来形成电磁波谱。

从波长角度来看，理论上电磁波谱的波长可以从 0 到正无穷大。

表 5-1　电磁波谱按照波长的分类

类别	无线电波								太赫兹波
	长波	中波	中短波	短波	超短波	微波			
						分米波	厘米波	毫米波	
波长范围	3～30 km	0.2～2 km	50～200 m	10～50 m	1～10 m	0.1～1 m	0.1～1 dm	0.1～1 cm	0.03～3 mm

续表

类别	光学波段								X射线和γ射线
	红外光			可见光	紫外光				
	远红外	中红外	近红外		近紫外	中紫外	远紫外	极远紫外	
波长范围	20～300 μm	2～20 μm	0.76～2 μm	0.39～0.76 μm	0.3～0.39 μm	0.2～0.3 μm	0.1～0.2 μm	0.01～0.1μm	10 nm之下

1. 无线电波

无线电波的波长范围为10^{-3} m～30000 m，最短波长为毫米量级，对于波长比毫米长的电磁波采用电学的方法更容易获得和处理。无线电波分为长波、中波、中短波、短波、超短波、微波几个波段。长波主要用于电报通信；中波主要沿着地球表面传播，用于无线电广播；短波主要依靠天空中的电离层进行反射传播，从电离层反射下来的电磁波可以再从地面反射到电离层，这样反复地反射，用于电报通信和无线电广播；超短波只能直线传播，用于调频无线电广播、电视和导航；微波波段分为分米波、厘米波和毫米波，主要用于手机通信、电视、雷达和导航等。

2. 太赫兹波

在光学波段和无线电波之间存在着一个特殊的区域(0.03 mm～3 mm)，这个区域的电磁波采用电学方法和光学方法均不易获得和处理，即太赫兹波段。太赫兹波具有很强的穿透力和较好的安全性，在无损检测领域具有重要的应用。

3. 光学波段

光学波段的电磁波易于用光学理论和光学方法进行分析和处理，光是一种波长很短的电磁波。从频率角度来讲，光学范围为10^{12}～10^{16} Hz；从波长角度来讲，光学范围为 10 nm～300 μm，即10^{-8}～3×10^{-4} m。光学波段可细分为可见光(visible light)、红外光(infrared light)和紫外光(ultraviolet light)三个子波段，其中可见光对应的频率在10^{14}量级，正好居于光学波段频率的中间。由于远紫外和极远紫外波段大气对其有很强的吸收作用，所以该波段只能在真空环境下使用，因此这两个波段也被称为**真空紫外波段**(vacuum ultraviolet light, VUV)。

4. X 射线和 γ 射线

X 射线和 γ 射线是比紫外光波长更短的高能射线。其中 X 射线(0.1～10 nm)是由原子中的内层电子发射的。γ 射线的波长比 X 射线的波长更短，在 0.1 nm 之下。放射性原子核在发生 α 衰变、β 衰变后会产生一个新核，这个新核处于高能量级，必须向低能级跃迁，跃迁过程就会辐射出 γ 光子。

需要说明的是，随着科学技术的发展，各波段都已越过原来的界限与其他相邻波段重叠起来，同时不断向新的尺度延伸。

5.2 电磁场波动方程和时谐电磁场

平面电磁波的数学表示　　平面电磁波的偏振特性

5.2.1 电磁场的波动方程

在无限大、均匀、各向同性介质中，其麦克斯韦方程组可表示为

$$\begin{cases}\nabla\cdot\boldsymbol{E}=0\\ \nabla\times\boldsymbol{E}=-\dfrac{\partial\boldsymbol{B}}{\partial t}\\ \nabla\cdot\boldsymbol{B}=0\\ \nabla\times\boldsymbol{B}=\mu\varepsilon\dfrac{\partial\boldsymbol{E}}{\partial t}\end{cases}\tag{5.2.1}$$

从式(5.2.1)可以看到，电和磁是耦合在一起的。对式(5.2.1)的第 2 个式子两边求旋度，可以解开耦合，得

$$\nabla\times(\nabla\times\boldsymbol{E})=\nabla\times\left(-\frac{\partial\boldsymbol{B}}{\partial t}\right)=-\frac{\partial}{\partial t}(\nabla\times\boldsymbol{B})=-\mu\varepsilon\frac{\partial^2\boldsymbol{E}}{\partial t^2}\tag{5.2.2}$$

根据矢量分析，式(5.2.2)左侧可表示为

$$\nabla\times(\nabla\times\boldsymbol{E})=\nabla(\nabla\cdot\boldsymbol{E})-\nabla^2\boldsymbol{E}=-\nabla^2\boldsymbol{E}$$

将上式代入式(5.2.2)，可得关于电场分量 $\boldsymbol{E}$ 的偏微分方程

$$\nabla^2\boldsymbol{E}-\mu\varepsilon\frac{\partial^2\boldsymbol{E}}{\partial t^2}=\boldsymbol{0}\tag{5.2.3}$$

式(5.2.3)代表了电场分量的波动方程，反映了电场分量波在均匀介质中传播的速度为 $v=\dfrac{1}{\sqrt{\mu\varepsilon}}$。对于真空情形，电场分量波的传播速度就是光速 $c=\dfrac{1}{\sqrt{\mu_0\varepsilon_0}}$。考虑到对原始的麦克斯韦方程进行了微分运算，可能产生增根，因此求解波动方程时，波动方程仍需满足 $\nabla\cdot\boldsymbol{E}=0$ 的要求，因此电场分量的波动方程可表示为

$$\begin{cases}\nabla^2\boldsymbol{E}-\mu\varepsilon\dfrac{\partial^2\boldsymbol{E}}{\partial t^2}=\boldsymbol{0}\\ \nabla\cdot\boldsymbol{E}=0\end{cases}\tag{5.2.4}$$

同理可得关于磁场分量的波动方程为

$$\begin{cases}\nabla^2\boldsymbol{B}-\mu\varepsilon\dfrac{\partial^2\boldsymbol{B}}{\partial t^2}=\boldsymbol{0}\\ \nabla\cdot\boldsymbol{B}=0\end{cases}\tag{5.2.5}$$

为了方便求解式(5.2.4)和式(5.2.5)，需要进行一些简化，首先使矢量函数简化为标量函数，即 $\boldsymbol{E}(\boldsymbol{r},t)=E_x(\boldsymbol{r},t)$，然后使自变量中的矢量简化为标量，即 $E_x(\boldsymbol{r},t)=E_x(x,t)$。这样求解式(5.2.4)和式(5.2.5)可知满足电磁场波动方程的最简单解为单色平面电磁波，即

$$E_x(x,t)=E_0\cos\left(\frac{2\pi}{\lambda}x-\omega t\right)$$

5.2.2 单色平面电磁波的传播

平面电磁波是电磁波理论的重要概念，对于看不到、摸不着的电磁波需要构建一些物理模型来帮助认知。平面电磁波是一种简化的电磁波模型，通过研究平面电磁波的产生、传播来分析一些物理过程。由于远离发射源的电磁波可以看成是平面波，即一个点场源的电磁波是以一个以光速行进的平面波，当一个一定体积的场源上无数个点发出的球面波在空间中相遇，就会形成一个球面波，在实际观察或者接收中仅仅获取球面波上的一个小区域，这一区域的非均匀的球面波可以近似看作一个均匀的平面波。此外，任何色光的电磁波都可通过傅里叶分析方法分解成单色波的叠加。平面电磁波作为麦克斯韦方程组的一个特解，具有极其重要的意义。因此可通过研究单色平面电磁波的传播规律来认识电磁波的传播规律。设电磁波沿 x 轴方向传播，满足无限大、均匀、各向同性介质条件波动方程的单色平面电磁波的解为

$$\begin{cases} E(x,t)=E_0\cos\left(\dfrac{2\pi}{\lambda}x-\omega t\right) \\ B(x,t)=B_0\cos\left(\dfrac{2\pi}{\lambda}x-\omega t\right) \end{cases} \tag{5.2.6}$$

其中，λ 为平面电磁波的波长，ω 为平面电磁波的角频率。设沿波的传播方向的单位矢为 $\boldsymbol{e}_n$，则物理量波矢 $\boldsymbol{k}$ 可定义为

$$\boldsymbol{k}=\frac{2\pi}{\lambda}\boldsymbol{e}_n=\frac{\omega}{v}\boldsymbol{e}_n=\omega\sqrt{\mu\varepsilon}\,\boldsymbol{e}_n \tag{5.2.7}$$

任意位矢 $\boldsymbol{x}$ 处的波动方程为

$$\begin{cases} \boldsymbol{E}(x,t)=\boldsymbol{E}_0\cos(\boldsymbol{k}\cdot\boldsymbol{x}-\omega t) \\ \boldsymbol{B}(x,t)=\boldsymbol{B}_0\cos(\boldsymbol{k}\cdot\boldsymbol{x}-\omega t) \end{cases} \tag{5.2.8}$$

1. 等相位面

等相位面就是相位相同的面，也被称为**波阵面**或**波前**。单色平面波的等相位面方程为

$$\boldsymbol{k}\cdot\boldsymbol{x}-\omega t=\text{常数} \tag{5.2.9}$$

在同一时刻，垂直于波矢 $\boldsymbol{k}$ 的平面上任一点处的 $\boldsymbol{x}$ 沿 $\boldsymbol{k}$ 方向的投影均为常数 $\boldsymbol{k}\cdot\boldsymbol{x}=kx\cos\theta=x_k$，此时该面上所有点的相位均相等，因此垂直于波矢 $\boldsymbol{k}$ 的平面是等相位面，波矢 $\boldsymbol{k}$ 的方向是等相位面的法线方向，即波矢 $\boldsymbol{k}$ 代表了等相位面的传播方向。图 5-1 为等相位面的示意图。

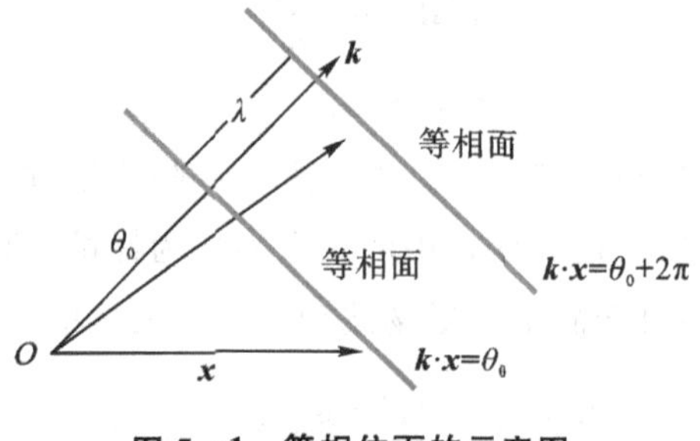

图 5-1 等相位面的示意图

2. 空间周期性

同一时刻，即令 $t=0$、$E_x(x,0)=E_0\cos\left(\frac{2\pi}{\lambda}x\right)$。根据三角函数的性质，波形每隔$\frac{2\pi x}{\lambda}=2n\pi$(其中，$n$ 为正整数，正比于坐标x)，重复一次。则相位差为 2π 的两个等相位面之间的距离等于波长 λ，由于波矢 $\boldsymbol{k}$ 的模表示单位长度相位的变化量，于是有 $k\lambda=2\pi$，即

$$\lambda=\frac{2\pi}{k} \tag{5.2.10}$$

这表明，波数(波矢 $\boldsymbol{k}$ 的模)建立起了空间周期性 λ 与相位周期性 2π 之间的联系。波长反映了电磁波的空间周期性，$k=\frac{2\pi}{\lambda}$反映了电磁波的空间频率。

3. 时间周期性

同一位置，即令 $x=0$、$E_x(0,t)=E_0\cos(\omega t)$。根据三角函数的性质，波形每隔 $\omega t=2n\pi$(其中，n 为正整数，正比于角频率 ω)，重复一次。相位相差 2π 的两个时刻之间的间隔 T 称为**周期**，于是有 $\omega T=2\pi$，即

$$T=\frac{2\pi}{\omega} \tag{5.2.11}$$

电磁波的时间频率为

$$f=\frac{1}{T}$$

同理，磁场的空间周期性和时间周期性可类比电场的情况。

4. 相速度

电磁波的相位变化量由空间相位延迟量和时间相位延迟量两部分组成，即 $\phi=kx-\omega t$。空间相位延迟量是由空间的积累造成的相位积累，即 $\phi_s=kx$，时间相位延迟量是由时间的积累造成的相位积累，即 $\phi_t=\omega t$。相速度 $\boldsymbol{v}_p$ 为等相位面运动的速度，对式(5.2.9)等号两边的时间求导，可得

$$\boldsymbol{v}_p=\frac{\omega}{k}\boldsymbol{e}_k=\frac{1}{\sqrt{\mu\varepsilon}}\boldsymbol{e}_k=\frac{c}{\sqrt{\mu_r\varepsilon_r}}\boldsymbol{e}_k=\frac{c}{n}\boldsymbol{e}_k \tag{5.2.12}$$

其中，n 为介质的折射率。真空中，$n=1$，因此真空中的相速度大小等于光速 c。

5.2.3　单色电磁波的亥姆霍兹方程

由于电磁波的激发源往往以确定的频率做正弦振荡，因此辐射出的电磁波也以相同的频率做正弦振荡。这种以一定频率做正弦振荡的波称为**单色波**或**时谐波**。由于任意电磁波都可以按照傅里叶分析方法分解为不同频率正弦波的叠加，因此研究单色波的传播规律对于研究电磁波的传播具有重要意义。

设单色光是角频率为 ω 的正弦波，则电磁场对时间的依赖关系为 $\cos\omega t$，或采用复数形式表示为 $e^{-i\omega t}$，$\boldsymbol{E}(x)$、$\boldsymbol{B}(x)$代表电磁场的空间位置函数，于是电磁场的复数表示形式为

$$\begin{cases}\boldsymbol{E}(x,t)=\boldsymbol{E}(x)\mathrm{e}^{-\mathrm{i}\omega t}\\ \boldsymbol{B}(x,t)=\boldsymbol{B}(x)\mathrm{e}^{-\mathrm{i}\omega t}\end{cases}\tag{5.2.13}$$

将式(5.2.13)代入无源空间[此时的均匀各向同性线性介质可以是时间色散介质，因为在单色时谐波下，线性介质满足 $\boldsymbol{D}(\boldsymbol{r},t)=\varepsilon(\omega)\boldsymbol{E}(\boldsymbol{r},t)$ 、$\boldsymbol{P}(\boldsymbol{r},t)=\varepsilon_0\chi(\omega)\boldsymbol{E}(\boldsymbol{r},t)$ 和 $\boldsymbol{B}(\boldsymbol{r},t)=\mu(\omega)\boldsymbol{H}(\boldsymbol{r},t)$，但是对于一般的非正弦变化的电磁波本构关系不能写成 $\boldsymbol{D}(\boldsymbol{r},t)=\varepsilon(\omega)\boldsymbol{E}(\boldsymbol{r},t)$]的麦克斯韦方程组，可得

$$\begin{cases}\nabla\times\boldsymbol{E}(\boldsymbol{x})=\mathrm{i}\omega\boldsymbol{B}(\boldsymbol{x})\\ \nabla\times\boldsymbol{B}(\boldsymbol{x})=-\mathrm{i}\omega\mu\varepsilon\boldsymbol{E}(\boldsymbol{x})\\ \nabla\cdot\boldsymbol{E}(\boldsymbol{x})=0\\ \nabla\cdot\boldsymbol{B}(\boldsymbol{x})=0\end{cases}\tag{5.2.14}$$

或者

$$\begin{cases}\nabla\times\boldsymbol{E}(\boldsymbol{x},t)=\mathrm{i}\omega\boldsymbol{B}(\boldsymbol{x},t)\\ \nabla\times\boldsymbol{B}(\boldsymbol{x},t)=-\mathrm{i}\omega\mu\varepsilon\boldsymbol{E}(\boldsymbol{x},t)\\ \nabla\cdot\boldsymbol{E}(\boldsymbol{x},t)=0\\ \nabla\cdot\boldsymbol{B}(\boldsymbol{x},t)=0\end{cases}\tag{5.2.15}$$

式(5.2.14)和式(5.2.15)可简写为

$$\begin{cases}\nabla\times\boldsymbol{E}=\mathrm{i}\omega\boldsymbol{B}\\ \nabla\times\boldsymbol{B}=-\mathrm{i}\omega\mu\varepsilon\boldsymbol{E}\\ \nabla\cdot\boldsymbol{E}=0\\ \nabla\cdot\boldsymbol{B}=0\end{cases}\tag{5.2.16}$$

通过对式(5.2.14)和式(5.2.15)中的电场旋度再次求旋度，可得

$$\nabla\times(\nabla\times\boldsymbol{E})=\nabla\times(\mathrm{i}\omega\boldsymbol{B})=\mathrm{i}\omega\,\nabla\times\boldsymbol{B}=\mathrm{i}\omega(-\mathrm{i}\omega\mu\varepsilon\boldsymbol{E})=\omega^2\mu\varepsilon\boldsymbol{E}\tag{5.2.17}$$

根据矢量分析知

$$\nabla\times(\nabla\times\boldsymbol{E})=\nabla(\nabla\cdot\boldsymbol{E})-\nabla^2\boldsymbol{E}=-\nabla^2\boldsymbol{E}$$

于是可得电磁场的电场分量必须满足的亥姆霍兹方程

$$\nabla^2\boldsymbol{E}+k^2\boldsymbol{E}=0\tag{5.2.18}$$

求解式(5.2.18)可得电场 $\boldsymbol{E}$，根据式(5.2.14)和式(5.2.15)中的电场和磁场的关系可以获得磁场 $\boldsymbol{B}$ 为

$$\boldsymbol{B}=\frac{-\mathrm{i}}{\omega}\nabla\times\boldsymbol{E}\tag{5.2.19}$$

为了避免求导引起增根，求解电场 $\boldsymbol{E}$ 时还必须满足约束条件 $\nabla\cdot\boldsymbol{E}=0$，因此求解电磁场电场分量的微分方程组可归纳为

$$\begin{cases}\nabla^2\boldsymbol{E}+k^2\boldsymbol{E}=0\\ \nabla\cdot\boldsymbol{E}=0\\ \boldsymbol{B}=\dfrac{-\mathrm{i}}{\omega}\nabla\times\boldsymbol{E}\end{cases}\tag{5.2.20}$$

同理，求解电磁场磁场分量的微分方程组可归纳为

$$\begin{cases}\nabla^2\boldsymbol{B}+k^2\boldsymbol{B}=0\\ \nabla\cdot\boldsymbol{B}=0\\ \boldsymbol{E}=\dfrac{\mathrm{i}}{\omega\mu\varepsilon}\nabla\times\boldsymbol{B}\end{cases}\tag{5.2.21}$$

由于单色平面电磁波的复数形式为 $\boldsymbol{E}(x,t)=\boldsymbol{E}_0\mathrm{e}^{\mathrm{i}(\boldsymbol{k}\cdot\boldsymbol{x}-\omega t)}$ 和 $\boldsymbol{B}=\mu\boldsymbol{H}$，则

$$\boldsymbol{H}=\frac{\boldsymbol{B}}{\mu}=\frac{-\mathrm{i}}{\omega\mu}\nabla\times\boldsymbol{E}=\frac{-\mathrm{i}}{\omega\mu}\nabla\times[\boldsymbol{E}_0\mathrm{e}^{\mathrm{i}(\boldsymbol{k}\cdot\boldsymbol{x}-\omega t)}]=\frac{-\mathrm{i}\boldsymbol{E}_0}{\omega\mu}\nabla\times[\mathrm{e}^{\mathrm{i}(\boldsymbol{k}\cdot\boldsymbol{x}-\omega t)}]$$

$$=\mathrm{i}\boldsymbol{k}\times\frac{-\mathrm{i}\boldsymbol{E}_0}{\omega\mu}\mathrm{e}^{\mathrm{i}(\boldsymbol{k}\cdot\boldsymbol{x}-\omega t)}=\frac{\boldsymbol{k}\times\boldsymbol{E}}{\omega\mu}=\sqrt{\frac{\varepsilon}{\mu}}\boldsymbol{e}_k\times\boldsymbol{E}$$

定义参数 $\eta=\dfrac{|\boldsymbol{E}|}{|\boldsymbol{H}|}=\sqrt{\dfrac{\mu}{\varepsilon}}$，为波阻抗，根据磁导率 μ 的单位为 $\mathrm{N/A^2}$、介电常数 ε 的单位为 $\mathrm{C^2/(N\cdot m^2)}$，经过单位运算可得波阻抗的单位为 Ω，波阻抗仅与介质本身的参数有关。波阻抗是根据均匀平面电磁波与电路上 TEM 波形式上的相似而引入的概念，类比电路中的阻抗表示的是不依赖于激励的电压和电流之间的关系，波阻抗刻画了电场强度和磁场强度之间的关系，这种关系不依赖于激励，而仅由介质决定。根据 $\boldsymbol{H}=\dfrac{1}{\eta}\boldsymbol{e}_k\times\boldsymbol{E}$，可见电场强度、磁场强度、电磁波传播方向三者两两垂直，且满足右手螺旋法则。在无限大、无源、均匀、各向同性介质中，波阻抗为实数，表示纯电阻，则电场强度和磁场强度同相位。

5.2.4　单色平面电磁波的特点

通过上述分析可知，平面电磁波具有以下特点。

(1)平面电磁波是横波，$\boldsymbol{E}$、$\boldsymbol{B}$、$\boldsymbol{k}$ 两两垂直并满足右手螺旋关系。

(2)平面电磁波的 $\boldsymbol{E}$、$\boldsymbol{B}$ 同相位，且

$$\frac{|\boldsymbol{E}|}{|\boldsymbol{B}|}=\frac{1}{\sqrt{\mu\varepsilon}}=v_p\tag{5.2.22}$$

对平面电磁波上述特点的证明如下。

单色平面电磁波的复数形式为

$$\boldsymbol{E}(x,t)=\boldsymbol{E}_0\mathrm{e}^{\mathrm{i}(\boldsymbol{k}\cdot\boldsymbol{x}-\omega t)}$$

由于

$$\nabla(\boldsymbol{k}\cdot\boldsymbol{x})=\boldsymbol{k}$$

将电场强度的表达式代入 $\nabla\cdot\boldsymbol{E}=0$，可得

$$\nabla\cdot\boldsymbol{E}=\nabla\cdot[\boldsymbol{E}_0\mathrm{e}^{\mathrm{i}(\boldsymbol{k}\cdot\boldsymbol{x}-\omega t)}]=\nabla\mathrm{e}^{\mathrm{i}(\boldsymbol{k}\cdot\boldsymbol{x}-\omega t)}\cdot[\boldsymbol{E}_0]$$

$$=\mathrm{e}^{\mathrm{i}(\boldsymbol{k}\cdot\boldsymbol{x}-\omega t)}\nabla(\mathrm{i}\boldsymbol{k}\cdot\boldsymbol{x})\cdot[\boldsymbol{E}_0]=\mathrm{i}\boldsymbol{k}\cdot\boldsymbol{E}=0$$

即在平面电磁波中

$$\nabla=\mathrm{i}\boldsymbol{k}$$

由于

$$\mathrm{i}\boldsymbol{k}\cdot\boldsymbol{E}=0$$

则

$$\boldsymbol{E}\perp\boldsymbol{k}$$

由于

$$\boldsymbol{B}=\frac{-\mathrm{i}}{\omega}\nabla\times\boldsymbol{E}=\frac{-\mathrm{i}}{\omega}\mathrm{i}\boldsymbol{k}\times\boldsymbol{E}=\frac{1}{\omega}\boldsymbol{k}\times\boldsymbol{E}$$

则 $\boldsymbol{B}\perp\boldsymbol{k}$、$\boldsymbol{B}\perp\boldsymbol{E}$,$\boldsymbol{B}$、$\boldsymbol{E}$、$\boldsymbol{k}$ 之间满足右手螺旋关系(见图 5-2),且电场强度的模和磁场强度的模满足$\left|\frac{\boldsymbol{E}}{\boldsymbol{B}}\right|=\frac{1}{\sqrt{\mu\varepsilon}}=v_p$。在无限大、无源、均匀、各向同性介质中,波矢为实数,则电场强度和磁感应强度同相位。

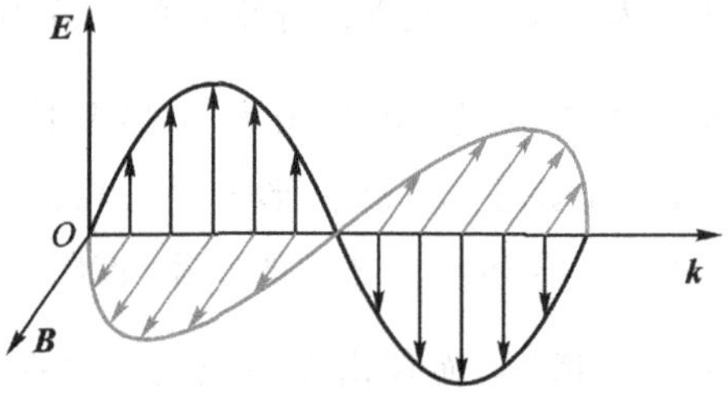

图 5-2　平面电磁波

5.2.5　电磁波谱的能量和能流

电磁场的能量密度为

$$w=\frac{1}{2}(\boldsymbol{E}\cdot\boldsymbol{D}+\boldsymbol{H}\cdot\boldsymbol{B})=\frac{1}{2}\left(\varepsilon E^2+\frac{B^2}{\mu}\right)\tag{5.2.23}$$

单色平面波满足等式 $\varepsilon E^2=\frac{B^2}{\mu}$,此时电场能量和磁场能量相等,有

$$w=\varepsilon E^2=\frac{B^2}{\mu}\tag{5.2.24}$$

单色平面电磁波的能流密度为

$$\boldsymbol{S}=\boldsymbol{E}\times\boldsymbol{H}=\boldsymbol{E}\times\left(\frac{1}{\omega\mu}\boldsymbol{k}\times\boldsymbol{E}\right)=\sqrt{\frac{\varepsilon}{\mu}}E^2\boldsymbol{e}_k=\sqrt{\frac{\mu}{\varepsilon}}H^2\boldsymbol{e}_k\tag{5.2.25}$$

能流密度与能量密度的关系为

$$\boldsymbol{S}=\frac{1}{\sqrt{\mu\varepsilon}}w\boldsymbol{e}_k=vw\boldsymbol{e}_k\tag{5.2.26}$$

可见,能流密度的模等于单位时间通过单位面积传播的电磁场能量。

由于电磁波往往是正弦波,因此电磁场的能量密度 w 和能流密度 $\boldsymbol{S}$ 均是随时间和空间变化的,即

$$w=\varepsilon E_0^2\cos^2(\boldsymbol{k}\cdot\boldsymbol{x}-\omega t),\quad \boldsymbol{S}=\sqrt{\frac{\varepsilon}{\mu}}E_0^2\cos^2(\boldsymbol{k}\cdot\boldsymbol{x}-\omega t)\boldsymbol{e}_k\tag{5.2.27}$$

因此,实际情况下计算它们的平均值更有意义。

设任意函数 $f(t)$、$g(t)$，它们可以表示成复数形式

$$f(t)=f_0 \mathrm{e}^{-\mathrm{i}\omega t},\quad g(t)=g_0 \mathrm{e}^{-\mathrm{i}(\omega t-\phi)}$$

其中，ϕ 为 $f(t)$、$g(t)$ 的相位差。$f(t)$、$g(t)$ 一个周期内的平均值为

$$\begin{aligned}\overline{fg} &= \frac{1}{T}\int_0^T [f_0\cos\omega t \cdot g_0\cos(\omega t+\phi)]\mathrm{d}t \\ &= \frac{1}{T}f_0 g_0\int_0^T [\cos\omega t\cos\omega t\cos\phi+\cos\omega t\sin\omega t\sin\phi]\mathrm{d}t \\ &= \frac{1}{T}f_0 g_0\cos\phi\int_0^T \cos^2\omega t\,\mathrm{d}t \\ &= \frac{1}{2}f_0 g_0\cos\phi=\frac{1}{2}\mathrm{Re}(f^* g)\end{aligned} \tag{5.2.28}$$

其中，f^* 表示 f 的复共轭，Re 代表实部。因此能量密度 w 和能流密度 $\boldsymbol{S}$ 的平均值为

$$\overline{w}=\frac{1}{2}\varepsilon E_0^2=\frac{1}{2\mu}B_0^2 \tag{5.2.29}$$

$$\overline{\boldsymbol{S}}=\frac{1}{2}\mathrm{Re}(\boldsymbol{E}^*\times\boldsymbol{H})\boldsymbol{e}_k=\frac{1}{2}\sqrt{\frac{\varepsilon}{\mu}}E_0^2\boldsymbol{e}_k=\frac{1}{2}\sqrt{\frac{\mu}{\varepsilon}}H_0^2\boldsymbol{e}_k \tag{5.2.30}$$

由于真空中电磁场的动量密度与能流密度之间满足 $\boldsymbol{g}=\frac{\boldsymbol{S}}{c^2}$，于是有真空中电磁场的动量密度为

$$\boldsymbol{g}=\frac{w}{c}\boldsymbol{e}_k \tag{5.2.31}$$

对于交变电磁场，平均动量密度为

$$\overline{\boldsymbol{g}}=\frac{\varepsilon_0}{2}\mathrm{Re}(\boldsymbol{E}^*\times\boldsymbol{H})\boldsymbol{e}_k=\frac{\varepsilon_0}{2c}E_0^2\boldsymbol{e}_k \tag{5.2.32}$$

由于电磁波具有动量，电磁波在物体表面的反射意味着电磁波动量的改变，因此电磁波会对物体表面产生压力，这种压力称为**辐射压力**。下面以平面电磁波垂直入射至理想导体表面并完全反射为例，对辐射压力进行简单说明。单位时间、单位面积上入射的平面电磁波的动量为 $\boldsymbol{g}c$，完全反射后电磁波的动量变化量为 $2\boldsymbol{g}c$。设平面电磁波对导体表面单位面积上的压力为 $\boldsymbol{P}$，根据动量守恒定律有

$$\boldsymbol{P}=2\boldsymbol{g}c=\varepsilon_0\ |E_0|^2\boldsymbol{e}_k \tag{5.2.33}$$

以太阳光对地球表面的辐射为参考来估计自然环境中电磁辐射所产生的辐射压力，已知太阳辐射在地球表面上的能流密度为 $1.35\times10^3\ \mathrm{W\cdot m^{-2}}$，即

$$|\overline{\boldsymbol{S}}|=\frac{1}{2}\sqrt{\frac{\varepsilon_0}{\mu_0}}|E_0|^2=\frac{\varepsilon_0 c}{2}|E_0|^2=1.35\times10^3\ \mathrm{W\cdot m^{-2}}$$

则

$$|\boldsymbol{P}|=|2\boldsymbol{g}c|=\frac{2|\overline{\boldsymbol{S}}|}{c}=0.9\times10^{-5}\ \mathrm{Pa}$$

可见，自然情况下光压一般是很小的。

5.2.6 单色平面电磁波的偏振性质

电磁波偏振为电场矢量的振动方向相对传播方向的不对称性，即电场矢量振动的空间分布对于光的传播方向失去对称性，这种不对称性导致电磁波性质随电场矢量振动方向的不同而不同。具有偏振特性的电磁波，其电场分量的幅值与方向会随着时间遵循着一定的规律变化，只考虑电场是因为磁场能够提供的信息跟电场相同。不失一般性，取 z 轴正方向为沿波矢 $\boldsymbol{k}$ 的方向。由于电磁波为横波，$\boldsymbol{E}$ 的实部沿 Oxy 平面分解为

$$\boldsymbol{E}=\boldsymbol{e}_x E_{0x}\cos(kz-\omega t+\alpha_x)+\boldsymbol{e}_y E_{0y}\cos(kz-\omega t+\alpha_y) \tag{5.2.34}$$

其中，E_{0x}、E_{0y}分别代表电场分量沿 x 轴和 y 轴的振幅，α_x、α_y 分别代表 x 轴方向电场分量和 y 轴方向电场分量的初相位。

容易证明，空间任一点，有如下特点。

(1)当相位差 $\delta=\alpha_y-\alpha_x=n\pi(n=0,1,2\cdots)$时，可得$\dfrac{E_x}{E_y}=\dfrac{E_{0x}}{E_{0y}}\mathrm{e}^{\mathrm{i}n\pi}$，当 n 为 0 或偶数时，电场矢量振动方向在一、三象限内；当 n 为奇数时，电场矢量振动方向在二、四象限内。随着时间的变化，电矢量端点的运动轨迹为直线，称为**线偏振波**。

(2)当 $E_{0x}=E_{0y}$，且相位差 $\delta=\alpha_y-\alpha_x=\pm\dfrac{\pi}{2}$时，可得 $E_x^2+E_y^2=E_{0x}^2=E_{0y}^2$，或$\dfrac{E_x}{E_y}=\mathrm{e}^{\pm\mathrm{i}\pi/2}=\pm\mathrm{i}$，可见电矢量端点的运动轨迹是半径为 E_{0x}的圆。随着时间的变化，从迎着电磁波传播的方向来看，电矢量端点的运动轨迹分别为逆时针或顺时针旋转的圆，分别称为**左旋圆偏振波**或**右旋圆偏振波**。

(3)一般情况下，电场矢量在垂直于传播方向的平面内大小和方向都改变，可得$\dfrac{E_x^2}{E_{0x}^2}+\dfrac{E_y^2}{E_{0y}^2}-2\cos\delta\dfrac{E_x}{E_{0x}}\dfrac{E_y}{E_{0y}}=\sin^2\delta$。随着时间的变化，电矢量端点的运动轨迹为椭圆，称为**椭圆偏振波**。相位差和振幅比 E_{0x}/E_{0y}的不同决定了椭圆形状和空间取向的不同。椭圆偏振光的旋向取决于相位差，当 $2n\pi<\delta<(2n+1)\pi$ 时，椭圆偏振光为右旋椭圆偏振光；当$(2n-1)\pi<\delta<2n\pi$ 时，椭圆偏振光为左旋椭圆偏振光。

可见，平面电磁波一定是完全偏振波。除了完全偏振波外还有完全非偏振波和部分偏振波。自然光的电场矢量在垂直于波矢的面上没有一个方向的光振动占有优势，称为**完全非偏振光**。自然光可分解为两束振动方向相互垂直、振幅相等、相位没有关系的线偏振光。部分偏振光是指某个方向的光振动占有优势，部分偏振光可分解为两束振动方向相互垂直、不等幅、相位没有关系的线偏振光。线偏振光可分解为两束振动方向相互垂直、相干的线偏振光。

5.3 电磁波在介质界面上的反射和折射

当空间中存在多种介质时，电磁波从一种介质传输到另一种介质，在介质的界面处将发

生反射和折射，这两种现象都属于边值问题。

5.3.1 电磁波在分界面上的边值关系

绝缘介质界面上 $\sigma=0$、$\boldsymbol{\alpha}=\mathbf{0}$，于是电磁场的边值关系为

$$\begin{cases}\boldsymbol{e}_n\times(\boldsymbol{E}_2-\boldsymbol{E}_1)=\mathbf{0}\\ \boldsymbol{e}_n\times(\boldsymbol{H}_2-\boldsymbol{H}_1)=\mathbf{0}\\ \boldsymbol{e}_n\cdot(\boldsymbol{D}_2-\boldsymbol{D}_1)=0\\ \boldsymbol{e}_n\cdot(\boldsymbol{B}_2-\boldsymbol{B}_1)=0\end{cases}\tag{5.3.1}$$

即

$$\begin{cases}\varepsilon_1E_{1n}=\varepsilon_2E_{2n}\\ E_{1t}=E_{2t}\\ B_{1n}=B_{2n}\\ H_{1t}=H_{2t}\end{cases}\tag{5.3.2}$$

以上四个边值关系，由 $E_{1t}=E_{2t}$ 可以推导出 $B_{1n}=B_{2n}$，由 $H_{1t}=H_{2t}$ 可以推导出 $\varepsilon_1E_{1n}=\varepsilon_2E_{2n}$，因此讨论界面处的边值关系时只需考虑式(5.3.2)的前两个式子即可。由于磁场与电场之间满足

$$\boldsymbol{B}=\frac{1}{v_p}\boldsymbol{e}_k\times\boldsymbol{E}\tag{5.3.3}$$

其中，$\boldsymbol{e}_k$ 为波矢方向的单位矢量。可见，只需求出电场分量的边值关系，就可以得到对应磁场分量的边值关系了，因此本节只讨论电场分量的边值关系。

取 $z=0$ 平面为两种介质的分界面，该分界面的两侧区域充满介电常数分别为 ε_2、ε_1，磁导率分别为 μ_2、μ_1 的均匀介质。当两种介质为均匀、各向同性介质，分界面为无限大的平面，则入射波为平面波，且反射波和折射波也是平面波，可得入射波、反射波、折射波的表达式分别为

$$\boldsymbol{E}=\boldsymbol{E}_0\mathrm{e}^{\mathrm{i}(\boldsymbol{k}\cdot\boldsymbol{x}-\omega t)}\tag{5.3.4}$$

$$\boldsymbol{E}'=\boldsymbol{E}'_0\mathrm{e}^{\mathrm{i}(\boldsymbol{k}'\cdot\boldsymbol{x}-\omega' t)}\tag{5.3.5}$$

$$\boldsymbol{E}''=\boldsymbol{E}''_0\mathrm{e}^{\mathrm{i}(\boldsymbol{k}''\cdot\boldsymbol{x}-\omega'' t)}\tag{5.3.6}$$

考虑到入射波和反射波位于介质 1，折射波位于介质 2，由 $z=0$ 平面上的边值关系 $E_{1t}|_{z=0}=E_{2t}|_{z=0}$，可得

$$E_{0t}\mathrm{e}^{\mathrm{i}(k_xx+k_yy-\omega t)}+E'_{0t}\mathrm{e}^{\mathrm{i}(k'_xx+k'_yy-\omega' t)}=E''_{0t}\mathrm{e}^{\mathrm{i}(k''_xx+k''_yy-\omega'' t)}\tag{5.3.7}$$

在分界面 $z=0$ 处，式(5.3.7)对任意 x、y、t 均成立，因此可得

$$\omega=\omega'=\omega''\tag{5.3.8}$$

$$k_x=k'_x=k''_x\tag{5.3.9}$$

$$k_y = k'_y = k''_y \tag{5.3.10}$$

$$E_{0t} + E'_{0t} = E''_{0t} \tag{5.3.11}$$

同理可得

$$H_{0t} + H'_{0t} = H''_{0t} \tag{5.3.12}$$

可得入射波、反射波和折射波具有相同的角频率，且入射波、反射波和折射波均在入射面内。

5.3.2 反射和折射定律

在分界面 $z=0$ 处，入射波、反射波和折射波的波矢在 x 轴方向上的分量可表示为

$$k_x = k\sin\theta = \omega\sqrt{\varepsilon_1\mu_1}\sin\theta \tag{5.3.13}$$

$$k'_x = k'\sin\theta' = \omega'\sqrt{\varepsilon_1\mu_1}\sin\theta' \tag{5.3.14}$$

$$k''_x = k''\sin\theta'' = \omega''\sqrt{\varepsilon_2\mu_2}\sin\theta'' \tag{5.3.15}$$

对于反射现象，考虑到 $k_x = k'_x$、$\omega = \omega'$，因此有

$$\sin\theta = \sin\theta'$$

即得反射定律

$$\theta = \theta'$$

对于折射现象，考虑到 $k_x = k''_x$、$\omega = \omega''$，非铁磁性介质 $\mu_1 = \mu_2 = \mu_0$，因此有

$$\frac{\sin\theta}{\sin\theta''} = \sqrt{\frac{\varepsilon_2\mu_2}{\varepsilon_1\mu_1}} = \frac{v_{p1}}{v_{p2}} = \frac{c/v_{p2}}{c/v_{p1}} = \frac{n_2}{n_1} = n_{21} \tag{5.3.16}$$

即可得折射定律

$$n_1\sin\theta = n_2\sin\theta'' \tag{5.3.17}$$

5.3.3 菲涅耳公式

为简化计算，取入射面为 Oxz 平面，即 $k = k'_y = k''_y = 0$。进一步取电场分量平行于 Oxz 平面或垂直于 Oxz 平面。图 5-3 为 P 波与 S 波的示意图，电场分量平行于入射面的电磁波称为 P 波，电场分量垂直于入射面的电磁波称为 S 波。S 波的表达式为

$$\boldsymbol{E}_{\mathrm{S}} = \boldsymbol{E}_{0\mathrm{S}}\mathrm{e}^{\mathrm{i}(\boldsymbol{k}\cdot\boldsymbol{x}-\omega t)}$$

P 波的表达式为

$$\boldsymbol{E}_{\mathrm{P}} = \boldsymbol{E}_{0\mathrm{P}}\mathrm{e}^{\mathrm{i}(\boldsymbol{k}\cdot\boldsymbol{x}-\omega t)}$$

则 S 波的反射系数和透射系数分别为

$$r_{\mathrm{S}} = \frac{\boldsymbol{E}'_{0\mathrm{S}}}{\boldsymbol{E}_{0\mathrm{S}}}, \quad t_{\mathrm{S}} = \frac{\boldsymbol{E}''_{0\mathrm{S}}}{\boldsymbol{E}_{0\mathrm{S}}}$$

P 波的反射系数和透射系数分别为

$$r_{\mathrm{P}} = \frac{\boldsymbol{E}'_{0\mathrm{P}}}{\boldsymbol{E}_{0\mathrm{P}}}, \quad t_{\mathrm{P}} = \frac{\boldsymbol{E}''_{0\mathrm{P}}}{\boldsymbol{E}_{0\mathrm{P}}}$$

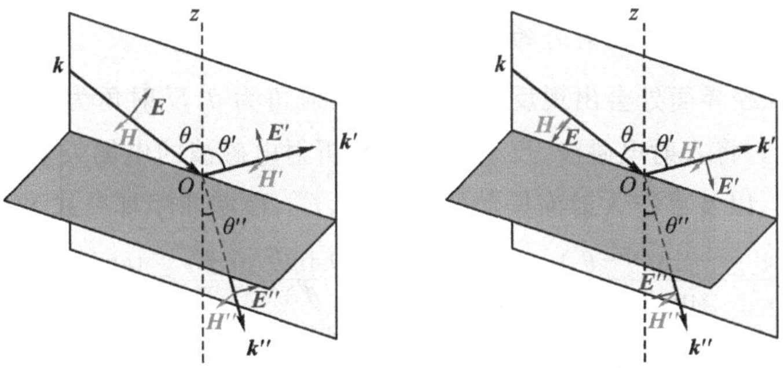

(a)　　　　(b)

图 5-3　P 波与 S 波的示意图

对于电场矢量垂直于入射面的情形(S 波)，边值关系为

$$E+E'=E'' \tag{5.3.18}$$

$$H\cos\theta-H'\cos\theta'=H''\cos\theta'' \tag{5.3.19}$$

考虑到 $|\boldsymbol{H}|=\sqrt{\dfrac{\varepsilon}{\mu}}\,|\boldsymbol{E}|$，在非铁磁性介质中 $\mu=\mu_0$，式(5.3.19)可变为

$$\sqrt{\varepsilon_1}\,(E-E')\cos\theta=\sqrt{\varepsilon_2}\,E''\cos\theta'' \tag{5.3.20}$$

利用折射定律，可得

$$\frac{E'}{E}=\frac{\sqrt{\varepsilon}\cos\theta-\sqrt{\varepsilon_2}\cos\theta''}{\sqrt{\varepsilon_1}\cos\theta+\sqrt{\varepsilon_2}\cos\theta''}=-\frac{\sin(\theta-\theta'')}{\sin(\theta+\theta'')} \tag{5.3.21}$$

$$\frac{E''}{E}=\frac{2\sqrt{\varepsilon_1}\cos\theta}{\sqrt{\varepsilon_1}\cos\theta+\sqrt{\varepsilon_2}\cos\theta''}=\frac{2\cos\theta\sin\theta''}{\sin(\theta+\theta'')} \tag{5.3.22}$$

若入射波从光疏介质进入光密介质，$\theta>\theta''$，此时 $\boldsymbol{E}'$ 与 $\boldsymbol{E}$ 反向，这种现象称为**半波损失**。若入射波从光密介质进入光疏介质，$\theta<\theta''$，此时 $\boldsymbol{E}'$ 与 $\boldsymbol{E}$ 同向，不存在半波损失。

对于电场矢量平行于入射面的情形，边值关系为

$$E\cos\theta-E'\cos\theta=E\cos\theta'' \tag{5.3.23}$$

$$H+H'=H'' \tag{5.3.24}$$

式(5.3.24)用电场表示可变为

$$\sqrt{\varepsilon_1}\,(E+E')=\sqrt{\varepsilon_2}\,E''$$

将上式与式(5.3.23)联立，并利用折射定律可得

$$\frac{E'}{E}=\frac{\tan(\theta-\theta'')}{\tan(\theta+\theta'')} \tag{5.3.25}$$

$$\frac{E''}{E}=\frac{2\cos\theta\sin\theta''}{\sin(\theta+\theta'')\cos(\theta-\theta'')} \tag{5.3.26}$$

式(5.3.21)、式(5.3.22)、式(5.3.25)和式(5.3.26)统称为**菲涅耳公式**，表示反射波、折射波与入射波场强的比值。从菲涅耳公式可知，垂直于入射面偏振的波和平行于入射面偏振的波的反射波和折射波电场强度不同。

1. 电磁波在界面折射与反射时的能量守恒定律

入射的电磁波经界面处会出现反射和折射，入射角为 θ，反射角为 θ'，折射角为 θ''，折射率分别为 n_1 和 n_2。将入射电磁波、反射电磁波和折射电磁波的电场矢量分解为垂直入射面振动的 E_S，E'_S，E''_S，以及平行入射面振动的 E_P，E'_P，E''_P，根据菲涅耳公式可得

$$\frac{E'_S}{E_S}=\frac{-\sin(\theta-\theta'')}{\sin(\theta+\theta'')},\quad \frac{E''_S}{E_S}=\frac{-2\cos\theta\sin\theta''}{\sin(\theta+\theta'')},\quad \frac{E'_P}{E_P}=\frac{\tan(\theta-\theta'')}{\tan(\theta+\theta'')},$$

$$\frac{E''_P}{E_P}=\frac{2\cos\theta\sin\theta''}{\sin(\theta+\theta'')\cos(\theta-\theta'')}$$

则入射电磁波、反射电磁波和折射电磁波的电场合振幅分别为

$$E=\sqrt{E_S^2+E_P^2}$$

$$E'=\sqrt{(E'_S)^2+(E'_P)^2}=\sqrt{\left[\frac{-\sin(\theta-\theta'')}{\sin(\theta+\theta'')}E_S\right]^2+\left[\frac{\tan(\theta-\theta'')}{\tan(\theta+\theta'')}E_P\right]^2}$$

$$E''=\sqrt{(E''_S)^2+(E''_P)^2}=\sqrt{\left[\frac{-2\cos\theta\sin\theta''}{\sin(\theta+\theta'')}E_S\right]^2+\left[\frac{2\cos\theta\sin\theta''}{\sin(\theta+\theta'')\cos(\theta-\theta'')}E_P\right]^2}$$

平面电磁波的平均能流密度为

$$\overline{S}=\frac{1}{2}E_0H_0$$

其中，E_0 和 H_0 为电场强度和磁场强度的振幅。又因为

$$H_0=\sqrt{\frac{\varepsilon}{\mu}}E_0$$

则

$$\overline{S}=\frac{1}{2}E_0^2\sqrt{\frac{\varepsilon}{\mu}}=\frac{1}{2}E_0^2\sqrt{\frac{\varepsilon_0}{\mu_0}}\sqrt{\frac{\varepsilon_r}{\mu_r}}$$

由于两种介质均为非铁磁质，即 $\mu_r\approx1$，则

$$\overline{S}\approx\frac{1}{2}E_0^2\sqrt{\frac{\varepsilon_0}{\mu_0}}\sqrt{\varepsilon_r}$$

折射率 $n\approx\sqrt{\varepsilon_r}$，可得平面电磁波的平均能流密度为

$$\overline{S}\approx\frac{1}{2}\sqrt{\frac{\varepsilon_0}{\mu_0}}E_0^2n$$

当电磁波从一种介质进入另一种介质时，它们的平均能流密度可表示为

$$\overline{S}\approx\frac{1}{2}\sqrt{\frac{\varepsilon_0}{\mu_0}}E_0^2n\cos\theta$$

即电磁波的能流密度与振幅的平方成正比，与能流矢量与分界面上面积元的法线方向所夹的角度的余弦成正比。

因此反射波的平均能流密度可表示为

$$\overline{S}'=\frac{1}{2}\sqrt{\frac{\varepsilon_0}{\mu_0}}(E'_0)^2n_1\cos\theta'$$

$$=\frac{1}{2}\sqrt{\frac{\varepsilon_0}{\mu_0}}\left\{\left[\frac{-\sin(\theta-\theta'')}{\sin(\theta+\theta'')}E_S\right]^2+\left[\frac{\tan(\theta-\theta'')}{\tan(\theta+\theta'')}E_P\right]^2\right\}n_1\cos\theta$$

折射波的平均能流密度可表示为

$$\overline{S}''=\frac{1}{2}\sqrt{\frac{\varepsilon_0}{\mu_0}}(E''_0)^2 n_2\cos\theta''$$

$$=\frac{1}{2}\sqrt{\frac{\varepsilon_0}{\mu_0}}\left\{\left[\frac{-2\cos\theta\sin\theta''}{\sin(\theta+\theta'')}E_S\right]^2+\left[\frac{2\cos\theta\sin\theta''}{\sin(\theta+\theta'')\cos(\theta-\theta'')}E_P\right]^2\right\}n_2\cos\theta''$$

结合折射定律 $n_1\sin\theta=n_2\sin\theta''$，可得

$$\overline{S}'+\overline{S}''=\frac{1}{2}\sqrt{\frac{\varepsilon_0}{\mu_0}}E_S^2 n_1\cos\theta+\frac{1}{2}\sqrt{\frac{\varepsilon_0}{\mu_0}}E_P^2 n_1\cos\theta$$

$$=\frac{1}{2}\sqrt{\frac{\varepsilon_0}{\mu_0}}E^2 n_1\cos\theta=\overline{S}$$

上式反映反射波的平均能量密度与折射波的平均能量密度之和等于入射波的平均能量密度，即电磁波在折射与反射时满足能量守恒定律。

电磁波在界面处发生折射和反射时都会对介质产生冲量，即辐射压力，那反过来介质对电磁波也有冲量，所以只对电磁波来说动量是不守恒的。动量守恒是相对于整个系统而言的，即在整个系统中电磁波在界面处发生折射、反射时满足动量守恒定律。

2. 布儒斯特定律

对于自然光入射的情形，入射波可分解为强度相等的两束线偏振波，一束沿垂直于入射面的方向振动，一束沿平行于入射面的方向振动。经过反射、折射后，两束波的强度发生了变化，因而反射波和折射波都变成了部分偏振光。值得注意的是，当 $\theta+\theta''=\frac{\pi}{2}$ 时，根据式(5.3.25)可知平行于入射面的偏振波没有反射波，因而反射波变为垂直于入射面偏振的完全偏振波，这就是光学中的布儒斯特定律，此时的入射角称为**布儒斯特角**。

5.3.4　全反射

由折射定理知，若入射波从光密介质进入光疏介质，则 $\theta''>\theta$。当入射角达到临界角 θ_c 时，折射角 $\theta''=\frac{\pi}{2}$，折射波沿界面掠过。临界角 θ_c 满足折射定律：

$$n_1\sin\theta_c=n_2\sin\frac{\pi}{2}=n_2$$

当入射波以 $\theta\geqslant\theta_c$ 入射时，入射波全部被反射，这种现象称为**全反射**。假设全反射情况下入射波、反射波、折射波依然可以采用复数形式表示，于是边值关系依然成立，即有

$$k''_x=k_x=k\sin\theta \tag{5.3.27}$$

$$k''=kn_{21} \tag{5.3.28}$$

其中，$n_{21}=\frac{n_2}{n_1}$，选择入射面为 Oxz 面，则 $k_y=k'_y=k''_y=0$，于是有

$$k''_z=\sqrt{k''^2-k''^2_x}=\mathrm{i}k\sqrt{\sin^2\theta-n_{21}^2} \tag{5.3.29}$$

令

$$\kappa=k\sqrt{\sin^2\theta-n_{21}^2} \tag{5.3.30}$$

则有

$$k''_z=\mathrm{i}\kappa \tag{5.3.31}$$

$$\boldsymbol{E}''=\boldsymbol{E}''_0\mathrm{e}^{-\kappa z}\mathrm{e}^{\mathrm{i}(k''_x x-\omega t)} \tag{5.3.32}$$

同理,可得磁场强度为

$$\boldsymbol{H}''=\boldsymbol{H}''_0\mathrm{e}^{-\kappa z}\mathrm{e}^{\mathrm{i}(k''_x x-\omega t)}$$

式(5.3.32)代表沿 z 轴正向衰减的平面电磁波。当 $z=\dfrac{1}{\kappa}$时,折射波衰减至原来的$\dfrac{1}{e}$,因此折射波透入介质 2 的深度为

$$\delta=\frac{1}{\kappa}=\frac{1}{k\sqrt{\sin^2\theta-n_{21}^2}}=\frac{\lambda_1}{2\pi\sqrt{\sin^2\theta-n_{21}^2}} \tag{5.3.33}$$

可见,折射波透入介质 2 的深度与入射波的波长具有相同的数量级。

下面分析折射波的能流密度,为简单起见,仅考虑 $E''\perp$入射面的情形,即令 $\boldsymbol{E}''=E''\boldsymbol{e}_y$。对于全反射现象,有

$$H''_z=\sqrt{\frac{\varepsilon_2}{\mu_2}}\frac{k''_x}{k''}E''_y=\sqrt{\frac{\varepsilon_2}{\mu_2}}\frac{\sin\theta}{n_{21}}E'' \tag{5.3.34}$$

$$H''_x=\sqrt{\frac{\varepsilon_2}{\mu_2}}\frac{k''_z}{k''}E''_y=\mathrm{i}\sqrt{\frac{\varepsilon_2}{\mu_2}}\sqrt{\frac{\sin^2\theta}{n_{21}^2}-1}\,E'' \tag{5.3.35}$$

同时 $H''_y=0$,于是折射波的平均能流密度为

$$\overline{S}''_x=\frac{1}{2}\mathrm{Re}(E''^*_y H''_z)=\frac{1}{2}\sqrt{\frac{\varepsilon_2}{\mu_2}}\,|E''_0|\,\mathrm{e}^{-2\kappa z}\frac{\sin\theta}{n_{21}} \tag{5.3.36}$$

$$\overline{S}''_z=-\frac{1}{2}\mathrm{Re}(E''^*_y H''_x)=0 \tag{5.3.37}$$

可见,折射波沿 z 轴正向透入介质 2 的平均能流密度为 0,但能流密度的瞬时值并不为 0。

$$\boldsymbol{H}''=\sqrt{\frac{\varepsilon_2}{\mu_2}}\frac{k''_x\boldsymbol{e}_x+k''_z\boldsymbol{e}_z}{k''}\times E''\boldsymbol{e}_y=\sqrt{\frac{\varepsilon_2}{\mu_2}}\frac{k''_x\boldsymbol{e}_z-\mathrm{i}\kappa\boldsymbol{e}_x}{k''}E''_0\mathrm{e}^{-\kappa z}\mathrm{e}^{\mathrm{i}(k''_x x-\omega t)} \tag{5.3.38}$$

于是瞬时能流密度为

$$\boldsymbol{S}''=(\mathrm{Re}\,\boldsymbol{E}'')\times(\mathrm{Re}\,\boldsymbol{H}'')=S''_x\,\boldsymbol{e}_x+S''_z\,\boldsymbol{e}_z \tag{5.3.39}$$

其中

$$S''_x=\frac{n_1\sin\theta}{2n_2}\sqrt{\frac{\varepsilon_2}{\mu_2}}(E''_0)^2\mathrm{e}^{-2\kappa z}[1+\cos2(k''x\sin\theta''-\omega t)] \tag{5.3.40}$$

$$S''_z=\frac{1}{2}\sqrt{\frac{\varepsilon_2}{\mu_2}}\sqrt{\frac{n_1^2\sin^2\theta}{n_2^2}-1}\,(E''_0)^2\mathrm{e}^{-2\kappa z}\sin2(k''x\sin\theta''-\omega t) \tag{5.3.41}$$

式(5.3.40)和式(5.3.41)表明,折射波在 x 方向和 z 方向均以 $\mathrm{e}^{-2\kappa z}$ 衰减。折射波进入介质 2 的瞬时能流密度不为 0,前半周电磁波透入介质 2,在界面处存储起来。后半周该能量释放出来,转变成反射波能量,透射波的平均能流密度为 0。因此,电磁波在界面处发生全

反射时,电磁波并不是立即在界面上被全部反射回原介质,而是进入新介质大约一个波长的深度,并沿着界面流过波长量级距离后重新返回原介质,最后沿着反射光方向射出。这个沿着新介质表面传播的波被称为**倏逝波**(evanescent wave)。倏逝波传感器在生物医学、环境检测等领域具有重要应用,倏逝波耦合器在窄带滤波器、微腔激光器等领域具有重要应用。

本节推出的有关反射、折射公式在 $\sin\theta > n_{21}$ 的情形下依然成立,只需做如下的替换

$$\sin\theta'' \to \frac{k_z''}{k''} = \frac{\sin\theta}{n_{21}} \tag{5.3.42}$$

$$\cos\theta'' \to \frac{k_z''}{k''} = \mathrm{i}\sqrt{\frac{\sin^2\theta}{n_{21}^2} - 1} \tag{5.3.43}$$

5.4　电磁波在介质中的色散和吸收

电磁波入射到介质中时,会引起介质中电子的受迫振动。电子在外来电磁波的振动电场作用下发生加速运动而向外辐射电磁波,电子辐射的电磁波相互叠加形成在介质内传播的电磁波。不同频率电磁波对应的介电常数不同,即在介质中具有不同的折射率和相速度,导致不同频率的电磁波沿不同方向折射,同时引起不同频率的电磁波组成的波包发生弥散,这种现象称为**色散**。

当分析电磁波在介质中的传播规律时,求解介质中束缚电子的辐射需要联立电子的运动方程和麦克斯韦方程组。为了方便计算,则采用简化的物理模型,只考虑电子的运动,其数密度是均匀的,即介质为均匀电中性的。束缚电子运动满足牛顿定律,即为处于低速运动下的电子。粒子相互作用的物理模型忽略近距离作用、只考虑远距离集体相互作用,该作用由全部带电粒子的电磁场(内场)决定。电磁场为外场和内场的叠加。介质的极化满足 $\rho' = -\nabla\cdot\boldsymbol{P}, \boldsymbol{j}' = \partial\boldsymbol{P}/\partial t$,即满足电荷守恒定律 $\partial\rho'/\partial t + \nabla\cdot\boldsymbol{j}' = 0$。电极化强度 $\boldsymbol{P}$ 和磁化强度 $\boldsymbol{M}$ 是联系介质的微观电子和宏观电磁现象(色散和吸收)的物理量,因此,通过讨论电极化强度 $\boldsymbol{P}$ 和磁化强度 $\boldsymbol{M}$ 与入射波场强和频率的关系可得电磁波在介质中的传播规律。

为了简便起见,设非铁磁介质中单位体积的电子数为 N,每个电子以固有频率 ω_0 在稀薄气体中运动,采用谐振子模型,忽略分子间的相互作用,且作用于电子上的电场等于外电场,其中,$\boldsymbol{E} = \boldsymbol{E}_0 \mathrm{e}^{-\mathrm{i}\omega t}$,则电子的运动方程为

$$\ddot{\boldsymbol{x}} = -\Gamma\dot{\boldsymbol{x}} - \omega_0^2\boldsymbol{x} - \frac{e}{m}\boldsymbol{E} \tag{5.4.1}$$

其中,m 为电子质量,Γ 为辐射阻尼力系数,$\omega_0 = \sqrt{\frac{K}{m}}$ 为电子的固有谐振频率(K 为弹性系数)。因此,方程的解为

$$\boldsymbol{x} = -\frac{e/m}{\omega_0^2 - \omega^2 - \mathrm{i}\Gamma\omega}\boldsymbol{E} \tag{5.4.2}$$

介质的场源采用等效介电常数的处理方法,粒子因电子位移极化而形成的偶极矩为

$$\boldsymbol{p} = -e\boldsymbol{x} = \frac{e^2\boldsymbol{E}}{m(\omega_0^2 - \omega^2 - \mathrm{i}\Gamma\omega)} \tag{5.4.3}$$

则介质的电极化强度为

$$\boldsymbol{P}=-Ne\boldsymbol{x}=\frac{Ne^2\boldsymbol{E}}{m(\omega_0^2-\omega^2-\mathrm{i}\Gamma\omega)} \tag{5.4.4}$$

由于 $\boldsymbol{D}=\varepsilon\boldsymbol{E}=\varepsilon_0\boldsymbol{E}+\boldsymbol{P}$，$\boldsymbol{P}=\varepsilon_0\chi\boldsymbol{E}$，则介质的介电常数为

$$\varepsilon=\varepsilon_0+\frac{Ne^2}{m(\omega_0^2-\omega^2-\mathrm{i}\omega\Gamma)}=\varepsilon_0\left(1+\frac{\omega_\mathrm{p}^2}{\omega_0^2-\omega^2-\mathrm{i}\omega\Gamma}\right) \tag{5.4.5}$$

其中，$\omega_\mathrm{p}=\sqrt{\dfrac{Ne^2}{m\varepsilon_0}}$。

求解电场的波动方程

$$\nabla^2\boldsymbol{E}-\frac{\varepsilon}{\varepsilon_0c^2}\frac{\partial^2\boldsymbol{E}}{\partial t^2}=\boldsymbol{0}$$

上式代入式(5.4.5)和平面电磁波的解 $\boldsymbol{E}=\boldsymbol{E}_0\mathrm{e}^{\mathrm{i}(kz-\omega t)}$，其中，$k=k_0+\mathrm{i}\kappa$。当存在介质吸收时，折射率 n 须采用复数形式表示，即

$$n=n_0+\mathrm{i}n_1=\sqrt{\frac{\varepsilon}{\varepsilon_0}}=\sqrt{\varepsilon_r} \tag{5.4.6}$$

对式(5.4.6)求2次方，则

$$n^2=n_0^2+2\mathrm{i}n_0n_1-n_1^2=\frac{\varepsilon}{\varepsilon_0}=1+\frac{\omega_\mathrm{p}^2}{\omega_0^2-\omega^2-\mathrm{i}\omega\Gamma}=1+\frac{\omega_\mathrm{p}^2(\omega_0^2-\omega^2)+\mathrm{i}\omega_\mathrm{p}^2\omega\Gamma}{(\omega_0^2-\omega^2)^2+\omega^2\Gamma^2} \tag{5.4.7}$$

根据实部和虚部的对应关系可得

$$n_0^2-n_1^2=1+\frac{\omega_\mathrm{p}^2(\omega_0^2-\omega^2)}{(\omega_0^2-\omega^2)^2+\omega^2\Gamma^2} \tag{5.4.8}$$

$$2n_1n_0=\frac{\omega_\mathrm{p}^2\omega\Gamma}{(\omega_0^2-\omega^2)^2+\omega^2\Gamma^2} \tag{5.4.9}$$

由式(5.4.8)和式(5.4.9)可以求解出 n_0 和 n_1。

在 ε_r 与1相差不大的情况下，可做如下近似：

$$\begin{aligned} n_0+\mathrm{i}n_1&=\sqrt{\frac{\varepsilon}{\varepsilon_0}}=\sqrt{1+\frac{\omega_\mathrm{p}^2}{\omega_0^2-\omega^2-\mathrm{i}\omega\Gamma}}\\ &\approx1+\frac{\omega_\mathrm{p}^2}{2(\omega_0^2-\omega^2-\mathrm{i}\omega\Gamma)}=1+\frac{\omega_\mathrm{p}^2}{2}\frac{(\omega_0^2-\omega^2)+\mathrm{i}\omega\Gamma}{(\omega_0^2-\omega^2)^2+\omega^2\Gamma^2} \end{aligned} \tag{5.4.10}$$

可近似计算出 n_0 和 n_1 为

$$\begin{cases} n_0=1+\dfrac{\omega_\mathrm{p}^2}{2}\dfrac{\omega_0^2-\omega^2}{(\omega_0^2-\omega^2)^2+\omega^2\Gamma^2}\\ n_1=\dfrac{\omega_\mathrm{p}^2}{2}\dfrac{\omega\Gamma}{(\omega_0^2-\omega^2)^2+\omega^2\Gamma^2} \end{cases} \tag{5.4.11}$$

由于

$$k=k_0+\mathrm{i}\kappa=\frac{n_0\omega}{c}+\mathrm{i}\,\frac{n_1\omega}{c}$$

其中，n_0、n_1 均与频率有关。设电磁波沿 z 轴传播，可得

$$\boldsymbol{E}=\boldsymbol{E}_0\mathrm{e}^{-\kappa z}\mathrm{e}^{\mathrm{i}(k_0z-\omega t)}=\boldsymbol{E}_0\mathrm{e}^{-\frac{\omega}{c}n_1z}\mathrm{e}^{\mathrm{i}\omega\left(\frac{n_0}{c}z-t\right)} \tag{5.4.12}$$

$$x=\frac{eE_0}{m(\omega_0^2-\omega^2-\mathrm{i}\omega\Gamma)}\mathrm{e}^{-\kappa z}\mathrm{e}^{\mathrm{i}(k_0 z-\omega t)}=\frac{eE_0}{m(\omega_0^2-\omega^2-\mathrm{i}\omega\Gamma)}\mathrm{e}^{-\frac{\omega}{c}n_1 z}\mathrm{e}^{\mathrm{i}\omega\left(\frac{n_0}{c}z-t\right)} \tag{5.4.13}$$

可见，n_0 决定了电磁波的相速度，与频率有关，$n_0(\omega)$代表电磁波在介质中的色散，不同频率的电磁波的相速度不同从而导致了色散现象；n_1 与频率有关，$n_1(\omega)$代表电磁波的吸收，当入射波频率等于谐振子固有频率 ω_0 时，吸收最强，被称为**共振吸收**。

讨论 5-1　1)在共振区附近($\omega\approx\omega_0$)

当 $\omega\approx\omega_0$ 时，可得近似 $\omega_0^2-\omega^2\approx-2\omega_0\Delta\omega$，代入式(5.4.11)可得

$$\begin{cases} n_0=1+\dfrac{\omega_p^2}{4\omega_0}\dfrac{\omega_0-\omega}{(\omega_0-\omega)^2+\Gamma^2/4} \\ n_1=\dfrac{\omega_p^2}{8\omega_0}\dfrac{\Gamma}{(\omega_0-\omega)^2+\Gamma^2/4} \end{cases} \tag{5.4.14}$$

图 5-4 为入射波频率在共振区附近时 n_0-1、n_1 随 ω 的变化曲线，可见，当 $\omega_0-\dfrac{\Gamma}{2}<\omega<\omega_0+\dfrac{\Gamma}{2}$时，$n_0$ 随 ω 的增加而减小，这种现象称为**反常色散**。此时，n_1 很大，吸收很强。

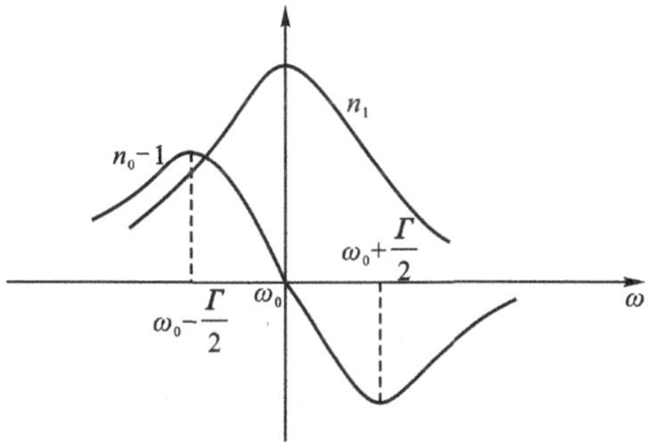

图 5-4　入射波频率在共振区附近时，n_0-1、n_1 随 ω 的变化曲线

2)远离共振区[$(\omega_0^2-\omega^2)^2\gg\Gamma^2\omega^2$]

将远离共振区的条件代入式(5.4.11)可得

$$\begin{cases} n_0=1+\dfrac{\omega_p^2}{2}\dfrac{1}{\omega_0^2-\omega^2} \\ n_1=\dfrac{\omega_p^2}{2}\dfrac{\Gamma\omega}{(\omega_0^2-\omega^2)^2} \end{cases} \tag{5.4.15}$$

图 5-5 为入射波频率远离共振区时，n_0 随 ω 的变化曲线，可见 n_0 随 ω 的增加而增加，称为**正常色散**。n_1 很小(趋近于 0)，说明吸收很弱，即当入射波频率远离共振区时，介质是近似透明的。

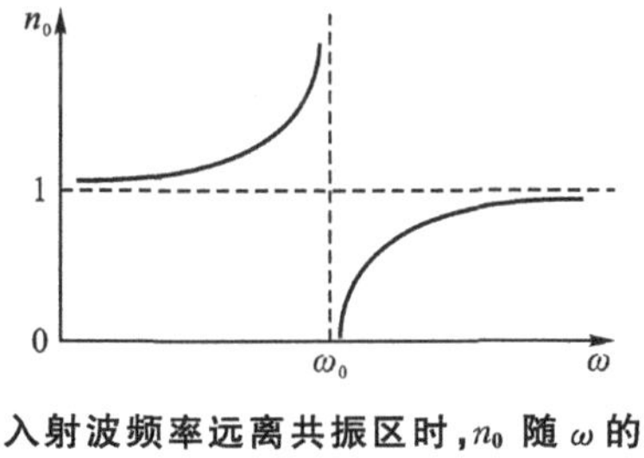

图 5-5　入射波频率远离共振区时，n_0 随 ω 的变化曲线

例 5-1 如果忽略阻尼，证明即使 $v>c$，群速度仍然满足 $v_g<c$。

证明 在非铁磁的色散介质中，一个给定频率的电场波动方程为

$$\nabla^2 \boldsymbol{E}=\varepsilon\mu_0 \frac{\partial^2 \boldsymbol{E}}{\partial t^2}$$

则该波动方程的平面波解为

$$\boldsymbol{E}(z,t)=\boldsymbol{E}_0 e^{i(\boldsymbol{k}z-\omega t)}$$

其中，波矢 $\boldsymbol{k}$ 为复数，且

$$\boldsymbol{k}=\frac{\omega}{v}=\omega\sqrt{\varepsilon\mu_0}$$

其中，介电常数为复数 $\varepsilon=\varepsilon_0\varepsilon_r$，则

$$\boldsymbol{k}=\frac{\omega}{c}\sqrt{\varepsilon_r}$$

根据式(5.5.4)可知

$$\varepsilon_r=1+\frac{Ne^2}{m\varepsilon_0}\frac{1}{\omega_0^2-\omega^2-i\omega\Gamma}$$

则当忽略阻尼时，有

$$\boldsymbol{k}=\frac{\omega}{c}\sqrt{\varepsilon_r}=\frac{\omega}{c}\sqrt{1+\frac{Ne^2}{m\varepsilon_0}\frac{1}{\omega_0^2-\omega^2}}$$

由于$\frac{Ne^2}{m\varepsilon_0}\frac{1}{\omega_0^2-\omega^2}$是小量，则经过二项式展开可得

$$\boldsymbol{k}=\frac{\omega}{c}\left(1+\frac{Ne^2}{2m\varepsilon_0}\frac{1}{\omega_0^2-\omega^2}\right)$$

则波速

$$v=\frac{\omega}{\boldsymbol{k}}=c\left(1+\frac{Ne^2}{2m\varepsilon_0}\frac{1}{\omega_0^2-\omega^2}\right)^{-1}$$

可见，当 ω 小于 ω_0 时，波速 v 小于真空中的光速 c。当 ω 大于 ω_0 时，波速 v 大于真空中的光速 c。

根据波矢 $\boldsymbol{k}$ 的表达式，可得

$$\begin{aligned}\frac{d\boldsymbol{k}}{d\omega}&=\frac{1}{c}\left[1+\frac{Ne^2}{2m\varepsilon_0}\frac{1}{\omega_0^2-\omega^2}+\omega\frac{Ne^2}{2m\varepsilon_0}\frac{2\omega}{(\omega_0^2-\omega^2)^2}\right]\\&=\frac{1}{c}\left[1+\frac{Ne^2}{2m\varepsilon_0}\frac{\omega_0^2+\omega^2}{(\omega_0^2-\omega^2)^2}\right]\end{aligned}$$

则

$$v_g=\left(\frac{d\boldsymbol{k}}{d\omega}\right)^{-1}=c\left[1+\frac{Ne^2}{2m\varepsilon_0}\frac{\omega_0^2+\omega^2}{(\omega_0^2-\omega^2)^2}\right]^{-1}$$

可见，不管 ω 和 ω_0 的关系如何，上式的分母恒大于 1，即 $v_g<c$。

5.5　电磁波在导体中的传播

5.5.1　导体内的自由电荷分布

在静电场情形下，导体是等势体，自由电荷仅存在于导体表面。对于迅变电场情形，自由电荷在导体内如何分布是本节讨论的内容。先假设导体内存在自由电荷，其密度为 ρ，自由电荷在导体内激发的电场为 $\boldsymbol{E}$。根据麦克斯韦方程和欧姆定律有

$$\nabla \cdot \boldsymbol{E}=\frac{\rho}{\varepsilon} \tag{5.5.1}$$

$$\nabla \cdot \boldsymbol{J}=\nabla \cdot (\sigma \boldsymbol{E})=\frac{\sigma}{\varepsilon}\rho \tag{5.5.2}$$

式(5.5.2)表明，导体内的自由电荷将引起电流，使自由电荷密度下降。根据电荷守恒定律有

$$\frac{\partial \rho}{\partial t}=-\nabla \cdot J=-\frac{\sigma}{\varepsilon}\rho \tag{5.5.3}$$

式(5.5.3)的解为

$$\rho(t)=\rho_0 \mathrm{e}^{-\frac{\sigma}{\varepsilon}t}=\rho_0 \mathrm{e}^{-\frac{t}{\tau}} \tag{5.5.4}$$

其中，$\tau=\frac{\varepsilon}{\sigma}$代表自由电荷密度 ρ 由初始值 ρ_0 衰减至 ρ_0/e 所用的时间，称为**衰减的特征时间**。只要电磁波的周期 T 满足

$$\frac{T}{\tau}=2\pi\frac{\sigma}{\varepsilon\omega}\gg 1 \quad \text{或} \quad \frac{\sigma}{\varepsilon\omega}\gg 1 \tag{5.5.5}$$

就可以认为导体内的自由电荷密度为 0，自由电荷只能分布在导体表面，因此常把$\frac{\sigma}{\varepsilon\omega}\gg 1$ 当作良导体的条件。对于一般金属导体，τ 的数量级为10^{-17} s，只要电磁波频率不太高，则都可以看作良导体。

5.5.2　导体内的电磁波

麦克斯韦方程组的几种常用变形

导体内的麦克斯韦方程组为

$$\begin{cases}\nabla \times \boldsymbol{E}=-\dfrac{\partial \boldsymbol{B}}{\partial t}\\[2ex] \nabla \times \boldsymbol{H}=\dfrac{\partial \boldsymbol{D}}{\partial t}+\boldsymbol{J}\\[2ex] \nabla \cdot \boldsymbol{D}=0\\[1ex] \nabla \cdot \boldsymbol{B}=0\end{cases} \tag{5.5.6}$$

若电磁波的频率为 ω，采用复数形式表示，并取 $\boldsymbol{D}=\varepsilon\boldsymbol{E}$、$\boldsymbol{B}=\mu\boldsymbol{H}$，则有

$$\begin{cases}\nabla\times\boldsymbol{E}=\mathrm{i}\omega\mu\boldsymbol{H}\\ \nabla\times\boldsymbol{H}=-\mathrm{i}\omega\varepsilon\boldsymbol{E}+\sigma\boldsymbol{E}\\ \nabla\cdot\boldsymbol{E}=0\\ \nabla\cdot\boldsymbol{H}=0\end{cases}\tag{5.5.7}$$

定义复电容率 ε' 为

$$\varepsilon'=\varepsilon+\mathrm{i}\,\frac{\sigma}{\omega}\tag{5.5.8}$$

则磁感应强度旋度的表达式变为

$$\nabla\times\boldsymbol{H}=-\mathrm{i}\omega\varepsilon'\boldsymbol{E}$$

这样导体内的麦克斯韦方程组与绝缘介质内的麦克斯韦方程组形式上完全一致。只要用 ε' 代换 ε,即可得到导体内的亥姆霍兹方程

$$\nabla^2\boldsymbol{E}+k^2\boldsymbol{E}=\boldsymbol{0}\tag{5.5.9}$$

其中,$k=\omega\sqrt{\mu\varepsilon'}$ 为复数,因此波矢为复矢量。不失一般性,设波矢

$$\boldsymbol{k}=\boldsymbol{\beta}+\mathrm{i}\boldsymbol{\alpha}\tag{5.5.10}$$

于是亥姆霍兹方程的平面波解为

$$\boldsymbol{E}(\boldsymbol{x})=\boldsymbol{E}_0\mathrm{e}^{\mathrm{i}\boldsymbol{k}\cdot\boldsymbol{x}}=\boldsymbol{E}_0\mathrm{e}^{-\boldsymbol{\alpha}\cdot\boldsymbol{x}}\mathrm{e}^{\mathrm{i}(\boldsymbol{\beta}\cdot\boldsymbol{x}-\omega t)}\tag{5.5.11}$$

可见,$\boldsymbol{k}$ 的实部 $\boldsymbol{\beta}$ 描述电磁波的相位关系,虚部 $\boldsymbol{\alpha}$ 描述电磁波的衰减情况。它们分别称为**相位(移)常数**和**衰减常数**。考虑到

$$k^2=\beta^2-\alpha^2+2\mathrm{i}\boldsymbol{\alpha}\cdot\boldsymbol{\beta}=\omega^2\mu\left(\varepsilon+\mathrm{i}\,\frac{\sigma}{\omega}\right)\tag{5.5.12}$$

通过比较式(5.5.12)等号两边的实部和虚部,可得

$$\beta^2-\alpha^2=\omega^2\mu\varepsilon\tag{5.5.13}$$

$$\boldsymbol{\alpha}\cdot\boldsymbol{\beta}=\frac{1}{2}\omega\mu\sigma\tag{5.5.14}$$

结合边值关系和式(5.5.13)、式(5.5.14),就可以求解出 $\boldsymbol{\alpha}$ 和 $\boldsymbol{\beta}$。

5.5.3 趋肤效应和穿透深度

为简单起见,仅考虑垂直入射的情形。设导体表面为 Oxy 平面,z 轴正方向指向导体内部,此时 $\boldsymbol{\alpha}$ 和 $\boldsymbol{\beta}$ 均沿 z 轴方向,相应的平面波解为

$$\boldsymbol{E}=\boldsymbol{E}_0\mathrm{e}^{-\alpha z}\mathrm{e}^{\mathrm{i}(\beta z-\omega t)}\tag{5.5.15}$$

由式(5.5.13)、式(5.5.14)求出

$$\beta=\omega\sqrt{\mu\varepsilon}\left[\frac{1}{2}\left(\sqrt{1+\frac{\sigma^2}{\varepsilon^2\omega^2}}+1\right)\right]^{\frac{1}{2}}\tag{5.5.16}$$

$$\alpha=\omega\sqrt{\mu\varepsilon}\left[\frac{1}{2}\left(\sqrt{1+\frac{\sigma^2}{\varepsilon^2\omega^2}}-1\right)\right]^{\frac{1}{2}}\tag{5.5.17}$$

对于良导体,$\frac{\sigma}{\varepsilon\omega}\gg1$,式(5.5.12)简化为

$$k^2 \approx \mathrm{i}\omega\mu\sigma \tag{5.5.18}$$

$$k \approx \sqrt{\mathrm{i}\omega\mu\sigma} \approx \beta + \mathrm{i}\alpha \tag{5.5.19}$$

$$\alpha \approx \beta \approx \sqrt{\frac{\omega\mu\sigma}{2}} \tag{5.5.20}$$

电磁波沿 z 轴透入导体的深度称为**穿透深度**,穿透深度可表示为

$$d = \frac{1}{\alpha} = \sqrt{\frac{2}{\omega\mu\sigma}} \tag{5.5.21}$$

根据以上公式可得如下重要结论。

(1)在高频情况下,电磁场及其在导体中激发的高频电流只能集中在导体表面的一个薄层内,这种现象称为**趋肤效应**。

(2)良导体的条件与频率有关,在直流和低频时作为良导体的物质,在高频电磁场中无法继续当作良导体。

(3)$\frac{\sigma}{\varepsilon\omega}$为复电容率 $\varepsilon' = \varepsilon + \mathrm{i}\,\frac{\sigma}{\omega}$ 的虚部与实部之比。

(4)$\frac{\sigma}{\varepsilon\omega}$为导体中传导电流与位移电流大小之比。

(5)$\frac{\sigma}{\varepsilon\omega}$为良导体中单色平面电磁波磁场能量与电场能量之比。

证明　考虑到复波矢为

$$\boldsymbol{k} = \boldsymbol{\beta} + \mathrm{i}\boldsymbol{\alpha} = \boldsymbol{e}_z(1+\mathrm{i})\sqrt{\frac{\omega\mu\sigma}{2}} = \boldsymbol{e}_z\ \sqrt{\omega\mu\sigma}\,\mathrm{e}^{\mathrm{i}\frac{\pi}{4}} \tag{5.5.22}$$

磁场强度为

$$\boldsymbol{H} = \frac{\boldsymbol{k} \times \boldsymbol{E}}{\omega\mu} = \frac{k}{\omega\mu}\boldsymbol{e}_z \times \boldsymbol{E} = \sqrt{\frac{\sigma}{\omega\mu}}\,\mathrm{e}^{\mathrm{i}\frac{\pi}{4}}\,\boldsymbol{e}_z \times \boldsymbol{E} \tag{5.5.23}$$

于是单色平面电磁波磁场能量与电场能量之比为

$$\frac{w_{\mathrm{m}}}{w_{\mathrm{e}}} = \frac{\mu H^2}{\varepsilon E^2} = \frac{\mu}{\varepsilon}\frac{\left|\sqrt{\frac{\sigma}{\omega\mu}}\,\mathrm{e}^{\mathrm{i}\frac{\pi}{4}}\,\boldsymbol{e}_z \times \boldsymbol{E}\right|^2}{E^2} = \frac{\sigma}{\varepsilon\omega} \gg 1 \tag{5.5.24}$$

例 5－2　证明电磁波在不良导体内穿透深度约为$\frac{2}{\sigma}\sqrt{\frac{\varepsilon}{\mu}}$,在良导体内穿透深度约为$\frac{\lambda}{2\pi}$。

证明　根据式(5.5.17),有穿透深度为 $d = \frac{1}{\alpha}$。

由于不良导体的条件为$\frac{\sigma}{\omega\varepsilon} \ll 1$,则

$$\sqrt{1 + \frac{\sigma^2}{\omega^2\varepsilon^2}} \approx \sqrt{\left(1 + \frac{\sigma^2}{2\omega^2\varepsilon^2}\right)^2} = 1 + \frac{\sigma^2}{2\omega^2\varepsilon^2}$$

代入式(5.5.17),可得

$$\alpha=\frac{\sigma}{2}\sqrt{\frac{\mu}{\varepsilon}}$$

则

$$d=\frac{2}{\sigma}\sqrt{\frac{\varepsilon}{\mu}}$$

由于良导体的条件为$\frac{\sigma}{\omega\varepsilon}\gg1$，根据式(5.5.17)和式(5.5.16)可知 $\alpha\approx\beta$，即

$$k=\beta+\mathrm{i}\alpha\approx\alpha+i\alpha$$

由于对于复数波矢而言，决定波长的为其实部，所以

$$\lambda=\frac{2\pi}{\alpha}$$

则

$$d=\frac{1}{\alpha}=\frac{\lambda}{2\pi}$$

5.5.4 导体表面上的反射

为简单起见，这里仅讨论电磁波垂直入射到导体表面的情形，并取 $\mu=\mu_0$。此时电磁场的边值关系为

$$E+E'=E'',\quad H-H'=H'' \tag{5.5.25}$$

将磁场强度 H 用电场强度 E 表示后，可得

$$E-E'=\sqrt{\frac{\sigma}{2\omega\varepsilon_0}}(1+\mathrm{i})E'' \tag{5.5.26}$$

由此可得

$$\frac{E'}{E}=-\frac{1+\mathrm{i}-\sqrt{\frac{2\omega\varepsilon_0}{\sigma}}}{1+\mathrm{i}+\sqrt{\frac{2\omega\varepsilon_0}{\sigma}}} \tag{5.5.27}$$

将反射系数定义为反射能流密度与入射能流密度之比，则有

$$R=\left|\frac{E'}{E}\right|^2=\frac{\left(1-\sqrt{\frac{2\omega\varepsilon_0}{\sigma}}\right)^2+1}{\left(1+\frac{2\omega\varepsilon_0}{\sigma}\right)^2+1}\approx1-2\sqrt{\frac{2\omega\varepsilon_0}{\sigma}} \tag{5.5.28}$$

可见，导体的电导率越高，反射系数越高，这与良导体都具有接近 1 反射系数的实验事实相吻合。

5.6 电磁波在谐振腔和波导中的传播

电磁波主要在导体以外的空间或绝缘介质中传播。无界空间中，电磁波最基本的存在形式是平面电磁波，其电场分量和磁场分量都与传播方向垂直，称为**横电磁波**(TEM 波)。

当空间中存在导体时，电磁波几乎被导体全部反射，导体可看作电磁波传播的边界。在微波技术中，常用中空的金属管传输电磁能量，金属管壁成为电磁场的边界，这种中空的金属管称为**波导**。高频技术中常用中空的金属腔产生一定频率的电磁振荡，这种中空的金属腔称为**谐振腔**。电磁波在波导或谐振腔中的传播问题，都属于边值问题。

5.6.1　良导体的边界条件

对一定频率的电磁波情形，两介质界面的边值关系可以归结为

$$\boldsymbol{e}_n\times(\boldsymbol{E}_2-\boldsymbol{E}_1)=\boldsymbol{0} \tag{5.6.1}$$

$$\boldsymbol{e}_n\times(\boldsymbol{H}_2-\boldsymbol{H}_1)=\boldsymbol{\alpha} \tag{5.6.2}$$

$$\boldsymbol{e}_n\cdot(\boldsymbol{D}_2-\boldsymbol{D}_1)=\sigma \tag{5.6.3}$$

$$\boldsymbol{e}_n\cdot(\boldsymbol{B}_2-\boldsymbol{B}_1)=0 \tag{5.6.4}$$

取法线方向由导体指向介质，下标“1”代表理想导体，下标“2”代表真空或绝缘介质。在理想导体情况下，导体内部没有电磁场，因此有

$$E_1=D_1=B_1=H_1=0$$

则可以略去下标“2”，边值关系转变为

$$\boldsymbol{e}_n\times\boldsymbol{E}=\boldsymbol{0} \tag{5.6.5}$$

$$\boldsymbol{e}_n\times\boldsymbol{H}=\boldsymbol{\alpha} \tag{5.6.6}$$

$$\boldsymbol{e}_n\cdot\boldsymbol{D}=\sigma \tag{5.6.7}$$

$$\boldsymbol{e}_n\cdot\boldsymbol{B}=0 \tag{5.6.8}$$

式(5.6.5)～式(5.6.8)的四个边界条件并不独立，当式(5.6.5)和式(5.6.6)满足后，则式(5.6.7)和式(5.6.8)自然满足，因此求解导体边值问题时，只需关注式(5.6.5)和式(5.6.6)边界条件即可。亥姆霍兹方程加上条件$\nabla\cdot\boldsymbol{E}=0$，再加上两个边界条件，就能求出该边值问题的解。

令 $\boldsymbol{E}=E_n\boldsymbol{e}_n+E_t\boldsymbol{e}_t$，考虑到 $\boldsymbol{e}_n\times\boldsymbol{E}=\boldsymbol{0}$，则

$$\boldsymbol{e}_n\times\boldsymbol{E}=\boldsymbol{e}_n\times(E_n\boldsymbol{e}_n+E_t\boldsymbol{e}_t)=\boldsymbol{e}_n\times E_t\boldsymbol{e}_t=\boldsymbol{0}$$

显然，$E_t=0$。

由于$\nabla\cdot\boldsymbol{E}=0$，则

$$\nabla\cdot\boldsymbol{E}=\nabla\cdot(E_n\boldsymbol{e}_n+E_t\boldsymbol{e}_t)=\boldsymbol{e}_n\cdot\nabla E_n+\boldsymbol{e}_t\cdot\nabla E_t=\frac{\partial E_n}{\partial n}+\frac{\partial E_t}{\partial t}=0$$

由于 $E_t=0$，则

$$\frac{\partial E_n}{\partial n}=0$$

所以理想导体边界条件可以归纳为

$$E_t=0 \tag{5.6.9}$$

$$\frac{\partial E_n}{\partial n}=0 \tag{5.6.10}$$

5.6.2 谐振腔

低频电磁波可采用 LC 回路振荡器产生，频率越高，辐射损耗越大（因为 $\omega\propto\frac{1}{\sqrt{LC}}$，$LC$ 越小，电容电感不能集中分布电场和磁场，只能向外辐射电磁能量），焦耳热损耗越大（因为趋肤效应使电磁能量大量损耗）。因此 LC 回路不能有效地产生高频振荡。在微波波段中通常采用具有金属壁面的谐振腔来产生高频振荡。在光学波段中通常采用由反射镜组成的光学谐振腔来产生近单色的激光束。

实际上，可以把谐振腔看成是低频 LC 回路随频率升高时的自然产物。图 5-6 为谐振腔由 LC 回路演化的示意图。如图所示，为了适应高频，必须减小 L 和 C，因此就要增加电容器极板间的距离和减少电感线圈的匝数，直到电感变成一根直导线。然后数根直导线并联，当并联的直导线足够多时，即极限情况下便可得到封闭的空腔谐振器。根据不同用途，谐振器的种类分为矩形腔、圆柱形腔和球形腔等。下面以矩形谐振腔为例，求解金属谐振腔内的电磁场。

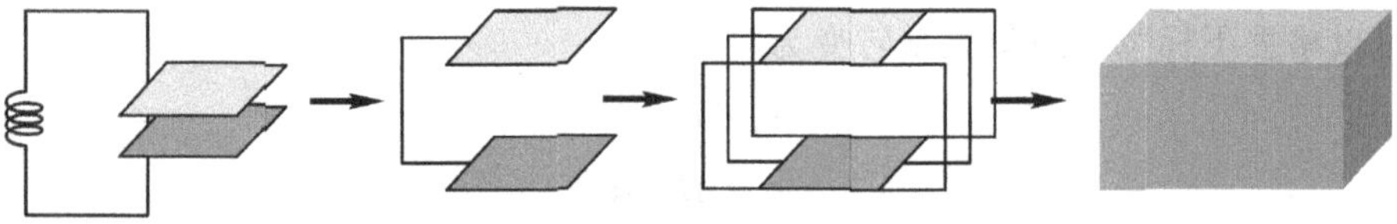

图 5-6 谐振腔由 LC 回路演化的示意图

金属腔内电磁波的亥姆霍兹方程为

$$\nabla^2 \boldsymbol{E}(\boldsymbol{x})+k^2\boldsymbol{E}(\boldsymbol{x})=\boldsymbol{0} \tag{5.6.11}$$

其分量表达式为

$$\begin{cases}\nabla^2 E_x(\boldsymbol{x})+k^2E_x(\boldsymbol{x})=0\\ \nabla^2 E_y(\boldsymbol{x})+k^2E_y(\boldsymbol{x})=0\\ \nabla^2 E_z(\boldsymbol{x})+k^2E_z(\boldsymbol{x})=0\end{cases} \tag{5.6.12}$$

三个分量微分方程的形式完全一致。用 $u(x,y,z)$ 代表任一直角分量的电场，则有

$$\nabla^2 u(\boldsymbol{x})+k^2u(\boldsymbol{x})=0 \tag{5.6.13}$$

类比静电场的分离变量法，设

$$u(x,y,z)=X(x)Y(y)Z(z) \tag{5.6.14}$$

则亥姆霍兹方程可转变为

$$\frac{1}{X}\frac{\partial^2 X}{\partial x^2}+\frac{1}{Y}\frac{\partial^2 Y}{\partial y^2}+\frac{1}{Z}\frac{\partial^2 Z}{\partial z^2}+k^2=0 \tag{5.6.15}$$

考虑到 $k^2=k_x^2+k_y^2+k_z^2$，上式可转变为三个方程：

$$\begin{cases} \dfrac{d^2 X}{dx^2}+k_x^2 X=0 \\ \dfrac{d^2 Y}{dy^2}+k_y^2 Y=0 \\ \dfrac{d^2 Z}{dz^2}+k_z^2 Z=0 \end{cases} \tag{5.6.16}$$

式(5.6.16)的通解为

$$u(x,y,z)=(C_1\cos k_x x+D_1\sin k_x x)(C_2\cos k_y y+D_2\sin k_y y)(C_3\cos k_z z+D_3\sin k_z z) \tag{5.6.17}$$

根据边界条件先求解 x 轴分量为

$$E_x(x,y,z)=(C_1\cos k_x x+D_1\sin k_x x)(C_2\cos k_y y+D_2\sin k_y y)(C_3\cos k_z z+D_3\sin k_z z)$$

考虑到边界条件：$x=0,y=0,z=0$。

对 $x=0$ 平面，$E_x(x,y,z)$ 为法向分量，即 $\left.\dfrac{\partial E_x}{\partial x}\right|_{x=0}=0$，可得 $D_1=0$。

对 $y=0$ 平面，$E_x(x,y,z)$ 为切向分量，即 $E_x|_{y=0}=0$，可得 $C_2=0$。

对 $z=0$ 平面，$E_x(x,y,z)$ 为切向分量，即 $E_x|_{z=0}=0$，可得 $C_3=0$。

令 $A_1=C_1 D_2 D_3$，则

$$E_x(x,y,z)=A_1\cos k_x x\sin k_y y\sin k_z z \tag{5.6.18}$$

同理可得其他方向的电场分量为

$$E_y(x,y,z)=A_2\sin k_x x\cos k_y y\sin k_z z \tag{5.6.19}$$

$$E_z(x,y,z)=A_3\sin k_x x\sin k_y y\cos k_z z \tag{5.6.20}$$

进一步考虑 $x=L_1$、$y=L_2$、$z=L_3$ 处的边界条件，可确定波数。对 $x=L_1$ 平面，$E_x(x,y,z)$ 为法向分量，即 $\left.\dfrac{\partial E_x}{\partial x}\right|_{x=L_1}=0$，可得

$$\sin k_x L_1=0,\quad k_x=\frac{m\pi}{L_1} \tag{5.6.21}$$

对 $y=L_2$ 平面，$E_x(x,y,z)$ 为切向分量，即 $E_x|_{y=L_2}=0$，可得 $\sin k_y L_2=0$，即

$$k_y=\frac{n\pi}{L_2} \tag{5.6.22}$$

对 $z=L_3$ 平面，$E_x(x,y,z)$ 为切向分量，即 $E_x|_{z=L_3}=0$，可得 $\sin k_z L_3=0$，即

$$k_z=\frac{p\pi}{L_3} \tag{5.6.23}$$

则

$$E_x(x,y,z)=A_1\cos\frac{m\pi}{L_1}x\sin\frac{n\pi}{L_2}y\sin\frac{p\pi}{L_3}z \tag{5.6.24}$$

其中，$m,n,p=0,1,2,\cdots$。

同理可得其他方向的电场分量为

$$E_y(x,y,z)=A_2\sin\frac{m\pi}{L_1}x\cos\frac{n\pi}{L_2}y\sin\frac{p\pi}{L_3}z \tag{5.6.25}$$

$$E_z(x,y,z)=A_3\sin\frac{m\pi}{L_1}x\sin\frac{n\pi}{L_2}y\cos\frac{p\pi}{L_3}z \tag{5.6.26}$$

再根据限制条件$\nabla\cdot\boldsymbol{E}=0$,可得 $k_xA_1+k_yA_2+k_zA_3=0$,即

$$\frac{m}{L_1}A_1+\frac{n}{L_2}A_2+\frac{p}{L_3}A_3=0 \tag{5.6.27}$$

可见,A_1、A_2、A_3三个常数中只有两个常数是独立的。

谐振腔产生的电磁波的频率称为**谐振腔的谐振频率**或**本征频率**,其大小为

$$\omega_{mnp}=\frac{k}{\sqrt{\mu\varepsilon}}=\frac{\sqrt{k_x^2+k_y^2+k_z^2}}{\sqrt{\mu\varepsilon}}=\frac{\pi}{\sqrt{\mu\varepsilon}}\sqrt{\left(\frac{m}{L_1}\right)^2+\left(\frac{n}{L_2}\right)^2+\left(\frac{p}{L_3}\right)^2} \tag{5.6.28}$$

相应的波长为

$$\lambda_{mnp}=\frac{2\pi}{k}=\frac{2}{\sqrt{\left(\frac{m}{L_1}\right)^2+\left(\frac{n}{L_2}\right)^2+\left(\frac{p}{L_3}\right)^2}} \tag{5.6.29}$$

讨论 5-2 给定一组(m,n,p),可得一个解,每一组(m,n,p)代表一种谐振波型(在腔内可能存在多种谐振波型的叠加);只有当激励信号频率 $\omega=\omega_{mnp}$时,谐振腔才处于谐振态;(m,n,p)中不能有两个为零。若 $m=n=0$,则 $\boldsymbol{E}=\boldsymbol{0}$,因此$(m,n,p)$中最多只能有一个为零。

当 $L_1>L_2>L_3$ 时,频率最低的谐振波型为

$$\omega_{110}=\frac{\pi}{\sqrt{\mu\varepsilon}}\sqrt{\frac{1}{L_1^2}+\frac{1}{L_2^2}} \tag{5.6.30}$$

以 TE_{101}模的场为例,设 $E_x=E_z=0$。对 TE_{101}模,$m=p=1,n=0$,则电场分量为

$$\boldsymbol{E}=E_y\boldsymbol{e}_y=\left(E_0\sin\frac{\pi}{L_1}x\sin\frac{\pi}{L_3}z\right)\boldsymbol{e}_y \tag{5.6.31}$$

则磁场分量为

$$\boldsymbol{H}=\frac{1}{\mathrm{i}\omega\mu}\nabla\times\boldsymbol{E}=\frac{1}{\mathrm{i}\omega\mu}\begin{vmatrix}\boldsymbol{e}_x & \boldsymbol{e}_y & \boldsymbol{e}_z\\ \frac{\partial}{\partial x} & \frac{\partial}{\partial y} & \frac{\partial}{\partial z}\\ E_x & E_y & E_z\end{vmatrix} \tag{5.6.32}$$

$$\begin{cases}H_x=\mathrm{i}\,\dfrac{E_0}{\omega\mu}\dfrac{\pi}{L_3}\sin\left(\dfrac{\pi x}{L_1}\right)\cos\left(\dfrac{\pi z}{L_3}\right)\\ H_z=-\mathrm{i}\,\dfrac{E_0}{\omega\mu}\dfrac{\pi}{L_1}\cos\left(\dfrac{\pi x}{L_1}\right)\sin\left(\dfrac{\pi z}{L_3}\right)\end{cases} \tag{5.6.33}$$

则能流密度为

$$\boldsymbol{S}=\boldsymbol{E}\times\boldsymbol{H}=\begin{vmatrix}\boldsymbol{e}_x & \boldsymbol{e}_y & \boldsymbol{e}_z\\ E_x & E_y & E_z\\ H_x & H_y & H_z\end{vmatrix} \tag{5.6.34}$$

TE_{101}模中 $H_x\propto\cos\left(\frac{\pi z}{L_3}\right)$,$E_y\propto\sin\left(\frac{\pi z}{L_3}\right)$,磁场最大值对应电场最小值。在相位方面,$E_y$和 H_x 的相位差为 90°,$|\overline{\boldsymbol{S}}_z|=\frac{1}{2}\mathrm{Re}(H_x^*E_y)$,因此 S_z 的平均值为零。如果研究 E_y 和 H_z,

也有类似情况。图 5－7 为 TE_{101} 模式的场分布示意图。

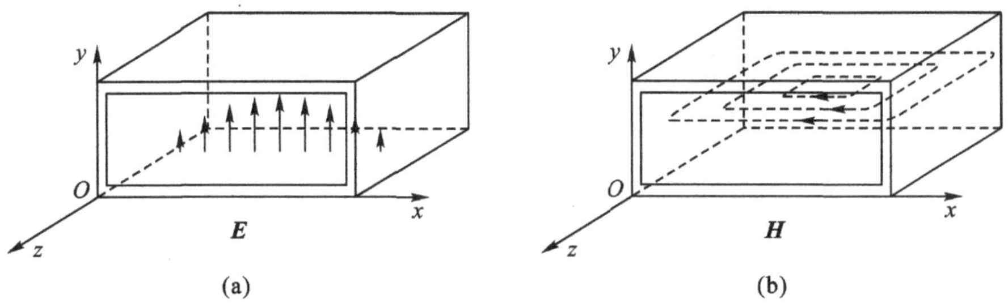

图 5－7　TE_{101} 模式的场分布示意图

5.6.3　波导

近代无线电技术如雷达、电视和定向通信等都广泛地应用了高频电磁波，因此，研究高频电磁能量的传输问题具有重要的意义。在所有情况下，包括恒定电流情形，能量都是在场中传播的。但是在低频情况下，由于场与线路中电荷和电流的关系比较简单，因而场在线路中的作用往往可以通过线路的一些参数(电压、电流、电阻、电容和电感等)表示出来。因此在低频情况下，可以用电路方程解决实际问题，而不必直接研究场的分布。

在高频情况下，电路方程逐渐失效，必须直接研究场和线路上的电荷电流的相互作用，求解出电磁场，然后才能解决电磁能量的传输问题。图 5－8(a)为低频电力系统常用的双线传输。当频率变高时，为了避免电磁波向外辐射的损耗和避免周围环境的干扰，可以用同轴传输线代替双线传输。图 5－8(b)为同轴传输线的示意图。同轴传输线由空心导体管及芯线组成，电磁波在两导体之间的介质中传播。当频率更高时，内导线的焦耳损耗以及介质中的热损耗变得严重，这时需用波导代替同轴传输线。波导通常为空心金属管，截面为矩形或圆形，适用于微波范围。

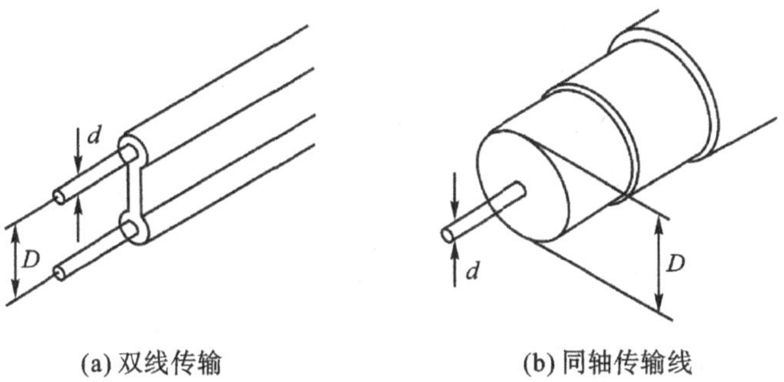

图 5－8　电磁能量传输示意图

设构成矩形波导管的四个金属壁所在位置为 $x=0, a$ 和 $y=0, b$，电磁波沿 z 轴传播，图 5－9 为矩形波导管的示意图。波导内的电磁波满足亥姆霍兹方程

$$\nabla^2 \boldsymbol{E}+k^2 \boldsymbol{E}=\boldsymbol{0} \tag{5.6.35}$$

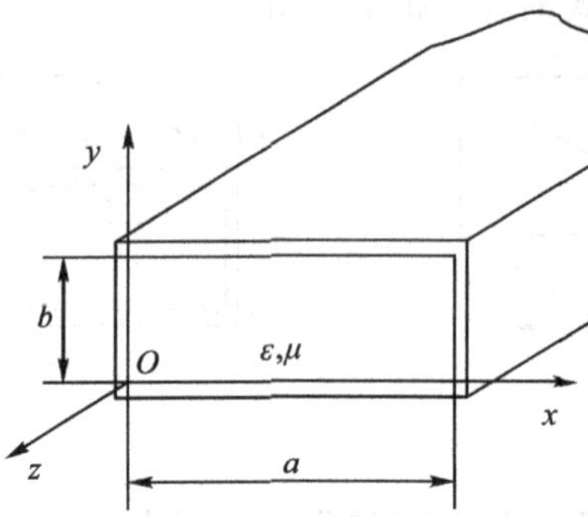

图 5-9 矩形波导的示意图

考虑到传播因子 $e^{i(k_z z-\omega t)}$，设波导内的电磁波表达式为

$$\boldsymbol{E}(x,y,z,t)=\boldsymbol{E}(x,y)e^{i(k_z z-\omega t)} \tag{5.6.36}$$

将式(5.6.36)代入亥姆霍兹方程，有

$$\left(\frac{\partial^2}{\partial x^2}+\frac{\partial^2}{\partial y^2}\right)\boldsymbol{E}(x,y)+(k^2-k_z^2)\boldsymbol{E}(x,y)=\boldsymbol{0} \tag{5.6.37}$$

考虑到

$$\boldsymbol{E}(x,y)=E_x(x,y)\boldsymbol{e}_x+E_y(x,y)\boldsymbol{e}_y+E_z(x,y)\boldsymbol{e}_z$$

式(5.6.37)矢量微分方程可转变为三个标量微分方程：

$$\begin{cases}\left(\frac{\partial^2}{\partial x^2}+\frac{\partial^2}{\partial y^2}\right)E_x(x,y)+(k^2-k_z^2)E_x(x,y)=0\\ \left(\frac{\partial^2}{\partial x^2}+\frac{\partial^2}{\partial y^2}\right)E_y(x,y)+(k^2-k_z^2)E_y(x,y)=0\\ \left(\frac{\partial^2}{\partial x^2}+\frac{\partial^2}{\partial y^2}\right)E_z(x,y)+(k^2-k_z^2)E_z(x,y)=0\end{cases} \tag{5.6.38}$$

令 $u(x,y)$ 代表电场强度 (E_x,E_y,E_z) 的任意一个直角分量，则它必然满足方程

$$\left(\frac{\partial^2}{\partial x^2}+\frac{\partial^2}{\partial y^2}\right)u(x,y)+(k^2-k_z^2)u(x,y)=0$$

采用分离变量法，令 $u(x,y)=X(x)Y(y)$，则有

$$\frac{1}{X(x)}\frac{\partial^2 X(x)}{\partial x^2}+\frac{1}{Y(y)}\frac{\partial^2 Y(y)}{\partial y^2}=k_z^2-k^2=-k_x^2-k_y^2$$

要使该式成立，必须要求左边每一项等于常数，即

$$\frac{1}{X(x)}\frac{\partial^2 X(x)}{\partial x^2}=-k_x^2 \quad 且 \quad \frac{1}{Y(y)}\frac{\partial^2 Y(y)}{\partial y^2}=-k_y^2$$

从而得到

$$\frac{d^2 X}{dx^2}+k_x^2 X=0 \quad 且 \quad \frac{d^2 Y}{dy^2}+k_y^2 Y=0$$

即常见的振动方程，它们的一般解为

$$X(x)=A\sin k_x x+B\cos k_x x$$
$$Y(y)=C\sin k_y y+D\cos k_y y$$

其中，A、B、C、D、k_x、k_y 均为待定系数。至此，得到沿 z 轴方向传播的电磁波电场的三个分量为

$$\begin{cases} E_x=(A\sin k_x x+B\cos k_x x)(C\sin k_y y+D\cos k_y y)e^{i(k_z z-\omega t)} \\ E_y=(A'\sin k_x x+B'\cos k_x x)(C'\sin k_y y+D'\cos k_y y)e^{i(k_z z-\omega t)} \\ E_z=(A''\sin k_x x+B''\cos k_x x)(C''\sin k_y y+D''\cos k_y y)e^{i(k_z z-\omega t)} \end{cases} \tag{5.6.39}$$

首先求 E_x，对于 $y=0$ 平面，E_x 为切向分量，则

$$E_x=(A\sin k_x x+B\cos k_x x)De^{i(k_z z-\omega t)}=0$$

即 $D=0$。对于 $x=0$ 平面，E_x 为法向分量，则

$$\frac{\partial E_x}{\partial x}=Ak_x(C\sin k_y y)e^{i(k_z z-\omega t)}=0$$

即 $A=0$。所以

$$E_x=A_1\cos k_x x\sin k_y y\,e^{i(k_z z-\omega t)}$$

同理可得

$$E_y=A_2\sin k_x x\cos k_y y\,e^{i(k_z z-\omega t)}$$

$$E_z=A_3\sin k_x x\sin k_y y\,e^{i(k_z z-\omega t)}$$

对于 $y=b$ 平面，E_x 为切向分量，则 $E_x=0$，即 $k_y=\dfrac{n\pi}{b}$；对于 $x=a$ 平面，E_y 为切向分量，则 $E_y=0$，即 $k_x=\dfrac{m\pi}{a}$。所以电场强度的三个分量为

$$\begin{cases} E_x=A_1\cos\left(\dfrac{m\pi}{a}x\right)\sin\left(\dfrac{n\pi}{b}y\right)e^{i(k_z z-\omega t)} \\ E_y=A_2\sin\left(\dfrac{m\pi}{a}x\right)\cos\left(\dfrac{n\pi}{b}y\right)e^{i(k_z z-\omega t)} \\ E_z=A_3\sin\left(\dfrac{m\pi}{a}x\right)\sin\left(\dfrac{n\pi}{b}y\right)e^{i(k_z z-\omega t)} \end{cases} \tag{5.6.40}$$

考虑到限制条件$\nabla\cdot\boldsymbol{E}=0$，可得

$$A_1k_x+A_2k_y-iA_3k_z=0 \tag{5.6.41}$$

则(A_1,A_2,A_3)中只有两个是独立的。

讨论 5-3　(1)波导管内电磁场的特点。

在 y 和 x 坐标都确定的 z 方向直线上

$$E_z=Ae^{i(k_z z-\omega t)}\rightarrow E_z=A\cos(\omega t-k_z z)$$

在 y 和 z 坐标都确定的 x 方向直线上

$$E_x=B\cos k_x x\,e^{i(k_z z-\omega t)}\rightarrow E_x=B\cos k_x x\cos(\omega t-k_z z)$$

在 x 和 z 坐标都确定的 y 方向直线上

$$E_y=C\cos k_y y\,e^{i(k_z z-\omega t)}\rightarrow E_y=C\cos k_y y\cos(\omega t-k_z z)$$

可见，波导管内电磁场在 z 方向是行波，在 x 和 y 方向是驻波。a、b 的尺寸必须满足驻波的条件

$$\frac{2\pi}{\lambda_x}=k_x=\frac{m\pi}{a},\quad \frac{2\pi}{\lambda_y}=k_y=\frac{n\pi}{b}$$

即

$$a=m\frac{\lambda_x}{2},\quad b=n\frac{\lambda_y}{2}$$

当 $E_z=0$ 时，电场强度垂直于波矢，被称为**横电波**，即 TE 波，记为 TE_{mn}；当 $H_z=0$ 时，磁场强度垂直于波矢，被称为**横磁波**，即 TM 波，记为 TM_{mn}。如果 $E_z=0$ 且 $H_z=0$，则称为 TEM 波，记为 TEM_{mn}。

例 5－3　证明 TEM 模式不能在波导中存在。

证明　当电磁波为 TE 波时，即 $A_3=0$，则根据式(5.6.41)可得

$$A_1k_x+A_2k_y=0$$

由于 $\boldsymbol{H}=\frac{\nabla\times\boldsymbol{E}}{\mathrm{i}\omega\mu}$，则

$$H_z\propto k_yA_1-k_xA_2$$

由于 $A_1k_x+A_2k_y=0$，则

$$H_z\propto k_yA_1-k_xA_2=\frac{A_1}{k_y}(k_x^2+k_y^2)$$

由于 $A_1\neq0$（如果 $A_1=0$，则 $A_2=0$，即电场强度等于 0），则

$$H_z\propto\frac{A_1}{k_y}(k_x^2+k_y^2)\neq0$$

所以波导中的电磁波不能为 TEM 波。

同理，当电磁波为 TM 波时，即 $H_z=0$，则

$$H_z\propto k_yA_1-k_xA_2=0$$

根据式(5.6.41)可得

$$A_3=\frac{A_1k_x+A_2k_y}{\mathrm{i}k_z}$$

代入 $k_yA_1-k_xA_2=0$，则

$$A_3=\frac{A_1(k_x^2+k_y^2)}{\mathrm{i}k_zk_x}$$

同样由于 $A_1\neq0$，则

$$A_3=\frac{A_1(k_x^2+k_y^2)}{\mathrm{i}k_zk_x}\neq0$$

即 $E_z\neq0$。所以波导中的电磁波不能为 TEM 波。

例 5－4　证明对于横磁波而言，在波导中存在的最低阶模式为 TM_{11} 模式。

证明　假设存在 TM_{00} 模式，则根据式(5.6.40)可知

$$E_x=E_y=E_z=0$$

则电场强度为 0。

由于 $\boldsymbol{H}=\frac{\nabla\times\boldsymbol{E}}{\mathrm{i}\omega\mu}$，则

$$H_x = H_y = H_z = 0$$

与假设矛盾，则波导中不存在 TM_{00} 模式。

假设存在 TM_{10} 模式，则根据式(5.6.40)可知

$$E_x = E_z = 0, \quad 即\ A_1 = A_3 = 0$$

由于 $H_z = 0$，则

$$H_z \propto k_y A_1 - k_x A_2 = 0$$

则

$$k_x A_2 = 0, \quad 即\ k_x = 0, \quad 或\ A_2 = 0$$

不管是 $k_x = 0$，还是 $A_2 = 0$，可得

$$E_x = E_y = E_z = 0$$

则电场强度为 0。

由于 $\boldsymbol{H} = \frac{\nabla \times \boldsymbol{E}}{\mathrm{i}\omega\mu}$，则

$$H_x = H_y = H_z = 0$$

与假设矛盾，则波导中不存在 TM_{10} 模式。

假设存在 TM_{01} 模式，则根据式(5.6.40)可知

$$E_y = E_z = 0, \quad 即\ A_2 = A_3 = 0$$

由于 $H_z = 0$，则

$$H_z \propto k_y A_1 - k_x A_2 = 0$$

则

$$k_y A_1 = 0, \quad 即\ k_y = 0, \quad 或\ A_1 = 0$$

不管是 $k_y = 0$，还是 $A_1 = 0$，可得

$$E_x = E_y = E_z = 0$$

则电场强度为 0。

由于 $\boldsymbol{H} = \frac{\nabla \times \boldsymbol{E}}{\mathrm{i}\omega\mu}$，则

$$H_x = H_y = H_z = 0$$

与假设矛盾，则波导中不存在 TM_{01} 模式。

因此对于横磁波而言，在波导中存在的最低阶模式为 TM_{11} 模式。

(2)波导中无法传播 TEM 波。

电场与磁场不能同时与传播方向垂直，即电场与磁场在传输方向上的分量不能同时为零。这一结论似乎与电磁波的横波性相矛盾。实际上，横波性是电磁波固有的性质。在波导中出现上述现象，是因为波导的轴线方向并不是波的真正传播方向，波导中的电磁波是在管壁上多次反射中而曲折前进的，图 5-10 为波导中电磁波传播的示意图。由于多次反射波的叠加，最终在垂直于波导轴线的方向形成驻波，且使叠加波沿轴线方向前进。

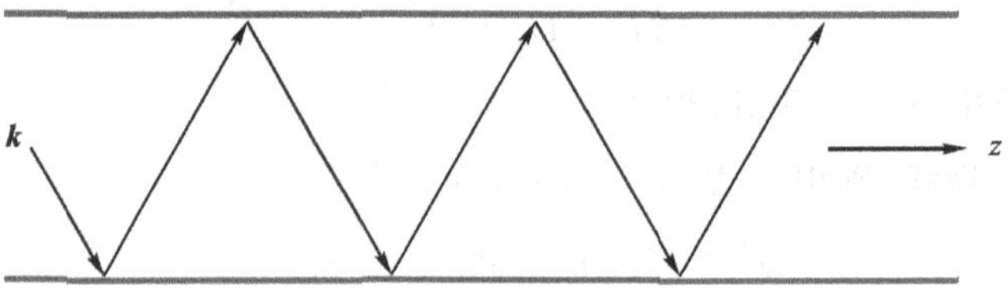

图 5-10　波导中电磁波传播的示意图

不同的(m,n)，有不同的 TE 波和 TM 波。比如 TE_{11} 波可表示为

$$E_x=A_1\cos\left(\frac{\pi x}{a}\right)\sin\left(\frac{\pi y}{b}\right)e^{i(k_z z-\omega t)} \tag{5.6.42}$$

$$E_y=A_2\sin\left(\frac{\pi x}{a}\right)\cos\left(\frac{\pi y}{b}\right)e^{i(k_z z-\omega t)} \tag{5.6.43}$$

$$E_z=A_3\sin\left(\frac{\pi x}{a}\right)\sin\left(\frac{\pi y}{b}\right)e^{i(k_z z-\omega t)}=0 \tag{5.6.44}$$

考虑到 $\boldsymbol{H}=\dfrac{\nabla\times\boldsymbol{E}}{i\omega\mu}$，可得磁场分量

$$H_x=-\frac{k_z}{\omega\mu}E_y \tag{5.6.45}$$

$$H_y=\frac{k_z}{\omega\mu}E_x \tag{5.6.46}$$

$$H_z=\frac{1}{i\omega\mu}\left(\frac{\pi}{a}A_2-\frac{\pi}{b}A_1\right)\cos\left(\frac{\pi x}{a}\right)\cos\left(\frac{\pi y}{b}\right)e^{i(k_z z-\omega t)} \tag{5.6.47}$$

图 5-11 为矩形波导中高次模的场分布示意图。

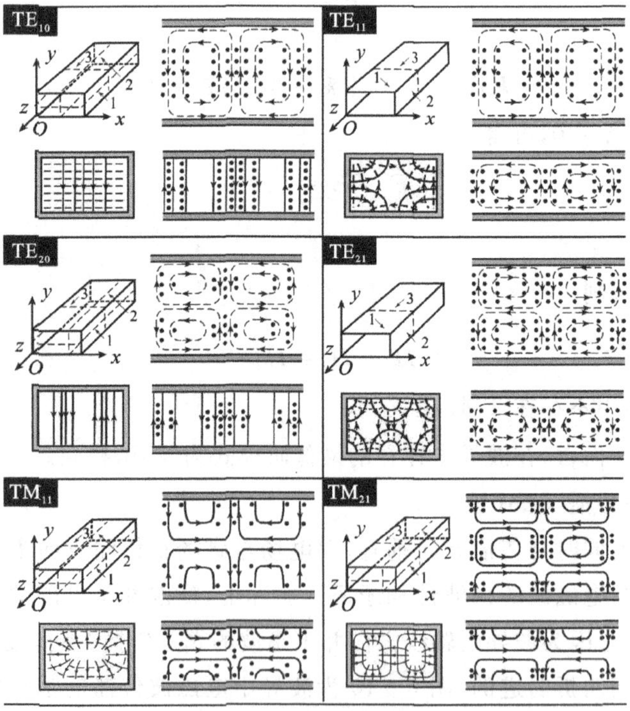

图 5-11　矩形波导中高次模的场分布示意图

在波导管的横截面上，场是谐变的。其分布情况直接取决于 m 和 n 这两个常数的值。不同的 m 和 n 的组合对应不同的场结构，称为不同的波型或模式，一组 (m,n) 的值对应一个模式，TM 波可记为 TM_{mn}，TE 波可记为 TE_{mn}。在实际问题中，总是选定模式来传递电磁波。

(3)波导中允许存在的最小频率称为**截止频率**，波导中允许存在的最长波长称为**截止波长**。考虑到 $k_z=\sqrt{k^2-\left(\frac{m\pi}{a}\right)^2-\left(\frac{n\pi}{b}\right)^2}$，若电磁场的振荡频率 ω 足够小，当 $k^2<k_x^2+k_y^2$，则 k_z 是纯虚数，显然波导中沿 z 方向传播的电磁波 $\boldsymbol{E}=\boldsymbol{E}(x,y)\mathrm{e}^{\mathrm{i}(k_z z-\omega t)}$ 是指数衰减的电磁场，不再是行波，所以电磁场不能在该波导内以 TE_{mn} 或 TM_{mn} 波型传播。将 $k=\sqrt{k_x^2+k_y^2}=\sqrt{\left(\frac{m\pi}{a}\right)^2+\left(\frac{n\pi}{b}\right)^2}$ 作为波数的临界状态，此时对应的频率称为截止频率 $\omega_{\mathrm{c},mn}$。考虑到 $v=\frac{\omega}{k}$，于是有

$$\omega_{\mathrm{c},mn}=vk=\frac{\pi}{\sqrt{\mu\varepsilon}}\sqrt{\left(\frac{m}{a}\right)^2+\left(\frac{n}{b}\right)^2} \tag{5.6.48}$$

只有当入射电磁波的频率大于截止频率时，该电磁波才能在波导中传播。截止频率对应的波长称为截止波长，只有当入射电磁波的波长小于截止波长时，该电磁波才能在波导中传播。截止波长的大小为

$$\lambda_{\mathrm{c},mn}=\frac{2\pi v}{\omega}=\frac{2}{\sqrt{\left(\frac{m}{a}\right)^2+\left(\frac{n}{b}\right)^2}} \tag{5.6.49}$$

当 m、n 取不同的值时，最低截止频率与最长截止波长并不相同。对于通常的矩形波导而言，总是取 $a>b$，此时 TE_{10} 的频率为给定矩形波导中的最小截止频率。真空中的最大截止波长 $\lambda_{\mathrm{c},10}=2a$。

习惯上将金属做成的波导装置称为波导。实际上，波导的含义不限于用金属做成的波导装置，介质波导也是一种波导，双线传输线和同轴线也可以称为波导。广义上，凡是能够引导电磁波传输的装置都可以称为波导。图 5-12 为平板波导、条形波导和圆形波导的结构示意图。

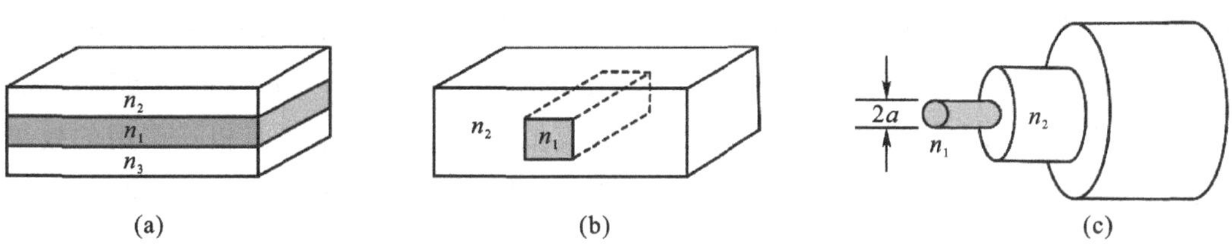

图 5-12　平板波导、条形波导和圆形波导的结构示意图

阅读材料

光学隐身

物体会被探测到是因为其反射或散射了一部分电磁波，而探测器可以检测到电磁波的变化。所以要想实现隐身，必须消除电磁波传播路径上物体对其的影响。事实上在某个特定方向上的隐身，可以根据几何光学的原理实现，而360°全方位的隐身则很难实现。光学或电磁波隐身斗篷就是利用具有负折射率的超材料(meta-materials)和变换光学(transformation optics)原理，使电磁波能够绕过被包覆的物体而不产生任何散射，从而实现隐身。最理想的隐身为物体在各个角度的散射能够不受环境影响地被完全抑制，并且这种效果是在较宽的频率范围内实现的。

超材料的性能并不由它们的化学成分来决定，而由其基本结构决定。通过改变材料的单胞形状、大小和构型，可以改变材料的介电常数和磁导率，进而控制电磁波的传输。超材料是一种人造光学结构，当电磁波经过特殊设计的共振图形后，能够诱发相对应的电场与磁场，从而改变电磁波的传播特性。研究时间最长的超材料是负折射超材料(negative-index metamaterial，NIM)。负折射率材料最早由苏联物理学家韦谢拉戈于1967年从理论上提出。如图5-13所示，正常情况下玻璃、水等介质中的折射对应一个正折射率。韦谢拉戈提出折射率不一定必须是正数，也可以是负数的观点。首先介绍一下折射率的定义，折射率是指电磁波在真空中的速度跟光在介质中的速度之比，即折射率反映电磁波在介质中与在真空中传播速度的差异程度。导致传播速度差异的原因来自于电磁波与介质内粒子的相互作用。一般情况下以相对介电常数 ε_r 代表电子对电场的响应程度，以相对磁导率 μ_r 代表电子对磁场的响应程度，所以这两个物理量可以表示电磁波在介质与真空中传递速度的差异程度，即折射率可以用 ε_r 与 μ_r 表示，折射率满足 $n=\pm\sqrt{\varepsilon_r\mu_r}$，对于大部分的材料而言，相对介电常数和相对磁导率都是正值。如果 ε_r 与 μ_r 都是负的，则 n 为负数，即负折射率材料。要获得负的介电常数和磁导率，关键在于如何控制材料的共振。共振是指材料会倾向以特定频率振动，一般情况下电磁波对材料的共振响应会表现为正值的介电常数与磁导率。人为设计的超材料是利用小线圈来模拟材料对电磁波的响应，即共振单元尺度需与电磁波波长相匹配，共振单元与电磁波作用引发电流，达到模拟电磁波在物体表面相互作用的效果。2001年，研究人员首次在实验室实现了负折射率的现象，通过在相互交叉的电路板上重复排列单元结构，每个单元用铜线和开口谐振环构成，实验数据表明所用的二维结构从宏观上具有左手性，即表现为负折射率。虽然该实验的负折射率现象只发生在特定的微波波段，但是该实验完成了理论到实践的飞跃。

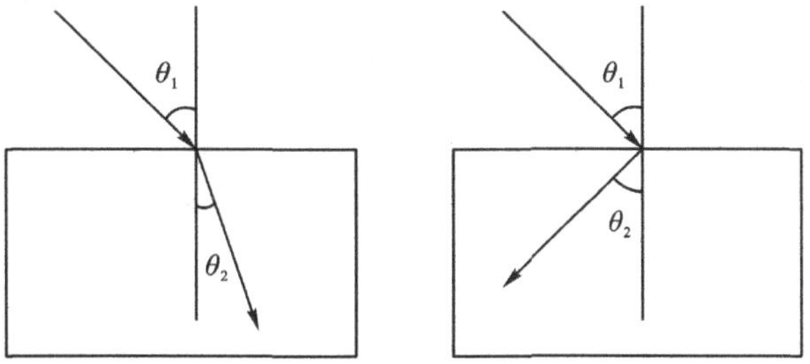

(a) 正折射率　　(b) 负折射率

图 5 - 13　折射率的示意图

实现隐身的理论为变换光学隐身(transformation optics cloaking),包括变换电动力学(transformation electrodynamics)、球形变换斗篷(spherical transformation cloak)和非欧几里得变换隐身(non-Euclidean transformation cloaking)等。变换光学隐身的基本原理是根据麦克斯韦方程的空间不变性,即改变物理空间的形态,电磁波仍保持空间不变。变换光学隐身首次从数学上证明了隐身衣的可行性。从数学上来看,变换前后麦克斯韦方程的解是一致的。从电磁波的角度来看,它所处的空间是没有变化的,所以它感觉不到变换前后的差别,因此就不能分辨有没有物体在隐身衣之内。从人类的角度来看,变换前后的空间是完全不一样的,变换后空间中有一个区域,该区域内部可以用来隐藏物体。首先是变换电动力学,利用拉伸空间坐标网格的变换来操纵电磁能量的流动路径。一束光穿过均匀材料,通过拉伸和压缩笛卡儿空间便可以随意弯曲电磁波并控制其传播。图 5 - 14(a)表示电磁波经过的空间为均匀材料,图 5 - 14(b)表示电磁波经过变形的笛卡儿空间。变换电动力学方法本质上是材料中的非均匀性和各向异性引起几何变形的作用,通过控制磁导率和介电常数的分布函数,就可以有效地在物理空间中创建任何坐标变换。

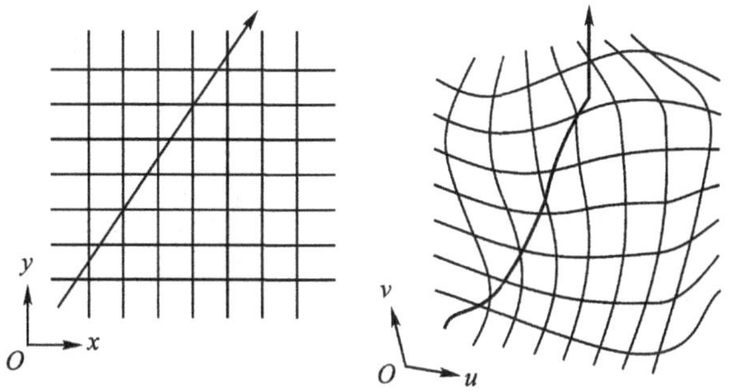

(a) 电磁波经过均匀空间　　(b) 电磁波经过变形的笛卡儿空间

图 5 - 14　电磁波传播路径示意图

球形变换斗篷方法是将自由空间映射到一个有洞的弯曲空间,在使用超材料模拟这种转换之后可获得一个实际的物理空间区域,这个区域与电磁波完全隔离,即可在其中隐藏物体。由于该区域内部的物体不会被电磁波穿过,所以物体不会被极化,即电磁波不会与之发生相互作用。图 5－15(a)表示自由空间被映射为一个有洞的弯曲空间，图 5－15(b)表示电磁波在隐身区域边缘流过后继续沿直线传播。这种方案的实现需要调控材料的磁导率和介电常数，且要求本构参数是各向异性的。同时这种方法要求横跨一定的空间区域，需要相速度大于光速，即该方法只能在带宽为 0 的单一频率下实现，所以球形变换斗篷方法只能对一种波长的电磁波实现隐身，实用性受到一定限制。

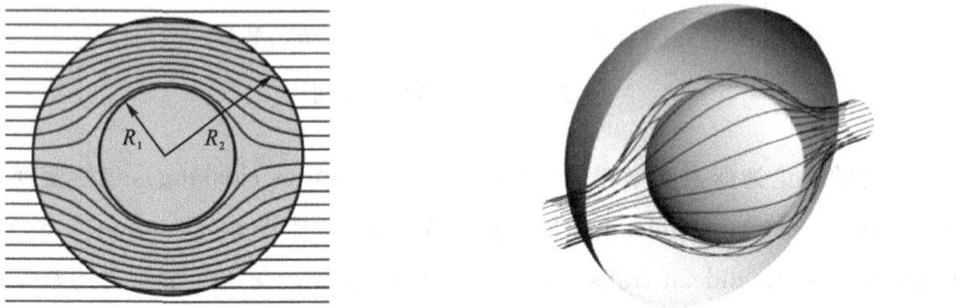

(a) 自由空间被映射为一个有洞的弯曲空间　　(b) 电磁波在隐身区域边缘流过后继续沿直线传播

图 5－15　弯曲空间示意图

非欧几里得变换隐身是使用非欧式变换将物理空间的一个区域映射到由一个平面和一个球面组成的虚拟空间，可避免球形变换斗篷方法中要求相速度大于光速的条件。所以理论上可以实现宽频带的隐身。但是，这种隐身方案需要附加相位，对应于光波在相应的弯曲空间中传播所花费的额外时间，即物体可以通过时间-飞行测量技术或者干涉技术被探测到。图 5－16(a)表示光通过一个由平面和球体表面组成的虚拟空间传输，球体表面是一个弯曲的空间，相切于平面。一束入射光从平面进入球面，它在一个循环后返回，并继续沿相同的方向前进。图 5－16(b)表示平面和球面携带一个映射到物理空间的坐标网格。

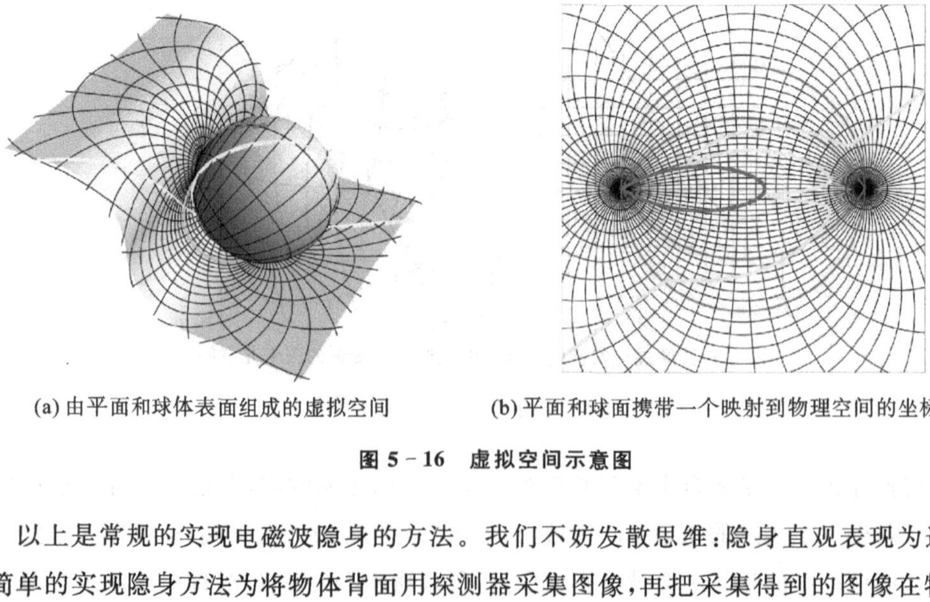

(a) 由平面和球体表面组成的虚拟空间　　(b) 平面和球面携带一个映射到物理空间的坐标网格。

图 5－16　虚拟空间示意图

以上是常规的实现电磁波隐身的方法。我们不妨发散思维：隐身直观表现为透明。一种简单的实现隐身方法为将物体背面用探测器采集图像，再把采集得到的图像在物体的正面显示出来。这样观察者就可以直接看到物体的背面，即物体变得透明。这种让物体融入背景的隐身方法主要针对可见光波段，对于可见光的探测手段来说该隐身方法也具有实用价值。当然这种方法也有一定的局限性。由于需要在物体背面先采集图像的数据，再把数据在物体的正面显示出来这个过程需要一定的时间，当物体运动速度过快时，则会使所生成的图像发生畸变，即物体在高速下不能融入到背景中。

总之，最终实现全波段全空间隐身的目标还有很长的路要走……

思考题

1. 电磁波波动方程表明，真空中电磁波的传播速度恒为 c，这具有什么深刻含义？

2. 什么是时谐电磁波？什么是平面电磁波？

3. 平面电磁波表示为 $\boldsymbol{E}(\boldsymbol{x},t)=\boldsymbol{E}_0\mathrm{e}^{\mathrm{i}(\boldsymbol{k}\cdot\boldsymbol{x}-\omega t)}$，请对比表达式中 $\boldsymbol{k}$ 和 ω 的物理意义。

4. 写出电磁波的能量密度和能流密度的表达式，说明两者之间的内在联系。

5. 写出菲涅耳公式，说明反射过程中为什么存在半波损失。

6. 简述布儒斯特定律的内容。

7. 什么是全反射？说明发生全发射的条件。

8. 良导体条件为什么是 $\frac{\sigma}{\varepsilon\omega}\gg 1$？

9. 导体的介电常数描述为 $\varepsilon'=\varepsilon+\mathrm{i}\frac{\sigma}{\omega}$，这样做有何优点？

10. 写出穿透深度的表达式，说明穿透深度与 ω、μ、σ 的关系。

11. 对比介质中和导体中电场能量和磁场能量。

12. 写出导体表面的边值关系。

13. 谐振腔的波模采用一组非负的整数 (m,n,p) 来表示，m、n、p 可以同时取 0 吗？为什么？写出谐振腔截止频率的表达式，说明(1,1,0)波模的电磁场分布。

14. 波导的波模采用一组非负的整数 (m,n) 来表示，m、n 可以同时取 0 吗？为什么？写出截止频率的表达式，说明(1,0)波模的电磁场分布。

15. 单色电磁波为什么可以写成 $\boldsymbol{E}(\boldsymbol{x},t)=\boldsymbol{E}(\boldsymbol{x})\mathrm{e}^{-\mathrm{i}\omega t}$ 的形式？

16. 平面电磁波为什么可以写成 $\boldsymbol{E}(\boldsymbol{x},t)=\boldsymbol{E}_0\mathrm{e}^{\mathrm{i}(\boldsymbol{k}\cdot\boldsymbol{x}-\omega t)}$ 的形式？

17. 查阅文献，了解电介质波导与光导纤维的工作原理及应用。

18. 解释菲涅耳原理与电磁波的衍射。

19. 查阅文献，了解谐振腔的品质因数与谐振曲线。

练习题

1. 由麦克斯韦方程组出发，推导在没有电荷和电流分布的自由空间中，真空条件下电场和磁场所满足的波动方程。

2. 由基于时谐情形下的麦克斯韦方程组，推导电场强度 $\boldsymbol{E}$ 和磁感应强度 $\boldsymbol{B}$ 所满足的亥姆霍兹方程。

3. 简述平面电磁波的特性。

4. 证明：平面电磁波的电场强度 $\boldsymbol{E}$、磁感应强度 $\boldsymbol{B}$ 和传播方向 $\boldsymbol{k}$ 两两相互垂直。

5. 如图所示，利用分离变量法求解矩形波导内的电场分量和磁场分量，并写出该波导的本征频率。

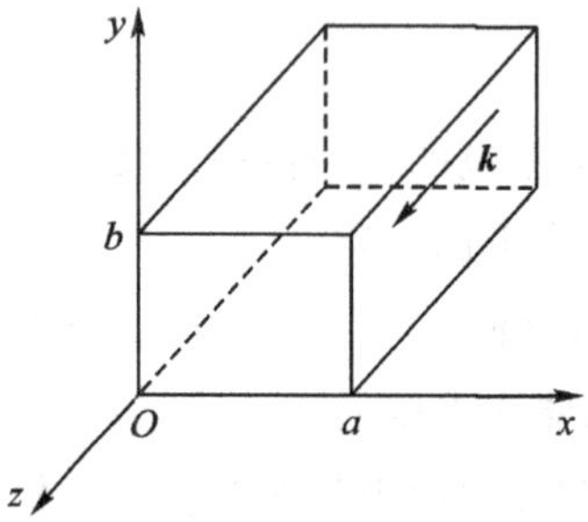

习题 5 图

6. 电磁波 $\boldsymbol{E}_{(x,y,z,t)}=\boldsymbol{E}(x,y)\mathrm{e}^{\mathrm{i}(k_z z-\omega t)}$ 在波导管中沿 z 方向传播，试用 $\nabla\times\boldsymbol{E}=\mathrm{i}\omega\mu_0\boldsymbol{H}$ 和 $\nabla\times\boldsymbol{H}=-\mathrm{i}\omega\varepsilon_0\boldsymbol{E}$，证明电磁场所有分量都可用 $E_z(x,y)$ 及 $H_z(x,y)$ 这两个分量表示。

7. 自编 MATLAB 程序，绘出谐振腔中 TE_{101} 模和波导中 TE_{10} 模的电磁场分布。

8. 定义平面电磁波的能量传播速度为 $\boldsymbol{u}=\boldsymbol{S}/w$，其中 $\boldsymbol{S}$ 为坡印亭矢量，w 为电磁场的能量密度，试证明：在无色散介质中能量传播速度等于平面电磁波的相速度。

9. 证明：透入导体表面的平面电磁波能量等于导体内传播时消耗的焦耳热。

10. 矩形波导管，管内为真空，管横截面积 $\boldsymbol{S}$ 一定，矩形的长和宽分别记为 a 和 b，要使 (1,1) 模具有最小的截止频率 ω_c，则 a 应满足什么条件？

11. 电磁波以一定频率 ω 在电导率为 σ 的金属导体中传播：(1) 写出金属良导体条件的表达式；(2) 证明：在良导体条件下，电荷只能分布在导体表面上。

12. 设某矩形波导的尺寸为 $a=8$ cm，$b=4$ cm，试求工作频率在 3 GHz 时该波导能传输的模式。

13. 证明：整个谐振腔内的电场能量和磁场能量对时间的平均值总相等。

思维导图

无界空间的传输

麦克斯韦方程组

无限大、均匀、各向同性介质

电场和磁场的波动方程 $\nabla^2 \boldsymbol{E}-\mu\varepsilon\frac{\partial^2 \boldsymbol{E}}{\partial t^2}=\boldsymbol{0}$ $\nabla^2 \boldsymbol{B}-\mu\varepsilon\frac{\partial^2 \boldsymbol{B}}{\partial t^2}=\boldsymbol{0}$

$\nabla\cdot\boldsymbol{E}=0$ $\nabla\cdot\boldsymbol{B}=0$

↓

最简单解：$\boldsymbol{E}(x,t)=\boldsymbol{E}_0\cos(\boldsymbol{k}\cdot\boldsymbol{x}-\omega t)$

单色平面电磁波：$\boldsymbol{B}(x,t)=\boldsymbol{B}_0\cos(\boldsymbol{k}\cdot\boldsymbol{x}-\omega t)$

平面电磁波是横波，$\boldsymbol{E}$、$\boldsymbol{B}$、$\boldsymbol{k}$ 两两垂直并满足右手螺旋关系；

平面电磁波的 $\boldsymbol{E}$、$\boldsymbol{B}$ 同相位，$\frac{|\boldsymbol{E}|}{|\boldsymbol{B}|}=\frac{1}{\sqrt{\mu\varepsilon}}=v_p$

波矢 $\boldsymbol{k}=\frac{2\pi}{\lambda}\boldsymbol{e}_n=\frac{\omega}{v}\boldsymbol{e}_n=\omega\sqrt{\mu\varepsilon}\boldsymbol{e}_n$

相速度 $\boldsymbol{v}_p=\frac{\omega}{k}\boldsymbol{e}_k=\frac{c}{\sqrt{\mu_r\varepsilon_r}}\boldsymbol{e}_k=\frac{c}{n}\boldsymbol{e}_k$

能量密度 $w=\varepsilon E^2=\frac{B^2}{\mu}$

能流密度 $\boldsymbol{S}=\sqrt{\frac{\varepsilon}{\mu}}E^2\boldsymbol{e}_k=\sqrt{\frac{\mu}{\varepsilon}}H^2\boldsymbol{e}_k$

电磁波在介质中的传播

电极化强度 $\boldsymbol{P}=-Ne\boldsymbol{x}=\frac{Ne^2\boldsymbol{E}}{m(\omega_0^2-\omega^2-\mathrm{i}\omega\Gamma)}$

↓

折射率 n 为复数 $n=n_0+\mathrm{i}n_1=\sqrt{\frac{\varepsilon}{\varepsilon_0}}=\sqrt{\varepsilon_r}$

↓

$\boldsymbol{E}=\boldsymbol{E}_0\exp\left(-\frac{\omega}{c}n_1 z\right)\exp \mathrm{i}\omega\left(\frac{n_0}{c}z-t\right)$

$n_0(\omega)$ 代表电磁波在介质中的色散

$n_1(\omega)$ 代表电磁波的吸收

↓

共振区 $n_0=1+\frac{Ne^2}{4\varepsilon_0 m\omega_0}\frac{\omega_0-\omega}{(\omega_0-\omega)^2+\Gamma^2/4}$

$n_1=\frac{Ne^2}{8\varepsilon_0 m\omega_0}\frac{\Gamma}{(\omega_0-\omega)^2+\Gamma^2/4}$

n_0 随 ω 的增加而减小时，称为反常色散

远离共振区 $n_0=1+\frac{Ne^2}{2\varepsilon_0 m}\frac{1}{\omega_0^2-\omega^2}$

$n_1=\frac{Ne^2}{2\varepsilon_0 m}\frac{\Gamma\omega}{(\omega_0^2-\omega)^2}$

介质是近似透明的

电磁波在导体中的传播

电荷守恒定律 $\frac{\partial\rho}{\partial t}=-\nabla\cdot\boldsymbol{J}=-\frac{\sigma}{\varepsilon}\rho$

↓

$\rho(t)=\rho_0 \mathrm{e}^{-\frac{\sigma}{\varepsilon}t}=\rho_0\mathrm{e}^{-\frac{t}{\tau}}$

↓

良导体的条件 $\frac{\sigma}{\varepsilon\omega}\gg 1$

↓

$\boldsymbol{E}(\boldsymbol{x})=\boldsymbol{E}_0\mathrm{e}^{-\boldsymbol{\alpha}\cdot\boldsymbol{x}}\mathrm{e}^{\mathrm{i}(\boldsymbol{\beta}\cdot\boldsymbol{x}-\omega t)}$

↓

趋肤效应 穿透深度

$\delta=\frac{1}{\alpha}=\sqrt{\frac{2}{\omega\mu\sigma}}$

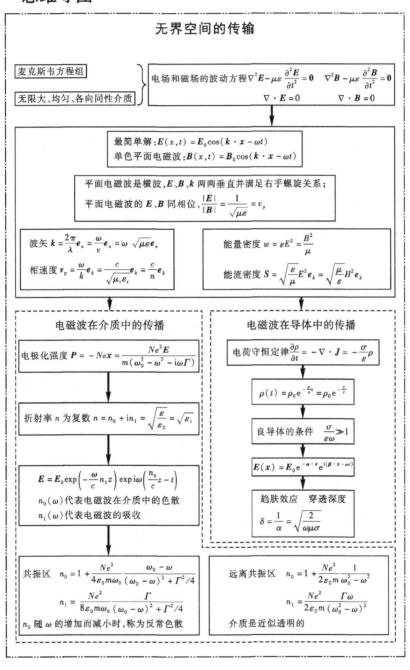

思维导图

有界空间的传输

有界空间边界

边界条件
$$e_n\times(E_2-E_1)=0$$
$$e_n\times(H_2-H_1)=\alpha$$
$$e_n\cdot(D_2-D_1)=\sigma$$
$$e_n\cdot(B_2-B_1)=0$$

→

$$\omega=\omega'=\omega''$$
$$k_x=k_x'=k_x''$$
$$k_y=k_y'=k_y''$$
$$E_{0t}+E_{0t}'=E_{0t}''$$

→

反射定律
$$\theta=\theta'$$
折射定律
$$n_1\sin\theta=n_2\sin\theta''$$

菲涅耳公式

S 波

$E+E'=E''$

$H\cos\theta-H'\cos\theta'=H''\cos\theta''$

→

$$\frac{E'_\perp}{E_\perp}=\frac{\sqrt{\varepsilon_1}\cos\theta-\sqrt{\varepsilon_2}\cos\theta''}{\sqrt{\varepsilon_1}\cos\theta+\sqrt{\varepsilon_2}\cos\theta''}=-\frac{\sin(\theta-\theta'')}{\sin(\theta+\theta'')}$$
$$\frac{E''_\perp}{E_\perp}=\frac{2\sqrt{\varepsilon_1}\cos\theta}{\sqrt{\varepsilon_1}\cos\theta+\sqrt{\varepsilon_2}\cos\theta''}=\frac{2\cos\theta\sin\theta''}{\sin(\theta+\theta'')}$$

P 波

$H+H'=H''$

$E\cos\theta-E'\cos\theta'=E''\cos\theta''$

→

$$\frac{E'_\parallel}{E_\parallel}=\frac{\sqrt{\varepsilon_2}\cos\theta-\sqrt{\varepsilon_1}\cos\theta''}{\sqrt{\varepsilon_2}\cos\theta+\sqrt{\varepsilon_1}\cos\theta''}=\frac{\tan(\theta-\theta'')}{\tan(\theta+\theta'')}$$
$$\frac{E''_\parallel}{E_\parallel}=\frac{2\sqrt{\varepsilon_2}\cos\theta}{\sqrt{\varepsilon_2}\cos\theta+\sqrt{\varepsilon_1}\cos\theta''}=\frac{2\cos\theta\sin\theta''}{\sin(\theta+\theta'')\cos(\theta-\theta'')}$$

布儒斯特定律

$$\theta+\theta''=\frac{\pi}{2}$$
→ $\frac{E'_\parallel}{E_\parallel}=0$ 反射波只有 S 波

全反射

光密介质进入光疏介质

$$n_1\sin\theta_c=n_2\sin\frac{\pi}{2}=n_2$$

→ 折射波沿界面掠过

穿透深度 $\delta=\frac{1}{\kappa}=\frac{\lambda_1}{2\pi\sqrt{\sin^2\theta-n_{21}^2}}$

有界空间内部

谐振腔

$$\nabla^2E_x(x)+k^2E_x(x)=0$$
$$\nabla^2E_y(x)+k^2E_y(x)=0$$
$$\nabla^2E_z(x)+k^2E_z(x)=0$$

→

$$E_x=A_1\cos k_xx\sin k_yy\sin k_zz$$
$$E_y=A_2\sin k_xx\cos k_yy\sin k_zz\quad H=-\frac{i}{\omega\mu}\nabla\times E$$
$$E_z=A_3\sin k_xx\sin k_yy\cos k_zz$$

$$k_x=\frac{m\pi}{L_1},k_y=\frac{n\pi}{L_2},k_z=\frac{p\pi}{L_3}$$
$$k_xA_1+k_yA_2+k_zA_3=0$$

→

$$\omega_{mnp}=\frac{\pi}{\mu\varepsilon}\sqrt{\left(\frac{m}{L_1}\right)^2+\left(\frac{n}{L_2}\right)^2+\left(\frac{p}{L_3}\right)^2}$$

波导

$$\left(\frac{\partial^2}{\partial x^2}+\frac{\partial^2}{\partial y^2}\right)E_x(x,y)+(k^2-k_z^2)E_x(x,y)=0$$
$$\left(\frac{\partial^2}{\partial x^2}+\frac{\partial^2}{\partial y^2}\right)E_y(x,y)+(k^2-k_z^2)E_y(x,y)=0$$
$$\left(\frac{\partial^2}{\partial x^2}+\frac{\partial^2}{\partial y^2}\right)E_z(x,y)+(k^2-k_z^2)E_z(x,y)=0$$

→

$$E_x=A_1\cos k_xx\sin k_yye^{ik_zz}$$
$$E_y=A_2\sin k_xx\cos k_yye^{ik_zz}\quad H=-\frac{i}{\omega\mu}\nabla\times E$$
$$E_z=A_3\sin k_xx\sin k_yye^{ik_zz}$$

$$k_x=\frac{m\pi}{a},k_y=\frac{n\pi}{b}$$
$$k_xA_1+k_yA_2-ik_zA_3=0$$

→

$$\omega_{c,mn}=\frac{\pi}{\sqrt{\mu\varepsilon}}\sqrt{\left(\frac{m}{a}\right)^2+\left(\frac{n}{b}\right)^2}$$

电磁波在导体界面上的反射

$E+E'=E'',H-H'=H''$

$$H=\frac{k\times E}{\omega\mu}=\frac{k}{\omega\mu}e_z\times E=\sqrt{\frac{\sigma}{\omega\mu}}e^{i\frac{\pi}{4}}e_z\times E$$

→

$$\frac{E'}{E}=-\frac{1+i-\sqrt{\frac{2\omega\varepsilon_0}{\sigma}}}{1+i+\sqrt{\frac{2\omega\varepsilon_0}{\sigma}}}$$

→

反射系数

$$R=\left|\frac{E'}{E}\right|^2=\frac{\left(1-\sqrt{\frac{2\omega\varepsilon_0}{\sigma}}\right)^2+1}{\left(1+\sqrt{\frac{2\omega\varepsilon_0}{\sigma}}\right)^2+1}\approx1-2\sqrt{\frac{2\omega\varepsilon_0}{\sigma}}$$

导体的电导率越高，反射系数越高

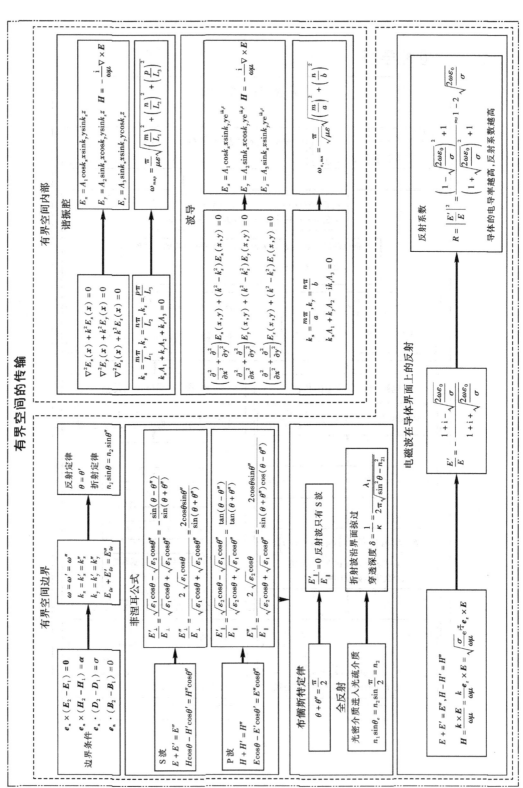

第 6 章　电磁波的辐射

上一章详细讨论了电磁波在各种介质中的传播，但并未说明电磁波是如何产生的。如麦克斯韦方程所述，任何电磁场均是由电荷或电流所产生的。但由稳恒电磁场内容可知，静止电荷与稳恒电流无法产生变化的电磁场，电磁波是由变化的电荷或电流所产生的，这就是电磁波的辐射问题。

本章从含源的麦克斯韦方程组出发，讨论迅变电磁场中的矢势与标势，并借助矢势与标势将麦克斯韦方程组简化为达朗贝尔方程，获得其推迟势解。在此基础上，首先采用多级展开法研究宏观电流变化所引发的辐射推迟势，并重点讨论电偶极辐射、磁偶极辐射及电四极辐射等模式，及其在天线实际问题中的应用。其次，本章还深入研究具有确定电荷、质量、速度和加速度的带电粒子的辐射场，讨论带电粒子与辐射电磁波之间的相互作用，分析电子对电磁波的散射和吸收过程，并探讨经典电动力学的局限性。

6.1　电磁场的矢势和标势

6.1.1　矢势和标势

电磁波是由变化的电荷或电流所产生的。此时，电磁场不再是稳恒电磁场，而是迅变电磁场，其对应的麦克斯韦方程组应采用含源形式，如下式所示：

$$\begin{cases} \nabla\times\boldsymbol{E}=-\dfrac{\partial\boldsymbol{B}}{\partial t} \\ \nabla\times\boldsymbol{H}=\dfrac{\partial\boldsymbol{D}}{\partial t}+\boldsymbol{J} \\ \nabla\cdot\boldsymbol{D}=\rho_{\mathrm{f}} \\ \nabla\cdot\boldsymbol{B}=0 \end{cases} \tag{6.1.1}$$

根据矢量恒等式，任意矢量旋度的散度为零，结合上面的第四式，可以定义矢势 $\boldsymbol{A}$ 为

$$\boldsymbol{B}=\nabla\times\boldsymbol{A} \tag{6.1.2}$$

将上式代入麦克斯韦方程的第一式可得

$$\nabla\times\left(\boldsymbol{E}+\frac{\partial\boldsymbol{A}}{\partial t}\right)=\boldsymbol{0} \tag{6.1.3}$$

根据矢量恒等式，任意标量函数的梯度的旋度为零，因此可以定义标势 φ 为

$$-\nabla\varphi=\boldsymbol{E}+\frac{\partial\boldsymbol{A}}{\partial t} \tag{6.1.4}$$

或

$$\boldsymbol{E}=-\nabla\varphi-\frac{\partial \boldsymbol{A}}{\partial t} \tag{6.1.5}$$

迅变电磁场的电场必须同时采用标势和矢势才能描述，这是因为迅变电磁场中的电场分量同时包含库仑场和感应场，此时电场 $\boldsymbol{E}$ 不再是保守场，因此单独使用标势 φ 的梯度并不能完全描述迅变电磁场的电场分量。

6.1.2 规范变换和规范不变性

交变场的规范条件

上文定义了迅变电磁场的矢势和标势，采用了矢量恒等式，这使得矢势 $\boldsymbol{A}$、标势 φ 与电磁场电场 $\boldsymbol{E}$、磁场 $\boldsymbol{B}$ 之间不再是一一对应关系。实际上，根据矢量恒等式可知，对迅变电磁场的矢势和标势进行如下变换后，并不会改变迅变电磁场的电场与磁场大小与分布。

$$\boldsymbol{A}\to\boldsymbol{A}'=\boldsymbol{A}+\nabla\Psi \tag{6.1.6}$$

$$\varphi\to\varphi'=\varphi-\frac{\partial \Psi}{\partial t} \tag{6.1.7}$$

有

$$\nabla\times\boldsymbol{A}'=\nabla\times\boldsymbol{A}+\nabla\times\nabla\Psi=\nabla\times\boldsymbol{A}=\boldsymbol{B} \tag{6.1.8}$$

$$-\nabla\varphi'-\frac{\partial \boldsymbol{A}'}{\partial t}=-\nabla\varphi-\frac{\partial \boldsymbol{A}}{\partial t}=\boldsymbol{E} \tag{6.1.9}$$

即 $(\boldsymbol{A}',\varphi')$ 与 $(\boldsymbol{A},\varphi)$ 描述的是同一个电磁场。

上述变换称为**规范变换**，每一组 $(\boldsymbol{A},\varphi)$ 称为一种规范。当矢势与标势进行规范变换后，由于变换前后所描述的电磁场不变，因此这种不变性称为**规范不变性**。经典电动力学中，矢势和标势的引入是作为描述电磁场的一种方法，其规范不变性是对这种描述方法所加的要求。近代物理中，规范变换是由量子力学的基本原理所引入的，规范不变性是一条重要的基本物理原理，不仅适用于电磁相互作用，而且适用于其他基本相互作用。传递这些相互作用的场称为**规范场**，电磁场就是一种典型的规范场。事实上，具有某种整体对称性变换不变的物理规律，当把它推广到定域，要求定域对称性变换不变时，就必须引入新的规范场。

从场论的观点来看，要确定一个矢量场，必须同时确定矢量场的旋度和散度。电动力学引入矢势时，仅给出了矢势的旋度，没有给出散度，因此不足以确定矢势，此时可根据需要选择不同矢势的散度。不同矢势散度的选择，将会对应不同的规范。最常见的两种规范为库仑规范和洛伦兹规范。

1)库仑规范

$$\nabla\cdot\boldsymbol{A}=0 \tag{6.1.10}$$

在这种规范中，$\boldsymbol{A}$ 为无源场，因此电场表示式为

$$\boldsymbol{E}=-\nabla\varphi-\frac{\partial \boldsymbol{A}}{\partial t} \tag{6.1.11}$$

上式右边第一项 $-\nabla\varphi$ 对应无旋场(纵场)，而第二项 $-\frac{\partial \boldsymbol{A}}{\partial t}$ 对应无源场(横场)，库仑规范

的优点是 $\boldsymbol{E}$ 的纵场部分完全由标势 φ 描述，而横场部分完全由矢势 $\boldsymbol{A}$ 描述，即 $-\nabla\varphi$ 对应于库仑场，$-\dfrac{\partial \boldsymbol{A}}{\partial t}$ 对应于感应电场，这种划分具有清晰的物理含义。

2）洛伦兹规范

$$\nabla\cdot\boldsymbol{A}+\frac{1}{c^2}\frac{\partial\varphi}{\partial t}=0 \tag{6.1.12}$$

下节内容表明，引入洛伦兹规范的矢势和标势的方程形式基本相同，这意味着只要得到标势的表达式，就能直接得到矢势的表达式。洛伦兹规范的这一优点使其在理论研究中具有重要的意义。

6.1.3　达朗贝尔方程

电场与磁场的对称性

将矢势与标势代入麦克斯韦方程组可得

$$\nabla\times(\nabla\times\boldsymbol{A})=\mu_0\boldsymbol{J}-\mu_0\varepsilon_0\frac{\partial}{\partial t}\nabla\varphi-\mu_0\varepsilon_0\frac{\partial^2\boldsymbol{A}}{\partial t^2}-\nabla^2\varphi-\frac{\partial}{\partial t}\nabla\cdot\boldsymbol{A}=\frac{\rho_{\mathrm{f}}}{\varepsilon_0} \tag{6.1.13}$$

又

$$\nabla\times(\nabla\times\boldsymbol{A})=\nabla(\nabla\cdot\boldsymbol{A})-\nabla^2\boldsymbol{A}$$

因此，迅变电磁场矢势、标势与电流密度矢量、电荷密度的关系如下式：

$$\begin{cases}\nabla^2\boldsymbol{A}-\dfrac{1}{c^2}\dfrac{\partial^2\boldsymbol{A}}{\partial t^2}-\nabla\left(\nabla\cdot\boldsymbol{A}+\dfrac{1}{c^2}\dfrac{\partial\varphi}{\partial t}\right)=-\mu_0\boldsymbol{J}\\[2ex]\nabla^2\varphi+\dfrac{\partial}{\partial t}\nabla\cdot\boldsymbol{A}=-\dfrac{\rho_{\mathrm{f}}}{\varepsilon_0}\end{cases} \tag{6.1.14}$$

需要指出，上述方程组适用于任意规范条件。

如果采用库仑规范，达朗贝尔方程可转变为

$$\begin{cases}\nabla^2\boldsymbol{A}-\dfrac{1}{c^2}\dfrac{\partial^2\boldsymbol{A}}{\partial t^2}-\dfrac{1}{c^2}\dfrac{\partial}{\partial t}\nabla\varphi=-\mu_0\boldsymbol{J}\\[2ex]\nabla^2\varphi=-\dfrac{\rho_{\mathrm{f}}}{\varepsilon_0}\\[2ex]\nabla\cdot\boldsymbol{A}=0\end{cases} \tag{6.1.15}$$

可以看出，采用库仑规范，标势所满足的方程与静电场情形相同，其解是库仑势。此时，矢势的解较为复杂。

如果采用洛伦兹规范，则有

$$\begin{cases}\nabla^2\boldsymbol{A}-\dfrac{1}{c^2}\dfrac{\partial^2\boldsymbol{A}}{\partial t^2}=-\mu_0\boldsymbol{J}\\[2ex]\nabla^2\varphi-\dfrac{1}{c^2}\dfrac{\partial^2\varphi}{\partial t^2}=-\dfrac{\rho_{\mathrm{f}}}{\varepsilon_0}\\[2ex]\nabla\cdot\boldsymbol{A}+\dfrac{1}{c^2}\dfrac{\partial\varphi}{\partial t}=0\end{cases} \tag{6.1.16}$$

采用洛伦兹规范后，关于矢势和标势的微分方程是相互独立的，而且形式完全相同，这种具有完美对称性的标势和矢势的微分方程组称为**达朗贝尔方程**。从达朗贝尔方程的形式上来看，自由电荷激发标势，电流激发矢势，标势和矢势在空间以波的形式传播。采用达朗贝尔方程，不仅能够便捷地得出矢势与标势的解，还能清晰地展现电磁场的激发与传播过程。

6.1.4 推迟势

由于达朗贝尔方程的标势方程与矢势方程形式完全相同，因此先求解简单的标势方程，然后用矢势 $\boldsymbol{A}$ 分量 A_x、A_y、A_z 替代 φ，就可以得到矢势的解。

标势 φ 的达朗贝尔方程为

$$\nabla^2\varphi-\frac{1}{c^2}\frac{\partial^2\varphi}{\partial t^2}=-\frac{\rho_f}{\varepsilon_0} \tag{6.1.17}$$

为求出 $\rho(\boldsymbol{x},t)$激发的标势 $\varphi(\boldsymbol{x},t)$，可先求出位于坐标原点的点电荷 $q(t)$所产生的标势，然后对电荷分布区域进行积分，就可以得到 $\rho(\boldsymbol{x},t)$产生的总标势 $\varphi(\boldsymbol{x},t)$。

考虑到位于坐标原点的点电荷 $q(t)$，其电荷密度采用 δ 函数表示成 $\rho(\boldsymbol{x},t)=q(t)\delta^3(\boldsymbol{x})$，则点电荷激发的标势方程为

$$\nabla^2\varphi-\frac{1}{c^2}\frac{\partial^2\varphi}{\partial t^2}=-\frac{q(t)\delta^3(\boldsymbol{x})}{\varepsilon_0} \tag{6.1.18}$$

由于点电荷位于坐标原点，$\varphi(\boldsymbol{x},t)$只与 r、t 有关，与方位角 θ、ϕ 无关，场分布具有球对称性，因而采用球坐标表示为

$$\frac{1}{r^2}\frac{\partial}{\partial r}\left(r^2\frac{\partial\varphi}{\partial r}\right)-\frac{1}{c^2}\frac{\partial^2\varphi}{\partial t^2}=-\frac{q(t)\delta^3(\boldsymbol{x})}{\varepsilon_0} \tag{6.1.19}$$

我们主要关注 $r\neq0$ 处的标势，此时 φ 满足的齐次波动方程为

$$\frac{1}{r^2}\frac{\partial}{\partial r}\left(r^2\frac{\partial\varphi}{\partial r}\right)-\frac{1}{c^2}\frac{\partial^2\varphi}{\partial t^2}=0 \tag{6.1.20}$$

考虑到当 r 增大时 φ 趋于减小，且点电荷的静电势与 r 成反比，采用类比法做以下代换

$$\varphi(\boldsymbol{r},t)=\frac{u(\boldsymbol{r},t)}{r} \tag{6.1.21}$$

代入齐次方程可得关于 u 的方程

$$\frac{\partial^2 u}{\partial r^2}-\frac{1}{c^2}\frac{\partial^2 u}{\partial t^2}=0 \tag{6.1.22}$$

该方程是一维空间的波动方程，其通解为

$$u(r,t)=f\left(t-\frac{r}{c}\right)+g\left(t+\frac{r}{c}\right) \tag{6.1.23}$$

其中，f 和 g 是两个任意函数。因此除原点外 φ 的解为

$$\varphi(r,t)=\frac{f\left(t-\frac{r}{c}\right)}{r}+\frac{g\left(t+\frac{r}{c}\right)}{r} \tag{6.1.24}$$

上式右边第一项代表向外发射的球面波，第二项代表向内收缩的球面波。考虑到点电

荷位于原点，电磁波由原点向外辐射，因此在研究辐射问题时取 $g=0$，即

$$\varphi(r,t)=\frac{f\left(t-\frac{r}{c}\right)}{r} \tag{6.1.25}$$

函数 f 的具体形式由包含 $r=0$ 处的方程决定。将上式代入非齐次方程，并取半径 $a\to 0$ 的小球包围坐标原点，将上式在小球内积分，得

$$\int_V\left(\nabla^2-\frac{1}{c^2}\frac{\partial^2}{\partial t^2}\right)\frac{f}{r}\mathrm{d}V=-\frac{1}{\varepsilon_0}\int_V q(t)\delta^3(\boldsymbol{x})\mathrm{d}V \tag{6.1.26}$$

由于

$$\nabla^2\left(\frac{f}{r}\right)=\nabla\cdot\left(\frac{\nabla f}{r}+f\,\nabla\frac{1}{r}\right)=\frac{1}{r}\nabla^2 f+2\,\nabla f\cdot\nabla\frac{1}{r}+f\,\nabla^2\frac{1}{r},\quad \nabla^2\frac{1}{r}=-4\pi\delta^3(\boldsymbol{x})$$

则式(6.1.26)可变为

$$\int_V\left[\frac{1}{r}\,\nabla^2 f+2\,\nabla f\cdot\nabla\frac{1}{r}-4\pi f\delta^3(\boldsymbol{x})-\frac{1}{c^2 r}\frac{\partial^2 f}{\partial t^2}\right]\mathrm{d}V=-\frac{q(t)}{\varepsilon_0} \tag{6.1.27}$$

考虑 $a\to 0$ 时，积分中的第一、二、四项分别正比于 a^2、a、a^2，而体积正比于 a^3，因此这三项的积分为零，于是上式可转换为

$$f(t)=\frac{q(t)}{4\pi\varepsilon_0} \tag{6.1.28}$$

于是标势可表示成

$$\varphi(r,t)=\frac{q\left(t-\frac{r}{c}\right)}{4\pi\varepsilon_0 r} \tag{6.1.29}$$

作为迅变电磁场的特例，静电荷 q 激发的静电势为 $\varphi=\frac{q}{4\pi\varepsilon_0 r}$，与上述结果符合，表明上述结果是正确的。

若点电荷位于 $\boldsymbol{x}'$，令 r 为 $\boldsymbol{x}'$ 点到场点 $\boldsymbol{x}$ 的距离，则有

$$\varphi(\boldsymbol{x},t)=\frac{q\left(\boldsymbol{x}',t-\frac{r}{c}\right)}{4\pi\varepsilon_0 r} \tag{6.1.30}$$

对于一般电荷变化分布 $\rho(\boldsymbol{x}',t)$ 的情形，它所激发的标势为

$$\varphi(\boldsymbol{x},t)=\int_V\frac{\rho\left(\boldsymbol{x}',t-\frac{r}{c}\right)}{4\pi\varepsilon_0 r}\mathrm{d}V' \tag{6.1.31}$$

根据标势与矢势达朗贝尔方程对称性，做替换：$\varphi\to A_i$，$\frac{\rho}{\varepsilon_0}\to\mu_0 J_i$。可得 A_i 或 $\boldsymbol{A}$ 为

$$\boldsymbol{A}(\boldsymbol{x},t)=\frac{\mu_0}{4\pi}\int_V\frac{\boldsymbol{J}\left(\boldsymbol{x}',t-\frac{r}{c}\right)}{r}\mathrm{d}V' \tag{6.1.32}$$

标势与矢势的解表明，t 时刻的势由较早时刻 $t'=t-\frac{r}{c}$、距离场点 r 处的电荷分布或电流分布决定，$\frac{r}{c}$ 恰好为电磁波从源点 $\boldsymbol{x}'$ 传播到场点 $\boldsymbol{x}$ 所需要的时间，因此上两式的解也被称

为**推迟势**。上述两式还表明，电磁波传播的速度为光速 c。

可以证明 $\varphi(\boldsymbol{x},t)$ 和 $\boldsymbol{A}(\boldsymbol{x},t)$ 满足洛伦兹规范条件，因此它们是关于辐射问题的正确的解。

当给定电荷分布和电流分布后，就可以计算出标势和矢势，进一步由

$$\boldsymbol{B}=\nabla\times\boldsymbol{A} \tag{6.1.33}$$

$$\boldsymbol{E}=-\nabla\varphi-\frac{\partial\boldsymbol{A}}{\partial t} \tag{6.1.34}$$

求出空间任意点的电磁场强度。

6.2 多级辐射

6.2.1 辐射场

电磁波是从交变运动的电荷系统辐射出来的。对于宏观情形，电磁波是由载有交变电流的天线辐射出来的；对于微观情形，变速运动的带电粒子导致了电磁波的辐射。设交变电荷系统的角频率为 ω，则电荷密度与电流密度分别为

$$\rho\left(x',t-\frac{r}{c}\right)=\rho(x')\mathrm{e}^{-\mathrm{i}\omega\left(t-\frac{r}{c}\right)}=\rho(x')\mathrm{e}^{\mathrm{i}(kr-\omega t)} \tag{6.2.1}$$

$$\boldsymbol{J}\left(x',t-\frac{r}{c}\right)=\boldsymbol{J}(x')\mathrm{e}^{-\mathrm{i}\omega\left(t-\frac{r}{c}\right)}=\boldsymbol{J}(x')\mathrm{e}^{\mathrm{i}(kr-\omega t)} \tag{6.2.2}$$

交变电荷和电流激发的电场和磁场也是同频交变的，因此它们具有如下形式

$$\boldsymbol{E}(\boldsymbol{x},t)=\boldsymbol{E}(\boldsymbol{x})\mathrm{e}^{\mathrm{i}(kr-\omega t)},\quad \boldsymbol{B}(\boldsymbol{x},t)=\boldsymbol{B}(\boldsymbol{x})\mathrm{e}^{\mathrm{i}(kr-\omega t)} \tag{6.2.3}$$

将电流密度矢量代入推迟势表达式，有

$$\boldsymbol{A}(\boldsymbol{x},t)=\frac{\mu_0}{4\pi}\int_V\frac{\boldsymbol{J}(\boldsymbol{x}')\mathrm{e}^{\mathrm{i}(kr-\omega t)}}{r}\mathrm{d}V' \tag{6.2.4}$$

于是可求出辐射场的电场分量、磁场分量及能流密度分别为

$$\boldsymbol{B}=\nabla\times\boldsymbol{A} \tag{6.2.5}$$

$$\boldsymbol{E}=\frac{\nabla\times\boldsymbol{H}}{-\mathrm{i}\omega\varepsilon}=\frac{\mathrm{i}c}{k}\nabla\times\boldsymbol{B}=\frac{\mathrm{i}c}{k}\mathrm{i}\boldsymbol{k}\times\boldsymbol{B}=c\boldsymbol{B}\times\boldsymbol{e}_r \tag{6.2.6}$$

$$\boldsymbol{S}=\boldsymbol{E}\times\boldsymbol{H} \tag{6.2.7}$$

6.2.2 推迟势的多级展开

讨论宏观电荷体系的辐射问题时，由于关注的区域通常为远区($r\gg\lambda,r\gg l$)，假设电荷分布在一个很小区域，即小场源情形($l\ll\lambda$)，这种情况下可通过推迟势的多级展开进行讨论。

假设坐标中心位于小场源中心，则 r 近似等于 R(场点到坐标原点的距离)，考虑三元泰勒级数的展开式为

$$f(r)=f(R)-\boldsymbol{x}'\cdot\nabla f(R)+\frac{1}{2!}\boldsymbol{x}'\boldsymbol{x}':\nabla\nabla f(R)+\cdots \tag{6.2.8}$$

取 $f(r)=\dfrac{\rho\left(\boldsymbol{x}',t-\dfrac{r}{c}\right)}{r}$，则有

$$\frac{\rho\left(\boldsymbol{x}',t-\dfrac{r}{c}\right)}{r}=\frac{\rho\left(\boldsymbol{x}',t-\dfrac{R}{c}\right)}{R}-\boldsymbol{x}'\cdot\nabla\frac{\rho\left(\boldsymbol{x}',t-\dfrac{R}{c}\right)}{R}+\frac{1}{2!}\boldsymbol{x}'\boldsymbol{x}':\nabla\nabla\frac{\rho\left(\boldsymbol{x}',t-\dfrac{R}{c}\right)}{R}+\cdots \tag{6.2.9}$$

将上式代入标势和矢势的表达式，可得

$$\varphi(\boldsymbol{x},t)=\frac{1}{4\pi\varepsilon_0}\int_V\frac{\rho\left(\boldsymbol{x}',t-\dfrac{R}{c}\right)}{R}\mathrm{d}V'-\frac{1}{4\pi\varepsilon_0}\int_V\boldsymbol{x}'\cdot\nabla\frac{\rho\left(\boldsymbol{x}',t-\dfrac{R}{c}\right)}{R}\mathrm{d}V'+$$

$$\frac{1}{4\pi\varepsilon_0}\frac{1}{2!}\int_V\boldsymbol{x}'\boldsymbol{x}':\nabla\nabla\frac{\rho\left(\boldsymbol{x}',t-\dfrac{R}{c}\right)}{R}\mathrm{d}V'+\cdots \tag{6.2.10}$$

$$\boldsymbol{A}(\boldsymbol{x},t)=\frac{\mu_0}{4\pi}\int_V\frac{\boldsymbol{J}\left(\boldsymbol{x}',t-\dfrac{R}{c}\right)}{R}\mathrm{d}V'-\frac{\mu_0}{4\pi}\int_V\boldsymbol{x}'\cdot\nabla\frac{\boldsymbol{J}\left(\boldsymbol{x}',t-\dfrac{R}{c}\right)}{R}\mathrm{d}V'+$$

$$\frac{\mu_0}{4\pi}\frac{1}{2!}\int_V\boldsymbol{x}'\boldsymbol{x}':\nabla\nabla\frac{\boldsymbol{J}\left(\boldsymbol{x}',t-\dfrac{R}{c}\right)}{R}\mathrm{d}V'+\cdots \tag{6.2.11}$$

φ 展开式的第一项代表电荷产生的标势：

$$\varphi^{(0)}=\frac{1}{4\pi\varepsilon_0}\int_V\frac{\rho\left(\boldsymbol{x}',t-\dfrac{R}{c}\right)}{R}\mathrm{d}V'=\frac{1}{4\pi\varepsilon_0 R}\int_V\rho\left(\boldsymbol{x}',t-\frac{R}{c}\right)\mathrm{d}V'=\frac{q}{4\pi\varepsilon_0 R} \tag{6.2.12}$$

φ 展开式的第二项代表电偶极矩产生的标势：

$$\varphi^{(1)}=-\frac{1}{4\pi\varepsilon_0}\int_V\boldsymbol{x}'\cdot\nabla\frac{\rho\left(\boldsymbol{x}',t-\dfrac{R}{c}\right)}{R}\mathrm{d}V'=-\nabla\frac{\boldsymbol{p}\left(\boldsymbol{x}',t-\dfrac{R}{c}\right)}{4\pi\varepsilon_0 R} \tag{6.2.13}$$

φ 展开式的第三项代表电四极矩产生的标势：

$$\varphi^{(2)}=\frac{1}{4\pi\varepsilon_0}\frac{1}{2!}\int_V\boldsymbol{x}'\boldsymbol{x}':\nabla\nabla\frac{\rho\left(\boldsymbol{x}',t-\dfrac{R}{c}\right)}{R}\mathrm{d}V' \tag{6.2.14}$$

$\boldsymbol{A}$ 展开式的第一项代表电偶极矩产生的矢势：

$$\boldsymbol{A}^{(1)}=\frac{\mu_0}{4\pi}\int_V\frac{\boldsymbol{J}\left(\boldsymbol{x}',t-\dfrac{R}{c}\right)}{R}\mathrm{d}V'=\frac{\mu_0}{4\pi R}\int_V\boldsymbol{J}\left(\boldsymbol{x}',t-\frac{R}{c}\right)\mathrm{d}V'=\frac{\mu_0}{4\pi R}\dot{\boldsymbol{p}} \tag{6.2.15}$$

$\boldsymbol{A}$ 展开式的第二项代表磁偶极矩和电四极矩产生的矢势：

$$\boldsymbol{A}(\boldsymbol{x},t)=\frac{\mu_0}{4\pi}\frac{1}{2!}\int_V\boldsymbol{x}'\boldsymbol{x}':\nabla\nabla\frac{\boldsymbol{J}\left(\boldsymbol{x}',t-\dfrac{R}{c}\right)}{R}\mathrm{d}V' \tag{6.2.16}$$

通常精度下，电八级、磁四级及以上辐射往往可以忽略。

6.2.3 电偶极辐射

1. 电偶极辐射场

通过电偶极矩产生的标势和矢势，可以直接计算电偶极矩产生的电磁场。以磁感应强度矢量为例：

$$\begin{aligned}\boldsymbol{B}&=\nabla\times\boldsymbol{A}^{(1)}=\frac{\mu_0}{4\pi}\nabla\times\frac{\dot{\boldsymbol{p}}\left(t-\frac{r}{c}\right)}{r}\\&=\frac{\mu_0}{4\pi}\left[\left(\nabla\frac{1}{r}\right)\times\dot{\boldsymbol{p}}\left(t-\frac{r}{c}\right)+\frac{1}{r}\nabla\times\dot{\boldsymbol{p}}\left(t-\frac{r}{c}\right)\right]\\&=\frac{\mu_0}{4\pi}\left[\frac{\dot{\boldsymbol{p}}\left(t-\frac{r}{c}\right)\times\boldsymbol{r}}{r^3}+\frac{\ddot{\boldsymbol{p}}\left(t-\frac{r}{c}\right)\times\boldsymbol{r}}{cr^2}\right]\end{aligned}\tag{6.2.17}$$

由上式可知，通过电偶极矩产生的磁感应强度矢量由两项组成。对空间不同区域，这两项的重要性不同，它们的大小之比为

$$\left|\frac{\ddot{\boldsymbol{p}}\left(t-\frac{r}{c}\right)\times\frac{\boldsymbol{r}}{cr^2}}{\dot{\boldsymbol{p}}\left(t-\frac{r}{c}\right)\times\frac{\boldsymbol{r}}{r^3}}\right|=\frac{\frac{\omega}{c}}{\frac{1}{r}}=\frac{2\pi r}{\lambda}\tag{6.2.18}$$

对于近区($R\ll\lambda$)，磁感应强度矢量的第一项重要；对于远区($R\gg\lambda$)，磁感应强度矢量的第二项重要。当研究远场时，忽略第一项，并利用 $\boldsymbol{e}_z\times\boldsymbol{e}_r=\sin\theta\boldsymbol{e}_\phi$ 得

$$\boldsymbol{B}=\frac{\mu_0\ddot{\boldsymbol{p}}\left(t-\frac{r}{c}\right)\times\boldsymbol{r}}{4\pi cr^2}=\frac{\mu_0}{4\pi cr}\left|\ddot{\boldsymbol{p}}\left(t-\frac{r}{c}\right)\right|\sin\theta\boldsymbol{e}_\phi\tag{6.2.19}$$

此时，对应的电场强度矢量为

$$\boldsymbol{E}=c\boldsymbol{B}\times\boldsymbol{e}_r=\frac{\mu_0}{4\pi r}\left|\ddot{\boldsymbol{p}}\left(t-\frac{r}{c}\right)\right|\sin\theta\boldsymbol{e}_\phi\times\boldsymbol{e}_r=\frac{\mu_0}{4\pi r}\left|\ddot{\boldsymbol{p}}\left(t-\frac{r}{c}\right)\right|\sin\theta\boldsymbol{e}_\theta\tag{6.2.20}$$

2. 能流密度

电偶极矩产生的能流密度为

$$\begin{aligned}\boldsymbol{S}&=\frac{1}{2}\mathrm{Re}(\boldsymbol{E}^*\times\boldsymbol{H})=\frac{1}{2\mu_0}\mathrm{Re}[c(\boldsymbol{B}^*\times\boldsymbol{e}_r)\times\boldsymbol{B}]\\&=\frac{1}{2\mu_0}\mathrm{Re}[c|\boldsymbol{B}|^2\boldsymbol{e}_r-c(\boldsymbol{e}_r\cdot\boldsymbol{B})\boldsymbol{B}^*]\\&=\frac{1}{2\mu_0}\mathrm{Re}(c|\boldsymbol{B}|^2\boldsymbol{e}_r)=\frac{c}{2\mu_0}|\boldsymbol{B}|^2\boldsymbol{e}_r\\&=\frac{\left|\ddot{\boldsymbol{p}}\left(t-\frac{r}{c}\right)\right|\sin^2\theta}{32\pi^2\varepsilon_0c^3r^2}\boldsymbol{e}_r\end{aligned}\tag{6.2.21}$$

需要指出，上式推导中用到了 $\boldsymbol{e}_r\cdot\boldsymbol{B}=\boldsymbol{e}_r\cdot\boldsymbol{e}_\phi B=0$。因子 $\sin\theta$ 代表电偶极辐射的角分布，在 $\theta=90°$ 平面上辐射最强，而沿电偶极矩轴线方向($\theta=0°$，$\theta=180°$)没有辐射。

3. 辐射功率与辐射角分布

以坐标原点为球心，做半径很大的球面，单位时间通过球面能量即为辐射总功率

$$P=\oint|\bar{\boldsymbol{S}}|R^2\mathrm{d}\Omega=\frac{|\ddot{\boldsymbol{p}}|^2}{32\pi^2\varepsilon_0 c^3}\int_0^{2\pi}\mathrm{d}\phi\int_0^{\pi}\sin^3\theta\mathrm{d}\theta=\frac{1}{4\pi\varepsilon_0}\frac{|\ddot{\boldsymbol{p}}|^2}{3c^3} \tag{6.2.22}$$

对交变电荷体系，$\boldsymbol{p}=\boldsymbol{p}_0\mathrm{e}^{-\mathrm{i}\omega t}$，$|\ddot{\boldsymbol{p}}|=p_0^2\omega^4$，因此辐射总功率与频率的四次方成正比，频率越高，辐射功率越大。

电偶极辐射各个方向差异很大，用单位立体角内的辐射功率$\frac{\mathrm{d}P}{\mathrm{d}\Omega}$来描述电偶极辐射的角分布(见图 6-1)为

$$\frac{\mathrm{d}P}{\mathrm{d}\Omega}=\boldsymbol{S}\cdot R^2\boldsymbol{e}_R=\frac{|\ddot{\boldsymbol{p}}|^2}{32\pi^2\varepsilon_0 c^3}\sin^2\theta \tag{6.2.23}$$

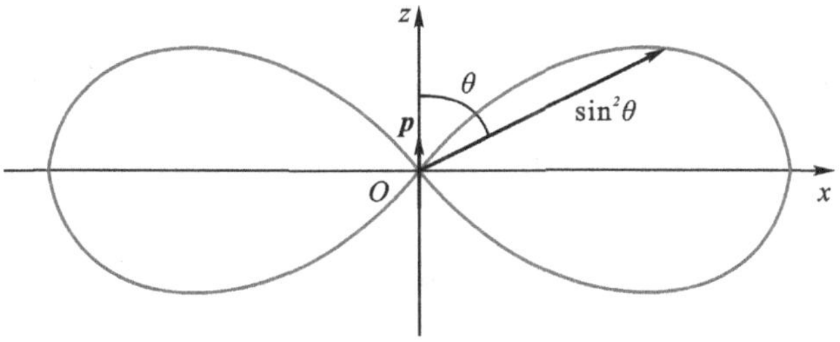

图 6-1　电偶极辐射的角分布

6.2.4　磁偶极辐射与电四极辐射

推迟势展开式的第二项为

$$\boldsymbol{A}^{(2)}(\boldsymbol{x},t)=-\frac{\mu_0}{4\pi}\int_V\boldsymbol{x}'\cdot\nabla\frac{\boldsymbol{J}\left(\boldsymbol{x}',t-\frac{R}{c}\right)}{R}\mathrm{d}V' \tag{6.2.24}$$

$$\begin{aligned}\nabla\frac{\boldsymbol{J}\left(\boldsymbol{x}',t-\frac{R}{c}\right)}{R}&=\nabla\left(\frac{1}{R}\right)\boldsymbol{J}\left(\boldsymbol{x}',t-\frac{R}{c}\right)+\frac{1}{R}\nabla\boldsymbol{J}\left(\boldsymbol{x}',t-\frac{R}{c}\right)\\&=-\frac{1}{R^2}\boldsymbol{e}_R\boldsymbol{J}\left(\boldsymbol{x}',t-\frac{R}{c}\right)+\frac{1}{R}\mathrm{i}\boldsymbol{k}\boldsymbol{J}\left(\boldsymbol{x}',t-\frac{R}{c}\right)\end{aligned} \tag{6.2.25}$$

对于远区情形，略去第一项，则有

$$\boldsymbol{A}^{(2)}(\boldsymbol{x},t)=-\frac{\mathrm{i}\mu_0 k}{4\pi R}\int_V\boldsymbol{e}_R\cdot\boldsymbol{x}'\boldsymbol{J}\left(\boldsymbol{x}',t-\frac{R}{c}\right)\mathrm{d}V' \tag{6.2.26}$$

为便于书写，采用如下记号：

$$\boldsymbol{J}\left(\boldsymbol{x}',t-\frac{R}{c}\right)=\boldsymbol{J}(\boldsymbol{x}',t')=\boldsymbol{J}',\quad \rho\left(\boldsymbol{x}',t-\frac{R}{c}\right)=\rho(\boldsymbol{x}',t')=\rho' \tag{6.2.27}$$

将 $\boldsymbol{x}'\boldsymbol{J}'$写作对称张量与反对称张量之和，即

$$\boldsymbol{x}'\boldsymbol{J}'=\frac{1}{2}(\boldsymbol{x}'\boldsymbol{J}'+\boldsymbol{J}'\boldsymbol{x}')+\frac{1}{2}(\boldsymbol{x}'\boldsymbol{J}'-\boldsymbol{J}'\boldsymbol{x}') \tag{6.2.28}$$

于是有

$$\boldsymbol{A}^{(2)}(\boldsymbol{x},t)=\frac{\mathrm{i}\mu_0 k}{4\pi R}\int_V \boldsymbol{e}_R\cdot\left[\frac{1}{2}(\boldsymbol{x}'\boldsymbol{J}'+\boldsymbol{J}'\boldsymbol{x}')+\frac{1}{2}(\boldsymbol{x}'\boldsymbol{J}'-\boldsymbol{J}'\boldsymbol{x}')\right]\mathrm{d}V' \qquad (6.2.29)$$

其中,第二项积分可化为

$$\begin{aligned}\frac{1}{2}\int_V \boldsymbol{e}_R\cdot(\boldsymbol{x}'\boldsymbol{J}'-\boldsymbol{J}'\boldsymbol{x}')\mathrm{d}V' &= \frac{1}{2}\int_V[(\boldsymbol{e}_R\cdot\boldsymbol{x}')\boldsymbol{J}'-(\boldsymbol{e}_R\cdot\boldsymbol{J}')\boldsymbol{x}']\mathrm{d}V'\\ &=-\frac{1}{2}\boldsymbol{e}_R\times\int_V(\boldsymbol{x}'\times\boldsymbol{J}')\mathrm{d}V'\\ &=-\boldsymbol{e}_R\times\boldsymbol{m}\left(t-\frac{R}{c}\right) \qquad (6.2.30)\end{aligned}$$

其中,$\boldsymbol{m}\left(t-\frac{R}{c}\right)=\frac{1}{2}\int_V\boldsymbol{x}'\times\boldsymbol{J}'\mathrm{d}V'$ 是体系在 $t-\frac{R}{c}$ 时刻的磁偶极矩。

利用 $\boldsymbol{J}'=\rho'\boldsymbol{v}=\rho'\dot{\boldsymbol{x}}'$,第一项可化为

$$\begin{aligned}\frac{1}{2}\int_V \boldsymbol{e}_R\cdot(\boldsymbol{x}'\boldsymbol{J}'-\boldsymbol{J}'\boldsymbol{x}')\mathrm{d}V' &= \frac{1}{2}\int_V[(\boldsymbol{e}_R\cdot\boldsymbol{x}')\boldsymbol{J}'-(\boldsymbol{e}_R\cdot\boldsymbol{J}')\boldsymbol{x}']\mathrm{d}V'\\ &=\frac{1}{2}\int_V\boldsymbol{e}_R\cdot\rho'(\boldsymbol{x}'\dot{\boldsymbol{x}}'+\dot{\boldsymbol{x}}'\boldsymbol{x}')\mathrm{d}V'\\ &=\frac{1}{2}\boldsymbol{e}_R\cdot\frac{\mathrm{d}}{\mathrm{d}t}\int_V\rho'\boldsymbol{x}'\boldsymbol{x}'\mathrm{d}V'=\frac{1}{6}\boldsymbol{e}_R\cdot\dot{\boldsymbol{D}}\left(t-\frac{R}{c}\right) \qquad (6.2.31)\end{aligned}$$

其中,$\dot{\boldsymbol{D}}\left(t-\frac{R}{c}\right)=3\int_V\rho\left(\boldsymbol{x}',t-\frac{R}{c}\right)\boldsymbol{x}'\boldsymbol{x}'\mathrm{d}V'$ 是体系在 $t-\frac{R}{c}$ 时刻的电四极矩。

考虑到 $\dot{\boldsymbol{m}}\left(t-\frac{R}{c}\right)=-\mathrm{i}\omega\boldsymbol{m}\left(t-\frac{R}{c}\right)$,$\ddot{\boldsymbol{D}}\left(t-\frac{R}{c}\right)=-\mathrm{i}\omega\dot{\boldsymbol{D}}\left(t-\frac{R}{c}\right)$,可得

$$\begin{aligned}\boldsymbol{A}^{(2)}(\boldsymbol{x},t)&=-\frac{\mathrm{i}\mu_0 k}{4\pi R}\left[-\boldsymbol{e}_R\times\boldsymbol{m}\left(t-\frac{R}{c}\right)+\frac{1}{6}\boldsymbol{e}_R\cdot\dot{\boldsymbol{D}}\left(t-\frac{R}{c}\right)\right]\\ &=\frac{\mu_0}{4\pi cR}\left[\dot{\boldsymbol{m}}\left(t-\frac{R}{c}\right)\times\boldsymbol{e}_R+\frac{1}{6}\boldsymbol{e}_R\cdot\ddot{\boldsymbol{D}}\left(t-\frac{R}{c}\right)\right]\\ &=\boldsymbol{A}_{\mathrm{m2}}(\boldsymbol{x},t)+\boldsymbol{A}_{\mathrm{e4}}(\boldsymbol{x},t) \qquad (6.2.32)\end{aligned}$$

上式右边第一项决定了体系磁偶极矩随时间的变化率,因此用 $\boldsymbol{A}_{\mathrm{m2}}(\boldsymbol{x},t)$ 表示磁偶极矩辐射的矢势;第二项决定了体系电四极矩对时间的二阶导数,因此用 $\boldsymbol{A}_{\mathrm{e4}}(\boldsymbol{x},t)$ 表示电四极辐射的矢势。

1. 磁偶极辐射

磁偶极辐射的推迟势为

$$\boldsymbol{A}_{\mathrm{m2}}(\boldsymbol{x},t)=\frac{\mu_0}{4\pi cR}\dot{\boldsymbol{m}}\left(t-\frac{R}{c}\right)\times\boldsymbol{e}_R \qquad (6.2.33)$$

由于磁偶极辐射引起的磁感应强度和电场强度为

$$\boldsymbol{B}_{\mathrm{m2}}(\boldsymbol{x},t)=\nabla\times\boldsymbol{A}_{\mathrm{m2}}(\boldsymbol{x},t)=\frac{\mu_0}{4\pi cR}\left[\dot{\boldsymbol{m}}\left(t-\frac{R}{c}\right)\times\boldsymbol{e}_R\right]\times\boldsymbol{e}_R \qquad (6.2.34)$$

$$\boldsymbol{E}_{\mathrm{m2}}(\boldsymbol{x},t)=c\boldsymbol{B}_{\mathrm{m2}}(\boldsymbol{x},t)\times\boldsymbol{e}_R=\frac{\mu_0}{4\pi cR}\left\{\left[\dot{\boldsymbol{m}}\left(t-\frac{R}{c}\right)\times\boldsymbol{e}_R\right]\times\boldsymbol{e}_R\right\}\times\boldsymbol{e}_R$$

$$=-\frac{1}{4\pi\varepsilon_0 c^3 R}\ddot{\boldsymbol{m}}\left(t-\frac{R}{c}\right)\times\boldsymbol{e}_R \tag{6.2.35}$$

磁偶极辐射的平均能流密度为

$$\begin{aligned}\boldsymbol{S}_{m2}&=\frac{1}{2}\mathrm{Re}[\boldsymbol{E}_{m2}^*(\boldsymbol{x},t)\times\boldsymbol{H}_{m2}(\boldsymbol{x},t)]\\&=\frac{c}{2\mu_0}|\boldsymbol{B}_{m2}(\boldsymbol{x},t)|^2\boldsymbol{e}_R=\frac{\mu_0}{32\pi^2c^3R^2}\left|\ddot{\boldsymbol{m}}\left(t-\frac{R}{c}\right)\right|^2\sin^2\theta\boldsymbol{e}_R\\&=\frac{\mu_0}{32\pi^2c^3R^2}|\ddot{\boldsymbol{m}}|^2\sin^2\theta\boldsymbol{e}_R\end{aligned} \tag{6.2.36}$$

磁偶极辐射的辐射总功率和辐射角分布为

$$P_{m2}=\oint\boldsymbol{S}_{m2}\cdot\mathrm{d}\boldsymbol{S}=\frac{\mu_0\omega^4}{12\pi c^3}|\boldsymbol{m}|^2 \tag{6.2.37}$$

$$\frac{\mathrm{d}P_{m2}}{\mathrm{d}\Omega}=\oint\boldsymbol{S}_{m2}\cdot\mathrm{d}\boldsymbol{S}=\frac{\mu_0\omega^4}{32\pi^2c^3}|\boldsymbol{m}|^2\sin^2\theta \tag{6.2.38}$$

2. 电四极辐射

引入矢量 $\boldsymbol{D}_R$，表示用 $\boldsymbol{e}_R$ 从左点乘张量 $\boldsymbol{D}$ 之积

$$\boldsymbol{D}_R=\boldsymbol{e}_R\cdot\boldsymbol{D} \tag{6.2.39}$$

考虑到 $\ddot{\boldsymbol{D}}_R\left(t-\frac{R}{c}\right)=-\frac{1}{\mathrm{i}\omega}\dddot{\boldsymbol{D}}_R\left(t-\frac{R}{c}\right)$，则有

$$\boldsymbol{A}_{e4}=\frac{\mu_0}{24\pi cR}\boldsymbol{e}_R\cdot\dot{\boldsymbol{D}}_R=\frac{\mu_0}{24\pi cR}\dot{\boldsymbol{D}}_R\left(t-\frac{R}{c}\right) \tag{6.2.40}$$

电四极辐射引起的磁感应强度和电场强度分别为

$$\boldsymbol{B}_{e4}=\nabla\times\boldsymbol{A}_{e4}=\frac{\mathrm{i}\omega}{c}\boldsymbol{e}_R\times\boldsymbol{A}_{e4}(\boldsymbol{x},t)=\frac{\mu_0}{24\pi c^2R}\ddot{\boldsymbol{D}}_R\left(t-\frac{R}{c}\right)\times\boldsymbol{e}_R \tag{6.2.41}$$

$$\begin{aligned}\boldsymbol{E}_{e4}&=c\boldsymbol{B}_{e4}\times\boldsymbol{e}_R=\frac{\mu_0}{24\pi c^2R}\left[\ddot{\boldsymbol{D}}_R\left(t-\frac{R}{c}\right)\times\boldsymbol{e}_R\right]\times\boldsymbol{e}_R\\&=\frac{\mu_0}{24\pi\varepsilon_0c^3R}\left[\ddot{\boldsymbol{D}}_R\left(t-\frac{R}{c}\right)\times\boldsymbol{e}_R\right]\times\boldsymbol{e}_R\end{aligned} \tag{6.2.42}$$

考虑到 $\ddot{\boldsymbol{D}}_R\left(t-\frac{R}{c}\right)=-\mathrm{i}\omega\boldsymbol{D}_R\left(t-\frac{R}{c}\right)$，平均能流密度为

$$\begin{aligned}\boldsymbol{S}_{e4}&=\frac{1}{2}\mathrm{Re}[\boldsymbol{E}_{e4}^*(\boldsymbol{x},t)\times\boldsymbol{H}_{e4}(\boldsymbol{x},t)]=\frac{1}{2\mu_0}|\boldsymbol{B}_{e4}(\boldsymbol{x},t)|^2\boldsymbol{e}_R\\&=\frac{\omega^6}{1152\pi^2\varepsilon_0c^5R^2}|\boldsymbol{D}_R\times\boldsymbol{e}_R|^2\boldsymbol{e}_R\end{aligned} \tag{6.2.43}$$

电四极辐射引起的辐射总功率和辐射功率角分布分别为

$$P_{e4}=\oint\boldsymbol{S}_{e4}\cdot\mathrm{d}\boldsymbol{S}=\frac{1}{4\pi\varepsilon_0}\frac{\omega^6}{360\pi c^5}\sum_{ij}|D_{ij}|^2 \tag{6.2.44}$$

$$\frac{\mathrm{d}P_{e4}}{\mathrm{d}\Omega}=\frac{1}{4\pi\varepsilon_0}\frac{\omega^6}{288c^5}|\boldsymbol{D}_R\times\boldsymbol{e}_R|^2 \tag{6.2.45}$$

其中，D_{ij} 为电四极矩 $\boldsymbol{D}$ 的分量。

例 6-1 求一对谐振电偶极子的偶极辐射电磁场、平均能流密度、辐射功率角分布和辐射功率，电偶极子的电量分别为 $Q\mathrm{e}^{-\mathrm{i}\omega t}$ 与 $-Q\mathrm{e}^{-\mathrm{i}\omega t}$，距离为 l。

解 取电偶极子的中点为坐标圆点，z 轴与电偶极子正、负粒子连线方向平行。则系统的电偶极距为

$$\boldsymbol{p}=lQ\mathrm{e}^{-\mathrm{i}\omega t}\boldsymbol{e}_z$$

于是有

$$\ddot{\boldsymbol{p}}=-\omega^2 lQ\mathrm{e}^{-\mathrm{i}\omega t}\boldsymbol{e}_z$$

根据式(6.2.19)及式(6.2.20)，可得

$$\boldsymbol{B}=\frac{\mu_0\omega^2 lQ_0}{4\pi cr}\boldsymbol{e}_r\times\boldsymbol{e}_z\mathrm{e}^{-\mathrm{i}\omega\left(t-\frac{r}{c}\right)}=-\frac{\mu_0\omega^2 lQ_0}{4\pi cr}\sin\theta\mathrm{e}^{-\mathrm{i}\omega\left(t-\frac{r}{c}\right)}\boldsymbol{e}_\phi$$

$$\boldsymbol{E}=-\frac{\omega^2 lQ_0}{4\pi\varepsilon_0 c^2 r}\boldsymbol{e}_r\times(\boldsymbol{e}_r\times\boldsymbol{e}_z)\mathrm{e}^{-\mathrm{i}\omega\left(t-\frac{r}{c}\right)}=-\frac{\omega^2 lQ_0}{4\pi\varepsilon_0 c^2 r}\sin\theta\mathrm{e}^{-\mathrm{i}\omega\left(t-\frac{r}{c}\right)}\boldsymbol{e}_\theta$$

于是可得

$$\boldsymbol{S}_r=\frac{\omega^4 l^2 Q_0^2}{32\pi^2 c^3\varepsilon_0}\frac{\sin^2\theta}{r^2}\boldsymbol{e}_r$$

$$\frac{\mathrm{d}P}{\mathrm{d}\Omega}=|\overline{\boldsymbol{S}}|r^2=\frac{\omega^4 l^2 Q_0^2}{32\pi^2 c^3\varepsilon_0}\sin^2\theta$$

$$P=\frac{\omega^4 l^2 Q_0^2}{12\pi c^3\varepsilon_0}$$

例 6-2 求环形谐振电流的磁偶极辐射电磁场、平均能流密度、辐射功率角分布和辐射功率，其电流强度为 $I=I_\mathrm{m}\mathrm{e}^{-\mathrm{i}\omega t}$，半径为 a。

解 取环形电流的圆心为坐标原点，z 轴与线圈平面垂直。

则系统的磁矩为

$$\boldsymbol{m}=\pi a^2 I_\mathrm{m}\mathrm{e}^{-\mathrm{i}\omega t}\boldsymbol{e}_z$$

于是有

$$\ddot{\boldsymbol{m}}=-\pi a^2\omega^2 I_\mathrm{m}\mathrm{e}^{-\mathrm{i}\omega t}\boldsymbol{e}_z$$

根据式(6.2.33)、式(6.2.34)及式(6.2.35)，可得

$$\boldsymbol{B}=-\frac{\mu_0 a^2\omega^2 I_\mathrm{m}\sin\theta}{4c^2 r}\mathrm{e}^{\mathrm{i}(kr-\omega t)}\boldsymbol{e}_\theta$$

$$\boldsymbol{E}=\frac{\mu_0 a^2\omega^2 I_\mathrm{m}\sin\theta}{4cr}\mathrm{e}^{\mathrm{i}(kr-\omega t)}\boldsymbol{e}_\phi$$

于是可得

$$\boldsymbol{S}=\frac{c}{2\mu_0}|\boldsymbol{B}|^2\boldsymbol{e}_r=\frac{\mu_0 a^4\omega^4 I_\mathrm{m}^2\sin^2\theta}{32c^3 r^2}\boldsymbol{e}_r$$

$$\frac{\mathrm{d}P}{\mathrm{d}\Omega}=|\overline{\boldsymbol{S}}|r^2=\frac{\mu_0 a^4\omega^4 I_\mathrm{m}^2\sin^2\theta}{32c^3}$$

$$P=\frac{\mu_0\pi a^4\omega^4 I_\mathrm{m}^2}{12c^3}$$

注意:由于环形电流沿线圈均匀,满足稳恒条件$\nabla\cdot\boldsymbol{J}=0$,则由电荷守恒方程有$\partial\rho/\partial t=0$,因此不存在电偶极辐射,也不存在电四极辐射。

6.3 天线辐射

6.3.1 短天线辐射

天线是电磁波辐射的重要实例,是电磁波无线传输必不可少的部分。研究较多的天线辐射主要有短天线辐射、半波天线辐射、天线阵辐射等。

短天线辐射是指天线的长度 l 远小于辐射波长 λ。短天线是由中间断开的长度为 l 的细金属棒构成的,信号由振荡发生器从中间点馈入,电流在短天线上形成驻波,馈入点电流最大,两端电流为 0,可近似认为电流沿天线方向线性分布。

设馈入点最大电流为 I_0,则天线上任一点处的电流为

$$I(z)=I_0\left(1-\frac{2}{l}|z|\right)\mathrm{e}^{-\mathrm{i}\omega t}\tag{6.3.1}$$

$$\dot{\boldsymbol{p}}=\int_V\boldsymbol{J}\,\mathrm{d}V'=\int_{-l/2}^{l/2}I(z)\boldsymbol{e}_z\mathrm{d}z=\frac{1}{2}I_0\boldsymbol{l}^{-\mathrm{i}\omega t}\boldsymbol{e}_z\tag{6.3.2}$$

$$\ddot{\boldsymbol{p}}=\frac{\mathrm{d}\dot{\boldsymbol{p}}}{\mathrm{d}t}=-\frac{\mathrm{i}\omega}{2}I_0\boldsymbol{l}^{-\mathrm{i}\omega t}\boldsymbol{e}_z\tag{6.3.3}$$

$$P=\frac{1}{4\pi\varepsilon_0}\frac{|\ddot{\boldsymbol{p}}|^2}{3c^3}=\frac{\mu_0I_0^2\omega^2l^2}{48\pi c}=\frac{\pi}{12}\sqrt{\frac{\mu_0}{\varepsilon_0}}I_0^2\left(\frac{l}{\lambda}\right)^2\tag{6.3.4}$$

可见,短天线的辐射功率与 I_0^2 成正比。

由于电源需要提供一定的功率以维持天线的辐射,因此辐射功率就相当于一个等效电阻上的功耗,这个等效电阻成为辐射电阻。令

$$P=\frac{1}{2}I_0^2R_\mathrm{r}\tag{6.3.5}$$

则

$$R_\mathrm{r}=\frac{\pi}{6}\sqrt{\frac{\mu_0}{\varepsilon_0}}\left(\frac{l}{\lambda}\right)^2=197\left(\frac{l}{\lambda}\right)^2\tag{6.3.6}$$

短天线的辐射功率受限于$\left(\frac{l}{\lambda}\right)^2$,要提高辐射功率,需要增加天线的长度。

6.3.2 半波天线辐射

由于短天线的辐射功率正比于$\left(\frac{l}{\lambda}\right)^2$,因此要提高辐射能力,就要适当增加天线的长度,如半波天线 $l=\frac{\lambda}{2}$。如图 6-2 所示,天线总长为$\frac{\lambda}{2}$,上、下两段各长为$\frac{\lambda}{4}$。

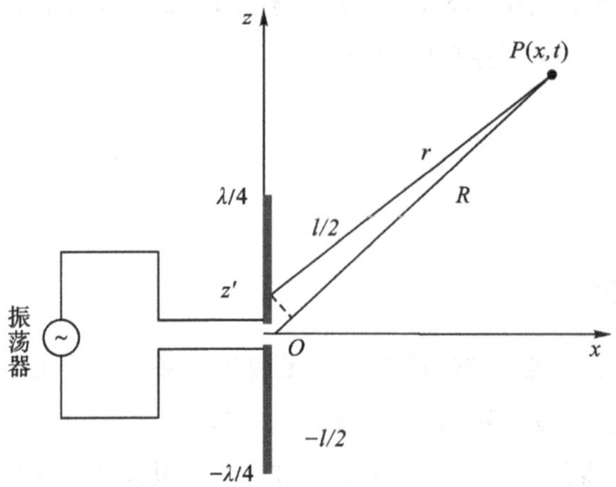

图 6-2 半波天线的辐射功率

通常情况下，天线的电流可近似为驻波形式，两端为波节，其电流可表示为

$$I(z,t)=I_0\cos kz\mathrm{e}^{-\mathrm{i}\omega t},\qquad |z|\leqslant\frac{\lambda}{4}\tag{6.3.7}$$

则对应的磁矢势为

$$\begin{aligned}\boldsymbol{A}(\boldsymbol{x},t)&=\frac{\mu_0}{4\pi}\int_V\frac{\boldsymbol{J}\left(\boldsymbol{x}',t-\frac{r}{c}\right)}{r}\mathrm{d}V'=\frac{\mu_0}{4\pi}\int_{-\lambda/4}^{\lambda/4}\frac{I\left(z',t-\frac{r}{c}\right)}{r}\boldsymbol{e}_z\mathrm{d}z'\\&=\frac{\mu_0 I_0}{4\pi}\boldsymbol{e}_z\int_{-\lambda/4}^{\lambda/4}\frac{\cos kz'\mathrm{e}^{-\mathrm{i}\omega\left(t-\frac{r}{c}\right)}}{r}\mathrm{d}z'\end{aligned}\tag{6.3.8}$$

对于远场情形，由于 $\boldsymbol{r}$ 与 $\boldsymbol{R}$ 几乎平行，于是有

$$r=R-z'\cos\theta\tag{6.3.9}$$

$$\frac{1}{r}=\frac{1}{R-z'\cos\theta}=\frac{1}{R\left(1-\frac{z'}{R}\cos\theta\right)}=\frac{1}{R}\left(1+\frac{z'}{R}\cos\theta\right)\tag{6.3.10}$$

代入推迟势矢势的表达式，有

$$\begin{aligned}\boldsymbol{A}(\boldsymbol{x},t)&=\frac{\mu_0 I_0\mathrm{e}^{\mathrm{i}(kR-\omega t)}}{4\pi R}\boldsymbol{e}_z\int_{-\lambda/4}^{\lambda/4}\cos kz'\mathrm{e}^{-\mathrm{i}kz'\cos\theta}\mathrm{d}z'\\&=\frac{\mu_0 I_0\cos\left(\frac{\pi}{2}\cos\theta\right)}{2\pi kR\sin^2\theta}\mathrm{e}^{\mathrm{i}(kR-\omega t)}\boldsymbol{e}_z\end{aligned}\tag{6.3.11}$$

利用 $\boldsymbol{e}_R\times\boldsymbol{e}_z=-\sin\theta\boldsymbol{e}_\phi,\boldsymbol{e}_\phi\times\boldsymbol{e}_R=\boldsymbol{e}_\theta$ 得

$$\boldsymbol{B}(\boldsymbol{x},t)=\nabla\times\boldsymbol{A}=\mathrm{i}k\boldsymbol{e}_R\times\boldsymbol{A}=-\frac{\mathrm{i}\mu_0 I_0\cos\left(\frac{\pi}{2}\cos\theta\right)}{2\pi R\sin\theta}\mathrm{e}^{\mathrm{i}(kR-\omega t)}\boldsymbol{e}_\phi\tag{6.3.12}$$

$$\boldsymbol{E}(\boldsymbol{x},t)=c\boldsymbol{B}\times\boldsymbol{e}_R=-\frac{\mathrm{i}c\mu_0 I_0\cos\left(\frac{\pi}{2}\cos\theta\right)}{2\pi R\sin\theta}\mathrm{e}^{\mathrm{i}(kR-\omega t)}\boldsymbol{e}_\theta\tag{6.3.13}$$

于是，平均能流密度为

$$\boldsymbol{S}=\frac{1}{2\mu_0}\mathrm{Re}(\boldsymbol{E}^*\times\boldsymbol{B})=\frac{c\mu_0 I_0^2\cos^2\left(\frac{\pi}{2}\cos\theta\right)}{8\pi^2R^2\sin^2\theta}\boldsymbol{e}_R$$

$$=\frac{I_0^2\cos^2\left(\frac{\pi}{2}\cos\theta\right)}{8\pi^2\varepsilon_0 cR^2\sin^2\theta}\boldsymbol{e}_R \tag{6.3.14}$$

辐射总功率为

$$P=\oint\boldsymbol{S}\cdot\mathrm{d}S=\frac{I_0^2}{8\pi^2\varepsilon_0 c}\int_0^\pi\frac{\cos^2\left(\frac{\pi}{2}\cos\theta\right)}{R^2\sin^2\theta}2\pi R^2\sin\theta\mathrm{d}\theta$$

$$=\frac{I_0^2}{4\pi\varepsilon_0 c}\int_0^\pi\frac{\cos^2\left(\frac{\pi}{2}\cos\theta\right)}{\sin^2\theta}\mathrm{d}\theta=2.44\frac{\mu_0 cI_0^2}{8\pi} \tag{6.3.15}$$

对应的辐射电阻为

$$R_{\mathrm{r}}=\frac{2P}{I_0^2}=2.44\frac{\mu_0 c}{4\pi}=73.2\ \Omega$$

显然，它远大于短天线的辐射电阻。如果在短天线辐射的情形下，取 $l=\frac{\lambda}{10}$，其辐射电阻为

$$R_{\mathrm{r}}=197\left(\frac{l}{\lambda}\right)^2=1.97\ \Omega\ll 73.2\ \Omega$$

这表明，天线长度增加五倍后，辐射电阻与辐射总功率就增加数十倍。

半波天线辐射功率角分布为

$$\frac{\mathrm{d}P}{\mathrm{d}\Omega}=\boldsymbol{S}\cdot\boldsymbol{e}_R R^2=\frac{\mu_0 cI_0^2}{8\pi^2}\frac{\cos^2\left(\frac{\pi}{2}\cos\theta\right)}{\sin^2\theta} \tag{6.3.16}$$

半波天线的辐射功率与方位角 ϕ 无关，$\frac{\mathrm{d}P}{\mathrm{d}\Omega}$的函数曲面以 z 轴为对称轴，但对极角 θ 有一定的方向性，并且$\frac{\mathrm{d}P}{\mathrm{d}\Omega}$的主极大值随$\frac{l}{\lambda}$的增大而倾向天线方向，如图 6－3 所示。

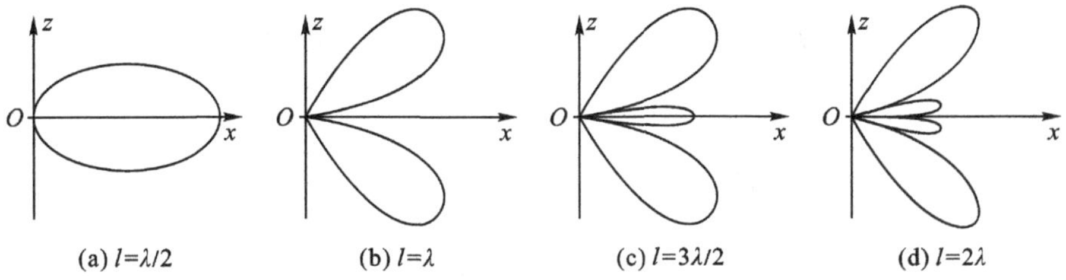

图 6－3　半波天线的辐射功率

6.3.3　天线阵辐射

由上节可知，半波天线的辐射功率依赖于极角 θ，具有一定的方向性。在实际应用中，为

了获得方向性更好的辐射,人们常使用一系列天线排成天线阵,利用天线辐射的干涉效应来获得较强的方向性。

天线阵最常见的方式有纵向排列和横向排列两种。为方便讨论,本节主要研究以纵向排列的天线阵列的辐射特性,如图 6-4 所示。该天线阵的基元天线是常见的半波天线,半波天线均 z 轴等距排开,半波天线的长度及天线间的间距均为 l。

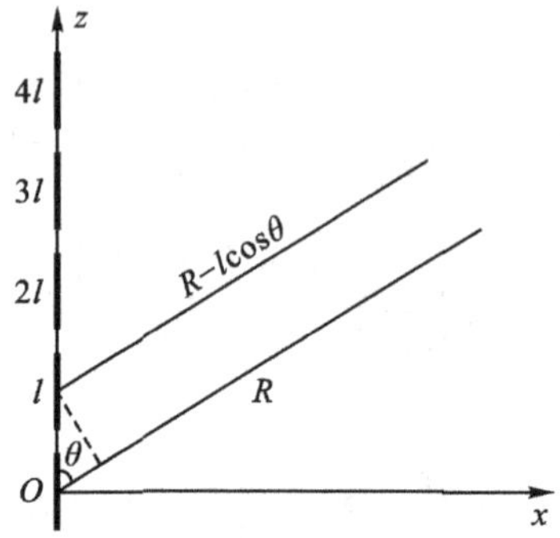

图 6-4 天线阵

由于中心位于坐标原点的半波天线在远区某场点激发的电场为

$$\boldsymbol{E}_0(\boldsymbol{x},t)=-\frac{\mathrm{i}c\mu_0 I_0\cos\left(\dfrac{\pi}{2}\cos\theta\right)}{2\pi R\sin\theta}\mathrm{e}^{\mathrm{i}(kR-\omega t)}\boldsymbol{e}_\theta \tag{6.3.17}$$

考虑到每个天线与相邻天线的路程差为 $l\cos\theta$,且激发电场与方位角无关,因此,第 m 个天线与原点处的天线的路程差为$(m-1)l\cos\theta$,其激发的电场可表示为

$$\boldsymbol{E}(\boldsymbol{x},t)=\boldsymbol{E}_0(\boldsymbol{x},t)\mathrm{e}^{\mathrm{i}(m-1)kl\cos\theta}$$

因此,N 个激元天线在远区某场点激发的总电场为

$$\boldsymbol{E}(\boldsymbol{x},t)=\sum_{m=1}^{N}\boldsymbol{E}_0\mathrm{e}^{\mathrm{i}(m-1)kl\cos\theta}=\boldsymbol{E}_0\frac{1-\mathrm{e}^{\mathrm{i}Nk\cos\theta}}{1-\mathrm{e}^{\mathrm{i}kl\cos\theta}}=\boldsymbol{E}_0\frac{\sin\left(\dfrac{1}{2}Nkl\cos\theta\right)}{\sin\left(\dfrac{1}{2}kl\cos\theta\right)} \tag{6.3.18}$$

相应的磁场为

$$\boldsymbol{B}(\boldsymbol{x},t)=\frac{1}{c}\boldsymbol{e}_R\times\boldsymbol{E},\quad \boldsymbol{H}(\boldsymbol{x},t)=\frac{1}{\mu_0 c}\boldsymbol{e}_R\times\boldsymbol{E} \tag{6.3.19}$$

于是,能流密度为

$$\begin{aligned}\boldsymbol{S}&=\frac{1}{2}\mathrm{Re}(\boldsymbol{E}^*\times\boldsymbol{H})=\frac{1}{2\mu_0 c}\mathrm{Re}[\boldsymbol{E}^*\times(\boldsymbol{e}_R\times\boldsymbol{E})]\\&=\frac{1}{2\mu_0 c}\mathrm{Re}[|\boldsymbol{E}|^2\boldsymbol{e}_R-(\boldsymbol{E}^*\cdot\boldsymbol{e}_R)\boldsymbol{E}]=\frac{|\boldsymbol{E}|^2}{2\mu_0 c}\boldsymbol{e}_R\end{aligned} \tag{6.3.20}$$

辐射的角分布为

$$\frac{\mathrm{d}P}{\mathrm{d}\Omega}=\boldsymbol{S}\cdot\boldsymbol{e}_R R^2=\frac{R^2}{2\mu_0 c}|\boldsymbol{E}|^2=\frac{R^2}{2\mu_0 c}|\boldsymbol{E}_0|^2\frac{\sin^2\left(\dfrac{1}{2}Nkl\cos\theta\right)}{\sin^2\left(\dfrac{1}{2}kl\cos\theta\right)}$$

$$=\frac{\mu_0 c I_0^2}{8\pi^2}\frac{\cos^2\left(\frac{\pi}{2}\cos\theta\right)}{\sin^2\theta}\frac{\sin^2\left(\frac{1}{2}Nkl\cos\theta\right)}{\sin^2\left(\frac{1}{2}kl\cos\theta\right)} \tag{6.3.21}$$

令 $\beta=\frac{1}{2}kl\cos\theta$，则角分布因子可简写为 $\frac{\sin^2(N\beta)}{\sin^2\beta}$，它与 $|\beta|$ 的关系如图 6-5 所示。

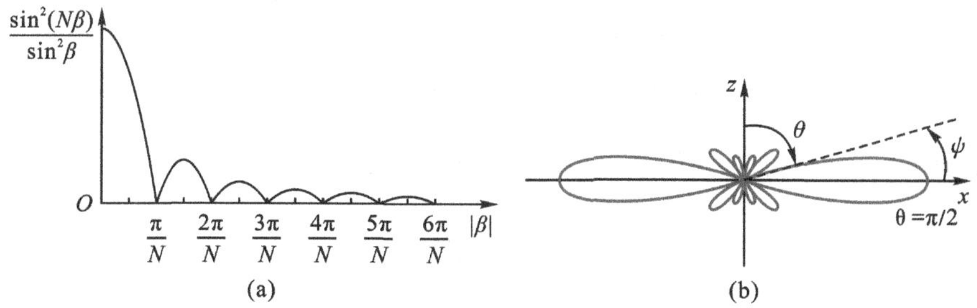

图 6-5　半波天线阵辐射的角分布

由图 6-5 可知，辐射能量主要集中在主瓣内。令 $\psi=\frac{\pi}{2}-\theta$，主瓣内张角 ψ 由下式决定：

$$Nkl\sin\psi=2\pi,\quad 即\ \sin\psi=\frac{\lambda}{Nl} \tag{6.3.22}$$

因此，当 $Nl\gg\lambda$，天线阵即可获得高度定向的辐射。

6.4　运动带电粒子的辐射

经典电动力学中对于给定电流分布的辐射场可以进行多极展开，得到电偶极辐射和电四极辐射。电流的本质是大量带电粒子运动的宏观表现，则电流的辐射场也是运动带电粒子辐射场的宏观叠加，因此计算具有确定电荷、质量、速度和加速度的带电粒子（例如高速运动的带电宇宙射线）的辐射场是很有意义的。运动带电粒子的辐射场被称为**李纳-维谢尔势**（Lienard-Wiechert potential）。

6.4.1　李纳-维谢尔势

在洛伦兹规范下，即 $\nabla\cdot\boldsymbol{A}=\frac{1}{c^2}\frac{\partial\varphi}{\partial t}=0$，达朗贝尔方程为

$$\nabla^2\varphi-\frac{1}{c^2}\frac{\partial^2\varphi}{\partial t^2}=\frac{-\rho}{\varepsilon_0} \tag{6.4.1}$$

$$\nabla^2\boldsymbol{A}-\frac{1}{c^2}\frac{\partial^2\boldsymbol{A}}{\partial t^2}=-\mu_0\boldsymbol{J} \tag{6.4.2}$$

可以得到电磁辐射的推迟势解为

$$\varphi(\boldsymbol{x},t)=\frac{1}{4\pi\varepsilon_0}\iiint\frac{\rho\left(\boldsymbol{x}',t-\frac{r}{c}\right)}{R}\mathrm{d}V' \tag{6.4.3}$$

$$\boldsymbol{A}(\boldsymbol{x},t)=\frac{\mu_0}{4\pi}\iiint\frac{\boldsymbol{J}\left(\boldsymbol{x}',t-\frac{r}{c}\right)}{r}\mathrm{d}V' \tag{6.4.4}$$

其中，$r=|\boldsymbol{x}-\boldsymbol{x}'|$。由式(6.4.3)和式(6.4.4)可知要想求运动带电粒子的辐射，需要得到运动带电粒子所对应的电荷密度和电流密度。

为了简便起见，这里以运动点电荷为例，设点电荷的带电量为 q，位置矢量为 $\boldsymbol{x}=\boldsymbol{x}_q(t)$，则空间位置 $\boldsymbol{x}'$处在时刻 t 的电荷密度为

$$\rho(\boldsymbol{x}',t)=q\delta(\boldsymbol{x}'-\boldsymbol{x})=q\delta[\boldsymbol{x}'-\boldsymbol{x}_q(t)] \tag{6.4.5}$$

点电荷的运动速度可表示为 $\boldsymbol{v}(t)=\frac{\mathrm{d}\boldsymbol{x}_q(t)}{\mathrm{d}t}$，则电流密度矢量为

$$\boldsymbol{J}(\boldsymbol{x}',t)=\rho\boldsymbol{v}(t)=q\delta[\boldsymbol{x}'-\boldsymbol{x}_q(t)]\frac{\mathrm{d}\boldsymbol{x}_q(t)}{\mathrm{d}t} \tag{6.4.6}$$

将式(6.4.5)和式(6.4.6)代入式(6.4.3)和式(6.4.4)可得

$$\varphi(\boldsymbol{x},t)=\frac{q}{4\pi\varepsilon_0}\iiint\frac{\delta[\boldsymbol{x}'-\boldsymbol{x}_q(t')]}{r}\mathrm{d}V' \tag{6.4.7}$$

$$\boldsymbol{A}(\boldsymbol{x},t)=\frac{q\mu_0}{4\pi}\iiint\frac{\boldsymbol{v}(t')\delta[\boldsymbol{x}'-\boldsymbol{x}_q(t')]}{r}\mathrm{d}V' \tag{6.4.8}$$

其中，$t'=t-\frac{r}{c}=t-\frac{|\boldsymbol{x}-\boldsymbol{x}'|}{c}$，可见式(6.4.7)和式(6.4.8)是对空间位置 $\boldsymbol{x}'$的复合积分，$\delta[\boldsymbol{x}'-\boldsymbol{x}_q(t')]$函数是对空间位置 $\boldsymbol{x}'$的复合函数。

由于直接积分非常困难，因此需要通过对积分变量进行替换来求解，见式(6.4.7)和式(6.4.8)。令 $\boldsymbol{x}''=\boldsymbol{x}'-\boldsymbol{x}_q(t')$，该变换的雅可比行列式为 $J=\det(\nabla'\boldsymbol{x}'')$，其中

$$\begin{aligned}\nabla'\boldsymbol{x}''&=\nabla'[\boldsymbol{x}'-\boldsymbol{x}_q(t')]=\nabla'\boldsymbol{x}'-\frac{\mathrm{d}\boldsymbol{x}_q(t')}{\mathrm{d}t'}\nabla't'\\&=\boldsymbol{I}-\boldsymbol{v}(t')\nabla'\left(t-\frac{|\boldsymbol{x}-\boldsymbol{x}'|}{c}\right)=\boldsymbol{I}-\boldsymbol{v}(t')\left[-\nabla\left(t-\frac{r}{c}\right)\right]\\&=\boldsymbol{I}+\boldsymbol{v}(t')\frac{\partial t'}{\partial r}\nabla(r)=\boldsymbol{I}-\boldsymbol{v}(t')\frac{\boldsymbol{r}}{cr}=\boldsymbol{I}-\frac{\mathrm{d}\boldsymbol{x}_q(t')}{\mathrm{d}t}\frac{\boldsymbol{r}}{cr}\end{aligned}$$

则

$$J=\det(\nabla'\boldsymbol{x}'')=\det\left[\boldsymbol{I}-\frac{\mathrm{d}\boldsymbol{x}_q(t')}{\mathrm{d}t}\frac{\boldsymbol{r}}{cr}\right]=1-\frac{\mathrm{d}\boldsymbol{x}_q(t')}{\mathrm{d}t}\frac{\boldsymbol{r}}{cr}$$

$$\mathrm{d}V'=\left|\frac{\partial(x',y',z')}{\partial(x'',y'',z'')}\right|\mathrm{d}V''=J^{-1}\mathrm{d}V''$$

式(6.4.7)可表示为

$$\begin{aligned}\varphi(\boldsymbol{x},t)&=\frac{q}{4\pi\varepsilon_0}\iiint\frac{\delta(\boldsymbol{x}'')}{r}J^{-1}\mathrm{d}V''\\&=\frac{q}{4\pi\varepsilon_0}\iiint\frac{\delta(\boldsymbol{x}'')}{r\left[1-\frac{\mathrm{d}\boldsymbol{x}_q(t')}{\mathrm{d}t}\cdot\frac{\boldsymbol{r}}{cr}\right]}\mathrm{d}V''\end{aligned} \tag{6.4.9}$$

根据 δ 函数的性质可得标势为

$$\varphi(\boldsymbol{x},t)=\left\{\frac{q}{4\pi\varepsilon_0}\frac{1}{r\left[1-\dfrac{\mathrm{d}\boldsymbol{x}_q(t')}{\mathrm{d}t}\cdot\dfrac{\boldsymbol{r}}{cr}\right]}\right\}_{\boldsymbol{x}''=0} \tag{6.4.10}$$

当 $\boldsymbol{x}''=\boldsymbol{0}$ 时，即 $\boldsymbol{x}'=\boldsymbol{x}_q(t')=\boldsymbol{x}_q\left(t-\dfrac{|\boldsymbol{x}-\boldsymbol{x}'|}{c}\right)$，则可以得到满足 $\boldsymbol{x}''=\boldsymbol{0}$ 条件的 t' 和 $\boldsymbol{r}$，那么假设满足条件的 $t'_{\boldsymbol{x}''=0}$ 用 t^* 表示，满足条件的 $r_{\boldsymbol{x}''=0}$ 用 r^* 表示，则标势为

$$\varphi(\boldsymbol{x},t)=\frac{q}{4\pi\varepsilon_0}\frac{1}{r^*\left[1-\dfrac{\mathrm{d}\boldsymbol{x}_q(t^*)}{\mathrm{d}t}\cdot\dfrac{\boldsymbol{r}^*}{cr^*}\right]} \tag{6.4.11}$$

同理，矢势可表示为

$$\boldsymbol{A}(\boldsymbol{x},t)=\frac{q\mu_0}{4\pi}\frac{\dfrac{\mathrm{d}\boldsymbol{x}_q(t^*)}{\mathrm{d}t}}{r^*\left[1-\dfrac{\mathrm{d}\boldsymbol{x}_q(t^*)}{\mathrm{d}t}\cdot\dfrac{\boldsymbol{r}^*}{cr^*}\right]} \tag{6.4.12}$$

令 $s=r^*-\dfrac{\mathrm{d}\boldsymbol{x}_q(t^*)}{\mathrm{d}t}\cdot\dfrac{\boldsymbol{r}^*}{c}$，则标势和矢势分别为

$$\varphi(\boldsymbol{x},t)=\frac{q}{4\pi\varepsilon_0 s} \tag{6.4.13}$$

$$\boldsymbol{A}(\boldsymbol{x},t)=\frac{q\mu_0}{4\pi}\frac{\dfrac{\mathrm{d}\boldsymbol{x}_q(t^*)}{\mathrm{d}t}}{s} \tag{6.4.14}$$

李纳-维谢尔势的物理意义可从推迟效应对标势和矢势的影响来理解。推迟效应首先表现在时空位置$(\boldsymbol{x},t)$处的矢势和标势由之前时刻 $t^*=t-\dfrac{r^*}{c}$ 的点电荷运动状态决定，其次表现在矢势和标势的分母中出现 $1-\dfrac{\mathrm{d}\boldsymbol{x}_q(t^*)}{\mathrm{d}t}\cdot\dfrac{\boldsymbol{r}^*}{cr^*}$ 项。当粒子处于低速运动状态下，即 $v\ll c$ 时，则

$$1-\frac{\mathrm{d}\boldsymbol{x}_q(t^*)}{\mathrm{d}t}\cdot\frac{\boldsymbol{r}^*}{cr^*}\approx 1$$

那么标势和矢势分别为

$$\varphi(\boldsymbol{x},t)=\frac{q}{4\pi\varepsilon_0 r^*} \tag{6.4.15}$$

$$\boldsymbol{A}(\boldsymbol{x},t)=\frac{q\mu_0}{4\pi}\frac{\dfrac{\mathrm{d}\boldsymbol{x}_q(t^*)}{\mathrm{d}t}}{r^*} \tag{6.4.16}$$

其形式与静电场和静磁场的矢势、标势一致，但是其中的 r^* 和 t^* 反映了推迟效应。

6.4.2　运动点电荷的电磁场

考虑到 $r=|\boldsymbol{x}-\boldsymbol{x}_q(t')|$，$t'=t-\dfrac{|\boldsymbol{x}-\boldsymbol{x}_q(t')|}{c}$，因此 φ 和 $\boldsymbol{A}$ 分别是 x、t、t' 的函数，即 $\varphi=\varphi[\boldsymbol{x},t'(x,t)]$，$\boldsymbol{A}=\boldsymbol{A}[\boldsymbol{x},t'(x,t)]$。设 $\boldsymbol{\beta}=\dfrac{\boldsymbol{v}}{c}$，于是可得运动电荷激发的电场 $\boldsymbol{E}$ 和磁场 $\boldsymbol{B}$ 为

$$\boldsymbol{E} = -\nabla\varphi - \frac{\partial \boldsymbol{A}}{\partial t} = -\nabla\varphi|_{t'} - \nabla t' \frac{\partial \varphi}{\partial t'} - \frac{\partial t'}{\partial t}\frac{\partial \boldsymbol{A}}{\partial t'}$$

$$= \frac{q}{4\pi\varepsilon_0}\left[\frac{\boldsymbol{e}_r - \boldsymbol{\beta}}{s^2} - \frac{r\dot{s}}{cs^3} - \frac{r\dot{\boldsymbol{\beta}}}{cs^2} + \frac{r\dot{s}\boldsymbol{\beta}}{cs^3}\right]$$

$$= \frac{qr}{4\pi\varepsilon_0 s^3}\left[(\boldsymbol{e}_r - \boldsymbol{\beta})(1-\beta^2) + \frac{1}{c}(\boldsymbol{r}\cdot\dot{\boldsymbol{\beta}})(\boldsymbol{e}_r - \boldsymbol{\beta}) - \frac{1}{c}(\boldsymbol{r}\cdot\boldsymbol{e}_r - \boldsymbol{r}\cdot\beta)\dot{\boldsymbol{\beta}}\right]$$

$$= \frac{qr}{4\pi\varepsilon_0 s^3}\left\{(\boldsymbol{e}_r - \boldsymbol{\beta})(1-\beta^2) + \frac{1}{c}\boldsymbol{r}\times[(\boldsymbol{e}_r - \boldsymbol{\beta})\times\dot{\boldsymbol{\beta}}]\right\} \tag{6.4.17}$$

$$\boldsymbol{B} = \nabla\times\boldsymbol{A} = \nabla t' \times \frac{\partial \boldsymbol{A}}{\partial t'} = -\frac{\boldsymbol{r}}{cs}\times\frac{\partial \boldsymbol{A}}{\partial t'} = -\frac{\boldsymbol{r}}{cr}\times\frac{\partial \boldsymbol{A}}{\partial t} \tag{6.4.18}$$

式(6.4.17)表明，带电粒子激发的电场分为两项。第一项仅与粒子的速度有关，其振幅与 r^2 成反比，不能辐射能量，称为**自有场**。电场的第二项与粒子的加速度有关，其振幅与 r 成反比，可辐射能量，称为**辐射场**。辐射场的电场分量和磁场分量均与 $\boldsymbol{e}_r$ 垂直，且 $\boldsymbol{E}$、$\boldsymbol{B}$ 和 $\boldsymbol{e}_r$ 满足右手螺旋关系。

运动带电粒子辐射的能流密度为

$$\boldsymbol{S} = \boldsymbol{E}\times\boldsymbol{H} = \frac{1}{\mu_0 c}\boldsymbol{E}\times(\boldsymbol{e}_r\times\boldsymbol{E}) = \varepsilon_0 c E^2 \boldsymbol{e}_r$$

$$= \frac{q^2}{16\pi^2\varepsilon_0 c}\frac{|\boldsymbol{e}_r\times(\boldsymbol{e}_r - \boldsymbol{v}/c)\times\dot{\boldsymbol{v}}/c|^2}{(1-\boldsymbol{e}_r\cdot\boldsymbol{v}/c)^6 r^2}\boldsymbol{e}_r \tag{6.4.19}$$

在 $\mathrm{d}t$ 时间内辐射到面元 $\mathrm{d}\boldsymbol{\sigma} = \boldsymbol{e}_r\mathrm{d}\sigma$ 的电磁能量为 $\mathrm{d}W = \boldsymbol{S}\cdot\mathrm{d}\boldsymbol{\sigma}\mathrm{d}t = S\mathrm{d}\sigma\mathrm{d}t$，$t$ 时刻辐射到面元的功率为 $\frac{\mathrm{d}W}{\mathrm{d}t}S\mathrm{d}\sigma$，$t'$ 时刻辐射到面元的功率为

$$P(t') = \frac{\mathrm{d}W}{\mathrm{d}t'} = \frac{\mathrm{d}W}{\mathrm{d}t}\frac{\mathrm{d}t}{\mathrm{d}t'} = S\left(1 - \boldsymbol{e}_r\cdot\frac{\boldsymbol{v}}{c}\right)\mathrm{d}\sigma \tag{6.4.20}$$

t' 时刻辐射 (θ,ϕ) 方向单位立体角的功率为

$$\frac{\mathrm{d}P(t')}{\mathrm{d}\Omega} = S\left(1 - \boldsymbol{e}_r\cdot\frac{\boldsymbol{v}}{c}\right)\frac{\mathrm{d}\sigma}{\mathrm{d}\Omega} = S\left(1 - \boldsymbol{e}_r\cdot\frac{\boldsymbol{v}}{c}\right)r^2$$

$$= \frac{q^2}{16\pi^2\varepsilon_0 c}\frac{|\boldsymbol{e}_r\times[(\boldsymbol{e}_r - \boldsymbol{v}/c)\times\dot{\boldsymbol{v}}/c]|^2}{\left(1 - \boldsymbol{e}_r\cdot\frac{\boldsymbol{v}}{c}\right)^5} \tag{6.4.21}$$

讨论 6-1　1)低速带电粒子的辐射

低速情况下 $\beta = \nu/c \to 0$，可得

$$\frac{\mathrm{d}P(t')}{\mathrm{d}\Omega} = \frac{q^2\dot{\beta}^2}{16\pi^2\varepsilon_0 c}\sin^2\theta = \frac{q^2\dot{\nu}^2}{16\pi^2\varepsilon_0 c^3}\sin^2\theta \tag{6.4.22}$$

式(6.4.22)对立体角积分可得瞬时辐射功率，结合 $\mathrm{d}\Omega = \sin\theta\mathrm{d}\theta\mathrm{d}\varphi$，则

$$P(t') = \int\frac{\mathrm{d}P(t')}{\mathrm{d}\Omega}\mathrm{d}\Omega = \frac{q^2\dot{\boldsymbol{v}}^2}{6\pi\varepsilon_0 c^3} \tag{6.4.23}$$

式(6.4.23)表明辐射功率与粒子在辐射时刻的加速度的 2 次方成正比。

运动电荷的电偶极矩为 $\boldsymbol{p} = q\boldsymbol{x}_q$，则 $\ddot{\boldsymbol{p}} = q\dot{\boldsymbol{v}}$，于是式(6.4.23)可改写为

$$P(t') = \frac{\ddot{\boldsymbol{p}}^2}{6\pi\varepsilon_0 c^3} \tag{6.4.24}$$

表明低速运动下带电粒子加速时的辐射可看作电偶极辐射。

2)高速带电粒子的辐射

(1)轫致辐射(直线加速辐射,即$\dot{\boldsymbol{v}}//v$)。

对于轫致辐射满足条件$\beta\times\dot{\boldsymbol{\beta}}=0$,于是轫致辐射的角分布及总辐射功率分别为

$$\frac{\mathrm{d}P(t')}{\mathrm{d}\Omega}=\frac{q^2}{16\pi^2\varepsilon_0 c}\frac{\dot{\beta}^2\sin^2\theta}{(1-\boldsymbol{e}_r\cdot\boldsymbol{\beta})^5} \tag{6.4.25}$$

$$P(t')=\int\frac{\mathrm{d}P(t')}{\mathrm{d}\Omega}\mathrm{d}\Omega=\frac{q^2\dot{v}^2}{16\pi^2\varepsilon_0 c^3}2\pi\int_0^\pi\frac{\sin^3\theta}{(1-\beta\cos\theta)^5}\mathrm{d}\theta=\frac{\gamma^6 q^2\dot{v}^2}{6\pi\varepsilon_0 c^3} \tag{6.4.26}$$

其中,$\gamma=1/\sqrt{1-\frac{v^2}{c^2}}$,式(6.4.25)和式(6.4.26)表明,当粒子的速度增大时,辐射的总功率随着γ^6增长;辐射最强的方向由$\beta=0$时的$\frac{\pi}{2}$方向向粒子运动方向倾斜。

(2)同步辐射(带电粒子做匀速圆周运动,即$\dot{\boldsymbol{v}}\perp v$)。

对于同步辐射满足条件$\beta\cdot\dot{\boldsymbol{\beta}}=0$,于是同步辐射的角分布及总辐射功率分别为

$$\frac{\mathrm{d}P(t')}{\mathrm{d}\Omega}=\frac{q^2\dot{v}^2}{16\pi^2\varepsilon_0 c^3}\frac{(1-\beta\cos\theta)^2-(1-\beta^2)\sin^2\theta\cos^2\phi}{(1-\beta\cos\theta)^5} \tag{6.4.27}$$

$$P(t')=\frac{\gamma^4 q^2\dot{v}^2}{6\pi\varepsilon_0 c^3} \tag{6.4.28}$$

考虑到$\boldsymbol{F}=\frac{\mathrm{d}}{\mathrm{d}t}\frac{m\boldsymbol{v}}{\sqrt{1-\beta^2}}=\gamma m\dot{\boldsymbol{v}}$,于是同步辐射的总功率又可表示为

$$P(t')=\frac{\gamma^2 q^2 F^2}{6\pi\varepsilon_0 m^2 c^3} \tag{6.4.29}$$

可见,同步辐射的辐射功率与粒子能量的平方成正比。例如,电子加速器有两种,一种是圆周型的,一种是直线型的。前者中粒子受到加速而产生辐射,产生辐射损耗。当辐射损耗等于加速器所能提供的功率时,粒子不再被加速。后者由于辐射损耗与粒子能量无关,因此可以获得更高的粒子速度。所以,目前常用的高能加速器都是直线型的。

6.5　带电粒子的电磁场对粒子本身的反作用

带电粒子激发的电磁场如式(6.4.17)和式(6.4.18)所示,其中电场强度的第一项代表与加速度无关的自有场,第二项代表与加速度有关的辐射场。自有场使粒子获得电磁质量,而辐射场产生辐射阻尼。

6.5.1　电磁质量

带电粒子的自有场和与之相对应的磁场为

$$\boldsymbol{E}=\frac{qr}{4\pi\varepsilon_0 s^3}(\boldsymbol{e}_r-\boldsymbol{\beta})(1-\beta^2) \tag{6.5.1}$$

$$\boldsymbol{B}=\frac{1}{c}\boldsymbol{e}_r\times\boldsymbol{E} \tag{6.5.2}$$

当粒子静止时，自有场为库仑场；当粒子做匀速直线运动时，所激发的电磁场依附于带电粒子并随着粒子的运动而运动。

由相对论质能关系 $W=mc^2$ 知，自有场的能量与粒子的电磁质量 $m_{em}=W_{em}/c^2$ 相对应。实际上粒子的质量 m 除了电磁质量外还可能有其他来源。以 m_0 代表非电磁起源的质量，于是粒子的质量为 $m=m_0+m_{em}$。

以电子为例，假设电子的电荷分布在半径为 r_e 的球面上，则电子的自有场能量和电磁质量分别为

$$W_{em}=\frac{1}{2}\int_{\infty}\varepsilon_0 E^2 \mathrm{d}V=\frac{q^2}{8\pi\varepsilon_0 r_e} \tag{6.5.3}$$

$$m_{em}=\frac{W_{em}}{c^2}=\frac{q^2}{8\pi\varepsilon_0 r_e c^2} \tag{6.5.4}$$

假设电子质量有一部分来自电磁质量，即 m_0 和 m_{em} 的数量级相同，可估计电子的总质量为

$$m=m_0+m_{em}\approx\frac{q^2}{4\pi\varepsilon_0 r_e c^2} \tag{6.5.5}$$

将电子质量 $m=9.1095\times10^{-31}$ kg 代入，可估算出电子的半径为 $r_e=2.818\times10^{-15}$ m。

6.5.2 辐射阻尼

以 $\boldsymbol{F}_e$、$\boldsymbol{F}_s$ 分别代表外力和因能量辐射而产生的阻尼力（又称自作用力），则粒子的运动方程为

$$\frac{\mathrm{d}}{\mathrm{d}t}(m\dot{\boldsymbol{v}})=\boldsymbol{F}_e+\boldsymbol{F}_s \tag{6.5.6}$$

考虑到阻尼对粒子所做负功率的大小与辐射功率相同，于是有

$$\boldsymbol{F}_s\cdot\boldsymbol{v}=-\frac{q^2\dot{v}^2}{6\pi\varepsilon_0 c^3} \tag{6.5.7}$$

设粒子的运动周期为 T，式(6.5.7)对一个周期求积分，可得

$$\begin{aligned}\int_t^{t+T}\boldsymbol{F}_s\cdot\boldsymbol{v}\mathrm{d}t&=-\int_t^{t+T}\frac{q^2\dot{\boldsymbol{v}}^2}{6\pi\varepsilon_0 c^3}\mathrm{d}t\\&=-\frac{q^2\dot{\boldsymbol{v}}\cdot\boldsymbol{v}}{6\pi\varepsilon_0 c^3}\bigg|_t^{t+T}+\int_t^{t+T}\frac{q^2\ddot{\boldsymbol{v}}\cdot\boldsymbol{v}}{6\pi\varepsilon_0 c^3}\mathrm{d}t\\&=\int_t^{t+T}\frac{q^2\ddot{\boldsymbol{v}}\cdot\boldsymbol{v}}{6\pi\varepsilon_0 c^3}\mathrm{d}t\end{aligned} \tag{6.5.8}$$

当粒子运动一周后，速度和加速度恢复原值，因此式(6.5.8)右侧第一项为0。故对一周期平均效应而言，可取

$$\boldsymbol{F}_s=\frac{q^2\ddot{\boldsymbol{v}}}{6\pi\varepsilon_0 c^3} \tag{6.5.9}$$

注意：由推导过程可知，自作用力 $\boldsymbol{F}_s$ 仅代表因能量辐射而产生阻尼力的平均效应，式(6.5.9)并不对每一瞬时都成立。

6.6　电子对电磁波的散射和吸收

散射为在介质中电子吸收入射电磁波的能量后，向各个方向发出次波的现象；具体表述为一定频率的外来电磁波作用到电子上时，振荡的电场使电子以相同频率做受迫振动，受迫振动下的电子向外辐射电磁波的现象。例如，空气中的微粒对太阳光的散射作用，使天空呈现蔚蓝色。为了方便研究，只考虑外加电磁场对电子的作用，忽略电子对外加电磁场的反作用，通过分析给定外加电磁场中电子的运动情况，从而分析运动电子的辐射情况。

6.6.1　自由电子对电磁波的散射

要研究自由电子对电磁波的散射需要先进行必要的条件限定：研究对象为完全或部分电离的气体，只考虑自由电子的运动；要求所研究的气体足够稀薄，从而可以忽略电子与电子之间的相互作用，以及电子与其他粒子之间的相互作用；电子的空间位置和周期运动的初始相位处于随机分布的状态，可以在处理单个电子运动的基础上，将其他电子发出散射波的功率进行简单叠加；电子的运动速度要求远小于光速，即可以采用低速运动的近似，这样电磁波作用在电子上的电场力远大于磁场力，从而可以忽略磁场力的作用，同时电子的运动尺度远小于外加电磁波的波长，因此外加电磁波的电场可视为均匀场；由于电子的运动速度远小于光速，所以可以使用低速运动条件下的电荷来近似计算电子的辐射功率；忽略对自由电子的辐射阻尼力。在以上限定条件下，电子的运动方程为

$$\frac{\mathrm{d}^2 \boldsymbol{x}}{\mathrm{d}t^2}=-\frac{e}{m}\boldsymbol{E}_0\mathrm{e}^{-\mathrm{i}\omega t} \tag{6.6.1}$$

其中，$\boldsymbol{x}$ 为电子相对于平衡位置的位移矢量，e 为电子的电量，m 为电子的质量，$\boldsymbol{E}_0\mathrm{e}^{-\mathrm{i}\omega t}$ 为外加电磁波的电场。求解式(6.6.1)得到自由电子受迫振荡的解为

$$\boldsymbol{x}=\boldsymbol{x}_0\mathrm{e}^{-\mathrm{i}\omega t} \tag{6.6.2}$$

其中，$\boldsymbol{x}_0=\dfrac{e\boldsymbol{E}_0}{m\omega^2}$，则散射波的电场强度为 $\boldsymbol{E}=\dfrac{e^2\boldsymbol{E}_0\sin\theta}{4\pi\varepsilon_0 mc^2 r}\mathrm{e}^{-\mathrm{i}\omega t}$，$\theta$ 为考察方向与电场强度的夹角。代入在低速运动情况下获得的辐射功率近似公式得

$$\frac{\mathrm{d}^2 \boldsymbol{p}}{\mathrm{d}t^2}=e\frac{\mathrm{d}^2 \boldsymbol{x}}{\mathrm{d}t^2}=\frac{e^2\boldsymbol{E}_0}{m}\mathrm{e}^{-\mathrm{i}\omega t} \tag{6.6.3}$$

同时由 $\dfrac{\mathrm{d}P}{\mathrm{d}\Omega}=\dfrac{|\ddot{\boldsymbol{p}}|^2}{32\pi^2\varepsilon_0 c^3}\sin^2\theta$，$P=\dfrac{|\ddot{\boldsymbol{p}}|^2}{12\pi\varepsilon_0 c^3}$，可得

$$\frac{\mathrm{d}P}{\mathrm{d}\Omega}=\frac{e^4E_0^2}{32\pi^2\varepsilon_0 m^2c^3}\sin^2\theta=r_\mathrm{e}^2 I_0\ \sin^2\theta \tag{6.6.4}$$

$$P=\frac{e^4E_0^2}{12\pi\varepsilon_0 m^2c^3}=\frac{8\pi}{3}r_\mathrm{e}^2 I_0 \tag{6.6.5}$$

其中，$I_0=\varepsilon_0 E_0^2 c/2$，为入射波强度，所以电子的散射截面为

$$\sigma=\frac{P}{I_0}=\frac{8\pi}{3}r_\mathrm{e}^2=6.67\times10^{-25}\ \mathrm{m}^2 \tag{6.6.6}$$

如图 6-6 所示，设入射波沿 z 轴正方向传播，$\boldsymbol{E}_0$ 位于 Oxy 平面内，考察点 P 位于 Oxz 平面内，α 为考察方向与 z 轴的夹角，由于入射波一般是非偏振的，所以对 $\sin^2\theta$ 求平均：

$$\cos\theta = \sin\alpha\cos\phi', \qquad \overline{\sin^2\theta} = \frac{1}{2\pi}\int_0^{2\pi}(1-\sin^2\alpha\cos^2\phi')\mathrm{d}\phi' = \frac{1}{2}(1+\cos^2\alpha)$$

即

$$\overline{\frac{\mathrm{d}P}{\mathrm{d}\Omega}} = r_e^2 I_0\,\overline{\sin^2\theta} = \frac{r_e^2 I_0}{2}(1+\cos^2\alpha) \tag{6.6.7}$$

可得散射截面的微分为

$$\frac{\mathrm{d}\sigma}{\mathrm{d}\Omega} = \frac{1}{I_0}\overline{\frac{\mathrm{d}P}{\mathrm{d}\Omega}} = r_e^2\,\sin^2\theta = \frac{r_e^2}{2}(1+\cos^2\alpha)$$

散射截面的微分对立体角的积分为散射截面 $\sigma = \frac{8\pi}{3}r_e^2$。

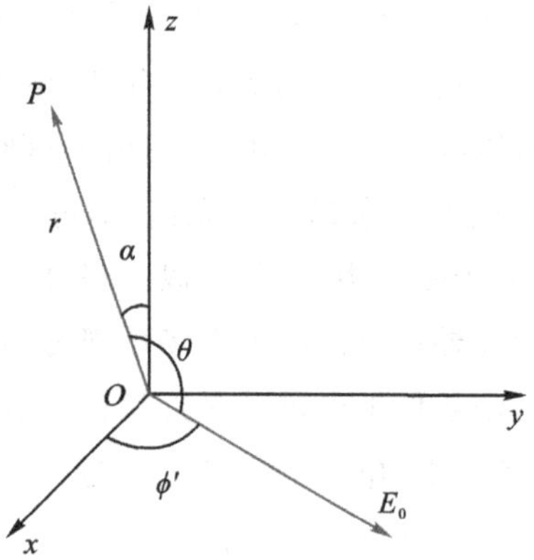

图 6-6　自由电子散射的方位示意图

由式(6.6.2)可得散射波的频率与入射波的频率相同，由式(6.6.6)可知散射波的强度与入射波的频率无关，由式(6.6.7)可知散射波强度的角分布前后对称，平行入射波的方向($\alpha=0,\pi$)最强，垂直入射波的方向($\alpha=\pi/2, -\pi/2$)最弱。

6.6.2　束缚电子对电磁波的散射

本节为一定频率的外来电磁波作用到受束缚电子上而被散射的情况。当所研究对象为中性气体时，即只考虑原子或分子内束缚电子的运动。电子受到原子或分子内部的约束力时，将其简化为指向原子或分子中心的简谐力。不同电子的空间位置和初始相位随机分布，可以在处理单个电子运动的基础上，将其他电子发出散射波的功率进行简单叠加；电子运动速度远小于光速，即可以采用低速运动近似，低速运动下电荷的辐射功率公式可应用于束缚电子的情况；电磁波作用在电子上的电场力远大于磁场力，即忽略磁场效应；电子运动的尺度远小于外加电磁波的波长，即外加电磁波的电场可视为均匀场。当考虑对束缚电子的辐射阻尼力时，其运动方程为

$$\frac{\mathrm{d}^2\boldsymbol{x}}{\mathrm{d}t^2} = -\frac{e}{m}\boldsymbol{E}_0\,\mathrm{e}^{-\mathrm{i}\omega t} - \omega_0^2\boldsymbol{x} + \tau\,\frac{\mathrm{d}^3\boldsymbol{x}}{\mathrm{d}t^3} \tag{6.6.8}$$

其中，τ 为时间尺度的特征值，正比于$\frac{r_e}{c}$，条件为快速传播近似，即电磁作用传播时间远小于粒子状态变化时间，或者粒子尺寸远小于波长。式(6.6.8)中等号右边第二项为谐振子模型中的回复力与质量的比值，ω_0 为振子振荡的固有频率。代入特解 $\boldsymbol{x}=\boldsymbol{x}_1 \mathrm{e}^{-\mathrm{i}\omega t}$，对式(6.6.8)进行变换，有

$$\frac{\mathrm{d}^2\boldsymbol{x}}{\mathrm{d}t^2}+\Gamma\frac{\mathrm{d}\boldsymbol{x}}{\mathrm{d}t}+\omega_0^2\boldsymbol{x}=-\frac{e}{m}\boldsymbol{E}_0\mathrm{e}^{-\mathrm{i}\omega t} \tag{6.6.9}$$

其中，$\Gamma=\omega^2\tau=\frac{e^2\omega^2}{6\pi\varepsilon_0 mc^3}$为阻尼系数，解式(6.6.9)得

$$\boldsymbol{x}=\frac{-e\boldsymbol{E}_0}{m(\omega_0^2-\omega^2-\mathrm{i}\omega\Gamma)}\mathrm{e}^{-\mathrm{i}\omega t} \tag{6.6.10}$$

所以束缚电子对电磁波的散射功率和散射截面可通过电偶极矩的方程求得，如下式所示：

$$\frac{\mathrm{d}^2\boldsymbol{p}}{\mathrm{d}t^2}=e\frac{\mathrm{d}^2\boldsymbol{x}}{\mathrm{d}t^2}=\frac{e^2\omega^2\boldsymbol{E}_0}{m}\frac{\mathrm{e}^{-\mathrm{i}(\omega t-\delta)}}{\sqrt{(\omega_0^2-\omega^2)^2+\omega^2\Gamma^2}} \tag{6.6.11}$$

其中，$\delta=\arctan\frac{\omega\Gamma}{\omega_0^2-\omega^2}$，代入 $P=\frac{|\ddot{\boldsymbol{p}}|^2}{12\pi\varepsilon_0 c^3}$，可得

$$P=\frac{8\pi}{3}\frac{\omega^4}{(\omega_0^2-\omega^2)^2+\omega^2\Gamma^2}r_e^2 I_0 \tag{6.6.12}$$

$$\sigma=\frac{P}{I_0}=\frac{8\pi}{3}\frac{\omega^4}{(\omega_0^2-\omega^2)^2+\omega^2\Gamma^2}r_e^2 \tag{6.6.13}$$

由式(6.6.10)可得，电子被束缚的情况下，散射波频率和入射波频率相同，由式(6.6.13)可得散射截面与频率有关。当入射波频率远大于谐振子固有频率 ω_0 时，束缚电子对电磁波的散射截面和自由电子对电磁波的散射截面相同，有 $\sigma=\frac{8\pi}{3}r_e^2$。当入射波频率远小于谐振子固有频率 ω_0 时为瑞利散射截面，有 $\sigma=\frac{8\pi}{3}\frac{\omega^4}{\omega_0^4}r_e^2$，例如，天空呈现蔚蓝色，是由于地球大气对蓝光(可见光中的高频光)的瑞利散射较强。当入射波频率等于谐振子固有频率 ω_0 时，即 $\omega=\omega_0$，$\sigma=\frac{8\pi}{3}\frac{\omega^2}{\Gamma^2}r_e^2=\frac{8\pi r_e^2}{3\omega_0^2\tau^2}$，这种情况下阻尼系数 Γ 对散射的影响逐渐表现出来，不可忽略。一般情况下 $\omega/\Gamma\gg 1$，即 $\omega=\omega_0$ 时的散射截面远大于自由电子对电磁波的散射截面，称为**共振散射**。

6.6.3　电子对电磁波的吸收

当具有连续谱的外来电磁波作用到电子上时，只有 $\omega\approx\omega_0$ 处的电磁波振荡的电场使电子做剧烈的受迫振动，电子剧烈的受迫振动表现为对 $\omega\approx\omega_0$ 处谱线的强烈吸收现象。根据能量守恒定律，电子发射的总能量等于电子从入射波吸收的总能量，所以本节可以通过计算电子向外辐射电磁波的功率来定量描述电子对电磁波的吸收现象。

设入射波单位频率间隔入射到单位面积的能量为 $I_0(\omega)$，根据式(6.6.12)可得，振子辐射的总功率为

$$P_{\text{连续谱}} = \frac{8\pi}{3} r_e^2 \int_0^\infty \frac{\omega^4}{(\omega_0^2 - \omega^2)^2 + \omega^2 \Gamma^2} I_0(\omega) \mathrm{d}\omega \tag{6.6.14}$$

式(6.6.14)中积分的主要贡献来自于 $\omega=\omega_0$ 处,因此可将 $I_0(\omega)$ 换成 $I_0(\omega_0)$,并提取到积分号外,在被积函数中除了 $\omega^2-\omega_0^2$ 项外,将所有的 ω 换成 ω_0,可得

$$P_{\text{连续谱}} = \frac{8\pi}{3} r_e^2 I_0(\omega_0) \int_0^\infty \frac{\omega_0^4}{(\omega_0^2 - \omega^2)^2 + \omega_0^2 \Gamma^2} \mathrm{d}\omega$$

分析函数 $f(\omega) = \left[\frac{\omega\Gamma}{(\omega_0^2-\omega^2)^2+\omega^2\Gamma^2}\right]_{\Gamma\to 0}$,当 $\omega \neq \omega_0$ 时,$f(\omega)=0$;当 $\omega=\omega_0$ 时,$f(\omega)\to\infty$。

对 $f(\omega)$ 求从 0 到无穷大的积分并进行处理:

$$\int_0^\infty \frac{\omega\Gamma \mathrm{d}\omega}{(\omega_0^2 - \omega^2)^2 + \omega^2\Gamma^2} = \frac{\Gamma}{2}\int_0^\infty \frac{\mathrm{d}u}{(\omega_0^2 - u)^2 + u\Gamma^2} = \frac{\Gamma}{2}\int_0^\infty \frac{\mathrm{d}u}{\left(\omega_0^2 - u - \frac{1}{2}\Gamma^2\right)^2 + \omega_0^2\Gamma^2 - \frac{1}{4}\Gamma^4}$$

$$\approx \frac{\Gamma}{2}\int_{-\omega_0^2}^\infty \frac{\mathrm{d}\omega}{\omega^2 + \omega_0^2\Gamma^2} = \frac{\Gamma}{2\omega_0\Gamma}\arctan\left(\frac{\omega}{\omega_0\Gamma}\right)\Bigg|_{-\omega_0^2}^\infty \approx \frac{\pi}{2\omega_0}$$

结合以上变换,可得

$$f(\omega) = \left[\frac{\omega\Gamma}{(\omega_0^2-\omega^2)^2+\omega^2\Gamma^2}\right]_{\Gamma\to 0} = \frac{\pi}{2\omega_0}\delta(\omega-\omega_0) \tag{6.6.15}$$

将式(6.6.15)代入式(6.6.14)得

$$P_{\text{连续谱}} = \frac{8\pi}{3} r_e^2 \int_0^\infty \frac{\pi\omega^3 I_0(\omega)\delta(\omega-\omega_0)\mathrm{d}\omega}{2\omega_0\Gamma} = \frac{4\pi^2\omega_0^2 I_0(\omega_0)}{3\Gamma_0} r_e^2 \tag{6.6.16}$$

其中,阻尼系数 $\Gamma_0=\omega_0^2\tau=\frac{e^2\omega_0^2}{6\pi\varepsilon_0 mc^3}$,$r_e=\frac{e^2}{4\pi\varepsilon_0 mc^2}$。因此,单个电子对具有连续谱电磁波的吸收功率为

$$P_{\text{连续谱}} = 2\pi^2 r_e c I_0(\omega_0)$$

在共振频率下有尖锐的吸收峰。

当具有连续谱的电磁波作用到束缚电子上时,只在 $\omega\approx\omega_0$ 处出现强吸收,称为**共振吸收**。因此在接受到的信号频谱上,在 $\omega\approx\omega_0$ 处将出现向下降的尖峰,即光谱分析中经常见到的吸收谱线。吸收峰所对应的频率等于量子力学中从一能级到另一能级的能量差与普朗克常数的比值,因此原子和分子都具有特定的发射谱线和吸收谱线,对两者的实验观测可以得到反映物质成分和物理过程的信息。

6.7 经典电动力学的局限性

根据式(6.4.20)、式(6.4.23)和式(6.4.26)可以得到,带电粒子在不同运动情况下辐射功率均与加速度的平方成正比,即带电粒子做加速度不为 0 的运动时就会向外界辐射电磁能量。在经典的原子模型中,电子围绕原子核运动,由带负电荷的电子和带正电荷的质子间的库仑力提供向心力。由于电子做绕核运动,故其加速度不为 0,则核外电子会向外界辐射电磁波,从而损失能量,使得电子落到原子核上。理论计算发现整个过程所用时间非常短,

所以原子不可能稳定存在。这样的结论显然和物理事实不相符，即经典电动力学理论具有一定的局限性。根据量子理论，电子的运动不是经典原子模型中的圆周运动。电子以波函数来描述，其以一定的概率弥漫在原子核周围，并在当前轨道附近出现的概率最大。根据不确定性原理，如果电子落入到原子核内，那么电子的位置不确定度将会非常小，从而导致电子的动量不确定度非常大，非常大的动量不确定度使电子能够挣脱原子核的束缚，所以电子不会落入原子核。

X 射线的康普顿散射也反映了经典电磁理论的局限性。根据电子对电磁波的散射可知，散射波的频率与入射波频率相同。美国物理学家康普顿在研究 X 射线通过物质发生散射的实验时，发现了新的实验现象，即散射光中除了有原波长为 λ_0 的 X 光外，还产生了波长为 $\lambda>\lambda_0$ 的 X 光，其波长的增量随散射角的不同而发生变化，这种现象被称为**康普顿效应**。X 射线的散射波波长相对于入射波波长发生了偏移，其与散射波方向有关，即 $\lambda'-\lambda=\frac{h}{mc}(1-\cos\alpha)$，其中，$\alpha$ 为散射角。此外散射波的强度失去了前后对称性，前方强度和自由电子散射的情况相同，后方强度变弱。上述实验结果表明康普顿效应不能用经典电动力学理论来解释，而必须用量子理论来解释。康普顿利用光量子理论成功地解释了这些实验结果。X 射线的散射是单个电子和单个光子发生弹性碰撞的结果。碰撞前后动量和能量守恒。X 射线量子与某个电子发生碰撞，该电子将射线向某一特殊的方向散射，这个方向与入射束成某个角度。辐射方向的不同反映动量的不同。根据动量守恒定律，散射电子以等于 X 射线动量变化的负值运动。根据能量守恒定律，散射射线的能量等于入射射线的能量减去散射电子获得的动能。所以，散射射线的频率也将和能量同比例地减小，即波长增大。那么为什么散射光中还有与入射光波长相同的谱线？原因在于不能将原子的内层电子看作自由电子，而为束缚电子，当 X 射线量子和这种电子碰撞，相当于和整个原子相碰，碰撞过程中，光子传给原子的能量很小，几乎保持自己的能量不变。这样散射光中就保留了原波长的谱线。由于内层电子的数目随散射物原子序数的增加而增加，所以波长为 λ_0 的辐射强度随之增强，而波长为 λ 的辐射强度随之减弱。经典电动力学理论只在光子能量远低于电子静态能 $h\nu\ll mc^2$ 时适用，即康普顿散射只有在入射光的波长与电子的康普顿波长 $\lambda_e=h/(m_e c)$ 相比拟时，散射现象才显著，这就是康普顿效应在 X 射线与物质相互作用中被发现的原因。我国物理学家吴有训作为康普顿的学生对康普顿效应的进一步研究和检验做出了很大的贡献。吴有训通过测试多种元素对 X 射线的散射曲线，证实并发展了康普顿的量子散射理论。

经典电动力学虽然具有诸多局限性，但它是现代物理学理论发展过程中至关重要的阶段。经典电动力学不仅是狭义相对论诞生的摇篮，它的一些重要概念(如规范不变性)也是近代量子场论的核心与基础。只有深入学习经典电动力学，才能完成对后续理论(如量子电动力学、规范场论)的进一步学习。

阅读材料

激光简介

20 世纪 60 年代发明的激光为现代社会带来了巨大的影响，因此激光、核能、半导体和计算机并称为 20 世纪的四大发明。那么什么是激光呢？激光是对英语“laser”的翻译，“laser”是由其他单词的首字母组成的合成词，“laser”源于短语“light amplification by stimulated emission of radiation”，即从词源上直译为“受激发射导致的光辐射放大”现象，所以激光的本质为受激辐射。

1. 激光的发展历程

激光的发明过程可以追溯到 1900 年，普朗克提出了能量子假说，能量子假说指出物质对电场能量的吸收和发射都是一份一份地进行，而不是连续进行的。1905 年，爱因斯坦为解释光电效应定律提出了光量子假说，爱因斯坦指出光场的能量是一份一份的，所提出的光量子简称为光子(photon)。1913 年，玻尔提出了氢原子结构模型，该模型中玻尔提出了能级和跃迁概念。1916 年，爱因斯坦用自己 1905 年提出的光子概念结合玻尔的氢原子模型，提出了光与物质共振相互作用过程中同时存在三个过程，即自发辐射、受激辐射和受激吸收。1946 年，布洛赫在水样品中进行的核磁共振实验观察到了粒子数反转的信号。1947 年，兰姆和卢瑟福指出通过粒子数反转可以实现受激发射下的光放大。1948 年，珀塞尔研究了磁场中各子能级的粒子数。1951 年，珀塞尔为增强微波信号，采用突然倒转场的方法。当外磁场极性改变比核自旋时间短得多时，珀塞尔在氟化锂晶体中实现了核自旋体的反转分布，观察到了频率为 50 kHz 的受激辐射。1952 年，韦伯提出了在微波波段实现受激辐射的原理方案。1954 年汤斯发明了波长为 1.25 cm 的氨分子微波放大器，并将其命名为“maser”。1960 年梅曼以掺钕的红宝石晶体作为工作物质，以脉冲氙灯为泵浦源，成功发明了世界上第一台激光器，即红宝石激光器，图 6 - 7 为梅曼发明的红宝石激光器。我国的第一台激光器是在王之江的主持下于 1961 年在长春光机所实现的，该红宝石激光器的研制成功使我国成为继美国之后第二个拥有激光器的国家。在激光的发明史上有三个相关的诺贝尔物理学奖，分别为珀塞尔和布洛赫获得的 1952 年诺贝尔物理学奖，汤斯、普罗霍洛夫和巴索夫获得的 1964 年诺贝尔物理学奖，卡斯特勒获得的 1966 年诺贝尔物理学奖。

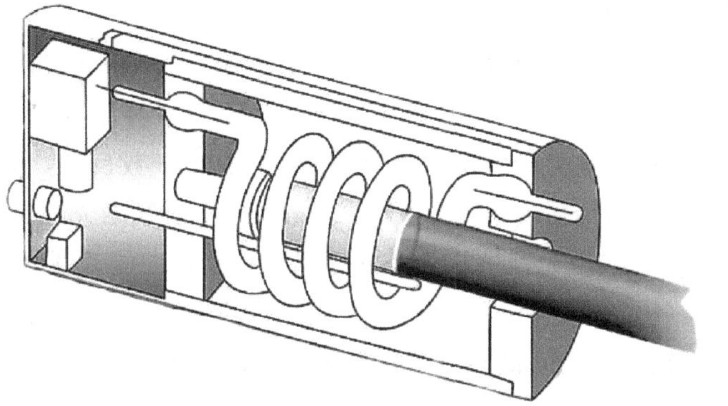

图 6-7　梅曼发明的红宝石激光器的结构示意图

2. 激光的特点

激光与普通光源(太阳光、白炽灯、日光灯和 LED 灯)相比，具有“三好一高”的特点，具体描述为方向性好、单色性好、相干性好和亮度高。光源的方向性是通过发散角来定量表征的，激光的发散角很小，一般为千分之几弧度的量级。如果对激光进行准直，可以进一步减小激光的发散角，得到近似平行光的激光。光源的单色性指光波长或频率成分的单一性，通过 $\delta=\left|\frac{\Delta\nu}{\nu}\right|=\left|\frac{\Delta\lambda}{\lambda}\right|$ 来定量表征，其中 $\Delta\nu$ 为频谱宽度、ν 为中心频率、$\Delta\lambda$ 为光谱宽度、λ 为中心波长。相干性(coherence)是一个抽象的概念，相干性直观的描述：为了产生显著的干涉现象，波所需具备的性质。从实验现象的角度来讲，就是用激光来做杨氏双缝干涉实验时，其实验现象要比普通光源的实验现象明显。亮度指单位面积光源在某个方向单位立体角内发射的光功率大小，亮度表征的是光源的发射功率在方向上的集中性，激光的亮度可以达到很高的程度，甚至达到太阳的 100 亿倍。

3. 激光器的组成

激光器至少由工作物质、谐振腔和泵浦系统三个基本部分组成。为什么工作物质、谐振腔和泵浦系统是激光器的必要组成部分呢？原因在于为了实现受激辐射的光放大，需要介质处于粒子数反转状态；要实现粒子数反转，需要有合适的泵浦方式和具有亚稳态的工作物质；为了在工作物质中实现自激振荡，需要工作物质的小信号增益系数大于损耗系数，且工作物质足够长；为了克服工作物质的长度限制，需要采用谐振腔引导光循环通过工作物质；为了在谐振腔中实现激光振荡，要求工作物质的小信号增益系数大于平均单程损耗因子除以工作物质长度。

4. 激光前沿

X 射线激光器(X-ray laser, XRL)类似于激光放大器，原因在于 X 射线具有很强的穿透能力，很难实现对 X 射线高反射的方法，所以 X 射线一般只通过工作物质一次，因此其工作物质需要很长，才能实现较好的放大效果。软 X 射线波段(1～10Å，1 Å$=1\times10^{-10}$ m)，激光器的激光介质主要是激光等离子体，通过电子碰撞泵浦与复合反转，实现激光等离子体介质中的自发辐射放大。核激励X射线激光器为用核爆炸产生的X射线激励激光工作物质，使其产生X射线激光。其过程为X射线激光的工作物质为细长的丝状，放置在核装置周围。当核爆炸发生时，激光棒在很短时间内吸收足够量的辐射能量，变成高温等离子体状态，使处于高激发态的粒子数大于低激发态粒子数，形成粒子数反转，当增益达到一定程度时，便发射沿工作物质轴向传播的X射线激光。核激励X射线激光在特定方向上有极高的辐亮度，因而核激励X射线激光器被认为是探索研究中的定向能武器之一。

自由电子激光器(free-electron laser，FEL)以极高真空中的高速自由电子为激光介质，利用高速电子束和光辐射场之间的相互作用，使电子的动能传递给光辐射而使其辐射强度增大。自由电子激光器的优点为功率高和波长覆盖范围广。自由电子激光器不受工作介质损伤阈值、散热、非线性效应等的限制，其输出功率由电子束的功率所决定，可输出非常高的平均功率。自由电子激光器的波长由电子束的能量和波荡器的磁场强度与周期长度决定，通过调节电子束和波荡器参数可以实现宽光谱的输出。图6-8为自由电子激光器的示意图。

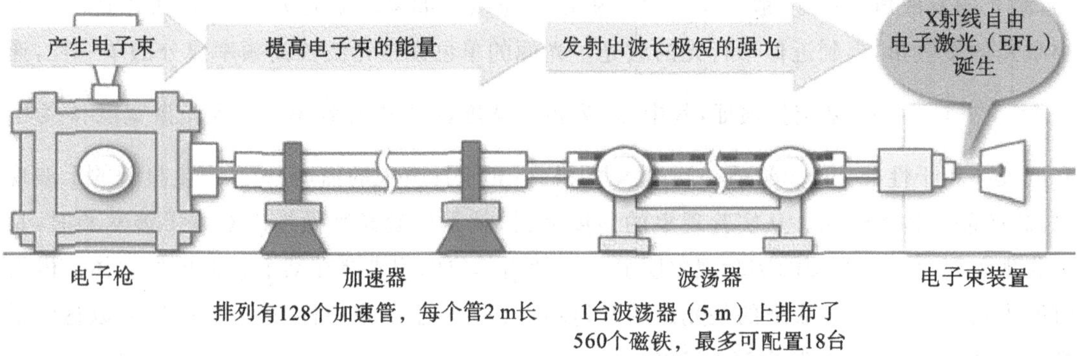

图6-8　自由电子激光器的示意图

原子激光器的物理基础为物质波和玻色-爱因斯坦凝聚，玻色-爱因斯坦凝聚产生原子受激散射，使更多的原子进入该态。例如，N个原子发生的凝聚会使其他原子被散射到此态的概率增加$N+1$倍。在普通气体中，原子的散射发生在系统大量的量子态中，但当温度达到玻色-爱因斯坦凝聚的临界温度时，使原子进入最低能态的散射占优势。类比光学激光器，在原子激光器中，“激励”和“激活介质”由蒸发制冷提供。蒸发过程产生的向更低温度弛豫的非热平衡原子云团会引起凝聚体的增大。达到热平衡之后，原子激光器的净“增益”为零，即处于凝聚态的原子所占比例在进一步冷却前将一直保持稳定。原子激光器在基础研究和应用原子束的工业领域中很多应用。例如，原子钟、原子光学、基本常数的精密测量、基本对称性的检验等。

思考题

1. 什么是规范变换和规范不变性，试说明规范不变性在现代物理中的深刻含义。

2. 根据推迟势标势和矢势的表达式，说明推迟势的物理意义。

3. 说明电偶极辐射的辐射能流与辐射功率的角分布特点。

4. 磁偶极辐射的能流密度和辐射功率如何表示？与电偶极辐射的有何区别？

5. 比较半波天线和天线阵的辐射能力。

6. 李纳-维谢尔势如何表示？要根据李纳-维谢尔势求出电磁场，还需结合哪两个表达式？

7. 根据辐射功率的角分布，分析高速运动带电粒子辐射角分布的特点。

8. 结合高速运动带电粒子的辐射理论，查阅文献，了解电子加速器的类型和特点，体会该理论的重要意义。

9. 查阅文献，了解什么是切连科夫辐射，有什么重要应用？

10. 什么是粒子的电磁质量？查阅文献，了解电磁质量在量子力学中有何重要意义。

11. 原子的辐射机制为什么不能完全用经典振子解释？

练习题

1. 由麦克斯韦方程组推导真空中标势 φ 和矢势 $\boldsymbol{A}$ 所满足的基本方程，并写出其在库仑规范和洛伦兹规范条件下的简化形式。

2. 根据洛伦兹条件，结合 $\boldsymbol{B}=\nabla\times\boldsymbol{A}$ 和 $\boldsymbol{E}=-\nabla\varphi-\dfrac{\partial \boldsymbol{A}}{\partial t}$，证明：在没有电荷和电流分布的自由空间中，电磁场的矢势 $\boldsymbol{A}$ 和电磁场的传播方向 $\boldsymbol{k}$ 垂直，且标势 $\varphi=0$。

3. 一带电量为 Q、半径为 R_0 的飞轮，若将其电荷均匀分布于边缘，且让飞轮以恒定角速度 ω 旋转，试根据电偶极矩和磁偶极矩定义式证明该飞轮产生的辐射场为零。

4. 一电偶极子位于坐标系的原点，其电偶极矩为 $\boldsymbol{P}=P_0\cos\omega t\boldsymbol{e}_x$，试求它在 $r\gg\lambda=2\pi c/\omega$ 时辐射场的电场强度、磁感应强度和能流密度。

5. 在非相对论情形下，带电量为 e 的粒子做半径为 a 的圆周运动，转动频率为 ω，求该带电粒子在远处的辐射电磁场和平均辐射能流密度。

6. 证明：在低速条件($v\ll c$)下，加速运动的带电粒子激发电偶极辐射，其辐射能流为 $\boldsymbol{S}=\dfrac{q^2\dot{v}^2}{16\pi^2\varepsilon_0c^3r^2}\sin^2\theta\boldsymbol{e}_r$。

7. 证明：在一定作用力下，高速($v\to c$)直线运动粒子辐射功率与粒子能量无关。

8. 有一粒子，带电量为 q，做简谐振动，其运动学方程为 $z=z_0\mathrm{e}^{-\mathrm{i}\omega t}$。设 $\omega z_0\ll c$，求它的辐射场和能流。

9. 设电子的质量为 m、带电量为 e，在均匀外磁场 $\boldsymbol{B}$ 中运动，取磁场 $\boldsymbol{B}$ 的方向为 z 轴方向。已知 $t=0$ 时，$x=R_0$，$y=z=0$，$\dot{x}=\dot{z}=0$，$\dot{y}=v_0$。在非相对论条件下求：(1)考虑辐射阻尼力的电子运动轨道；(2)电子单位时间内的辐射能量。

思维导图

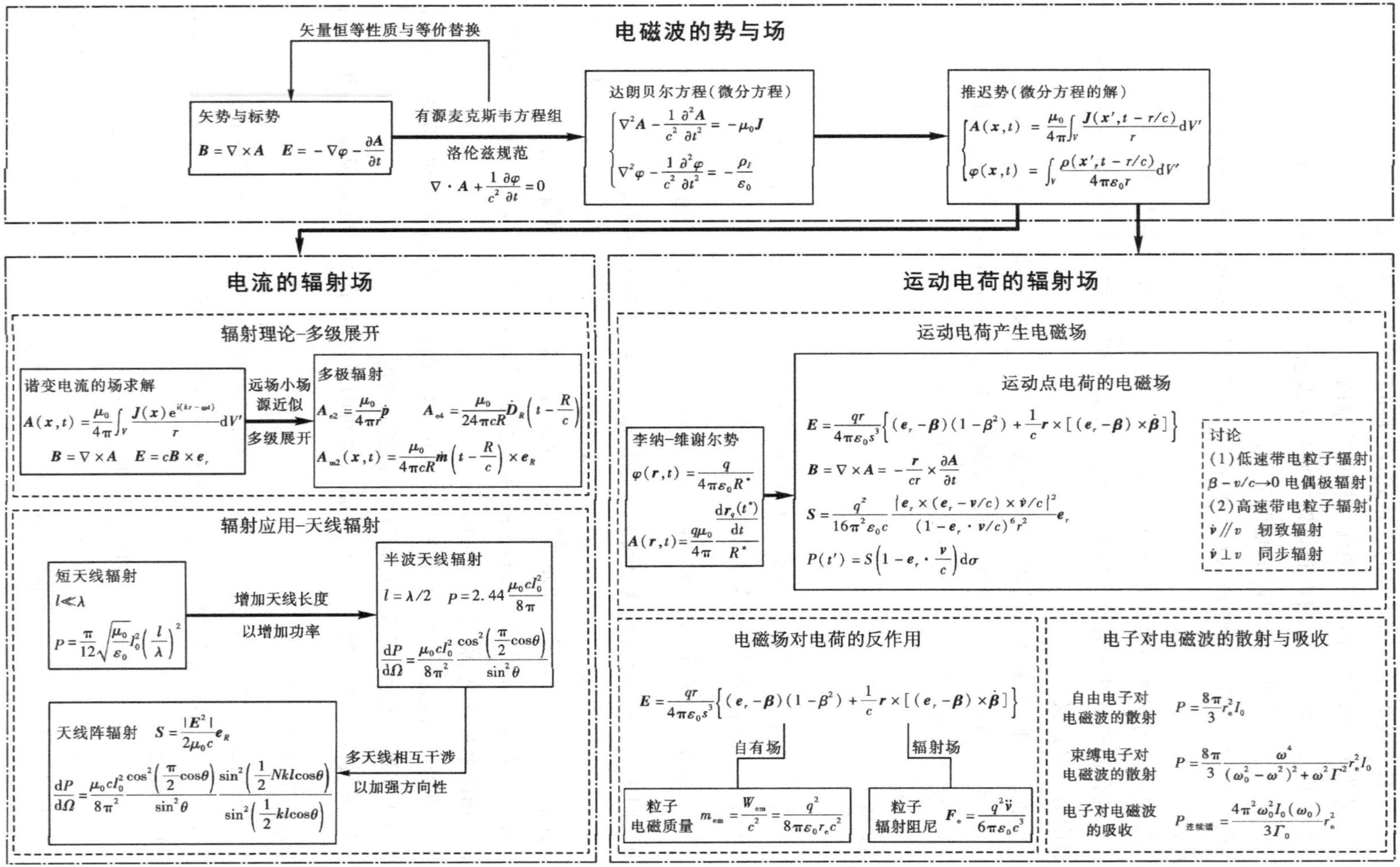
电磁波的势与场
矢量恒等性质与等价替换
矢势与标势
$B=\nabla\times A \quad E=-\nabla\varphi-\frac{\partial A}{\partial t}$
有源麦克斯韦方程组
洛伦兹规范
$\nabla\cdot A+\frac{1}{c^2}\frac{\partial\varphi}{\partial t}=0$
达朗贝尔方程（微分方程）
$\nabla^2 A-\frac{1}{c^2}\frac{\partial^2 A}{\partial t^2}=-\mu_0 J$
$\nabla^2\varphi-\frac{1}{c^2}\frac{\partial^2\varphi}{\partial t^2}=-\frac{\rho_f}{\varepsilon_0}$
推迟势（微分方程的解）
$A(x,t)=\frac{\mu_0}{4\pi}\int_V\frac{J(x',t-r/c)}{r}\mathrm{d}V'$
$\varphi(x,t)=\int_V\frac{\rho(x',t-r/c)}{4\pi\varepsilon_0 r}\mathrm{d}V'$
电流的辐射场
辐射理论–多级展开
谐变电流的场求解
$A(x,t)=\frac{\mu_0}{4\pi}\int_V\frac{J(x)e^{i(kr-\omega t)}}{r}\mathrm{d}V'$
$B=\nabla\times A \quad E=cB\times e_r$
远场小场源近似
多级展开
多极辐射
$A_{e2}=\frac{\mu_0}{4\pi r}\dot{p}$
$A_{e4}=\frac{\mu_0}{24\pi cR}\dot{D}_R\left(t-\frac{R}{c}\right)$
$A_{m2}(x,t)=\frac{\mu_0}{4\pi cR}\dot{m}\left(t-\frac{R}{c}\right)\times e_R$
辐射应用–天线辐射
短天线辐射
$l\ll\lambda$
$P=\frac{\pi}{12}\sqrt{\frac{\mu_0}{\varepsilon_0}}I_0^2\left(\frac{l}{\lambda}\right)^2$
增加天线长度
以增加功率
半波天线辐射
$l=\lambda/2 \quad P=2.44\frac{\mu_0 cI_0^2}{8\pi}$
$\frac{\mathrm{d}P}{\mathrm{d}\Omega}=\frac{\mu_0 cI_0^2}{8\pi^2}\frac{\cos^2\left(\frac{\pi}{2}\cos\theta\right)}{\sin^2\theta}$
多天线相互干涉
以加强方向性
天线阵辐射 $S=\frac{|E^2|}{2\mu_0 c}e_R$
$\frac{\mathrm{d}P}{\mathrm{d}\Omega}=\frac{\mu_0 cI_0^2}{8\pi^2}\frac{\cos^2\left(\frac{\pi}{2}\cos\theta\right)}{\sin^2\theta}\frac{\sin^2\left(\frac{1}{2}Nkl\cos\theta\right)}{\sin^2\left(\frac{1}{2}kl\cos\theta\right)}$
运动电荷的辐射场
运动电荷产生电磁场
李纳–维谢尔势
$\varphi(r,t)=\frac{q}{4\pi\varepsilon_0 R^*}$
$A(r,t)=\frac{q\mu_0}{4\pi}\frac{\frac{\mathrm{d}r_q(t^*)}{\mathrm{d}t}}{R^*}$
运动点电荷的电磁场
$E=\frac{qr}{4\pi\varepsilon_0 s^3}\left\{(e_r-\beta)(1-\beta^2)+\frac{1}{c}r\times[(e_r-\beta)\times\dot{\beta}]\right\}$
$B=\nabla\times A=-\frac{r}{cr}\times\frac{\partial A}{\partial t}$
$S=\frac{q^2}{16\pi^2\varepsilon_0 c}\frac{|e_r\times(e_r-v/c)\times\dot{v}/c|^2}{(1-e_r\cdot v/c)^6 r^2}e_r$
$P(t')=S\left(1-e_r\cdot\frac{v}{c}\right)\mathrm{d}\sigma$
讨论
(1)低速带电粒子辐射
$\beta-v/c\to0$ 电偶极辐射
(2)高速带电粒子辐射
$\dot{v}//v$ 轫致辐射
$\dot{v}\perp v$ 同步辐射
电磁场对电荷的反作用
$E=\frac{qr}{4\pi\varepsilon_0 s^3}\left\{(e_r-\beta)(1-\beta^2)+\frac{1}{c}r\times[(e_r-\beta)\times\dot{\beta}]\right\}$
自有场
辐射场
粒子电磁质量 $m_{em}=\frac{W_{em}}{c^2}=\frac{q^2}{8\pi\varepsilon_0 r_e c^2}$
粒子辐射阻尼 $F_e=\frac{q^2\ddot{v}}{6\pi\varepsilon_0 c^3}$
电子对电磁波的散射与吸收
自由电子对电磁波的散射 $P=\frac{8\pi}{3}r_e^2 I_0$
束缚电子对电磁波的散射 $P=\frac{8\pi}{3}\frac{\omega^4}{(\omega_0^2-\omega^2)^2+\omega^2\Gamma^2}r_e^2 I_0$
电子对电磁波的吸收 $P_{连续谱}=\frac{4\pi^2\omega_0^2 I_0(\omega_0)}{3\Gamma_0}r_e^2$

第 7 章　狭义相对论

麦克斯韦的电磁理论是研究电磁场的宏观理论，传递电磁作用的粒子是高速运动的光子，因此麦克斯韦的电磁理论必然蕴含了高速运动粒子所特有的规律性，展现了与低速宏观运动截然不同的新物理特性，成为爱因斯坦狭义相对论的开端。

本章从麦克斯韦方程组所蕴含的物理原理与基于绝对时空观的牛顿运动力学的尖锐冲突入手，在爱因斯坦相对论基本原理、物理规律的协变性和四维时空的基础上，讨论洛伦兹变换、相对论时空观，通过四维协变量的构造，形成完整的相对论电动力学和相对论力学。

7.1　麦克斯韦电磁理论的未解之谜

麦克斯韦电磁理论提出光是电磁波的重要论断，第一次将光现象、电现象和磁现象统一起来，成为四种基本力大统一研究的成功开端。麦克斯韦电磁理论预言了电磁波可以脱离电荷和电流而向外传播，为以后电磁波作为信息的重要载体奠定了理论基础。麦克斯韦电磁理论，以简洁、对称、和谐、统一的数学形式，构建了科学研究的美学范例，使以后的研究更加重视数学工具的应用和对称性的研究。脱胎于经典物理的麦克斯韦电磁理论，却蕴含了深邃的现代物理学思想，如相对论、规范场等，促进了现代物理的蓬勃发展。尽管如此，麦克斯韦电磁理论依然存在明显的对称性破缺：电荷能激发静电场，却没有相应的磁荷能激发静磁场；运动电荷形成的电流也能激发磁场，却不存在运动磁荷所激发的电场。基于完全对称性，人们猜想可能存在独立的磁荷，即磁单极子，尽管磁单极子尚未得到实验的证实。

自由真空中的麦克斯韦方程组可以写成

$$\begin{cases}\nabla\cdot\boldsymbol{E}=0, & \nabla\times\boldsymbol{E}=-\dfrac{\partial\boldsymbol{B}}{\partial t}\\[2ex]\nabla\cdot\boldsymbol{B}=0, & \nabla\times\boldsymbol{B}=\dfrac{1}{c^2}\dfrac{\partial\boldsymbol{E}}{\partial t}\end{cases}\tag{7.1.1}$$

将上式中的 $\boldsymbol{E}$ 和 $c\boldsymbol{B}$ 互换，则有

$$\begin{cases}\nabla\cdot\boldsymbol{B}=0, & \nabla\times\boldsymbol{B}=-\dfrac{1}{c^2}\dfrac{\partial\boldsymbol{E}}{\partial t}\\[2ex]\nabla\cdot\boldsymbol{E}=0, & \nabla\times\boldsymbol{E}=\dfrac{\partial\boldsymbol{B}}{\partial t}\end{cases}\tag{7.1.2}$$

可见，电场强度 $\boldsymbol{E}$ 和磁感应强度 $\boldsymbol{B}$ 的散度公式经过变换后，数学公式完全对称。而旋度公式经变换后仅相差一个符号，具有“反对称性”，可以认为电场强度 $\boldsymbol{E}$ 和磁感应强度 $\boldsymbol{B}$ 同时具有

空间对称性和时间对称性。若假设磁单极子存在,则麦克斯韦方程组可用完全对称的形式写成

$$\begin{cases} \nabla \cdot \boldsymbol{D} = \rho_e, & -\nabla \times \boldsymbol{E} = \boldsymbol{j}_m + \dfrac{\partial \boldsymbol{B}}{\partial t} \\ \nabla \cdot \boldsymbol{B} = \rho_m, & \nabla \times \boldsymbol{H} = \boldsymbol{j}_e + \dfrac{\partial \boldsymbol{D}}{\partial t} \end{cases} \tag{7.1.3}$$

麦克斯韦电磁理论是一种超前的理论,以不为时代所理解的方式,提出了突破传统物理的思想,使得这种精妙、深邃、统一、对称的理论显得不那么完善。例如,预言了电磁波的传播速度为真空中的光速 c,但并没有提出光速的参考系。这有两种可能,一是可能存在绝对参考系,麦克斯韦电磁理论只在绝对参考系中成立;二是不存在绝对参考系,但光速并不随参考系的变化而变化。无论是哪种情形都和经典力学中的相对性原理或伽利略变换发生严重冲突。人们似乎必须在麦克斯韦电磁理论与诞生于经典力学中的相对性原理、伽利略变换之间做出抉择。当时大多数物理学家认为相对性原理并不适用于电磁理论,麦克斯韦电磁理论可能仅在绝对参考系“以太”中成立,只有在以太中光速才在各个方向上都是 c。只要测出地球相对于以太的速度就能找出以太,这正是迈克耳孙-莫雷实验的出发点。爱因斯坦则认为伽利略变换不适用于高速运动的电磁波,借助于崭新的相对性原理和光速不变假说,爱因斯坦给洛伦兹变换赋予了深刻的物理内涵,揭示了崭新的时空观。

7.2 迈克耳孙-莫雷实验

迈克耳孙-莫雷实验示意图如图 7-1(a)所示。光源 S 发出的一束平行光,经与水平方向呈 45°的半透光镜 M 被分成两束:光束 1 透过 M 后向右垂直投射在平面镜 M_1 上,依次被 M_1、M 反射后到达望远镜 T;光束 2 被 M 反射后向上垂直投射在平面镜 M_2 上,被 M_2 反射后透射出 M,也到达望远镜 T。这两束光线在望远镜 T 的像平面上发生干涉形成干涉条纹。设地球相对于以太的速度 v 沿 MM_1 方向,且 $MM_1 = MM_2 = l$。光束 1 往返臂长 MM_1 所需时间为

$$t_1 = \frac{l}{c-v} + \frac{l}{c+v} = \frac{2l}{c(1-\beta^2)} \approx \frac{2l}{c}(1+\beta^2) \tag{7.2.1}$$

其中,$\beta = \dfrac{v}{c}$。设光束 2 往返臂长 MM_2 所需时间为 t_2。考虑到地球水平向右的运动速度 v 及光在以太中的速度 c,则光束 2 经过的实际路径如图 7-1(b)所示,于是有

$$\sqrt{l^2 + \left(\frac{vt_2}{2}\right)^2} = \frac{ct_2}{2} \tag{7.2.2}$$

解出

$$t_2 = \frac{2l}{\sqrt{c^2 - v^2}} = \frac{2l}{c\sqrt{1-\beta^2}} \approx \frac{2l}{c}\left(1 + \frac{\beta^2}{2}\right) \tag{7.2.3}$$

于是两束光的光程差为

$$c\Delta t \approx \beta^2 l \tag{7.2.4}$$

装置转动 90°，使两束光位置互换，则观察到的干涉条纹移动个数为

$$\frac{2c\Delta t}{\lambda} \approx \frac{2l}{\lambda}\beta^2 \tag{7.2.5}$$

实验中取 $l=11$ m，光源取波长 $\lambda=5.5\times10^{-7}$ m 的钠黄光，理论估计移动的条纹数为 0.4 个，但实验并没有发现条纹的移动，须知实验精度达 0.005 个条纹。迈克耳孙-莫雷实验中干涉条纹零移动的结果实际上否定了以太的存在，即否定了绝对参考系的存在，也表明光速不依赖于参考系。迄今，所有的实验都表明光速与参考系无关。

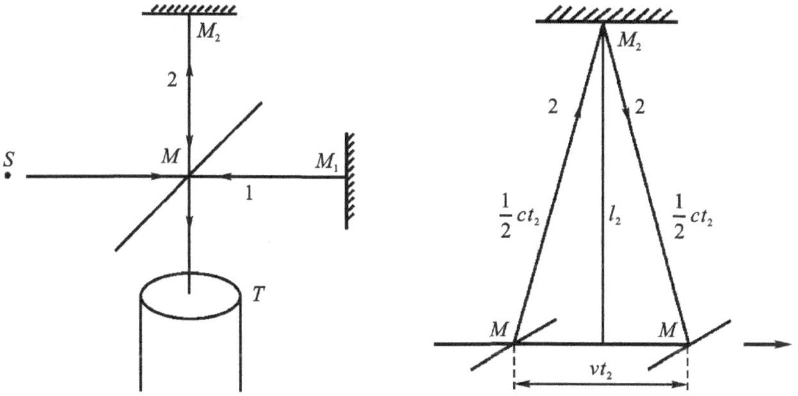

(a) 原理图　　(b) 纵向光路图

图 7-1　迈克耳孙-莫雷实验示意图

7.3　相对论基本原理与洛伦兹变换

7.3.1　相对性原理

所有惯性系都是等价的，物理规律在所有惯性系中都应具有相同的形式。爱因斯坦将牛顿力学中的相对性原理提升到动力学基本原理的地位，把相对性原理推广到不仅包括力学定律，还包括电磁学定律，甚至包括目前所知的一切物理定律。这样，相对性原理成为获取新物理定律正确形式的一个重要工具。相对性原理表明，一切惯性系都是等价的，物理规律在任何惯性系中的形式是完全一样的。爱因斯坦的相对性原理彻底否定了绝对参考系，彻底否定了牛顿的绝对时空观。

7.3.2　光速不变原理

爱因斯坦认为，真空中的光速，相对于任何惯性系恒为 c，与光源或观察者的运动无关。物体的运动速度是基于一定的时空进行描述的。牛顿力学中，速度与所选择的参考系有关，符合伽利略变换。而在爱因斯坦看来，光速是宇宙常数，与参考系无关，这一结论与传统的时空观之间存在不可调和的矛盾。

7.3.3 事件、间隔、洛伦兹变换

间隔不变性与洛伦兹变换

任何一个物理事件，都是在某一个时空点上发生的。取四维时空坐标(x,y,z,t)来描述时空点，任一时空点称为**一个事件**。

设真空中有两个惯性系 K、K'，它们的坐标轴和时间轴相互平行。K'系相对于 K 系沿 x 轴正向以速度 v 匀速运动。K 系中，将从时空点$(0,0,0,0)$发出一束光线记作事件 1，在时空点(x,y,z,t)接收到这束光线记作事件 2。根据光速不变原理，在 K 系中观察到的现象为

$$(x-0)^2+(y-0)^2+(z-0)^2=c^2\ (t-0)^2 \tag{7.3.1}$$

即

$$c^2t^2=x^2+y^2+z^2 \tag{7.3.2}$$

定义两事件的间隔为

$$s^2=c^2t^2-(x^2+y^2+z^2) \tag{7.3.3}$$

则用光信号相联系的事件 1 和事件 2，有 $s^2=0$。从 K'系观测，由于光速也是 c，所以以上两个事件的间隔也应满足

$$s'^2=c^2t'^2-(x'^2+y'^2+z'^2)=0 \tag{7.3.4}$$

可知，光信号连接的两个事件，在不同惯性系中的间隔总是相同的。考虑一般情形，由任意信号连接的两个事件，在不同惯性系中观测的间隔又有何关联？

相对匀速运动的两个惯性参考系，它们的时空坐标之间满足线性变换。对沿 x 轴相对运动的两个惯性参考系 K、K'，设相应的线性变换为

$$x'=a_{11}x+a_{12}t \tag{7.3.5}$$

$$t'=a_{21}x+a_{22}t \tag{7.3.6}$$

其中，a_{11}、a_{12}、a_{21}、a_{22}为四个待定系数。考虑到光信号联系的两个事件，其间隔相等，即

$$c^2t'^2-x'^2=c^2\ (a_{21}x+a_{22}t)^2-(a_{11}x+a_{12}t)^2=c^2t^2-x^2 \tag{7.3.7}$$

上式对任意 x、t 都成立，意味着上述表达式中各项系数对应相等，即

$$c^2a_{22}^2-a_{12}^2=c^2 \tag{7.3.8}$$

$$c^2a_{21}^2-a_{11}^2=-1 \tag{7.3.9}$$

$$c^2a_{21}a_{22}-a_{11}a_{12}=0 \tag{7.3.10}$$

考虑到 K 系相对于 K'系坐标原点沿 x 轴反方向以速率 v 匀速运动，因此有

$$v=-a_{12}/a_{11} \tag{7.3.11}$$

联立上述四个方程，求解可得坐标之间的变换关系为

$$\begin{cases} x'=\dfrac{x-vt}{\sqrt{1-\beta^2}} \\ y'=y \\ z'=z \\ t'=\dfrac{t-\dfrac{v}{c^2}x}{\sqrt{1-\beta^2}} \end{cases} \tag{7.3.12}$$

上式中以 $-v$ 代替 v，即可得坐标之间的逆变换关系为

$$\begin{cases} x=\dfrac{x'+vt'}{\sqrt{1-\beta^2}} \\ y=y' \\ z=z' \\ t=\dfrac{t'+\dfrac{v}{c^2}x'}{\sqrt{1-\beta^2}} \end{cases} \tag{7.3.13}$$

式(7.3.12)称为**洛伦兹正变换**，而式(7.3.13)称为**洛伦兹逆变换**，有时把两式统称为**洛伦兹变换**。洛伦兹变换是光速不变原理的数学表述。洛伦兹变换中坐标变换与时间变换耦合在一起，都与物体的运动有关，这与代表绝对时空观的伽利略变换存在本质上的不同。

对于 $\beta=v/c\to 0$ 的低速情形，洛伦兹变换可转变为

$$\begin{cases} x'=x-vt \\ y'=y \\ z'=z \\ t'=t \end{cases} \tag{7.3.14}$$

可见，伽利略变换是洛伦兹变换的低速极限情形，洛伦兹变换包含了伽利略变换。

将洛伦兹变换代入间隔的表达式中，可得

$$c^2t'^2-x'^2=c^2t^2-x^2 \tag{7.3.15}$$

即

$$s'^2=s^2 \tag{7.3.16}$$

可见，由任意真实信号联系的两个事件，惯性系变换前后间隔保持不变，即间隔是洛伦兹不变量。

7.3.4　相对论的时空观

时间测量与时钟延缓　　长度测量与尺度收缩　　光相对于任意参考系的运动速度

1. 相对论的时空结构

根据事件的间隔，可以将两事件之间的联系分为三类，不同类的事件对应不同的因果关联。为简单起见，取事件 1 的时空坐标为(0,0,0,0)，事件 2 的时空坐标为(x,y,z,t)，则两个事件的间隔为

$$s^2=c^2t^2-(x^2+y^2+z^2)=c^2t^2-r^2 \tag{7.3.17}$$

原则上，两事件的间隔可以取任意数值。根据间隔的正负，将两事件之间的联系分为三种情况：

$s^2>0$，此时 $ct>r$，两事件可由低于光速的真实信号相联系，故两事件之间存在因果性。这种间隔称为**类时间隔**。以坐标原点(0,0,0,0)代表现在，则上半个光锥以内的时空点，其相应的时刻 $t>0$，代表未来；下半个光锥以内的时空点，其相应的时刻 $t<0$，代表过去。

$s^2=0$，此时 $ct=r$，两事件可由光信号相联系，两事件之间存在因果性。光锥上的任一点

都属于这种情形。

$s^2<0$，此时 $ct<r$，两事件不可能由真实的信号相联系，这意味着两个事件之间不存在因果性。

常采用二维空间坐标(x,y)和一维时间坐标 ct 作为 z 轴构成的三维时空来展示事件之间的联系，如图 7-2 所示。

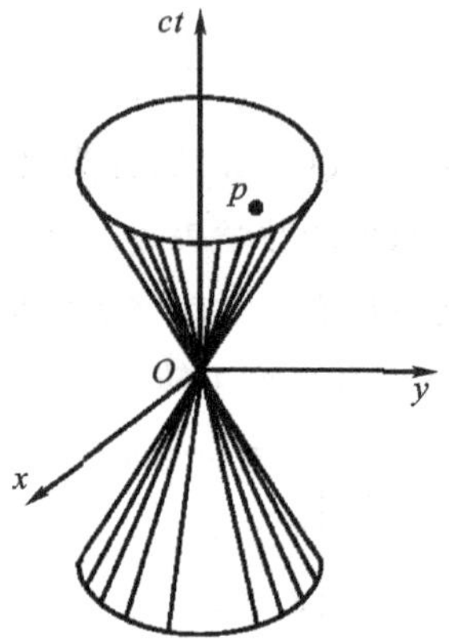

图 7-2　光锥示意图

既然惯性参考系之间的变换并不改变间隔的大小和正负，因此以上三种时空分类具有绝对性。经惯性系变换后，位于光锥以内的时空点永远位于光锥以内，光锥上的时空点永远位于光锥上，光锥以外的时空点永远位于光锥以外。同时，由于因果性的制约，上半个光锥内的时空点永远位于上半个光锥内，代表绝对未来；而下半个光锥内的时空点永远位于下半个光锥内，代表绝对过去。

2. 因果律和相互作用的最大传播速度

事物总是发展变化的，从发生、发展到消亡或转化，这正是动力学研究的内容。根据相对性原理，在惯性系 K 中先后发生、消亡的一个真实的物理过程，在 K'系看来也是先后发生的一个过程，这种物理过程的先后次序的不变性称为**因果性**。因果性是最大的规律性，用时间的先后次序来描述。在相对论时空观中，相对性原理使因果性具有绝对性。因果性对相互作用的传递速度提出了限制，即任何真实的相互作用，其传递速度不超过真空中的光速 c。

设惯性系 K 中发生的事件 1、事件 2 是具有因果性的两个真实事件，即 $t_2>t_1$。根据洛伦兹变换，在另一惯性系 K'中看来，这两个事件的时空坐标满足

$$\begin{cases} x_1'=\dfrac{x_1-vt_1}{\sqrt{1-\beta^2}}, \quad t_1'=\dfrac{t_1-\dfrac{v}{c^2}x_1}{\sqrt{1-\beta^2}} \\ x_2'=\dfrac{x_2-vt_2}{\sqrt{1-\beta^2}}, \quad t_2'=\dfrac{t_2-\dfrac{v}{c^2}x_2}{\sqrt{1-\beta^2}} \end{cases} \tag{7.3.18}$$

于是有

$$t_2'-t_1'=\frac{(t_2-t_1)-\frac{v}{c^2}(x_2-x_1)}{\sqrt{1-\beta^2}} \tag{7.3.19}$$

要确保两事件之间的因果性在 K' 系中不变，就要求

$$\left|\frac{x_2-x_1}{t_2-t_1}\right|<\frac{c^2}{v} \tag{7.3.20}$$

设相互作用的传递速度为 u，即 $u=(x_2-x_1)/(t_2-t_1)$，于是上述要求可转变为

$$uv<c^2 \tag{7.3.21}$$

其中，v 为物体的运动速度，可以看成是相互作用传递速度的特例，因此 u、v 的本质相同，因此只有同时满足

$$u<c,\quad v<c \tag{7.3.22}$$

才能确保因果性不变。大量实验事实表明，真空中的光速 c 是物质运动的最大速度，也是一切相互作用的极限速度。

3. 同时的相对性

设事件 1、事件 2 在惯性系 K 中的时空坐标分别为 (x_1,t_1)、(x_2,t_2)，在另一惯性系 K' 中的时空坐标分别为 (x_1',t_1')、(x_2',t_2')。设两事件在 K 系中是同时发生的，即 $t_2-t_1=0$，于是有

$$t_2'-t_1'=\frac{(t_2-t_1)-\frac{v}{c^2}(x_2-x_1)}{\sqrt{1-\beta^2}}=-\frac{\frac{v}{c^2}(x_2-x_1)}{\sqrt{1-\beta^2}} \tag{7.3.23}$$

其中，一般地，$x_2\neq x_1$，于是 $t_2'\neq t_1'$，即在 K' 系中两事件不再是同时发生的。可见，在相对论的时空观中，同时性不再是绝对的，而是相对的。

4. 运动时钟的延缓

设物体中依次发生两个事件，如植株花开记作事件 1，植株花落记作事件 2。设在静止的惯性系 K' 中，花开、花落的时间间隔为 $\tau=\Delta t'=t_2'-t_1'$。那么在运动的惯性系 K 中，花开、花落的时间间隔为

$$\Delta t=t_2-t_1=\frac{t_2'+\frac{v}{c^2}x_2'}{\sqrt{1-\beta^2}}-\frac{t_1'+\frac{v}{c^2}x_1'}{\sqrt{1-\beta^2}}=\frac{(t_2'-t_1')+\frac{v}{c^2}(x_2'-x_1')}{\sqrt{1-\beta^2}} \tag{7.3.24}$$

由于 $t_2'-t_1'=\tau$，$x_2'-x_1'=0$，于是可得

$$\Delta t=\frac{\tau}{\sqrt{1-\beta^2}} \tag{7.3.25}$$

将静止惯性系中观测的时间间隔定义为物理过程的固有时 τ，那么在运动的惯性系中观测的同一物理过程的时间间隔为 $\Delta t>\tau$，这表明运动物体上发生的物理过程比静止物体上的同一物理过程延缓了，或者说运动物体上的物理过程进行得比较缓慢，这种效应称为**运动时钟的延缓**。运动时钟的延缓效应是相对论时空的基本属性所引起的，与时钟的具体结构无关，与具体的自然过程无关。

当局限于匀速运动时，时间延缓效应是相对的，即从 K'系看来固定于 K 系的时钟变慢，同样地，从 K 系看来固定于 K'系的时钟也变慢。

如果参考系之间的运动是任意形式的运动(即存在加速度)，则在各个不同的瞬时，可以认为时钟是匀速运动的，此时要把 Δt 和 τ 改成 $\mathrm{d}t$ 和 $\mathrm{d}\tau$。当静止的时钟所走过的时间为 t_2-t_1 时，运动时钟所走过的时间为

$$\tau=\int_{t_1}^{t_2}\sqrt{1-\beta^2}\,\mathrm{d}t \tag{7.3.26}$$

可见，运动时钟的时间变短。例如，固定于宇宙飞船的时钟 A，随着宇宙飞船在太空中飞行一周后返回地球。设固定于地球上的时钟为 B，且在宇宙飞船出发前时钟 A、B 已经对准。宇宙飞船返回地球后，时钟 A 指示的时间比固定于地球上相对于飞船运动的时钟 B 所指示的时间短，这种现象称为**双生子佯谬**。

5. 运动尺度的缩短

将一物体沿 x 轴放置在相对它静止的惯性系 K 中，用一把直尺同时测量物体两端 P_1、P_2 所对应的坐标，于是物体在 K 系中观测的长度就是线段 P_1P_2 的长度，相对于物体静止的惯性系 K 中观测的长度称为**固有长度**，记作 l_0。将固有长度为 l_0 的物体固定在 K'系中，那么在 K 系中观测到的物体长度又是多少呢？

设在 K 系中观测到物体前端恰好通过 P_1 点的同时，物体的后端恰好通过 P_2 点，P_1、P_2 点的坐标分别为 x_1 和 x_2，在 K'系中对应的坐标分别为 x'_1 和 x'_2，则

$$\begin{cases} x'_1=\dfrac{x_1-vt_1}{\sqrt{1-\beta^2}} \\ x'_2=\dfrac{x_2-vt_2}{\sqrt{1-\beta^2}} \end{cases} \tag{7.3.27}$$

于是有

$$x'_2-x'_1=\frac{(x_2-x_1)-v(t_2-t_1)}{\sqrt{1-\beta^2}} \tag{7.3.28}$$

在 K 系观测物体长度，应在同一时刻同时测量物体的始末位置，即取

$$t_2-t_1=0 \tag{7.3.29}$$

这时物体的长度为

$$l=x_2-x_1 \tag{7.3.30}$$

由于 $x'_2-x'_1=l_0$，于是可得

$$l=\sqrt{1-\beta^2}\,l_0 \tag{7.3.31}$$

可见，沿运动方向物体的长度缩短了。运动尺度缩短效应也是相对论时空的基本属性，与物体内部结构无关。

6. 速度变换

在 K 系中，将物体的运动速度定义为物体在 K 系的坐标与时间的微分，即

$$v_x=\frac{\mathrm{d}x}{\mathrm{d}t},\quad v_y=\frac{\mathrm{d}y}{\mathrm{d}t},\quad v_z=\frac{\mathrm{d}z}{\mathrm{d}t} \tag{7.3.32}$$

设物体在 K' 系中的时空坐标记为 (x', y', z', t')，则物体在 K' 系中的运动速度可被定义为

$$u'_x=\frac{dx'}{dt}, \quad u'_y=\frac{dy'}{dt}, \quad u'_z=\frac{dz'}{dt} \tag{7.3.33}$$

根据洛伦兹变换，有

$$\begin{cases} x'=\dfrac{x-vt}{\sqrt{1-\beta^2}} \\ y'=y \\ z'=z \\ t'=\dfrac{t-\dfrac{v}{c^2}x}{\sqrt{1-\beta^2}} \end{cases} \tag{7.3.34}$$

则

$$\begin{cases} dx'=\dfrac{dx-v\,dt}{\sqrt{1-\beta^2}}=\dfrac{u_x-v}{\sqrt{1-\beta^2}}dt \\ dt'=\dfrac{dt-\dfrac{v}{c^2}dx}{\sqrt{1-\beta^2}}=\dfrac{1-\dfrac{vu_x}{c^2}}{\sqrt{1-\beta^2}}dt \end{cases} \tag{7.3.35}$$

于是，相对论速度变换公式可表示为

$$\begin{cases} u'_x=\dfrac{dx'}{dt'}=\dfrac{u_x-v}{1-\dfrac{vu_x}{c^2}} \\ u'_y=\dfrac{dy'}{dt'}=\dfrac{u_y\sqrt{1-\beta^2}}{1-\dfrac{vu_x}{c^2}} \\ u'_z=\dfrac{dz'}{dt'}=\dfrac{u_z\sqrt{1-\beta^2}}{1-\dfrac{vu_x}{c^2}} \end{cases} \tag{7.3.36}$$

上式中用 $-v$ 代替 v，则可以得到相对论速度的逆变换公式

$$\begin{cases} u_x=\dfrac{dx}{dt}=\dfrac{u'_x+v}{1+\dfrac{vu'_x}{c^2}} \\ u_y=\dfrac{dy}{dt}=\dfrac{u'_y\sqrt{1-\beta^2}}{1+\dfrac{vu'_x}{c^2}} \\ u_z=\dfrac{dz}{dt}=\dfrac{u'_z\sqrt{1-\beta^2}}{1+\dfrac{vu'_x}{c^2}} \end{cases} \tag{7.3.37}$$

对于低速运动的物体，$v \ll c$，$u \ll c$，则

$$u'_x=u_x-v, \quad u'_y=u_y, \quad u'_z=u_z \tag{7.3.38}$$

即过渡到了经典速度变换公式。

7.4 相对论协变性

7.4.1 四维时空与正交变换

爱因斯坦的相对论将三维空间和一维时间统一起来，构成四维时空。闵可夫斯基将 ict 看作第四维时空坐标，与三维空间一起构成闵氏空间：

$$x_1=x,\quad x_2=y,\quad x_3=z,\quad x_4=\mathrm{i}ct \tag{7.4.1}$$

这样，四维时空中的任意事件(x,y,z,t)，将采用$(x,y,z,\mathrm{i}ct)$来描述。闵氏空间将惯性系变换前后间隔不变性转变为四维矢量长度不变性。

将坐标原点(0,0,0,0)记作事件 1，四维时空的任一点$(x,y,z,\mathrm{i}ct)$记作事件 2，惯性参考系变换前后间隔不变意味着

$$x^2+y^2+z^2-c^2t^2=x'^2+y'^2+z'^2-c^2t'^2 \tag{7.4.2}$$

也就是说四维时空中任一点到原点的距离平方：

$$x_1^2+x_2^2+x_3^2+x_4^2=x'^2_1+x'^2_2+x'^2_3+x'^2_4 \tag{7.4.3}$$

在惯性系变换前后保持不变。保持任意矢量模不变的变换称为正交变换，正交变换对应于空间转动。这样，在闵氏空间的基础上，惯性系的变换与四维时空的转动相对应，间隔不变性可以理解为四维矢量长度的不变性。

7.4.2 四维张量

1. 标量

如果一个独立的物理量只有大小没有方向，对四维时空坐标系转动保持不变，仅需 $4^0=1$ 个数来描述，这样的物理量称为**四维标量**、**洛伦兹不变量**或**零阶张量**，如间隔、电荷、相位、固有时、固有长度、静止质量等。任一标量在 K、K'系中分别为 u、u'，则根据标量不变性，有

$$u=u' \tag{7.4.4}$$

除了四维标量外，光速等物理学常量也与惯性系变换无关。不过，作为四维矢量组分的三维标量，显然随着惯性系变换而变化。如电荷密度、标势等，它们是三维标量而非四维标量，因此不是洛伦兹不变量。此处的标量指四维标量，四维标量一定是洛伦兹不变量。

2. 矢量

如果一个物理量既有大小，又有方向，当四维时空转动时，四个分量按照同一方式进行变换，需要用 $4^1=4$ 个数来描述，这样的物理量称为**四维矢量**，如四维的位矢、速度、波矢量、电流密度、势、动量、力、加速度等。

设任一四维矢量 $\boldsymbol{v}$，在 K、K'系中的直角坐标分别为(x_1,x_2,x_3,x_4)、(x'_1,x'_2,x'_3,x'_4)。空间转动前后，四维矢量各分量的变换为线性正交变换，其中，线性变换可表示为

$$\begin{bmatrix} x_1' \\ x_2' \\ x_3' \\ x_4' \end{bmatrix} = \begin{bmatrix} a_{11} & a_{12} & a_{13} & a_{14} \\ a_{21} & a_{22} & a_{23} & a_{24} \\ a_{31} & a_{32} & a_{33} & a_{34} \\ a_{41} & a_{42} & a_{43} & a_{44} \end{bmatrix} \begin{bmatrix} x_1 \\ x_2 \\ x_3 \\ x_4 \end{bmatrix} \tag{7.4.5}$$

各分量的线性变换可简写成

$$\boldsymbol{x}_\mu' = \sum_{\nu=1}^{4} \boldsymbol{a}_{\mu\nu} \boldsymbol{x}_\nu \quad (\mu, \nu = 1,2,3,4) \tag{7.4.6}$$

其中，$\boldsymbol{a}_{\mu\nu}$ 为转动矩阵 $\boldsymbol{a}$ 的元。本书规定，作为下标的希腊字母代表 1～4，而英文字母代表 1～3。

为书写方便，采用爱因斯坦求和约定，凡有重复下标时就要对重复下标进行求和。于是上式可简写成

$$\boldsymbol{x}_\mu' = \boldsymbol{a}_{\mu\nu} \boldsymbol{x}_\nu \tag{7.4.7}$$

这就是四维矢量变换的表达式。上式表明四维矢量随着惯性系的变换而变化。

正交变换条件可写为

$$x_1'^2 + x_2'^2 + x_3'^2 + x_4'^2 = x_1^2 + x_2^2 + x_3^2 + x_4^2 \tag{7.4.8}$$

或简写为

$$\boldsymbol{x}_\mu' \boldsymbol{x}_\mu' = \boldsymbol{x}_\nu \boldsymbol{x}_\nu = \text{不变量} \tag{7.4.9}$$

把式(7.4.7)代入式(7.4.9)，有

$$\boldsymbol{a}_{\mu\nu} \boldsymbol{x}_\nu \boldsymbol{a}_{\mu\rho} \boldsymbol{x}_\rho = \boldsymbol{x}_\nu \boldsymbol{x}_\nu = \boldsymbol{x}_\mu \boldsymbol{x}_\mu$$

可见

$$\boldsymbol{a}_{\mu\nu} \boldsymbol{a}_{\mu\rho} = \boldsymbol{\delta}_{\nu\rho} \tag{7.4.10}$$

这正代表了正交条件。式(7.4.7)两边同乘 $\boldsymbol{a}_{\mu\rho}$ 并求和，有

$$\boldsymbol{a}_{\mu\rho} \boldsymbol{x}_\mu' = \boldsymbol{a}_{\mu\rho} \boldsymbol{a}_{\mu\nu} \boldsymbol{x}_\nu = \boldsymbol{\delta}_{\rho\nu} \boldsymbol{x}_\nu = \boldsymbol{x}_\rho$$

于是得到矢量的反变换公式为

$$\boldsymbol{x}_\rho = \boldsymbol{a}_{\mu\rho} \boldsymbol{x}_\mu' \tag{7.4.11}$$

∇算符也具有矢量性质，变换关系符合式(7.4.7)，即

$$\frac{\partial}{\partial \boldsymbol{x}_\mu'} = \frac{\partial}{\partial \boldsymbol{x}_\nu} \frac{\partial \boldsymbol{x}_\nu}{\partial \boldsymbol{x}_\mu'} = \boldsymbol{a}_{\mu\nu} \frac{\partial}{\partial \boldsymbol{x}_\nu} \tag{7.4.12}$$

3. 张量

如果一个物理量需要用 $4^2 = 16$ 个数来描述，在四维时空转动时遵守如下变换关系：

$$\boldsymbol{T}_{\mu\nu}' = \boldsymbol{a}_{\mu\sigma} \boldsymbol{a}_{\nu\rho} \boldsymbol{T}_{\sigma\rho} \tag{7.4.13}$$

则这种物理量称为二阶张量，如电磁场张量 $\boldsymbol{F}_{\mu\nu}$ 等。

类似地，可以定义 n 阶张量。n 阶张量需要 4^n 个数来描述，如四维三阶张量，需要 $4^3 = 64$ 个数来描述，在四维时空转动时遵守如下的变换关系：

$$\boldsymbol{T}_{\lambda\mu\nu}' = \boldsymbol{a}_{\lambda\sigma} \boldsymbol{a}_{\mu\rho} \boldsymbol{a}_{\nu\tau} \boldsymbol{T}_{\sigma\rho\tau} \tag{7.4.14}$$

可见，张量随着惯性系的变换而变化。需要注意的是，所谓的四维时空转动，仅仅是作为惯

性系变换所对应的数学抽象。

4. 洛伦兹变换矩阵

对于沿 x 轴方向相对运动的简单情形，洛伦兹变换为

$$\begin{cases} x_1'=\dfrac{x_1-vt}{\sqrt{1-\beta^2}} \\ x_2'=x_2 \\ x_3'=x_3 \\ t'=\dfrac{t-\dfrac{v}{c^2}x_1}{\sqrt{1-\beta^2}} \end{cases} \tag{7.4.15}$$

采用变换矩阵，并注意 $x_4=\mathrm{i}ct$，$\beta=v/c$，$\gamma=1/\sqrt{1-\beta^2}$，则洛伦兹变换可写为

$$\begin{bmatrix} x_1' \\ x_2' \\ x_3' \\ \mathrm{i}ct' \end{bmatrix}=\begin{bmatrix} \gamma & 0 & 0 & \mathrm{i}\beta\gamma \\ 0 & 1 & 0 & 0 \\ 0 & 0 & 1 & 0 \\ -\mathrm{i}\beta\gamma & 0 & 0 & \gamma \end{bmatrix}\begin{bmatrix} x_1 \\ x_2 \\ x_3 \\ \mathrm{i}ct \end{bmatrix} \tag{7.4.16}$$

即变换矩阵 $\boldsymbol{a}$ 为

$$\boldsymbol{a}=\begin{bmatrix} \gamma & 0 & 0 & \mathrm{i}\beta\gamma \\ 0 & 1 & 0 & 0 \\ 0 & 0 & 1 & 0 \\ -\mathrm{i}\beta\gamma & 0 & 0 & \gamma \end{bmatrix} \tag{7.4.17}$$

考虑到变换矩阵满足正交条件

$$\boldsymbol{a}\tilde{\boldsymbol{a}}=\tilde{\boldsymbol{a}}\boldsymbol{a}=\boldsymbol{I} \tag{7.4.18}$$

其中，$\boldsymbol{I}$ 为单位矩阵，因此洛伦兹逆变换矩阵为

$$\boldsymbol{a}^{-1}=\tilde{\boldsymbol{a}}=\begin{bmatrix} \gamma & 0 & 0 & -\mathrm{i}\beta\gamma \\ 0 & 1 & 0 & 0 \\ 0 & 0 & 1 & 0 \\ \mathrm{i}\beta\gamma & 0 & 0 & \gamma \end{bmatrix} \tag{7.4.19}$$

5. 四维协变量与方程的协变性

四维标量、矢量和各阶张量，在洛伦兹变换下都有确定的变换性质，如四维矢量 $\boldsymbol{v}_\mu'=\boldsymbol{a}_{\mu\nu}\boldsymbol{v}_\nu$，四维张量 $\boldsymbol{T}_{\mu\nu}'=\boldsymbol{a}_{\mu\sigma}\boldsymbol{a}_{\nu\rho}\boldsymbol{T}_{\sigma\rho}$ 等，这些物理量统称为**协变量**。相对论中，常见的协变量包括以下几种。

1）四维间隔

间隔是洛伦兹不变量，采用爱因斯坦约定可表示成

$$\mathrm{d}s^2=-\mathrm{d}\boldsymbol{x}_\mu\mathrm{d}\boldsymbol{x}_\mu \tag{7.4.20}$$

2）四维固有时

固有时也是洛伦兹不变量，有

$$d\tau=\frac{ds}{c} \tag{7.4.21}$$

3)四维位矢

闵氏空间中，$x_4=\mathrm{i}ct$。自然地定义四维位矢为

$$\boldsymbol{x}_\mu=(x_1,x_2,x_3,\mathrm{i}ct) \tag{7.4.22}$$

作为矢量，四维位矢的变换关系为

$$\boldsymbol{x}'_\mu=\boldsymbol{a}_{\mu\nu}\boldsymbol{x}_\nu \tag{7.4.23}$$

$$\boldsymbol{x}_\mu=\boldsymbol{a}_{\nu\mu}\boldsymbol{x}'_\nu \tag{7.4.24}$$

采用矩阵形式，四维位矢的变换可表示为

$$\begin{bmatrix}x'_1\\x'_2\\x'_3\\\mathrm{i}ct'\end{bmatrix}=\begin{bmatrix}\gamma&0&0&\mathrm{i}\beta\gamma\\0&1&0&0\\0&0&1&0\\-\mathrm{i}\beta\gamma&0&0&\gamma\end{bmatrix}\begin{bmatrix}x_1\\x_2\\x_3\\\mathrm{i}ct\end{bmatrix} \tag{7.4.25}$$

$$\begin{bmatrix}x_1\\x_2\\x_3\\\mathrm{i}ct\end{bmatrix}=\begin{bmatrix}\gamma&0&0&-\mathrm{i}\beta\gamma\\0&1&0&0\\0&0&1&0\\\mathrm{i}\beta\gamma&0&0&\gamma\end{bmatrix}\begin{bmatrix}x'_1\\x'_2\\x'_3\\\mathrm{i}ct'\end{bmatrix} \tag{7.4.26}$$

4)四维速度

速度的常规定义为

$$u_i=\frac{dx_i}{dt} \tag{7.4.27}$$

已知四维位矢是矢量，为确保四维速度的矢量性，只能定义四维速度为四维位矢与固有时的比值，即

$$\boldsymbol{U}_\mu=\frac{dx_\mu}{d\tau} \tag{7.4.28}$$

考虑到

$$\frac{dt}{d\tau}=\frac{1}{\sqrt{1-\left(\frac{u}{c}\right)^2}} \tag{7.4.29}$$

令

$$\beta_u=\frac{u}{c},\quad \gamma_u=\frac{1}{\sqrt{1-\beta_u^2}} \tag{7.4.30}$$

则有

$$dt=\gamma_u d\tau \tag{7.4.31}$$

于是四维速度与常规速度的关系为

$$\boldsymbol{U}_\mu=\gamma_u(u_1,u_2,u_3,\mathrm{i}c) \tag{7.4.32}$$

作为四维矢量，四维速度的变换关系为

$$U'_\mu = a_{\mu\nu} U_\nu \tag{7.4.33}$$

$$U_\mu = a_{\nu\mu} U'_\nu \tag{7.4.34}$$

采用矩阵形式,四维速度的变换可表示为

$$\begin{bmatrix} \gamma'_u u'_1 \\ \gamma'_u u'_2 \\ \gamma'_u u'_3 \\ \mathrm{i}c\gamma'_u \end{bmatrix} = \begin{bmatrix} \gamma & 0 & 0 & \mathrm{i}\beta\gamma \\ 0 & 1 & 0 & 0 \\ 0 & 0 & 1 & 0 \\ -\mathrm{i}\beta\gamma & 0 & 0 & \gamma \end{bmatrix} \begin{bmatrix} \gamma_u u_1 \\ \gamma_u u_2 \\ \gamma_u u_3 \\ \mathrm{i}c\gamma_u \end{bmatrix} \tag{7.4.35}$$

$$\begin{bmatrix} \gamma_u u_1 \\ \gamma_u u_2 \\ \gamma_u u_3 \\ \mathrm{i}c\gamma_u \end{bmatrix} = \begin{bmatrix} \gamma & 0 & 0 & -\mathrm{i}\beta\gamma \\ 0 & 1 & 0 & 0 \\ 0 & 0 & 1 & 0 \\ \mathrm{i}\beta\gamma & 0 & 0 & \gamma \end{bmatrix} \begin{bmatrix} \gamma'_u u'_1 \\ \gamma'_u u'_2 \\ \gamma'_u u'_3 \\ \mathrm{i}c\gamma'_u \end{bmatrix} \tag{7.4.36}$$

5)四维波矢量

单色平面电磁波的相位为 $\phi = \boldsymbol{k}\cdot\boldsymbol{x} - \omega t$,考虑到四维矢量的内积 $\boldsymbol{k}_\mu \boldsymbol{x}_\mu$ 是不变量,即

$$\boldsymbol{k}_\mu \boldsymbol{x}_\mu = k_i x_i + k_4 x_4 = k_i x_i + k_4 \mathrm{i}ct = k_i x_i - \omega t \tag{7.4.37}$$

令 $k_4 = \frac{\mathrm{i}}{c}\omega$,可得四维波矢量

$$\boldsymbol{k}_\mu = (k_1, k_2, k_3, k_4) = \left(\boldsymbol{k}, \frac{\mathrm{i}}{c}\omega\right) \tag{7.4.38}$$

作为矢量,波矢量的变换关系为

$$\boldsymbol{k}'_\mu = \boldsymbol{a}_{\mu\nu} \boldsymbol{k}_\nu \tag{7.4.39}$$

$$\boldsymbol{k}_\mu = \boldsymbol{a}_{\nu\mu} \boldsymbol{k}'_\nu \tag{7.4.40}$$

采用矩阵形式,四维波矢量的变换可表示为

$$\begin{bmatrix} k'_1 \\ k'_2 \\ k'_3 \\ \frac{\mathrm{i}}{c}\omega' \end{bmatrix} = \begin{bmatrix} \gamma & 0 & 0 & \mathrm{i}\beta\gamma \\ 0 & 1 & 0 & 0 \\ 0 & 0 & 1 & 0 \\ -\mathrm{i}\beta\gamma & 0 & 0 & \gamma \end{bmatrix} \begin{bmatrix} k_1 \\ k_2 \\ k_3 \\ \frac{\mathrm{i}}{c}\omega \end{bmatrix} \tag{7.4.41}$$

$$\begin{bmatrix} k_1 \\ k_2 \\ k_3 \\ \frac{\mathrm{i}}{c}\omega \end{bmatrix} = \begin{bmatrix} \gamma & 0 & 0 & -\mathrm{i}\beta\gamma \\ 0 & 1 & 0 & 0 \\ 0 & 0 & 1 & 0 \\ \mathrm{i}\beta\gamma & 0 & 0 & \gamma \end{bmatrix} \begin{bmatrix} k'_1 \\ k'_2 \\ k'_3 \\ \frac{\mathrm{i}}{c}\omega' \end{bmatrix} \tag{7.4.42}$$

相对性原理要求,一切惯性系都是等价的,不同惯性系中描述物理规律的方程的形式应该是一样的。当惯性系变换时,同类四维协变量按照完全相同的形式进行变换,所以由四维协变量构成的方程其形式不变,这种性质称为**方程协变性或物理规律协变性**。

牛顿运动定律不具有协变性,因为方程中的物理量不是协变量,只有将这些物理量改造成协变量后才能得到协变性方程。电荷守恒定律、麦克斯韦方程、洛伦兹力公式在洛伦兹变

换下形式保持不变。将物理量采用四维张量表示后,经典电动力学方程就转变为了具有协变性的相对论电动力学方程。

7.5 相对论电动力学

7.5.1 四维电流密度矢量

电荷是洛伦兹不变量,不随物体运动状态的变化而变化。惯性系变换前后有

$$\mathrm{d}q=\rho\mathrm{d}x'\mathrm{d}y'\mathrm{d}z'=\rho_0\mathrm{d}x\mathrm{d}y\mathrm{d}z \tag{7.5.1}$$

其中,ρ_0 为静止参考系观测的电荷密度。考虑到洛伦兹收缩,有

$$\mathrm{d}x'=\sqrt{1-\left(\frac{u}{c}\right)^2}\mathrm{d}x=\frac{\mathrm{d}x}{\gamma_u},\quad \mathrm{d}y'=\mathrm{d}y,\quad \mathrm{d}z'=\mathrm{d}z \tag{7.5.2}$$

于是有

$$\rho=\frac{\rho_0}{\sqrt{1-\left(\frac{u}{c}\right)^2}}=\gamma_u\rho_0>\rho_0 \tag{7.5.3}$$

此时电流密度为

$$\boldsymbol{J}=\rho\boldsymbol{u}=\gamma_u\rho_0\boldsymbol{u} \tag{7.5.4}$$

考虑到四维速度与速度的关系 $\boldsymbol{U}_\mu=\gamma_u(u_1,u_2,u_3,\mathrm{i}c)$,可见,只要令

$$J_4=\mathrm{i}c\rho \tag{7.5.5}$$

以上两式就可以组合成一个四维电流密度

$$\boldsymbol{J}_\mu=\rho_0\boldsymbol{U}_\mu=(\boldsymbol{J},\mathrm{i}c\rho) \tag{7.5.6}$$

采用矩阵形式,四维电流密度的变换可表示为

$$\begin{bmatrix}J_1'\\J_2'\\J_3'\\\mathrm{i}c\rho'\end{bmatrix}=\begin{bmatrix}\gamma & 0 & 0 & \mathrm{i}\beta\gamma\\0 & 1 & 0 & 0\\0 & 0 & 1 & 0\\-\mathrm{i}\beta\gamma & 0 & 0 & \gamma\end{bmatrix}\begin{bmatrix}J_1\\J_2\\J_3\\\mathrm{i}c\rho\end{bmatrix} \tag{7.5.7}$$

$$\begin{bmatrix}J_1\\J_2\\J_3\\\mathrm{i}c\rho\end{bmatrix}=\begin{bmatrix}\gamma & 0 & 0 & -\mathrm{i}\beta\gamma\\0 & 1 & 0 & 0\\0 & 0 & 1 & 0\\\mathrm{i}\beta\gamma & 0 & 0 & \gamma\end{bmatrix}\begin{bmatrix}J_1'\\J_2'\\J_3'\\\mathrm{i}c\rho'\end{bmatrix} \tag{7.5.8}$$

在相对于电荷静止的惯性系中,只能观测到 ρ_0,而在相对电荷运动的惯性系中,可以同时观测到 $\rho=\gamma_u\rho_0$ 和 $\boldsymbol{J}=\gamma_u\rho_0\boldsymbol{u}$。

电流密度 $\boldsymbol{J}$ 和电荷密度 ρ 的统一性在电荷守恒定律中表现得更为明显。三维空间中电荷守恒定律为

$$\nabla\cdot\boldsymbol{J}+\frac{\partial\rho}{\partial t}=0 \tag{7.5.9}$$

四维时空中，四维矢量 $\boldsymbol{x}_\mu=(\boldsymbol{x},\mathrm{i}ct)$，$\boldsymbol{J}_\mu=(\boldsymbol{J},\mathrm{i}c\rho)$，于是电荷守恒定律可改写为

$$\frac{\partial \boldsymbol{J}_\mu}{\partial \boldsymbol{x}_\mu}=\boldsymbol{0} \tag{7.5.10}$$

可见，$\partial \boldsymbol{J}_\mu/\partial \boldsymbol{x}_\mu$ 为洛伦兹不变量，不随惯性系的变换而变化，在任何惯性系中都成立，因此以上方程是协变的。

7.5.2 四维势矢量

电磁场可以用矢势 $\boldsymbol{A}$ 和标势 φ 来描写。在洛伦兹规范条件下，电磁场方程为

$$\begin{cases}\nabla^2\boldsymbol{A}-\dfrac{1}{c^2}\dfrac{\partial^2\boldsymbol{A}}{\partial t^2}=-\mu_0\boldsymbol{J}\\[2ex] \nabla^2\varphi-\dfrac{1}{c^2}\dfrac{\partial^2\varphi}{\partial t^2}=-\dfrac{\rho}{\varepsilon_0}\end{cases} \tag{7.5.11}$$

其中，矢势和标势应满足洛伦兹条件

$$\nabla\cdot\boldsymbol{A}+\frac{1}{c^2}\frac{\partial\varphi}{\partial t}=0 \tag{7.5.12}$$

标势的微分方程与矢势微分方程的形式完全一致，可将两者统一起来。定义洛伦兹微分算符为

$$\square=\nabla^2-\frac{1}{c^2}\frac{\partial^2}{\partial t^2}=\frac{\partial^2}{\partial x_1^2}+\frac{\partial^2}{\partial x_2^2}+\frac{\partial^2}{\partial x_3^2}+\frac{\partial^2}{\partial(\mathrm{i}ct)^2}=\frac{\partial}{\partial \boldsymbol{x}_\mu}\frac{\partial}{\partial \boldsymbol{x}_\mu} \tag{7.5.13}$$

可见，□为标量算符。采用□算符后矢势和标势的微分方程分别为

$$\square\boldsymbol{A}=-\mu_0\boldsymbol{J},\quad \square\varphi=-\frac{\rho}{\varepsilon_0}=-\mu_0c^2\rho \tag{7.5.14}$$

只要令 $A_4=\dfrac{\mathrm{i}}{c}\varphi$，即 $A=\left(\boldsymbol{A},\dfrac{\mathrm{i}}{c}\varphi\right)$，矢势和标势的微分方程可统一为一个方程

$$\square\boldsymbol{A}_\mu=-\mu_0\boldsymbol{J}_\mu \tag{7.5.15}$$

方程两边都是四维矢量，具有明显的协变性。洛伦兹条件也可用四维形式表示为具有协变性的方程

$$\frac{\partial \boldsymbol{A}_\mu}{\partial \boldsymbol{x}_\mu}=\boldsymbol{0} \tag{7.5.16}$$

在惯性系变换下，四维势按矢量变换规律进行变换，即

$$\boldsymbol{A}'_\mu=\boldsymbol{a}_{\mu\nu}\boldsymbol{A}_\nu \tag{7.5.17}$$

$$\boldsymbol{A}_\mu=\boldsymbol{a}_{\nu\mu}\boldsymbol{A}'_\nu \tag{7.5.18}$$

若采用矩阵形式，四维势的变换可表示为

$$\begin{bmatrix}A'_1\\A'_2\\A'_3\\\dfrac{\mathrm{i}}{c}\varphi'\end{bmatrix}=\begin{bmatrix}\gamma&0&0&\mathrm{i}\beta\gamma\\0&1&0&0\\0&0&1&0\\-\mathrm{i}\beta\gamma&0&0&\gamma\end{bmatrix}\begin{bmatrix}A_1\\A_2\\A_3\\\dfrac{\mathrm{i}}{c}\varphi\end{bmatrix} \tag{7.5.19}$$

$$\begin{bmatrix} A_1 \\ A_2 \\ A_3 \\ \frac{\mathrm{i}}{c}\varphi \end{bmatrix} = \begin{bmatrix} \gamma & 0 & 0 & -\mathrm{i}\beta\gamma \\ 0 & 1 & 0 & 0 \\ 0 & 0 & 1 & 0 \\ \mathrm{i}\beta\gamma & 0 & 0 & \gamma \end{bmatrix} \begin{bmatrix} A_1' \\ A_2' \\ A_3' \\ \frac{\mathrm{i}}{c}\varphi' \end{bmatrix} \tag{7.5.20}$$

7.5.3 电磁场张量

电磁场 $\boldsymbol{E}$ 和 $\boldsymbol{B}$ 用势表示为

$$\begin{cases} \boldsymbol{B} = \nabla \times \boldsymbol{A} \\ \boldsymbol{E} = -\nabla\varphi - \dfrac{\partial \boldsymbol{A}}{\partial t} \end{cases} \tag{7.5.21}$$

其分量为

$$\begin{cases} B_1 = \dfrac{\partial A_3}{\partial x_2} - \dfrac{\partial A_2}{\partial x_3}, \quad \cdots \\ E_1 = \mathrm{i}c\left(\dfrac{\partial A_4}{\partial x_1} - \dfrac{\partial A_1}{\partial x_4}\right), \quad \cdots \end{cases} \tag{7.5.22}$$

定义反对称张量为

$$\boldsymbol{F}_{\mu\nu} = \frac{\partial \boldsymbol{A}_\nu}{\partial \boldsymbol{x}_\mu} - \frac{\partial \boldsymbol{A}_\mu}{\partial \boldsymbol{x}_\nu} \tag{7.5.23}$$

这样,电磁场构成一个四维张量

$$\boldsymbol{F}_{\mu\nu} = \begin{bmatrix} 0 & B_3 & -B_2 & -\frac{\mathrm{i}}{c}E_1 \\ -B_3 & 0 & B_1 & -\frac{\mathrm{i}}{c}E_2 \\ B_2 & -B_1 & 0 & -\frac{\mathrm{i}}{c}E_3 \\ \frac{\mathrm{i}}{c}E_1 & \frac{\mathrm{i}}{c}E_2 & \frac{\mathrm{i}}{c}E_3 & 0 \end{bmatrix} \tag{7.5.24}$$

采用电磁场张量,就可以把麦克斯韦方程组写为明显的协变形式。麦克斯韦方程组中两个非齐次方程为

$$\nabla \cdot \boldsymbol{E} = \frac{\rho}{\varepsilon_0}, \quad \nabla \times \boldsymbol{B} = \mu_0 \varepsilon_0 \frac{\partial \boldsymbol{E}}{\partial t} + \mu_0 \boldsymbol{J} \tag{7.5.25}$$

可以合为

$$\frac{\partial \boldsymbol{F}_{\mu\nu}}{\partial \boldsymbol{x}_\nu} = \mu_0 \boldsymbol{J}_\mu \tag{7.5.26}$$

麦克斯韦方程组中两个齐次方程

$$\nabla \cdot \boldsymbol{B} = 0, \quad \nabla \times \boldsymbol{E} = -\frac{\partial \boldsymbol{B}}{\partial t} \tag{7.5.27}$$

可以合为

$$\frac{\partial \boldsymbol{F}_{\mu\nu}}{\partial \boldsymbol{x}_{\lambda}}+\frac{\partial \boldsymbol{F}_{\nu\lambda}}{\partial \boldsymbol{x}_{\mu}}+\frac{\partial \boldsymbol{F}_{\lambda\mu}}{\partial \boldsymbol{x}_{\nu}}=\mathbf{0} \tag{7.5.28}$$

证明 (1)先证明式(7.5.26)。有4种情况。若取 $\mu=1,\nu=1\sim4$,则有

$$\begin{aligned}\frac{\partial F_{11}}{\partial x_1}+\frac{\partial F_{12}}{\partial x_2}+\frac{\partial F_{13}}{\partial x_3}+\frac{\partial F_{14}}{\partial x_4}&=0+\frac{\partial B_3}{\partial y}-\frac{\partial B_2}{\partial z}-\frac{\mathrm{i}}{c}\frac{\partial E_1}{\mathrm{i}c\partial t}\\&=(\nabla\times\boldsymbol{B})_1-\frac{1}{c^2}\frac{\partial E_1}{\partial t}\\&=\frac{1}{c^2}\frac{\partial E_1}{\partial t}+\mu_0 J_1-\frac{1}{c^2}\frac{\partial E_1}{\partial t}\\&=\mu_0 J_1\end{aligned}$$

同理,可得

$$\frac{\partial F_{21}}{\partial x_1}+\frac{\partial F_{22}}{\partial x_2}+\frac{\partial F_{23}}{\partial x_3}+\frac{\partial F_{24}}{\partial x_4}=\mu_0 J_2$$

$$\frac{\partial F_{31}}{\partial x_1}+\frac{\partial F_{32}}{\partial x_2}+\frac{\partial F_{33}}{\partial x_3}+\frac{\partial F_{34}}{\partial x_4}=\mu_0 J_3$$

$$\frac{\partial F_{41}}{\partial x_1}+\frac{\partial F_{42}}{\partial x_2}+\frac{\partial F_{43}}{\partial x_3}+\frac{\partial F_{44}}{\partial x_4}=\mu_0 J_4$$

其他情况类似,最终可证

$$\frac{\partial \boldsymbol{F}_{\mu\nu}}{\partial \boldsymbol{x}_{\nu}}=\mu_0 \boldsymbol{J}_{\mu}$$

(2)再证明式(7.5.28)。有24种情况。若取 $\mu,\nu,\lambda=1,2,3$,则有

$$\begin{aligned}\frac{\partial F_{12}}{\partial x_3}+\frac{\partial F_{23}}{\partial x_1}+\frac{\partial F_{31}}{\partial x_2}&=\frac{\partial B_3}{\partial z}+\frac{\partial B_1}{\partial x}+\frac{\partial B_2}{\partial y}\\&=\nabla\cdot\boldsymbol{B}\\&=0\end{aligned}$$

若 $\mu,\nu,\lambda=2,3,4$,则有

$$\begin{aligned}\frac{\partial F_{23}}{\partial x_4}+\frac{\partial F_{34}}{\partial x_2}+\frac{\partial F_{42}}{\partial x_3}&=\frac{\partial B_1}{\mathrm{i}c\partial t}-\frac{\mathrm{i}}{c}\frac{\partial E_3}{\partial y}+\frac{\mathrm{i}}{c}\frac{\partial E_2}{\partial z}\\&=-\frac{\mathrm{i}}{c}\left(\frac{\partial B_1}{\partial t}+\frac{\partial E_3}{\partial y}-\frac{\partial E_2}{\partial z}\right)\\&=-\frac{\mathrm{i}}{c}\left[\frac{\partial B_1}{\partial t}-(\nabla\times\boldsymbol{E})_1\right]\\&=0\end{aligned}$$

其他情况类似,最终可证

$$\frac{\partial \boldsymbol{F}_{\mu\nu}}{\partial \boldsymbol{x}_{\lambda}}+\frac{\partial \boldsymbol{F}_{\nu\lambda}}{\partial \boldsymbol{x}_{\mu}}+\frac{\partial \boldsymbol{F}_{\lambda\mu}}{\partial \boldsymbol{x}_{\nu}}=\mathbf{0}$$

由张量变换关系 $\boldsymbol{F}'_{\mu\nu}=\boldsymbol{a}_{\mu\lambda}\boldsymbol{a}_{\nu\tau}\boldsymbol{F}_{\lambda\tau}$,可得电磁场的变换关系为

$$\begin{cases}E'_1=E_1, \quad B'_1=B_1\\E'_2=\gamma(E_2-vB_3), \quad B'_2=\gamma\left(B_2+\dfrac{v}{c^2}E_3\right)\\E'_3=\gamma(E_3+vB_2), \quad B'_3=\gamma\left(B_3-\dfrac{v}{c^2}E_2\right)\end{cases} \tag{7.5.29}$$

或写为

$$\boldsymbol{E}'_{//}=\boldsymbol{E}_{//},\boldsymbol{B}'_{//}=\boldsymbol{B}_{//},\boldsymbol{E}'_{\perp}=\gamma\left(\boldsymbol{E}+\boldsymbol{v}\times\boldsymbol{B}\right)_{\perp},\boldsymbol{B}'_{\perp}=\gamma\left(\boldsymbol{B}-\frac{\boldsymbol{v}}{c^2}\times\boldsymbol{E}\right)_{\perp} \tag{7.5.30}$$

矢势和标势统一为四维势，电场和磁场统一为四维电磁场张量，这些都表明电场和磁场是统一的。同时，在某参考系下静止的电荷仅激发静电场，但在另一个参考系下转变为运动的电荷，不仅激发电场，还要激发磁场；反过来，某参考系下仅存在静磁场，但在另一参考系下，恒定磁场转变为随时间变化的磁场，此时将激发电场。可见，电场和磁场相互转化，共同构成了电磁场。

例 7-1　求以速度 $\boldsymbol{v}$ 匀速运动的点电荷 q 所激发的电磁场。

解　取参考系 K、K'分别固连于地面和点电荷 q 上。相对于 K'系，点电荷 q 静止，仅激发静电场，电磁场强度为

$$\boldsymbol{E}'=\frac{q\boldsymbol{x}'}{4\pi\varepsilon_0 x'^3},\quad \boldsymbol{B}'=\boldsymbol{0}$$

在 K 系看来，电荷以速度 v 沿 x 轴正向运动。用 $-v$ 代替 v，代入电磁场的变换关系式(7.5.29)，可得由 K'系反变换到 K 系中的观测结果

$$\begin{cases} E_x=\dfrac{qx'}{4\pi\varepsilon_0 r'^3}, & B_x=0 \\ E_y=\gamma\dfrac{qy'}{4\pi\varepsilon_0 r'^3}, & B_y=-\gamma\dfrac{v}{c^2}\dfrac{qz'}{4\pi\varepsilon_0 r'^3} \\ E_z=\gamma\dfrac{qz'}{4\pi\varepsilon_0 r'^3}, & B_z=\gamma\dfrac{v}{c^2}\dfrac{qy'}{4\pi\varepsilon_0 r'^3} \end{cases}$$

设 $t=0$ 时刻电荷 q 位于 K 系的坐标原点，根据洛伦兹变换，可知两坐标系中坐标的变换关系为

$$x'=\gamma x,\quad y'=y,\quad z'=z$$

于是 K 系中电磁场的完整表达式为

$$\boldsymbol{E}=(1-\beta^2)\frac{q\boldsymbol{x}}{4\pi\varepsilon_0\left[(1-\beta^2)r^2+\left(\dfrac{\boldsymbol{v}\cdot\boldsymbol{x}}{c}\right)^2\right]^{3/2}},\quad \boldsymbol{B}=\frac{\boldsymbol{v}\times\boldsymbol{E}}{c^2}$$

其中，$\beta=v/c$。

讨论 7-1　(1)低速情况下，$v/c\to 0$，忽略 v/c 的高次项，可得

$$\boldsymbol{E}=\frac{q\boldsymbol{x}}{4\pi\varepsilon_0 r^3}=\boldsymbol{E}_0,\quad \boldsymbol{B}=\frac{\boldsymbol{v}\times\boldsymbol{E}_0}{c^2}$$

其中，$\boldsymbol{E}_0$ 为电荷静止时激发的静电场。

高速情况下，$v\to c$。在与 $\boldsymbol{v}$ 垂直的方向上

$$\boldsymbol{E}=\gamma\frac{q\boldsymbol{x}}{4\pi\varepsilon_0 r^3}\gg\boldsymbol{E}_0$$

在与 $\boldsymbol{v}$ 平行的方向上

$$\boldsymbol{E}=\frac{1}{\gamma^2}\frac{q\boldsymbol{x}}{4\pi\varepsilon_0 r^3}\ll\boldsymbol{E}_0$$

7.5.4 介质中的麦克斯韦方程

为清晰显示介质的影响,麦克斯韦方程组可改写为

$$\begin{cases}\nabla\cdot\boldsymbol{E}=\dfrac{1}{\varepsilon_0}(\rho_{\mathrm{f}}-\nabla\cdot\boldsymbol{P})\\ \nabla\times\boldsymbol{E}+\dfrac{\partial\boldsymbol{B}}{\partial t}=\boldsymbol{0}\\ \nabla\cdot\boldsymbol{B}=0\\ \nabla\times\boldsymbol{B}=\mu_0\left(\boldsymbol{J}_{\mathrm{f}}+\dfrac{\partial\boldsymbol{P}}{\partial t}+\nabla\times\boldsymbol{M}\right)+\mu_0\varepsilon_0\dfrac{\partial\boldsymbol{E}}{\partial t}\end{cases}\tag{7.5.31}$$

为了消除极化强度、磁化强度对方程右侧形式上的影响,定义四维矢量

$$\boldsymbol{J}_\mu^{\mathrm{em}}=\left(\frac{\partial\boldsymbol{P}}{\partial t}+\nabla\times\boldsymbol{M},-\mathrm{i}c\,\nabla\cdot\boldsymbol{P}\right)\tag{7.5.32}$$

这时总电流密度为

$$\boldsymbol{J}_\mu=\boldsymbol{J}_{\mathrm{f}\mu}+\boldsymbol{J}_\mu^{\mathrm{em}}\tag{7.5.33}$$

于是,具有协变性的麦克斯韦方程组的形式保持不变。麦克斯韦方程组中两个非齐次方程依然可以合成为

$$\frac{\partial\boldsymbol{F}_{\mu\nu}}{\partial\boldsymbol{x}_\nu}=\mu_0\boldsymbol{J}_\mu\tag{7.5.34}$$

$$\frac{\partial\boldsymbol{F}_{\mu\nu}}{\partial\boldsymbol{x}_\lambda}+\frac{\partial\boldsymbol{F}_{\nu\lambda}}{\partial\boldsymbol{x}_\mu}+\frac{\partial\boldsymbol{F}_{\lambda\mu}}{\partial\boldsymbol{x}_\nu}=\boldsymbol{0}\tag{7.5.35}$$

如果希望麦克斯韦方程组中仅出现自由变量,则需要采用电位移矢量和磁场强度矢量这两个辅助物理量。

定义磁化极化张量为

$$\boldsymbol{M}_{\mu\nu}=\begin{bmatrix}0 & M_3 & -M_2 & \mathrm{i}cP_1\\ -M_3 & 0 & M_1 & \mathrm{i}cP_2\\ M_2 & -M_1 & 0 & \mathrm{i}cP_3\\ -\mathrm{i}cP_1 & -\mathrm{i}cP_2 & -\mathrm{i}cP_3 & 0\end{bmatrix}\tag{7.5.36}$$

磁化极化张量与电流密度的关系为

$$\boldsymbol{J}_\mu^{\mathrm{em}}=\frac{\partial\boldsymbol{M}_{\mu\nu}}{\partial\boldsymbol{x}_\nu}\tag{7.5.37}$$

于是有

$$\frac{\partial\boldsymbol{F}_{\mu\nu}}{\partial\boldsymbol{x}_\nu}=\mu_0(\boldsymbol{J}_{\mathrm{f}\mu}+\boldsymbol{J}_\mu^{\mathrm{em}})=\mu_0\left(\boldsymbol{J}_{\mathrm{f}\mu}+\frac{\partial\boldsymbol{M}_{\mu\nu}}{\partial\boldsymbol{x}_\nu}\right)\tag{7.5.38}$$

即

$$\frac{\partial}{\partial\boldsymbol{x}_\nu}(\boldsymbol{F}_{\mu\nu}-\mu_0\boldsymbol{M}_{\mu\nu})=\mu_0\boldsymbol{J}_{\mathrm{f}\mu}\tag{7.5.39}$$

令

$$\boldsymbol{H}_{\mu\nu}=\boldsymbol{F}_{\mu\nu}-\mu_0\boldsymbol{M}_{\mu\nu}\tag{7.5.40}$$

或采用矩阵形式写成

$$\boldsymbol{H}_{\mu\nu}=\begin{bmatrix} 0 & B_3-\mu_0 M_3 & -B_2+\mu_0 M_2 & -\frac{\mathrm{i}}{c}E_1-\mathrm{i}c\mu_0 P_1 \\ -B_3+\mu_0 M_3 & 0 & B_1-\mu_0 M_1 & -\frac{\mathrm{i}}{c}E_2-\mathrm{i}c\mu_0 P_2 \\ B_2-\mu_0 M_2 & -B_1+\mu_0 M_1 & 0 & -\frac{\mathrm{i}}{c}E_3-\mathrm{i}c\mu_0 P_3 \\ \frac{\mathrm{i}}{c}E_1+\mathrm{i}c\mu_0 P_1 & \frac{\mathrm{i}}{c}E_2+\mathrm{i}c\mu_0 P_2 & \frac{\mathrm{i}}{c}E_3+\mathrm{i}c\mu_0 P_3 & 0 \end{bmatrix} \tag{7.5.41}$$

则有

$$\frac{\partial \boldsymbol{H}_{\mu\nu}}{\partial \boldsymbol{x}_\nu}=\mu_0 \boldsymbol{J}_{\mathrm{f}\mu} \tag{7.5.42}$$

考虑到

$$\boldsymbol{B}=\mu_0(\boldsymbol{H}+\boldsymbol{M}) \tag{7.5.43}$$

$$\boldsymbol{D}=\varepsilon_0\boldsymbol{E}+\boldsymbol{P} \tag{7.5.44}$$

可用辅助物理量将 $\boldsymbol{H}_{\mu\nu}$ 改写成简洁的形式

$$\boldsymbol{H}_{\mu\nu}=\begin{bmatrix} 0 & \mu_0 H_3 & -\mu_0 H_2 & -\mathrm{i}c\mu_0 D_1 \\ -\mu_0 H_3 & 0 & \mu_0 H_1 & -\mathrm{i}c\mu_0 D_2 \\ \mu_0 H_2 & -\mu_0 H_1 & 0 & -\mathrm{i}c\mu_0 D_3 \\ \mathrm{i}c\mu_0 D_1 & \mathrm{i}c\mu_0 D_2 & \mathrm{i}c\mu_0 D_3 & 0 \end{bmatrix} \tag{7.5.45}$$

从而可得电位移矢量和磁场强度矢量的变换关系为

$$\begin{cases} \boldsymbol{D}'_{//}=\boldsymbol{D}_{//}, \quad \boldsymbol{H}'_{//}=\boldsymbol{H}_{//} \\ \boldsymbol{D}'_{\perp}=\gamma\left(\boldsymbol{D}+\frac{\boldsymbol{v}}{c^2}\times\boldsymbol{H}\right)_{\perp}, \quad \boldsymbol{H}'_{\perp}=\gamma(\boldsymbol{H}-\boldsymbol{v}\times\boldsymbol{D})_{\perp} \end{cases} \tag{7.5.46}$$

进一步考虑场强的变换公式

$$\begin{cases} \boldsymbol{E}'_{//}=\boldsymbol{E}_{//}, \quad \boldsymbol{B}'_{//}=\boldsymbol{B}_{//} \\ \boldsymbol{E}'_{\perp}=\gamma(\boldsymbol{E}+\boldsymbol{v}\times\boldsymbol{B})_{\perp}, \quad \boldsymbol{B}'_{\perp}=\gamma\left(\boldsymbol{B}-\frac{\boldsymbol{v}}{c^2}\times\boldsymbol{E}\right)_{\perp} \end{cases} \tag{7.5.47}$$

可得运动介质的电动力学方程为

$$\begin{cases} \boldsymbol{D}+\frac{\boldsymbol{v}}{c^2}\times\boldsymbol{H}=\varepsilon(\boldsymbol{E}+\boldsymbol{v}\times\boldsymbol{B}) \\ \boldsymbol{B}-\frac{\boldsymbol{v}}{c^2}\times\boldsymbol{E}=\mu(\boldsymbol{H}-\boldsymbol{v}\times\boldsymbol{D}) \end{cases} \tag{7.5.48}$$

对于低速情况 $v/c\to 0$，只保留 v/c 的一次项，则有

$$\begin{cases} \boldsymbol{D}=\varepsilon\boldsymbol{E}+\left(\mu\varepsilon-\frac{1}{c^2}\right)\boldsymbol{v}\times\boldsymbol{H} \\ \boldsymbol{B}=\mu\boldsymbol{H}+\left(\mu\varepsilon-\frac{1}{c^2}\right)\boldsymbol{E}\times\boldsymbol{v} \end{cases} \tag{7.5.49}$$

相应的边值关系为

$$\begin{cases} \boldsymbol{e}_n\times(\boldsymbol{E}_2-\boldsymbol{E}_1)=v_n(\mu_2\boldsymbol{H}_2-\mu_1\boldsymbol{H}_1) \\ \boldsymbol{e}_n\times(\boldsymbol{H}_2-\boldsymbol{H}_1)=-v_n(\varepsilon_2\boldsymbol{E}_2-\varepsilon_1\boldsymbol{E}_1) \end{cases} \tag{7.5.50}$$

其中，v_n 为介质运动速度在垂直界面方向上的投影。

7.5.5 电磁场不变量

由电磁场张量构成的不变量为什么有且仅有 2 个?

根据电磁张量，很容易得到以下两个洛伦兹不变量

$$\begin{cases} \dfrac{1}{2}\boldsymbol{F}_{\mu\nu}\boldsymbol{F}_{\mu\nu}=B^2-\dfrac{1}{c^2}E^2 \\ \dfrac{\mathrm{i}}{8}\varepsilon_{\mu\nu\lambda\tau}\boldsymbol{F}_{\mu\nu}\boldsymbol{F}_{\lambda\tau}=\dfrac{1}{c}\boldsymbol{B}\cdot\boldsymbol{E} \end{cases} \tag{7.5.51}$$

若某惯性系下方程右边为常量，则在任何惯性系下观察，方程右边始终为相同的常量。例如，对于真空中的平面电磁波，$|\boldsymbol{E}|=c|\boldsymbol{B}|$，$\boldsymbol{E}\perp\boldsymbol{B}\perp\boldsymbol{k}$，则以上方程的右侧均为 0，那么在任何惯性系下观察，电场分量、磁场分量的偏振方向和振幅大小依然满足以上关系，即依然是平面电磁波。根据张量计算规则可知，由 $\boldsymbol{F}_{\mu\nu}$ 获得的洛伦兹不变量有且仅有以上两个。

根据电磁场不变量，可以得到如下结果。

(1)若电场和磁场在某一惯性参考系中相互垂直，即 $\boldsymbol{E}\cdot\boldsymbol{B}=0$，则在任何其他惯性参考系中，两者依然相互垂直。

(2)若在某一惯性参考系中 $E^2-cB^2=0$，则在任何其他惯性参考系中，$|\boldsymbol{E}|$ 和 $c|\boldsymbol{B}|$ 依然相等。

(3)若在某一惯性参考系中 $E>cB$，则找不到其他惯性参考系使得 $E\leqslant cB$。

(4)若在某一惯性参考系中 $\boldsymbol{E}$ 和 $\boldsymbol{B}$ 的夹角为钝角(或锐角)，则它们在任何惯性参考系中的夹角都是钝角(或锐角)。

(5)若 $\boldsymbol{E}\cdot\boldsymbol{B}=0$，则总可以找到一个惯性参考系，其中只存在电场或磁场，这要看 $E^2>cB^2$，还是 $E^2<cB^2$ 而定。

(6)总能找到一个惯性系，使其中的电场和磁场在给定空间点上平行。

7.6 相对论力学

经典力学在伽利略变换下是协变的，但在洛伦兹变换下不是协变的，因此要对物理量进行改造，使物理规律在洛伦兹变换下的数学表达式不变。例如，相对论电动力学，要将三维矢量扩展为四维矢量。四维矢量构成方式有两种，一是在原有的三维矢量中再增加一个标量作为第四维，一是用四维矢量与洛伦兹不变量一起构成新的四维矢量，以满足同类张量变换形式一致的要求。

7.6.1 四维动量

经典动力学中，速度被定义为 $\boldsymbol{v}=\mathrm{d}\boldsymbol{x}/\mathrm{d}t$。在相对论力学中，位矢 $\mathrm{d}\boldsymbol{x}$ 是四维矢量，只有将时间取为洛伦兹不变量 $\mathrm{d}\tau$，并定义 $\boldsymbol{U}_\mu=\mathrm{d}\boldsymbol{x}_\mu/\mathrm{d}\tau$，这样定义的矢量才是四维速度矢量。类似

地，定义四维动量矢量为

$$\boldsymbol{p}_\mu=m_0\boldsymbol{U}_\mu \tag{7.6.1}$$

其中，m_0 为洛伦兹标量，通常称为**静止质量**。四维动量的空间分量和时间分量分别为

$$\boldsymbol{p}=\gamma m_0\boldsymbol{v}=\frac{m_0\boldsymbol{v}}{\sqrt{1-\left(\frac{v}{c}\right)^2}} \tag{7.6.2}$$

$$p_4=\mathrm{i}c\gamma m_0=\frac{\mathrm{i}}{c}\frac{m_0c^2}{\sqrt{1-\left(\frac{v}{c}\right)^2}} \tag{7.6.3}$$

当 $v\to0$ 时，空间分量 $\boldsymbol{p}\approx m_0\boldsymbol{v}$，趋于经典动量，可见此处定义的四维矢量 $\boldsymbol{p}_\mu$ 的确具有动量的属性。当 $v\to0$ 时，时间分量的级数展开式为

$$p_4=\frac{\mathrm{i}}{c}\left(m_0c^2+\frac{1}{2}m_0v^2+\cdots\right) \tag{7.6.4}$$

上式括号内的第二项代表经典力学中的动能 T，因此 p_4 具有能量属性。括号内的第一项具有能量的量纲，代表物体静止时候的能量，称为**静止能量**。于是 p_4 代表总能量，包括静止能量和动能，表示为

$$W=\frac{m_0c^2}{\sqrt{1-\left(\frac{v}{c}\right)^2}}\approx T+m_0c^2 \tag{7.6.5}$$

于是有 $p_4=\frac{\mathrm{i}}{c}W$。此时四维动量 $\boldsymbol{p}_\mu$ 可写为

$$\boldsymbol{p}_\mu=\left(\boldsymbol{p},\frac{\mathrm{i}}{c}W\right) \tag{7.6.6}$$

由 $\boldsymbol{p}_\mu$ 构成的洛伦兹不变量为

$$\boldsymbol{p}_\mu\boldsymbol{p}_\mu=p^2-\frac{W^2}{c^2}=\text{不变量} \tag{7.6.7}$$

当物体静止时，$\boldsymbol{p}_\mu\boldsymbol{p}_\mu=-m_0^2c^2$，因此 $\boldsymbol{p}_\mu\boldsymbol{p}_\mu\equiv-m_0^2c^2$，于是有

$$W=\sqrt{p^2c^2+m_0^2c^4} \tag{7.6.8}$$

7.6.2　质能关系

当物体静止时，物体所具有的静止能量为

$$W_0=m_0c^2 \tag{7.6.9}$$

这表明，静止的物体内部依然存在内部运动，具有内部运动能量。反过来，具有内部运动能量的物体，就具有惯性质量，因此，上式称为**质能方程**。

对于由多个粒子构成的物质，由于粒子之间存在相互作用能和相互运动的动能，因此总能量一般并不等于所有粒子静止质量的和，即

$$W_0\neq\sum_i m_{i0}c^2$$

两者的差代表粒子之间的相互作用能，称为**结合能**

$$\Delta W = \sum_i m_{io} c^2 - W_0$$

同样地，物体的静止质量也不同于组成粒子静止质量之和，两者的差称为**质量亏损**

$$\Delta M = \sum_i m_{io} - M_0 \tag{7.6.10}$$

质量亏损是以质量损失的形式来描述粒子之间的相互作用能，因此质量亏损与结合能之间满足

$$\Delta W = (\Delta M) c^2 \tag{7.6.11}$$

质能方程在核物理及粒子物理中得到了广泛的证实，成为原子能利用的基本理论依据。相对论中，能量守恒定律和动量守恒定律依然成立，它们始终是自然界最基本的定律。

如果引入

$$m = \frac{m_0}{\sqrt{1 - \left(\frac{v}{c}\right)^2}} = \gamma m_0 \tag{7.6.12}$$

则动量与能量表达式可转变为

$$\boldsymbol{p} = m\boldsymbol{v} \tag{7.6.13}$$

$$W = mc^2 \tag{7.6.14}$$

此时动量表达式与经典力学相同，不过质量 m 不再是常量，而是随着速度的变化而变化，称为**运动质量**。

7.6.3 相对论力学方程

仿照牛顿运动定律，可定义四维力矢量为

$$\boldsymbol{K}_\mu = \frac{\mathrm{d}\boldsymbol{p}_\mu}{\mathrm{d}\tau} \tag{7.6.15}$$

其中，空间分量和第四个分量分别为

$$\boldsymbol{K} = \frac{\mathrm{d}\boldsymbol{p}}{\mathrm{d}\tau} = \gamma \boldsymbol{F} \tag{7.6.16}$$

$$\begin{aligned} K_4 &= \frac{\mathrm{i}}{c}\frac{\mathrm{d}W}{\mathrm{d}\tau} = \frac{\mathrm{i}}{c}\frac{\mathrm{d}}{\mathrm{d}\tau}\sqrt{p^2 c^2 + m_0^2 c^4} \\ &= \frac{\mathrm{i}c}{W}\boldsymbol{p} \cdot \frac{\mathrm{d}\boldsymbol{p}}{\mathrm{d}\tau} = \frac{\mathrm{i}}{c}\boldsymbol{v} \cdot \frac{\mathrm{d}\boldsymbol{p}}{\mathrm{d}\tau} = \frac{\mathrm{i}}{c}\boldsymbol{K} \cdot \boldsymbol{v} \end{aligned} \tag{7.6.17}$$

所以，四维力矢量可写为

$$\boldsymbol{K}_\mu = \left(\boldsymbol{K}, \frac{\mathrm{i}}{c}\boldsymbol{K} \cdot \boldsymbol{v}\right) \tag{7.6.18}$$

且有

$$\boldsymbol{F} = \frac{1}{\gamma}\boldsymbol{K} = \frac{\mathrm{d}\boldsymbol{p}}{\mathrm{d}t} \tag{7.6.19}$$

$$\boldsymbol{F} \cdot \boldsymbol{v} = \frac{\mathrm{d}W}{\mathrm{d}t} \tag{7.6.20}$$

上述两式表示力 $\boldsymbol{F}$ 等于动量变化率，$\boldsymbol{F}$ 所做的功等于能量变化。上述两式形式上与经典情

形完全一致，不过这里的 $\boldsymbol{p}$ 和 W 是相对论的动量和能量。

7.6.4　洛伦兹力

电磁场对带电粒子的作用力为洛伦兹力 $\boldsymbol{F}=q(\boldsymbol{E}+\boldsymbol{v}\times\boldsymbol{B})$。利用电磁场张量定义四维形式的洛伦兹力为

$$\boldsymbol{K}_\mu=q\boldsymbol{F}_{\mu\nu}\boldsymbol{U}_\nu \tag{7.6.21}$$

容易证明

$$\boldsymbol{K}=\gamma q(\boldsymbol{E}+\boldsymbol{v}\times\boldsymbol{B}) \tag{7.6.22}$$

且满足洛伦兹变换。同时，洛伦兹力与动量的关系为

$$\frac{\mathrm{d}\boldsymbol{p}}{\mathrm{d}t}=q(\boldsymbol{E}+\boldsymbol{v}\times\boldsymbol{B}) \tag{7.6.23}$$

类似地，定义力密度为

$$\boldsymbol{f}_\mu=\boldsymbol{F}_{\mu\nu}\boldsymbol{J}_\nu \tag{7.6.24}$$

容易验证四维力密度的空间分量和第四个分量分别为

$$\boldsymbol{f}=\rho\boldsymbol{E}+\boldsymbol{J}\times\boldsymbol{B} \tag{7.6.25}$$

$$f_4=\frac{\mathrm{i}}{c}\boldsymbol{J}\cdot\boldsymbol{E} \tag{7.6.26}$$

它们分别代表洛伦兹力力密度和电磁场对电荷系统的功率密度。

7.6.5　电磁场能量动量张量

电磁场的能量守恒定律和动量守恒定律分别为

$$\begin{cases} W=-\dfrac{\partial w}{\partial t}-\nabla\cdot\boldsymbol{S} \\ f=-\dfrac{\partial g}{\partial t}-\nabla\cdot\boldsymbol{T} \end{cases} \tag{7.6.27}$$

其中，w、$\boldsymbol{S}$、g 和 $\boldsymbol{T}$ 分别为电磁场的能量密度、能流密度、动量密度和动量流密度。注意到可以由 W 和 f 组成四维力密度

$$\boldsymbol{f}_\mu=\boldsymbol{F}_{\mu\nu}\boldsymbol{J}_\nu \tag{7.6.28}$$

且由麦克斯韦方程的协变形式可得

$$\boldsymbol{J}_\mu=-\frac{1}{\mu_0}\boldsymbol{\partial}_\mu\boldsymbol{F}_{\mu\nu} \tag{7.6.29}$$

其中，$\boldsymbol{\partial}_\mu\boldsymbol{F}_{\mu\nu}$ 为 $\partial\boldsymbol{F}_{\mu\nu}/\partial\boldsymbol{x}_\mu$ 的简写形式。下文都将采用这样的简写形式。于是力密度可以写为

$$\boldsymbol{f}_\mu=-\frac{1}{\mu_0}\boldsymbol{F}_{\mu\nu}\boldsymbol{\partial}_\sigma\boldsymbol{J}_{\sigma\nu}=\frac{1}{\mu_0}\boldsymbol{F}_{\mu\nu}\boldsymbol{\partial}_\sigma\boldsymbol{J}_{\nu\sigma} \tag{7.6.30}$$

定义电磁场能量动量张量为

$$\boldsymbol{T}_{\mu\nu}=\frac{1}{\mu_0}\left(\boldsymbol{F}_{\mu\sigma}\boldsymbol{F}_{\sigma\nu}+\frac{1}{4}\boldsymbol{\delta}_{\mu\nu}\boldsymbol{F}_{\sigma\rho}\boldsymbol{F}_{\sigma\rho}\right) \tag{7.6.31}$$

则有

$$\partial_\nu \boldsymbol{T}_{\mu\nu} = \frac{1}{\mu_0}\partial_\nu\left(\boldsymbol{F}_{\mu\sigma}\boldsymbol{F}_{\sigma\nu} + \frac{1}{4}\boldsymbol{\delta}_{\mu\nu}\boldsymbol{F}_{\alpha\rho}\boldsymbol{F}_{\alpha\rho}\right)$$
$$= \frac{1}{\mu_0}\left[(\partial_\nu \boldsymbol{F}_{\mu\sigma})\boldsymbol{F}_{\sigma\nu} + \boldsymbol{F}_{\mu\sigma}\partial_\nu \boldsymbol{F}_{\sigma\nu} + \frac{1}{4}\boldsymbol{\delta}_{\mu\nu}\partial_\nu(\boldsymbol{F}_{\alpha\rho}\boldsymbol{F}_{\alpha\rho})\right] \tag{7.6.32}$$

考虑到

$$(\partial_\nu \boldsymbol{F}_{\mu\sigma})\boldsymbol{F}_{\sigma\nu} = (\partial_\nu \boldsymbol{F}_{\sigma\mu})\boldsymbol{F}_{\nu\sigma} = (\partial_\sigma \boldsymbol{F}_{\nu\mu})\boldsymbol{F}_{\sigma\nu}$$
$$= \frac{1}{2}(\partial_\sigma \boldsymbol{F}_{\nu\mu} + \partial_\nu \boldsymbol{F}_{\mu\sigma})\boldsymbol{F}_{\sigma\nu}$$
$$= -\frac{1}{2}(\partial_\mu \boldsymbol{F}_{\sigma\nu})\boldsymbol{F}_{\sigma\nu}$$
$$= -\frac{1}{4}\partial_\mu(\boldsymbol{F}_{\sigma\nu}\boldsymbol{F}_{\sigma\nu}) \tag{7.6.33}$$

于是有

$$\boldsymbol{f}_\mu = \partial_\nu \boldsymbol{F}_{\mu\nu} \tag{7.6.34}$$

采用矩阵的形式，能量动量张量可以写为

$$\boldsymbol{T}_{\mu\nu} = \begin{bmatrix} & & & -\mathrm{i}cg_1 \\ & -\boldsymbol{T} & & -\mathrm{i}cg_2 \\ & & & -\mathrm{i}cg_3 \\ -\mathrm{i}cg_1 & -\mathrm{i}cg_2 & -\mathrm{i}cg_3 & w \end{bmatrix} = \begin{bmatrix} -\boldsymbol{T} & -\mathrm{i}c\boldsymbol{g} \\ -\mathrm{i}c\boldsymbol{g} & w \end{bmatrix} \tag{7.6.35}$$

考虑到

$$\boldsymbol{S} = c^2\boldsymbol{g} = \boldsymbol{E}\times\boldsymbol{B}/\mu_0 \tag{7.6.36}$$

能量动量张量又可以写成

$$\boldsymbol{T}_{\mu\nu} = \begin{bmatrix} -\boldsymbol{T} & -\mathrm{i}\boldsymbol{S}/c \\ -\mathrm{i}c\boldsymbol{g} & w \end{bmatrix} \tag{7.6.37}$$

总之，电磁场的能量动量张量是个无迹的对称张量，满足

$$\begin{cases} \boldsymbol{T}_{\mu\mu} = \boldsymbol{0} \\ \boldsymbol{T}_{\mu\nu} = \boldsymbol{T}_{\nu\mu} \end{cases} \tag{7.6.38}$$

协变的电磁场能量动量张量包含了电磁场的能量密度、动量密度、能流密度和动量流密度，它们作为能量动量张量的分量，随着惯性参考系的变换而变化。可见，前几章学习的电磁学相关物理量均能纳入四维张量表示，电磁学规律均能纳入四维张量形式，形成了协变的电磁理论体系。

阅读材料

核　能

1. 核能发展理论依据

物体的静止质量与光速平方的乘积为物体的静止能量，即 $W_0 = m_0c^2$，称为质能关系式，

静止能量的揭示是相对论最重要的推论之一，它表明静止粒子内部仍然存在着运动。该关系式对一个粒子适用，对原子核或宏观物体这类由一组粒子构成的复合物体也适用。

在各粒子组成物体的过程中，因各粒子之间有相互作用势能和相对运动产生的动能，使得物体整体静止时的能量小于所有粒子的静止能量之和，表明存在质量亏损。亏损的质量与光速平方的乘积称为结合能，即 $\Delta W=(\Delta M)c^2$。

在相对论情形下，质量 m 不是一个不变量，其随运动速度的增大而增大，将其命名为运动质量。物体总能量和运动质量 m 之间也满足 $W=mc^2$。质能关系式在原子核和粒子物理中被大量实验很好地证实，它是核能利用的主要理论依据。

2. 核能主要应用

核能主要用于核电和核武器中，它利用了原子核裂变或聚变反应时瞬间释放出的巨大能量。近几年，在国家“碳达峰、碳中和”双碳战略目标的指引下，核电作为“零碳”能源体系备受青睐，在发电、供汽、供热、海水淡化和制氢等领域得到了更多的发展机遇。图 7-3 为核能海水淡化装备。在海水淡化中，核能主要用于供热系统，核反应堆为海水淡化提供了经济、安全的新热源。核能是清洁能源，核能海水淡化在解决水资源短缺的同时，缓解了地区能源紧张和环境恶化，是集能源、环境和水资源为一体的综合利用，因此具有重要的战略意义。

图 7-3　核能海水淡化装备

目前，“国际热核聚变实验堆(ITER)计划”是全球规模最大、影响最深远、仅次于国际空间站的国际科研合作项目之一，ITER 装置是一个能产生大规模核聚变反应的超导托卡马克，俗称“人造太阳”。2006 年，中国基于能源长远的基本要求，加入了该组织。中国“人造太阳”EAST，全称为“全超导托卡马克核聚变实验装置”，又称为“东方超环”，如图 7-4、图 7-5 所示，由中国科学院等离子体物理研究所建在安徽合肥。2013 年，中科院合肥物质研究院宣布，“人造太阳”实验装置辅助加热工程的中性束注入系统在综合测试平台上成功实现 100 s 长脉冲氢中性束引出。2020 年底，新一代“人造太阳”装置——中国环流器二号 M 装置(HL-2M)在成都建成并实现首次放电，如图 7-6 所示。2021 年底，EAST 实现了 1056 s 的长脉冲高参数等离子体运行，其间电子温度近 7000 万℃，创下了当时托卡马克装置高温等离子体运行的最长时间纪录。尽管可控核聚变技术和托卡马克装置最早起源于国外,但我国已经实现了后来者居上,处于世界前沿。

图 7-4　中国"人造太阳"装备外观

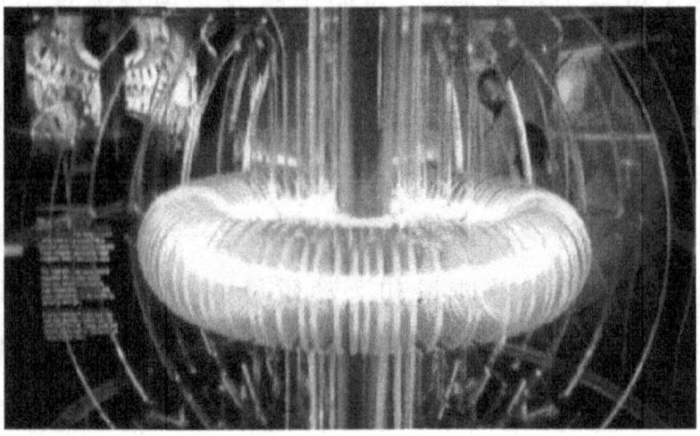

图 7-5　东方超环

图 7-6　中国环流器二号 M 装置

煤、石油、天然气有枯竭的可能,并带来环境污染;风能、水能、太阳能等受限于天气或地理条件;核裂变所需要的铀、钚等元素储量有限,还会产生放射性。相比之下,可控核聚变技术,是被全人类寄予厚望的未来能源方式,有"终极能源"之称,因为它几乎能一劳永逸地解决能源问题。当它真正投入商用,除了气候效益之外,还可以为贫困地区带来廉价电力。前景是美好的,道路是曲折的,希望在目之所及的未来,能够见证"人造太阳"冉冉升起。

核武器是我国保卫国家安全,维护世界和平的重要战略保障。美国早在 20 世纪 40 年代就制造出原子弹,并在日本投降前夕把原子弹投到日本的广岛和长崎,几乎把这两个城市毁灭。中国只有研制出自己的原子弹,才能打破西方核大国的核垄断,粉碎西方核大国的核威胁,加强中国的国防力量,人民才能过上安宁的生活,才能向世界展示中国的实力,这对维护世界和平具有重要意义。经过几十年的发展,中国的核武器已达到世界领先水平。

3. 两弹元勋邓稼先

饮水思源,中国核武器理论工作研究的奠基者之一,中国核武器研制与发展的主要组织者和领导者,被称为"两弹元勋"的中国科学院院士邓稼先,领导开展了爆轰物理、流体力学、状态方程和中子输运等基础理论研究,完成了原子弹的理论方案,并指导核实验的爆轰模拟。在邓稼先院士团队的努力下,最终取得了实质性突破。1964 年 10 月 16 日,中国第一颗原子弹爆炸成功；1966 年 12 月 28 日成功地进行了氢弹原理实验，1967 年 6 月 17 日由飞机空投的 330 万吨当量的氢弹试验获得圆满成功，如图 7－7 所示。从爆炸第一颗原子弹到爆炸第一颗氢弹，中国仅历时两年零八个月，其研制速度位居世界之首。原子弹和氢弹的研制成功，大大加强了我国的国防力量，提高了中国在世界上的政治地位，也打破了西方核大国的核垄断，维护了世界和平。

(a) 第一颗原子弹爆炸成功　　(b) 第一颗氢弹爆炸成功

图 7－7　中国“两弹”研制成功

邓稼先院士为了中国的核事业，默默奉献了自己的一生。其实，他的爱国热情早就根植于青少年时期。1937 年 7 月 7 日，卢沟桥事变的枪声响起。22 天后，北平沦陷了。日本侵略者召开了“庆功会”。这件事发生后，邓稼先在父亲邓以蛰的引导下，立志学科学，长大做个对国家有用的人。最终他实现了愿望！还有一件事发生于原子弹试验过程中：1979 年，在一次航投试验时，出现降落伞事故，原子弹坠地被摔裂。邓稼先深知危险，却一个人抢上前去把摔破的原子弹碎片拿到手里仔细检验，身体受到辐射。在步履艰难之时，他仍坚持要自己去装雷管，并首次以院长的权威向周围的人下命令：“你们还年轻，不能去！”1986 年 7 月 29 日，邓稼先院士不幸因病逝世。他生前曾说：“我不爱武器，我爱和平，但为了和平，我们需要武器。假如生命终结后可以再生，我仍旧选择中国，选择核事业。”

邓稼先院士一生为国、敬业奉献的爱国情怀深深鼓舞着一代又一代中国人。作为年轻人，生在一个伟大的、美好的时代，更应继承先辈之精神，踏上创新的步伐，勤奋努力，锐意进取，学以致用，奋斗终生！

思考题

1. 人们曾经对以太赋予了哪些属性？以太模型为什么是不合理的？

2. 迈克耳孙-莫雷实验在物理学史上有什么重要意义？

3. 说明狭义相对论选择“相对性原理”和“光速不变性”为基本原理的合理性。

4. 光速为什么是恒定不变的？可以说光速最快吗？

5. 根据洛伦兹变换，举例说明光速不变原理。

6. 目前有超光速现象吗？如果有的话，与狭义相对论矛盾吗？

7. 什么是双生子佯谬？

8. 相对论如何体现因果性？

9. 查阅文献，解释什么是虫洞及虫洞与相对论有何联系。

10. 矢量构成四维矢量的组合原则是什么？

11. 试说明协变性与张量表示的内在联系。

12. 电动力学中常见的洛伦兹不变量有哪些？

13. 写出电磁场张量构成的洛伦兹不变量，解释为什么只有两个？

14. 从协变性角度说明洛伦兹不变量的物理意义。

15. 查阅文献，解释光行差现象。

16. 查阅文献，解释穆斯堡尔效应与引力红移。

17. 简要说明狭义相对论与广义相对论的区别与联系。

18. 动量和能量共同构成了能量动量四维矢量 $\boldsymbol{p}_\mu=\left(\boldsymbol{p},\frac{\mathrm{i}}{c}W\right)$，其中包含了什么深刻的物理内涵？

19. 查阅文献，了解四维协变量的其他形式及其应用。

20. 查阅文献，讨论光子的静止质量问题。

21. 查阅文献，从量子场论角度了解电磁场的基本属性。

22. 查阅文献，了解四元数、八元数的基本性质及其应用。

练习题

1. 一飞船空间舱以速度 v 相对于地面运动，一物体从舱顶部落下，空间舱上的观察者所测得的时间是地面上的观察者所测得时间的 3/5，则空间舱飞行速度为多少？

2. 两惯性系 K' 和 K 相对运动速度为 v，一根直杆在 K 系中，其静止长度为 l，与 x 轴的夹角为 θ，则在 K' 系中的观察者所测该直杆长度为多少？

3. 设有两根互相平行的尺，在各自静止的参考系中的长度均为 l_0，它们以相同速率 v 相对于某一参考系运动，但运动方向相反，且平行于尺子。试计算站在一根尺上测量另一根尺的长度为多少？

4. 一千米的高空大气层中产生了一个 π 介子，以速度 $v=0.8c$ 飞向地球，假定该 π 介子在其自身的静止参照系中的寿命等于其平均寿命 2.4×10^{-6} s，试从地面上的观察者和相对 π 介子静止系中的观察者这两个角度判断，该 π 介子能否到达地球表面？

5. 两个惯性系 K 和 K' 中各放置若干时钟，同一惯性系中的诸时钟同步。K' 相对于 K 以速度 v 沿 x 轴方向运动。设两系原点相遇时，$t_0=t_0'=0$。问处于 K 系中某点 (x,y,z) 处的时钟与 K' 系中何处的时钟相遇时，指示的时刻相同？读数是多少？

6. 推导洛伦兹变换，写出洛伦兹变换的变换矩阵。

7. 利用光锥说明狭义相对论的时空结构。

8. 推导电磁场张量。

9. 将麦克斯韦方程组写成张量的形式。

10. 某一惯性系中的平面电磁波，在另一个惯性系看来是否还是平面电磁波？请说明理由。

11. 证明：电荷守恒定律对任意惯性参考系均成立。

12. 推导质能关系式。

13. 列出电动力学中常见的四维矢量。

14. 质量为 M 的静止粒子衰变为两个粒子 m_1 和 m_2，求粒子 m_1 的动量和能量。

15. 质量为 m_0 的静止原子核（或原子）受到能量为 E 的光子撞击，原子核（或原子）将光子的能量全部吸收，则此合并系统的速度（反冲速度）以及静止质量各为多少？

16. 证明：在任意惯性参考系上，真空中的平面电磁波都有 $|\boldsymbol{B}| = |\boldsymbol{E}|/c$，且 $\boldsymbol{B}$ 与 $\boldsymbol{E}$ 正交。

17. 太阳的辐射能来源于内部一系列核反应，其中之一是氢核（${}_1^1\mathrm{H}$）和氘核（${}_1^2\mathrm{H}$）聚变为氦核（${}_2^3\mathrm{He}$），同时放出 γ 光子，其反应方程为 ${}_1^1\mathrm{H}+{}_1^2\mathrm{H}\uparrow\longrightarrow{}_2^3\mathrm{He}+\gamma$。已知氢、氘和氦的原子质量依次为 1.007825 u、2.014102 u 和 3.016029 u，u 为原子质量单位，$1\ \mathrm{u}=1.66\times10^{-27}\ \mathrm{kg}$。试估算 γ 光子的能量。

思维导图

相对论基础

相对论基本原理
相对性原理
光速不变原理

→

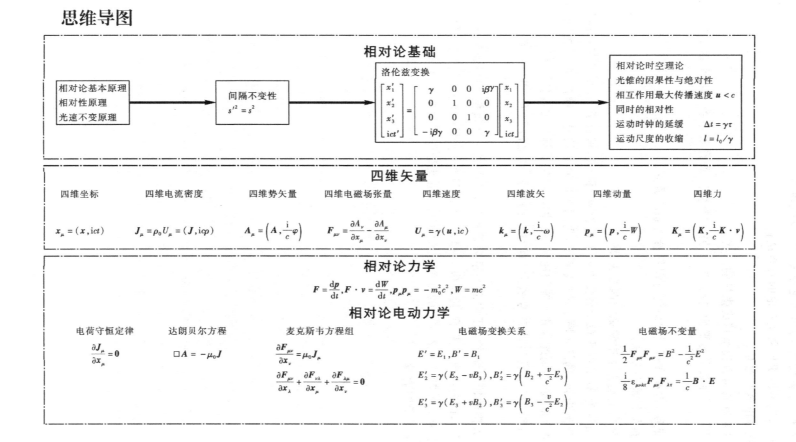

间隔不变性
$s'^2 = s^2$

→

洛伦兹变换

$$\begin{bmatrix} x_1' \\ x_2' \\ x_3' \\ ict' \end{bmatrix} = \begin{bmatrix} \gamma & 0 & 0 & i\beta\gamma \\ 0 & 1 & 0 & 0 \\ 0 & 0 & 1 & 0 \\ -i\beta\gamma & 0 & 0 & \gamma \end{bmatrix} \begin{bmatrix} x_1 \\ x_2 \\ x_3 \\ ict \end{bmatrix}$$

→

相对论时空理论
光锥的因果性与绝对性
相互作用最大传播速度 $u < c$
同时的相对性
运动时钟的延缓 $\Delta t = \gamma\tau$
运动尺度的收缩 $l = l_0/\gamma$

四维矢量

四维坐标	四维电流密度	四维势矢量	四维电磁场张量	四维速度	四维波矢	四维动量	四维力
$x_\mu = (\boldsymbol{x}, ict)$	$J_\mu = \rho_0 U_\mu = (\boldsymbol{J}, ic\rho)$	$A_\mu = \left(\boldsymbol{A}, \frac{i}{c}\varphi\right)$	$F_{\mu\nu} = \frac{\partial A_\nu}{\partial x_\mu} - \frac{\partial A_\mu}{\partial x_\nu}$	$U_\mu = \gamma(\boldsymbol{u}, ic)$	$k_\mu = \left(\boldsymbol{k}, \frac{i}{c}\omega\right)$	$p_\mu = \left(\boldsymbol{p}, \frac{i}{c}W\right)$	$K_\mu = \left(\boldsymbol{K}, \frac{i}{c}\boldsymbol{K}\cdot\boldsymbol{v}\right)$

相对论力学

$$\boldsymbol{F} = \frac{d\boldsymbol{p}}{dt}, \boldsymbol{F}\cdot\boldsymbol{v} = \frac{dW}{dt}, p_\mu p_\mu = -m_0^2c^2, W = mc^2$$

相对论电动力学

电荷守恒定律

$$\frac{\partial J_\mu}{\partial x_\mu} = 0$$

达朗贝尔方程

$$\Box \boldsymbol{A} = -\mu_0 \boldsymbol{J}$$

麦克斯韦方程组

$$\frac{\partial F_{\mu\nu}}{\partial x_\nu} = \mu_0 J_\mu$$

$$\frac{\partial F_{\mu\nu}}{\partial x_\lambda} + \frac{\partial F_{\nu\lambda}}{\partial x_\mu} + \frac{\partial F_{\lambda\mu}}{\partial x_\nu} = 0$$

电磁场变换关系

$$E_1' = E_1, B_1' = B_1$$

$$E_2' = \gamma(E_2 - vB_3), B_2' = \gamma\left(B_2 + \frac{v}{c^2}E_3\right)$$

$$E_3' = \gamma(E_3 + vB_2), B_3' = \gamma\left(B_3 - \frac{v}{c^2}E_2\right)$$

电磁场不变量

$$\frac{1}{2}F_{\mu\nu}F_{\mu\nu} = B^2 - \frac{1}{c^2}E^2$$

$$\frac{i}{8}\varepsilon_{\mu\nu\lambda\tau}F_{\mu\nu}F_{\lambda\tau} = \frac{1}{c}\boldsymbol{B}\cdot\boldsymbol{E}$$

第 8 章　电磁理论的场论基础*

本书的主体内容是关于电磁现象的连续、宏观的经典电磁理论。然而，研究电磁场与物质的相互作用时，必然面临光量子的激发和吸收现象，此时必须将电动力学与量子力学相结合。本章将电动力学拓展到量子场论，与麦克斯韦电磁理论、相对论电动力学一起构成完整的电动力学的理论体系。

本章以拉格朗日场论为理论基础，以对称不变性为主线，介绍时空对称不变性和规范对称不变性对标量场、旋量场、矢量场拉格朗日密度的影响，展示麦克斯韦电磁场正则量子化的一般思路，为学生自学量子场论、规范场论等高阶理论课程奠定基础。

8.1　逆变分量、协变分量与度规张量

将 ict 作为一维坐标，与三维空间构成了四维时空。相对论认为四维时空间隔是不变量，即

$$ds^2 = c^2 dt^2 - dx^2 - dy^2 - dz^2 \tag{8.1.1}$$

不随惯性参考系的变换而变化。

量子场论中，为使表达简洁化，常使用自然单位制，即取 $c=\hbar=k_B=1$，于是时空间隔表示为

$$ds^2 = dt^2 - dx^2 - dy^2 - dz^2 \tag{8.1.2}$$

定义逆变分量为

$$\boldsymbol{x}^\mu = (x^0 = ct, x^1 = x, x^2 = y, x^3 = z) = (ct, \boldsymbol{x}) = (t, \boldsymbol{x}) \tag{8.1.3}$$

定义协变分量为

$$\boldsymbol{x}_\mu = (x_0 = ct, x_1 = -x, x_2 = -y, x_3 = -z) = (ct, -\boldsymbol{x}) = (t, -\boldsymbol{x}) \tag{8.1.4}$$

定义度规张量为

$$\boldsymbol{g}^{\mu\nu} = \boldsymbol{g}_{\mu\nu} = \begin{bmatrix} 1 & 0 & 0 & 0 \\ 0 & -1 & 0 & 0 \\ 0 & 0 & -1 & 0 \\ 0 & 0 & 0 & -1 \end{bmatrix}, \quad \boldsymbol{g}_\mu^\nu = \boldsymbol{\delta}_{\mu\nu} = \begin{bmatrix} 1 & 0 & 0 & 0 \\ 0 & 1 & 0 & 0 \\ 0 & 0 & 1 & 0 \\ 0 & 0 & 0 & 1 \end{bmatrix} \tag{8.1.5}$$

于是有

$$\boldsymbol{x}_\mu = \boldsymbol{g}_{\mu\nu} \boldsymbol{x}^\nu = \boldsymbol{g}_\mu^\nu \boldsymbol{x}_\nu \tag{8.1.6}$$

$$\boldsymbol{x}^\mu = \boldsymbol{g}^{\mu\nu} \boldsymbol{x}_\nu = \boldsymbol{g}_\nu^\mu \boldsymbol{x}^\nu \tag{8.1.7}$$

$$x^2=\boldsymbol{x}^\mu\boldsymbol{x}_\mu=\boldsymbol{g}^{\mu\nu}\boldsymbol{x}_\nu\boldsymbol{x}_\mu=x^0x_0+x^ix_i=x_0x_0=x_ix_i=t^2-x^2 \tag{8.1.8}$$

同样地，定义四维时空导数的逆变分量与协变分量分别为

$$\boldsymbol{\partial}^\mu=\frac{\partial}{\partial\boldsymbol{x}_\mu}=\left(\frac{\partial}{\partial t},-\nabla\right) \tag{8.1.9}$$

$$\boldsymbol{\partial}_\mu=\frac{\partial}{\partial\boldsymbol{x}^\mu}=\left(\frac{\partial}{\partial t},\nabla\right) \tag{8.1.10}$$

$$\Box=\partial^2=\boldsymbol{\partial}^\mu\boldsymbol{\partial}_\mu=\partial^0\partial_0+\partial^i\partial_i=\partial_0\partial_0-\partial_i\partial_i=\frac{\partial^2}{\partial t^2}-\nabla^2 \tag{8.1.11}$$

$$\nabla^2=\nabla\cdot\nabla=-\partial^i\partial_i=\partial^i\partial^i \tag{8.1.12}$$

8.2 麦克斯韦方程组

经典的麦克斯韦方程组为

$$\begin{cases}\nabla\cdot\boldsymbol{E}=\rho\\ \nabla\times\boldsymbol{E}=-\dfrac{\partial\boldsymbol{B}}{\partial t}\\ \nabla\cdot\boldsymbol{B}=0\\ \nabla\times\boldsymbol{B}=\boldsymbol{J}+\dfrac{\partial\boldsymbol{E}}{\partial t}\end{cases} \tag{8.2.1}$$

引入标势和矢势来表示电场和磁场：

$$\begin{cases}\boldsymbol{E}=-\nabla\varphi-\dfrac{\partial\boldsymbol{A}}{\partial t}\\ \boldsymbol{B}=\nabla\times\boldsymbol{A}\end{cases} \tag{8.2.2}$$

则麦克斯韦方程组可简化成两个方程：

$$\begin{cases}\nabla^2\varphi+\dfrac{\partial}{\partial t}(\nabla\cdot\boldsymbol{A})=-\rho\\ \nabla^2\boldsymbol{A}-\dfrac{\partial^2\boldsymbol{A}}{\partial t^2}-\nabla\left(\nabla\cdot\boldsymbol{A}+\dfrac{\partial\varphi}{\partial t}\right)=-\boldsymbol{J}\end{cases} \tag{8.2.3}$$

进一步采用四维势和四维电流密度，有

$$\begin{cases}\boldsymbol{A}^\mu=(\varphi,\boldsymbol{A}),\quad \boldsymbol{A}_\mu=(\varphi,-\boldsymbol{A})\\ \boldsymbol{J}^\mu=(\rho,\boldsymbol{J}),\quad \boldsymbol{J}_\mu=(\rho,-\boldsymbol{J})\end{cases} \tag{8.2.4}$$

则麦克斯韦方程组可进一步简化为一个方程：

$$\boldsymbol{\partial}_\nu(\boldsymbol{\partial}^\mu\boldsymbol{A}^\nu-\boldsymbol{\partial}^\nu\boldsymbol{A}^\mu)=-\boldsymbol{J}^\mu \tag{8.2.5}$$

定义反对称的电磁场张量为

$$\boldsymbol{F}_{\mu\nu}=\boldsymbol{\partial}_\mu\boldsymbol{A}_\nu-\boldsymbol{\partial}_\nu\boldsymbol{A}_\mu \tag{8.2.6}$$

则麦克斯韦方程组又可简化为

$$\boldsymbol{\partial}_\nu\boldsymbol{F}^{\mu\nu}=-\boldsymbol{J}^\mu \tag{8.2.7}$$

对于自由电磁场 $J=0$，库仑规范（$\nabla\cdot\boldsymbol{A}=0$）、洛伦兹规范（$\boldsymbol{\partial}_\mu\boldsymbol{A}^\mu=\boldsymbol{0}$）下场量所满足的微

分方程分别为

$$\partial^\mu \partial_\mu \boldsymbol{A} = \boldsymbol{0} \tag{8.2.8}$$

$$\partial^\mu \partial_\mu \boldsymbol{A}_\nu = \boldsymbol{0} \tag{8.2.9}$$

上述方程的平面波解分别为

$$\begin{cases} \boldsymbol{A}^+(x) = \boldsymbol{A}(k)\mathrm{e}^{-\mathrm{i}k\cdot x}, \quad \boldsymbol{A}^-(x) = \boldsymbol{A}(k)\mathrm{e}^{\mathrm{i}k\cdot x} \\ \boldsymbol{A}_\mu^+(x) = \boldsymbol{A}_\mu(k)\mathrm{e}^{-\mathrm{i}k\cdot x}, \quad \boldsymbol{A}_\mu^-(x) = \boldsymbol{A}_\mu(k)\mathrm{e}^{\mathrm{i}k\cdot x} \end{cases} \tag{8.2.10}$$

其中，正、负号分别代表正频解和负频解。

三维空间中取三个相互正交的单位矢量 $\boldsymbol{\varepsilon}(k,1)$、$\boldsymbol{\varepsilon}(k,2)$、$\boldsymbol{\varepsilon}(k,3)$，其中前两个与波矢垂直，第三个与波矢平行。显然，前两个单位矢量反映了电磁波的横波性质，可以用来描述电磁场或光子的极化状态，称为**横极化矢量**。后一个单位矢量相应称为**纵极化矢量**。再引入只有时间分量的单位矢量 $\boldsymbol{\eta}_\mu = (1,\boldsymbol{0})$，称为**标量极化矢量**。标量极化矢量与三个空间极化矢量一起构成四维极化矢量，可以在四维时空中描述光子的极化状态。此时，光子的时空波函数可表示为

$$\boldsymbol{A}_{k\lambda}^{\pm}(x) = \frac{\boldsymbol{\varepsilon}(k,\lambda)}{\sqrt{2V\omega}}\mathrm{e}^{\mp\mathrm{i}k\cdot x}$$

$$\boldsymbol{A}_{k\lambda}^{\mu\pm}(x) = \frac{\boldsymbol{\varepsilon}^\mu(k,\lambda)}{\sqrt{2V\omega}}\mathrm{e}^{\mp\mathrm{i}k\cdot x} \tag{8.2.11}$$

不难验证，以上波函数满足正交、归一即完备条件。

8.3　经典场论(场的拉格朗日方程)

8.3.1　最小作用量原理

最小作用量原理表明，任意力学体系的运动可用拉格朗日函数 $L(q,\dot{q})$ 来描述。对于任意真实的运动，拉格朗日函数对时间的积分，即作用量 $A = \int_{t_1}^{t_2} L(q,\dot{q})\mathrm{d}t$ 取最小值，或者说作用量的变分为 0

$$\delta A = \delta \int_{t_1}^{t_2} L[q(t),\dot{q}(t)]\mathrm{d}t = 0 \tag{8.3.1}$$

其中，q、$\dot{q}$ 分别为广义坐标和广义速度。考虑到变分时广义坐标、广义速度在积分上、下限处保持不变，即

$$\delta q(t_1) = \delta q(t_2) = 0, \quad \delta \dot{q}(t_1) = \delta \dot{q}(t_2) = 0 \tag{8.3.2}$$

可得拉格朗日方程

$$\frac{\partial L}{\partial q} - \frac{\mathrm{d}}{\mathrm{d}t}\left(\frac{\partial L}{\partial \dot{q}}\right) = 0 \tag{8.3.3}$$

可见，经典力学体系的运动可以完全由拉格朗日方程决定。

8.3.2 经典场方程

将最小作用量原理应用于连续的场分布，就可以得到经典场的场方程。描述场的基本量是场量 $\boldsymbol{\phi}_\alpha(x)=\boldsymbol{\phi}_\alpha(t,\boldsymbol{x})$，$\alpha=1,2,3,\cdots,n$，$\alpha$ 是场的不同分量的指标。相对论认为时间和空间的地位是相同的，如果将时间和空间看作是自由度的指标，则场量将是一个具有无穷多自由度的力学系统，其中 $\boldsymbol{\phi}_\alpha(x)$ 为广义坐标，而 $\boldsymbol{\partial}_\mu\boldsymbol{\phi}_\alpha(x)$ 为广义速度。

按照经典场的思路，$\boldsymbol{\phi}_\alpha(x)$ 和 $\boldsymbol{\partial}_\mu\boldsymbol{\phi}_\alpha(x)$ 可以构成函数 $l(\boldsymbol{\phi}_\alpha,\boldsymbol{\partial}_\mu\boldsymbol{\phi}_\alpha)$，它不仅是时间的函数，还是坐标的函数，称为**拉格朗日密度**。拉格朗日密度 $l(\boldsymbol{\phi}_\alpha,\boldsymbol{\partial}_\mu\boldsymbol{\phi}_\alpha)$ 对空间的积分就是拉格朗日函数

$$L=\int_V l(\boldsymbol{\phi}_\alpha,\boldsymbol{\partial}_\mu\boldsymbol{\phi}_\alpha)\mathrm{d}^3x \tag{8.3.4}$$

拉格朗日函数对时间的积分就是场的作用量

$$A=\int L\mathrm{d}t=\int_\Omega l(\boldsymbol{\phi}_\alpha,\boldsymbol{\partial}_\mu\boldsymbol{\phi}_\alpha)\mathrm{d}^4x \tag{8.3.5}$$

其中，$\mathrm{d}^3x=\mathrm{d}x_1\mathrm{d}x_2\mathrm{d}x_3$，$\mathrm{d}^4x=\mathrm{d}^3x\mathrm{d}t$，$\Omega$ 为四维时空体积。

拉格朗日密度一般必须满足以下要求。

(1)拉格朗日密度应该是个洛伦兹不变量，这样才能保证场方程对拉格朗日密度的变换是协变的。

(2)拉格朗日密度对四维位移变换是不变量，或者说拉格朗日密度不应是四维坐标的显函数，这样才能保证能量动量的守恒。

(3)拉格朗日密度必须是场函数和它的偏导数的二次齐次式，这样才能保证场的微分方程是线性的。

8.3.3 场的拉格朗日方程

对作用量求变分，就可以得到场的运动方程。注意到 $\boldsymbol{\phi}_\alpha(x)$ 和 $\boldsymbol{\partial}_\mu\boldsymbol{\phi}_\alpha(x)$ 的变分在边界上保持不变，即

$$\delta\boldsymbol{\phi}_\alpha(x)\big|_{\Sigma_\Omega}=0,\quad \delta\boldsymbol{\partial}_\mu\boldsymbol{\phi}_\alpha(x)\big|_{\Sigma_\Omega}=0 \tag{8.3.6}$$

由于

$$\delta A=\int_\Omega \delta l(\boldsymbol{\phi}_\alpha,\boldsymbol{\partial}_\mu\boldsymbol{\phi}_\alpha)\mathrm{d}^4x=\int_\Omega\left(\frac{\partial l}{\partial\boldsymbol{\phi}_\alpha}\delta\boldsymbol{\phi}_\alpha+\frac{\partial l}{\partial\boldsymbol{\partial}_\mu\boldsymbol{\phi}_\alpha}\delta\boldsymbol{\partial}_\mu\boldsymbol{\phi}_\alpha\right)\mathrm{d}^4x=0 \tag{8.3.7}$$

考虑到 $\int_\Omega\boldsymbol{\partial}_\mu\left(\frac{\partial l}{\partial\boldsymbol{\partial}_\mu\boldsymbol{\phi}_\alpha}\delta\boldsymbol{\phi}_\alpha\right)\mathrm{d}^4x=\oint_{\Sigma_\Omega}\frac{\partial l}{\partial\boldsymbol{\partial}_\mu\boldsymbol{\phi}_\alpha}\delta\boldsymbol{\phi}_\alpha\mathrm{d}\Sigma_\mu=0$，有

$$\int_\Omega\left(\frac{\partial l}{\partial\boldsymbol{\phi}_\alpha}-\boldsymbol{\partial}_\mu\frac{\partial l}{\partial\boldsymbol{\partial}_\mu\boldsymbol{\phi}_\alpha}\right)\delta\boldsymbol{\phi}_\alpha\mathrm{d}^4x=0 \tag{8.3.8}$$

考虑到 $\delta\boldsymbol{\phi}_\alpha$ 的任意性，可以得到场的拉格朗日方程为

$$\frac{\partial l}{\partial\boldsymbol{\phi}_\alpha}-\boldsymbol{\partial}_\mu\frac{\partial l}{\partial\boldsymbol{\partial}_\mu\boldsymbol{\phi}_\alpha}=0 \tag{8.3.9}$$

8.4　时空对称性与诺特定理

8.4.1　诺特定理

对称性具有不可区分性、不变性，即守恒性的含义。诺特提出用连续变换不变性来描述的对称性，总有一条守恒定律和它联系，这称为**诺特定理**。

设时空坐标做连续的微小变换

$$\boldsymbol{x}^{\mu} \to \boldsymbol{x}'^{\mu} = \boldsymbol{x}^{\mu} + \delta \boldsymbol{x}^{\mu} \tag{8.4.1}$$

相应地，场量 $\boldsymbol{\phi}_{\alpha}(x)$ 也要发生微小的变换

$$\boldsymbol{\phi}_{\alpha}(x) \to \boldsymbol{\phi}'_{\alpha}(x') = \boldsymbol{\phi}_{\alpha}(x) + \boldsymbol{S}_{\alpha\beta}\boldsymbol{\phi}_{\beta}(x) \tag{8.4.2}$$

其中，$\delta \boldsymbol{x}^{\mu}$ 为时空无穷小量，$\boldsymbol{S}_{\alpha\beta}$ 是与 $\delta \boldsymbol{x}^{\mu}$ 成正比的无穷小量。

场量的变化包含两种变换，一种是由场的变化所引起的变换 $\boldsymbol{\phi}_{\alpha}(x) \to \boldsymbol{\phi}'_{\alpha}(x)$，另一种是由时空坐标变化所引起的变换 $\boldsymbol{\phi}_{\alpha}(x) \to \boldsymbol{\phi}_{\alpha}(x')$，前者称为**本征变换**，后者称为**变数变换**。

对于本征变换，有

$$\begin{aligned}\boldsymbol{\phi}'_{\alpha}(x) &= \boldsymbol{\phi}_{\alpha}(x - \delta x) + \boldsymbol{S}_{\alpha\beta}\boldsymbol{\phi}_{\beta}(x - \delta x)\\ &= \boldsymbol{\phi}_{\alpha}(x) - \delta \boldsymbol{x}^{\mu}\boldsymbol{\partial}_{\mu}\boldsymbol{\phi}_{\alpha}(x) + \boldsymbol{S}_{\alpha\beta}\boldsymbol{\phi}_{\beta}(x) - \boldsymbol{S}_{\alpha\beta}\delta \boldsymbol{x}_{\mu}\boldsymbol{\partial}^{\mu}\boldsymbol{\phi}_{\beta}(x)\end{aligned} \tag{8.4.3}$$

忽略二阶无穷小后，得到本征变化为

$$\delta\boldsymbol{\phi}_{\alpha}(x) = \boldsymbol{\phi}'_{\alpha}(x) - \boldsymbol{\phi}_{\alpha}(x) = -\delta \boldsymbol{x}^{\mu}\boldsymbol{\partial}_{\mu}\boldsymbol{\phi}_{\alpha}(x) + \boldsymbol{S}_{\alpha\beta}\boldsymbol{\phi}_{\beta}(x) \tag{8.4.4}$$

场量变化下如果作用量不变，即

$$\int_{\Omega} l'[\boldsymbol{\phi}'_{\alpha}(x'), \boldsymbol{\partial}'_{\mu}\boldsymbol{\phi}'_{\alpha}(x')]\mathrm{d}^4 x' = \int_{\Omega} l[\boldsymbol{\phi}_{\alpha}(x), \boldsymbol{\partial}_{\mu}\boldsymbol{\phi}_{\alpha}(x)]\mathrm{d}^4 x \tag{8.4.5}$$

则称该理论具有这种变换下的不变性。

如果时空坐标的雅可比行列式 $|\partial x'/\partial x| = 1$，即 $\mathrm{d}^4 x' = |\partial x'/\partial x|\mathrm{d}^4 x = \mathrm{d}^4 x$，则作用量的不变性可表示为

$$\int_{\Omega} l'[\boldsymbol{\phi}'_{\alpha}(x'), \boldsymbol{\partial}'_{\mu}\boldsymbol{\phi}'_{\alpha}(x')]\mathrm{d}^4 x' = \int_{\Omega} l[\boldsymbol{\phi}_{\alpha}(x), \boldsymbol{\partial}_{\mu}\boldsymbol{\phi}_{\alpha}(x)]\mathrm{d}^4 x \tag{8.4.6}$$

作用量的不变性意味着拉格朗日密度的形式也是不变的，即

$$l'[\boldsymbol{\phi}'_{\alpha}(x'), \boldsymbol{\partial}'_{\mu}\boldsymbol{\phi}'_{\alpha}(x')] = l[\boldsymbol{\phi}'_{\alpha}(x'), \boldsymbol{\partial}'_{\mu}\boldsymbol{\phi}'_{\alpha}(x')] \tag{8.4.7}$$

因此，变换前后拉格朗日密度的变换表示为

$$l[\boldsymbol{\phi}'_{\alpha}(x'), \boldsymbol{\partial}'_{\mu}\boldsymbol{\phi}'_{\alpha}(x')] = l[\boldsymbol{\phi}_{\alpha}(x), \boldsymbol{\partial}_{\mu}\boldsymbol{\phi}_{\alpha}(x)] \tag{8.4.8}$$

上式与作用量不变性是等价的。可见，理论的对称性或不变性，可采用拉格朗日密度的不变性来描述。

对称性又要求拉格朗日密度在变换前后保持不变，即本征变换和变数变换的代数和为零，于是有

$$\frac{\partial l}{\partial \boldsymbol{\phi}_{\alpha}}\delta\boldsymbol{\phi}_{\alpha} + \frac{\partial l}{\partial \boldsymbol{\partial}_{\mu}\boldsymbol{\phi}_{\alpha}}\delta\boldsymbol{\partial}_{\mu}\boldsymbol{\phi}_{\alpha} + \frac{\partial l}{\partial \boldsymbol{x}^{\mu}}\delta \boldsymbol{x}^{\mu} = 0 \tag{8.4.9}$$

将拉格朗日方程代入后，可得

$$\boldsymbol{\partial}_\mu\left(\frac{\partial l}{\partial\boldsymbol{\partial}_\mu\boldsymbol{\phi}_\alpha}\delta\boldsymbol{\phi}_\alpha+\boldsymbol{g}^{\mu\nu}l\,\delta\boldsymbol{x}_\nu\right)=0 \tag{8.4.10}$$

定义

$$\boldsymbol{j}^\mu=\frac{\partial l}{\partial\boldsymbol{\partial}_\mu\boldsymbol{\phi}_\alpha}\delta\boldsymbol{\phi}_\alpha+l\,\delta\boldsymbol{x}^\mu \tag{8.4.11}$$

于是上式可变为

$$\boldsymbol{\partial}_\mu\boldsymbol{j}^\mu=\boldsymbol{0} \tag{8.4.12}$$

可见，$\boldsymbol{j}^\mu$ 守恒，称为**守恒流**。上式在全空间积分也为零，即

$$\int\frac{\partial j^0}{\partial t}\mathrm{d}^3x+\int\nabla\cdot\boldsymbol{j}\,\mathrm{d}^3x=0 \tag{8.4.13}$$

考虑到无限远处 $\boldsymbol{j}=\boldsymbol{0}$，即上式第二项为零，因此第一项也为零。定义守恒荷为

$$Q=\int j^0\,\mathrm{d}^3x \tag{8.4.14}$$

其中，$j^0=\dfrac{\partial l}{\partial\dot{\boldsymbol{\phi}}_\alpha}\delta\boldsymbol{\phi}_\alpha+l\delta t$，则有

$$\frac{\mathrm{d}Q}{\mathrm{d}t}=0 \tag{8.4.15}$$

8.4.2 时空均匀性与场的能量与动量

设时空平移了一个无穷小量，即

$$\boldsymbol{x}^\mu\rightarrow\boldsymbol{x}^\mu+\boldsymbol{\varepsilon}^\mu \tag{8.4.16}$$

$$\delta\boldsymbol{x}^\mu\rightarrow\boldsymbol{x}'^\mu-\boldsymbol{x}^\mu=\boldsymbol{\varepsilon}^\mu \tag{8.4.17}$$

此时时空导数保持不变，因为

$$\boldsymbol{\partial}_\mu=\frac{\partial}{\partial\boldsymbol{x}^\mu}\rightarrow\boldsymbol{\partial}'_\mu=\frac{\partial}{\partial\boldsymbol{x}'^\mu}=\frac{\partial\boldsymbol{x}_\nu}{\partial\boldsymbol{x}'^\mu}\frac{\partial}{\partial\boldsymbol{x}_\nu}=\frac{\partial}{\partial\boldsymbol{x}'^\mu}(\boldsymbol{x}'^\nu-\boldsymbol{\varepsilon}^\nu)\boldsymbol{\partial}_\nu=\boldsymbol{\delta}_{\mu\nu}\boldsymbol{\partial}_\nu=\boldsymbol{\partial}_\mu \tag{8.4.18}$$

于是拉格朗日密度不变性表示为

$$l[\boldsymbol{\phi}'_\alpha(x'),\boldsymbol{\partial}'_\mu\boldsymbol{\phi}'_\alpha(x')]=l[\boldsymbol{\phi}_\alpha(x),\boldsymbol{\partial}_\mu\boldsymbol{\phi}_\alpha(x)] \tag{8.4.19}$$

这要求平移变换下场量 $\boldsymbol{\phi}_\alpha(x)$ 的变换及其本征变化为

$$\begin{cases}\boldsymbol{\phi}_\alpha(x)\rightarrow\boldsymbol{\phi}'_\alpha(x')=\boldsymbol{\phi}_\alpha(x)\\ \boldsymbol{\phi}'_\alpha(x)=\boldsymbol{\phi}_\alpha(x-\delta x)=\boldsymbol{\phi}_\alpha(x)-\delta\boldsymbol{x}^\mu\boldsymbol{\partial}_\mu\boldsymbol{\phi}_\alpha(x)\\ \delta\boldsymbol{\phi}_\alpha(x)=\boldsymbol{\phi}'_\alpha(x)-\boldsymbol{\phi}_\alpha(x)=-\delta\boldsymbol{x}^\mu\boldsymbol{\partial}_\mu\boldsymbol{\phi}_\alpha(x)=-\boldsymbol{\varepsilon}^\mu\boldsymbol{\partial}_\mu\boldsymbol{\phi}_\alpha(x)\end{cases} \tag{8.4.20}$$

于是平移变换下的守恒流为

$$\boldsymbol{j}^\mu=\frac{\partial l}{\partial\boldsymbol{\partial}_\mu\boldsymbol{\phi}_\alpha}(-\boldsymbol{\varepsilon}^\nu\boldsymbol{\partial}_\nu\boldsymbol{\phi}_\alpha)+l\boldsymbol{\varepsilon}^\mu=-\boldsymbol{\varepsilon}_\nu\left[\frac{\partial l}{\partial\boldsymbol{\partial}_\mu\boldsymbol{\phi}_\alpha}\boldsymbol{\partial}^\nu\boldsymbol{\phi}_\alpha-\boldsymbol{g}^{\mu\nu}l\right] \tag{8.4.21}$$

定义能量-动量张量为

$$\boldsymbol{T}^{\mu\nu}=\frac{\partial l}{\partial\boldsymbol{\partial}_\mu\boldsymbol{\phi}_\alpha}\boldsymbol{\partial}^\nu\boldsymbol{\phi}_\alpha-\boldsymbol{g}^{\mu\nu}l \tag{8.4.22}$$

则

$$\partial_\mu T^{\mu\nu}=0 \tag{8.4.23}$$

可见，能量-动量张量守恒。于是时空平移变换下的守恒量为

$$Q=p^\nu=\int T^{0\nu}\mathrm{d}^3x,\quad \dot{Q}=\dot{p}_\nu=0 \tag{8.4.24}$$

其中，守恒的能量与动量分别为

$$H=p^0=\int\left(\frac{\partial l}{\partial\dot{\boldsymbol{\phi}}_\alpha}\dot{\boldsymbol{\phi}}_\alpha-l\right)\mathrm{d}^3x \tag{8.4.25}$$

$$\boldsymbol{p}=-\int\frac{\partial l}{\partial\dot{\boldsymbol{\phi}}_\alpha}\nabla\boldsymbol{\phi}_\alpha\mathrm{d}^3x \tag{8.4.26}$$

8.4.3　时空各向同性与场的自旋角动量

时空转动用洛伦兹变换描述。洛伦兹变换是线性变换，可表示为

$$\boldsymbol{x}^\mu\to\boldsymbol{x}'^\mu=\boldsymbol{a}^{\mu\nu}\boldsymbol{x}_\nu \tag{8.4.27}$$

此时场量也要做相应的线性变换

$$\boldsymbol{\phi}_\alpha(x)\to\boldsymbol{\phi}'_\alpha(x')=\Lambda_{\alpha\beta}(a)\boldsymbol{\phi}^\beta(x) \tag{8.4.28}$$

定义无穷小洛伦兹变换为

$$\boldsymbol{a}^{\mu\nu}=\boldsymbol{g}^{\mu\nu}+\boldsymbol{\varepsilon}^{\mu\nu} \tag{8.4.29}$$

根据 $\boldsymbol{a}^{\mu\nu}\boldsymbol{a}_{\mu\lambda}=\boldsymbol{g}^\nu_\lambda=\boldsymbol{\delta}_{\nu\lambda}$，并忽略高阶无穷小，可得

$$\boldsymbol{\varepsilon}^{\mu\nu}=-\boldsymbol{\varepsilon}^{\nu\mu} \tag{8.4.30}$$

即无穷小量 $\boldsymbol{\varepsilon}^{\mu\nu}$ 为反对称张量。

无穷小洛伦兹变换下的时空坐标变换为

$$\boldsymbol{x}^\mu\to\boldsymbol{x}'^\mu=\boldsymbol{x}^\mu+\boldsymbol{\varepsilon}^{\mu\nu}\boldsymbol{x}_\nu \tag{8.4.31}$$

$$\delta\boldsymbol{x}^\mu=\boldsymbol{\varepsilon}^{\mu\nu}\boldsymbol{x}_\nu \tag{8.4.32}$$

洛伦兹变换下场量也要做相应的线性变换，场量的变化量也为无穷小

$$\boldsymbol{\phi}_\alpha(x)\to\boldsymbol{\phi}'_\alpha(x')=\Lambda_{\alpha\beta}(a)\boldsymbol{\phi}_\beta(x)=\left(\boldsymbol{\delta}_{\alpha\beta}-\frac{\mathrm{i}}{2}\boldsymbol{\varepsilon}^{\mu\nu}\boldsymbol{S}_{\mu\nu,\alpha\beta}\right)\boldsymbol{\phi}_\beta(x) \tag{8.4.33}$$

其中，变换系数 $\boldsymbol{S}_{\mu\nu,\alpha\beta}$ 实际上代表了场的自旋角动量算符。忽略高阶无穷小量后，本征变换所引起的场量变化为

$$\begin{aligned}\delta\boldsymbol{\phi}_\alpha(x)&=\boldsymbol{\phi}'_\alpha(x)-\boldsymbol{\phi}_\alpha(x)\\&=\left(\boldsymbol{\delta}_{\alpha\beta}-\frac{\mathrm{i}}{2}\boldsymbol{\varepsilon}^{\mu\nu}\boldsymbol{S}_{\mu\nu,\alpha\beta}\right)\boldsymbol{\phi}_\beta(x-\delta x)-\boldsymbol{\phi}_\alpha(x)\\&=-\boldsymbol{\varepsilon}^{\mu\nu}\boldsymbol{x}_\nu\boldsymbol{\partial}_\mu\boldsymbol{\phi}_\alpha(x)-\frac{\mathrm{i}}{2}\boldsymbol{\varepsilon}^{\mu\nu}\boldsymbol{S}_{\mu\nu,\alpha\beta}\boldsymbol{\phi}_\beta(x)\\&=\frac{\boldsymbol{\varepsilon}^{\mu\nu}}{2}[(\boldsymbol{x}_\mu\boldsymbol{\partial}_\nu-\boldsymbol{x}_\nu\boldsymbol{\partial}_\mu)\boldsymbol{\delta}_{\alpha\beta}-\mathrm{i}\boldsymbol{S}_{\mu\nu,\alpha\beta}]\boldsymbol{\phi}_\beta(x)\end{aligned} \tag{8.4.34}$$

无穷小洛伦兹变换下，场量的本征变换为

$$\delta\boldsymbol{\phi}_\alpha(x)=\frac{1}{2}\boldsymbol{\varepsilon}_{\mu\nu}[(\boldsymbol{x}^\mu\boldsymbol{\partial}^\nu-\boldsymbol{x}^\nu\boldsymbol{\partial}^\mu)\boldsymbol{\delta}_{\alpha\beta}-\mathrm{i}\boldsymbol{S}^{\mu\nu}_{\alpha\beta}]\boldsymbol{\phi}_\beta(x) \tag{8.4.35}$$

此时守恒流为

$$\begin{aligned}\boldsymbol{j}^{\mu}&=\frac{\partial l}{\partial\boldsymbol{\partial}_{\mu}\boldsymbol{\phi}_{\alpha}}\delta\boldsymbol{\phi}_{\alpha}+l\delta\boldsymbol{x}^{\mu}=\frac{\partial l}{\partial\boldsymbol{\partial}_{\mu}\boldsymbol{\phi}_{\alpha}}\frac{\boldsymbol{\varepsilon}_{\nu\lambda}}{2}[(\boldsymbol{x}^{\nu}\boldsymbol{\partial}^{\lambda}-\boldsymbol{x}^{\lambda}\boldsymbol{\partial}^{\nu})\boldsymbol{\delta}_{\alpha\beta}-\mathrm{i}\boldsymbol{S}_{\alpha\beta}^{\nu\lambda}]\boldsymbol{\phi}^{\beta}(x)+l\boldsymbol{\varepsilon}^{\mu\nu}\boldsymbol{x}_{\nu}\\&=\frac{\boldsymbol{\varepsilon}_{\nu\lambda}}{2}\left[\boldsymbol{x}^{\nu}\left(\frac{\partial l}{\partial\boldsymbol{\partial}_{\mu}\boldsymbol{\phi}_{\alpha}}\boldsymbol{\partial}^{\lambda}\boldsymbol{\phi}_{\alpha}-\boldsymbol{g}^{\mu\lambda}l\right)-\boldsymbol{x}^{\lambda}\left(\frac{\partial l}{\partial\boldsymbol{\partial}_{\mu}\boldsymbol{\phi}_{\alpha}}\boldsymbol{\partial}^{\nu}\boldsymbol{\phi}_{\alpha}-\boldsymbol{g}^{\mu\nu}l\right)-\mathrm{i}\frac{\partial l}{\partial\boldsymbol{\partial}_{\mu}\boldsymbol{\phi}_{\alpha}}\boldsymbol{S}_{\alpha\beta}^{\nu\lambda}\boldsymbol{\phi}_{\beta}\right]\\&=\frac{\boldsymbol{\varepsilon}_{\nu\lambda}}{2}\left(\boldsymbol{x}^{\nu}\boldsymbol{T}^{\mu\lambda}-\boldsymbol{x}^{\lambda}\boldsymbol{T}^{\mu\nu}-\mathrm{i}\frac{\partial l}{\partial\boldsymbol{\partial}_{\mu}\boldsymbol{\phi}_{\alpha}}\boldsymbol{S}_{\alpha\beta}^{\nu\lambda}\boldsymbol{\phi}_{\beta}\right)\end{aligned}\tag{8.4.36}$$

从而得到守恒的张量流和守恒荷分别为

$$\boldsymbol{M}^{\mu,\nu\lambda}=\boldsymbol{x}^{\nu}\boldsymbol{T}^{\mu\lambda}-\boldsymbol{x}^{\lambda}\boldsymbol{T}^{\mu\nu}-\mathrm{i}\frac{\partial l}{\partial\boldsymbol{\partial}_{\mu}\boldsymbol{\phi}_{\alpha}}\boldsymbol{S}_{\alpha\beta}^{\nu\lambda}\boldsymbol{\phi}_{\beta},\quad \boldsymbol{\partial}_{\mu}\boldsymbol{M}^{\mu,\nu\lambda}=\boldsymbol{0}\tag{8.4.37}$$

$$\boldsymbol{j}^{\nu\lambda}=\int M^{0,\nu\lambda}\mathrm{d}^3x=\int\left[\boldsymbol{x}^{\nu}T^{0\lambda}-\boldsymbol{x}^{\lambda}T^{0\nu}-\mathrm{i}\frac{\partial l}{\partial\dot{\boldsymbol{\phi}}_{\alpha}}\boldsymbol{S}_{\alpha\beta}^{\nu\lambda}\boldsymbol{\phi}_{\beta}\right]\mathrm{d}^3x\tag{8.4.38}$$

用 $\boldsymbol{j}^{ij}$ 代表三维动量，则有

$$\boldsymbol{j}^{ij}=\int\left[\boldsymbol{x}^{i}T^{0j}-\boldsymbol{x}^{j}T^{0i}-\mathrm{i}\frac{\partial l}{\partial\dot{\boldsymbol{\phi}}_{\alpha}(x)}\boldsymbol{S}_{\alpha\beta}^{ij}\boldsymbol{\phi}_{\beta}(x)\right]\mathrm{d}^3x\tag{8.4.39}$$

由于场的动量为

$$\boldsymbol{p}^{i}=\int T^{0i}\mathrm{d}^3x\tag{8.4.40}$$

三维角动量中，$\boldsymbol{L}^{ij}=\int(\boldsymbol{x}^{i}T^{0j}-\boldsymbol{x}^{j}T^{0i})\mathrm{d}^3x$ 就代表场的轨道角动量，因此 $\boldsymbol{S}^{ij}=-\mathrm{i}\int\frac{\partial l}{\partial\dot{\boldsymbol{\phi}}_{\alpha}}\boldsymbol{S}_{\alpha\beta}^{ij}\boldsymbol{\phi}_{\beta}\mathrm{d}^3x$ 代表场的自旋角动量算符。

8.5 标量场、旋量场与矢量场

8.5.1 标量场

描述自旋为 0 的场，称为**标量场**。根据是否有荷，标量场又分为实标量场和复标量场。$\phi^*=\phi$ 的中性粒子的场称为**实标量场**，而 $\phi^*\neq\phi$ 的带荷粒子的场称为**复标量场**。

自然单位制下，相对论的能量-动量关系为

$$E^2=\boldsymbol{p}^2+m^2\tag{8.5.1}$$

将物理量作为算符，进行如下代换：

$$E\to\mathrm{i}\frac{\partial}{\partial t},\quad \boldsymbol{p}\to-\mathrm{i}\nabla\tag{8.5.2}$$

可得克莱因-戈尔登方程

$$\left(\frac{\partial^2}{\partial t^2}-\nabla^2+m^2\right)\phi=0\tag{8.5.3}$$

采用四维矢量，克莱因-戈尔登方程可表示为

$$(\boldsymbol{\partial}^{\mu}\boldsymbol{\partial}_{\mu}+m^2)\phi=0\tag{8.5.4}$$

对照场的拉格朗日方程，克莱因-戈尔登方程所描述的实标量场的拉格朗日密度为

$$l_{\phi}=\frac{1}{2}\partial_{\mu}\phi\partial^{\mu}\phi-\frac{1}{2}m^{2}\phi^{2} \tag{8.5.5}$$

将实标量场的拉格朗日密度进行适当改造，就成为**复标量场的拉格朗日密度**：

$$l_{\phi^*}=\partial_{\mu}\phi^{*}\partial^{\mu}\phi-m^{2}\phi^{*}\phi \tag{8.5.6}$$

8.5.2　旋量场

描述自旋为 1/2 的费米子的场，称为**旋量场**，狄拉克首先给出了旋量场的相对论协变方程。狄拉克认为时间和空间在薛定谔方程中的地位应该是一样的，因此他将相对论能量、动量关系表述为

$$E^{2}-\boldsymbol{p}^{2}-m^{2}=(E+\sqrt{\boldsymbol{p}^{2}+m^{2}})(E-\sqrt{\boldsymbol{p}^{2}+m^{2}}) \tag{8.5.7}$$

然后用 $\boldsymbol{\alpha}\cdot\boldsymbol{p}+\beta m$ 代替 $\sqrt{\boldsymbol{p}^{2}+m^{2}}$，可得

$$E^{2}-\boldsymbol{p}^{2}-m^{2}=(E+\boldsymbol{\alpha}\cdot\boldsymbol{p}+\beta m)(E-\boldsymbol{\alpha}\cdot\boldsymbol{p}-\beta m) \tag{8.5.8}$$

最后，将后一个因子换成算符，最终得到狄拉克方程

$$\left(\mathrm{i}\frac{\partial}{\partial t}+\mathrm{i}\boldsymbol{\alpha}\cdot\nabla-\beta m\right)\Psi=0 \tag{8.5.9}$$

采用泡利矩阵，可将狄拉克方程中的 $\boldsymbol{\alpha}$、$\boldsymbol{\beta}$ 矩阵表示为

$$\boldsymbol{\alpha}=\begin{bmatrix}0 & \boldsymbol{\sigma}_i\\ \boldsymbol{\sigma}_i & 0\end{bmatrix},\boldsymbol{\beta}=\begin{bmatrix}\boldsymbol{I} & 0\\ 0 & -\boldsymbol{I}\end{bmatrix} \tag{8.5.10}$$

其中，$\boldsymbol{\sigma}_i$ 为泡利矩阵，$\boldsymbol{I}$ 为单位矩阵

$$\boldsymbol{\sigma}_1=\begin{bmatrix}0 & 1\\ 1 & 0\end{bmatrix},\quad \boldsymbol{\sigma}_2=\begin{bmatrix}0 & -\mathrm{i}\\ \mathrm{i} & 0\end{bmatrix},\quad \boldsymbol{\sigma}_3=\begin{bmatrix}1 & 0\\ 0 & -1\end{bmatrix},\quad \boldsymbol{I}=\begin{bmatrix}1 & 0\\ 0 & 1\end{bmatrix} \tag{8.5.11}$$

定义 $\boldsymbol{\gamma}$ 矩阵为

$$\gamma_0=\gamma^0=\beta,\quad \boldsymbol{\gamma}=\beta\boldsymbol{\alpha},\quad \boldsymbol{\gamma}^{\mu}=(\gamma^0,\boldsymbol{\gamma}),\quad \boldsymbol{\gamma}_{\mu}=\boldsymbol{g}_{\mu\nu}\boldsymbol{\gamma}^{\nu}=(\gamma_0,-\boldsymbol{\gamma}) \tag{8.5.12}$$

于是协变形式的狄拉克方程表示为

$$(\mathrm{i}\boldsymbol{\gamma}^{\mu}\partial_{\mu}-m)\Psi=0 \tag{8.5.13}$$

对照场的拉格朗日方程，狄拉克方程所描述的旋量场的拉格朗日密度为

$$l_{\Psi}=\bar{\Psi}(\mathrm{i}\boldsymbol{\gamma}^{\mu}\partial_{\mu}-m)\Psi \tag{8.5.14}$$

8.5.3　矢量场

描述自旋为 1 的场，称为**矢量场**，如电磁场。对于自由电磁场，电磁势的麦克斯韦方程转变为

$$\partial^{\nu}\partial_{\nu}\boldsymbol{A}^{\mu}-\partial^{\mu}\partial^{\nu}\partial_{\nu}\boldsymbol{A}^{\mu}=\boldsymbol{0} \tag{8.5.15}$$

对照场的拉格朗日方程，自由电磁场的拉格朗日密度为

$$l=-\frac{1}{4}\boldsymbol{F}_{\mu\nu}\boldsymbol{F}^{\mu\nu}=-\frac{1}{4}(\partial_{\mu}\boldsymbol{A}_{\nu}-\partial_{\nu}\boldsymbol{A}_{\mu})(\partial^{\mu}\boldsymbol{A}^{\nu}-\partial^{\nu}\boldsymbol{A}^{\mu}) \tag{8.5.16}$$

首先，分析库仑规范下的电磁场。库仑规范条件下

$$A_0=0,\quad \nabla\cdot\boldsymbol{A}=\boldsymbol{\partial}_i\boldsymbol{A}^i=0 \tag{8.5.17}$$

此时电磁场的拉格朗日密度为

$$\begin{aligned}l&=-\frac{1}{4}\boldsymbol{F}_{\mu\nu}\boldsymbol{F}^{\mu\nu}=-\frac{1}{2}\boldsymbol{\partial}_\mu\boldsymbol{A}_\nu\boldsymbol{\partial}^\mu\boldsymbol{A}^\nu+\frac{1}{2}\boldsymbol{\partial}_\mu\boldsymbol{A}_\nu\boldsymbol{\partial}^\nu\boldsymbol{A}^\mu\\&=-\frac{1}{2}\partial_0A_0\partial^0A^0-\frac{1}{2}\partial_0\boldsymbol{A}_i\partial^0\boldsymbol{A}^i-\frac{1}{2}\boldsymbol{\partial}_iA_0\boldsymbol{\partial}^iA^0-\frac{1}{2}\boldsymbol{\partial}_i\boldsymbol{A}_j\boldsymbol{\partial}^i\boldsymbol{A}^j+\\&\frac{1}{2}\partial_0A_0\partial^0A^0+\frac{1}{2}\partial_0\boldsymbol{A}_i\boldsymbol{\partial}^iA^0+\frac{1}{2}\boldsymbol{\partial}_iA_0\partial^0\boldsymbol{A}^i+\frac{1}{2}\boldsymbol{\partial}_i\boldsymbol{A}_j\boldsymbol{\partial}^j\boldsymbol{A}^i\end{aligned}$$

整理后有

$$l=-\frac{1}{2}\boldsymbol{\partial}_i\boldsymbol{A}_j\boldsymbol{\partial}^i\boldsymbol{A}^j-\frac{1}{2}\dot{\boldsymbol{A}}_i\dot{\boldsymbol{A}}^i \tag{8.5.18}$$

库仑规范下电磁场的能量-动量张量、能量、动量依次为

$$\begin{aligned}\boldsymbol{T}^{ij}&=\frac{\partial l}{\partial\boldsymbol{\partial}_i\boldsymbol{A}_k}\boldsymbol{\partial}^j\boldsymbol{A}_k-\boldsymbol{g}^{ij}l\\&=-\boldsymbol{\partial}^i\boldsymbol{A}^k\boldsymbol{\partial}^j\boldsymbol{A}_k+\frac{1}{2}\boldsymbol{g}^{ij}\left(\boldsymbol{\partial}_m\boldsymbol{A}_n\boldsymbol{\partial}^m\boldsymbol{A}^n+\boldsymbol{A}_n\cdot\dot{\boldsymbol{A}}^n\right)\\&=\partial^i\boldsymbol{A}\cdot\partial^j\boldsymbol{A}_k-\frac{1}{2}\boldsymbol{g}^{ij}\left(\nabla\boldsymbol{A}_n\cdot\nabla\boldsymbol{A}^n+\dot{\boldsymbol{A}}\cdot\dot{\boldsymbol{A}}\right)\end{aligned} \tag{8.5.19}$$

$$H=\int\left(\frac{\partial l}{\partial\dot{\boldsymbol{A}}^i}\dot{\boldsymbol{A}}^i-l\right)\mathrm{d}^3x=\frac{1}{2}\int(\dot{\boldsymbol{A}}^i\cdot\dot{\boldsymbol{A}}^i+\nabla\boldsymbol{A}^i\cdot\nabla\boldsymbol{A}^i)\mathrm{d}^3x \tag{8.5.20}$$

$$\boldsymbol{p}=-\int\frac{\partial l}{\partial\dot{\boldsymbol{A}}^i}\nabla\boldsymbol{A}^i\mathrm{d}^3x=-\int\dot{\boldsymbol{A}}^i\,\nabla\boldsymbol{A}^i\mathrm{d}^3x \tag{8.5.21}$$

其次,分析洛伦兹规范下的电磁场。洛伦兹规范条件为

$$\boldsymbol{\partial}_\mu\boldsymbol{A}^\mu=\boldsymbol{0} \tag{8.5.22}$$

此时电磁场的拉格朗日密度为

$$l=-\frac{1}{2}\boldsymbol{\partial}_\mu\boldsymbol{A}_\nu\boldsymbol{\partial}^\mu\boldsymbol{A}^\nu \tag{8.5.23}$$

类似地,可以得到洛伦兹规范下的能量-动量张量、能量和动量分别为

$$\boldsymbol{T}^{\mu\nu}=\frac{\partial l}{\partial\boldsymbol{\partial}_\mu\boldsymbol{A}_\alpha}\boldsymbol{\partial}^\nu\boldsymbol{A}_\alpha-\boldsymbol{g}^{\mu\nu}l=-\boldsymbol{\partial}^\mu\boldsymbol{A}^\alpha\boldsymbol{\partial}^\nu\boldsymbol{A}_\alpha+\frac{1}{2}\boldsymbol{g}^{\mu\nu}\boldsymbol{\partial}_\beta\boldsymbol{A}_\alpha\boldsymbol{\partial}^\beta\boldsymbol{A}^\alpha \tag{8.5.24}$$

$$\begin{aligned}H&=\int\left(\frac{\partial l}{\partial\dot{\boldsymbol{A}}_\alpha}\dot{\boldsymbol{A}}_\alpha-l\right)\mathrm{d}^3x=\int\left(-\dot{\boldsymbol{A}}_\alpha\dot{\boldsymbol{A}}^\alpha+\frac{1}{2}\boldsymbol{\partial}_\mu\boldsymbol{A}_\alpha\boldsymbol{\partial}^\mu\boldsymbol{A}^\alpha\right)\mathrm{d}^3x\\&=-\frac{1}{2}\int(\dot{\boldsymbol{A}}^\mu\dot{\boldsymbol{A}}_\mu+\nabla\boldsymbol{A}^\mu\cdot\nabla\boldsymbol{A}_\mu)\mathrm{d}^3x\end{aligned} \tag{8.5.25}$$

$$\boldsymbol{p}=-\int\frac{\partial l}{\partial\dot{\boldsymbol{A}}_\alpha}\nabla\boldsymbol{A}_\alpha\mathrm{d}^3x=\int\boldsymbol{A}^\mu\,\nabla\boldsymbol{A}_\mu\mathrm{d}^3x \tag{8.5.26}$$

无穷小洛伦兹变换下 $\boldsymbol{a}^{\mu\nu}=\boldsymbol{g}^{\mu\nu}+\boldsymbol{\varepsilon}^{\mu\nu}$,此时时空变换为 $\boldsymbol{x}^\mu\rightarrow\boldsymbol{x}'^\mu=\boldsymbol{x}^\mu+\boldsymbol{\varepsilon}^{\mu\nu}\boldsymbol{x}_\nu$,$\delta\boldsymbol{x}^\mu=\boldsymbol{\varepsilon}^{\mu\nu}\boldsymbol{x}_\nu$,场量的变换也是无穷小量,设场量的变换为

$$\boldsymbol{A}_\mu(x)\rightarrow\boldsymbol{A}'_\mu(x')=\boldsymbol{\Lambda}_{\mu\nu}\boldsymbol{A}^\nu(x) \tag{8.5.27}$$

$$\boldsymbol{\Lambda}_{\mu\nu}=\boldsymbol{g}_{\mu\nu}-\frac{\mathrm{i}}{2}\boldsymbol{\varepsilon}^{\alpha\beta}\boldsymbol{S}_{\alpha\beta,\mu\nu} \tag{8.5.28}$$

进而可得

$$\boldsymbol{\Lambda}_{\mu\nu}=\boldsymbol{a}_{\mu\nu} \tag{8.5.29}$$

$$\boldsymbol{\varepsilon}_{\mu\nu}=-\frac{\mathrm{i}}{2}\boldsymbol{\varepsilon}^{\alpha\beta}\boldsymbol{S}_{\alpha\beta,\mu\nu} \tag{8.5.30}$$

这就是电磁场自旋算符 $\boldsymbol{S}_{\alpha\beta,\mu\nu}$ 应满足的方程,其解为

$$\boldsymbol{S}_{\alpha\beta,\mu\nu}=-\mathrm{i}(\boldsymbol{g}_{\alpha\nu}\boldsymbol{g}_{\beta\mu}-\boldsymbol{g}_{\alpha\mu}\boldsymbol{g}_{\beta\nu}) \tag{8.5.31}$$

将 $\boldsymbol{S}_{\alpha\beta}$ 看作矩阵,μ、ν 为行和列的指标,则矩阵形式的自旋算符为

$$\begin{cases}\boldsymbol{S}_{01}=\begin{bmatrix}0&-\mathrm{i}&0&0\\ \mathrm{i}&0&0&0\\0&0&0&0\\0&0&0&0\end{bmatrix},\quad \boldsymbol{S}_{02}=\begin{bmatrix}0&0&-\mathrm{i}&0\\0&0&0&0\\ \mathrm{i}&0&0&0\\0&0&0&0\end{bmatrix},\quad \boldsymbol{S}_{03}=\begin{bmatrix}0&0&0&-\mathrm{i}\\0&0&0&0\\0&0&0&0\\ \mathrm{i}&0&0&0\end{bmatrix}\\ \boldsymbol{S}_{12}=\begin{bmatrix}0&0&0&0\\0&0&\mathrm{i}&0\\0&-\mathrm{i}&0&0\\0&0&0&0\end{bmatrix},\quad \boldsymbol{S}_{23}=\begin{bmatrix}0&0&0&0\\0&0&0&0\\0&0&0&\mathrm{i}\\0&0&-\mathrm{i}&0\end{bmatrix},\quad \boldsymbol{S}_{31}=\begin{bmatrix}0&0&0&0\\0&0&0&-\mathrm{i}\\0&0&0&0\\0&0&\mathrm{i}&0\end{bmatrix}\end{cases} \tag{8.5.32}$$

$\boldsymbol{S}_{12}$、$\boldsymbol{S}_{23}$、$\boldsymbol{S}_{31}$ 是空间的自旋算符,写成三阶矩阵的形式,有

$$\boldsymbol{s}_1=\begin{bmatrix}0&0&0\\0&0&\mathrm{i}\\0&-\mathrm{i}&0\end{bmatrix},\quad \boldsymbol{s}_2=\begin{bmatrix}0&0&-\mathrm{i}\\0&0&0\\ \mathrm{i}&0&0\end{bmatrix},\quad \boldsymbol{s}_3=\begin{bmatrix}0&\mathrm{i}&0\\-\mathrm{i}&0&0\\0&0&0\end{bmatrix} \tag{8.5.33}$$

则

$$\boldsymbol{s}^2=(\boldsymbol{s}_1)^2+(\boldsymbol{s}_2)^2+(\boldsymbol{s}_3)^2=2=1\times(1+1) \tag{8.5.34}$$

这表明电磁场的场粒子是自旋为 1 的光子。

8.6 规范变换与规范场

8.6.1 第一类规范变换(整体规范变换)

对于标量场,如果进行如下变换

$$\phi\rightarrow\phi'=\mathrm{e}^{\mathrm{i}\gamma}\phi \tag{8.6.1}$$

其中,γ 为实数。如果 γ 是与坐标无关的常数,则该变换只是把场的相位改变了一个常数,这种变换称为**整体规范变换**或**第一类规范变换**。

规范不变性要求场方程在规范变换下形式不变,这就意味着场的拉格朗日密度应具有规范不变性。对于整体规范变换,有

$$\delta\phi=\mathrm{i}\gamma\phi,\quad \delta\phi^{\dagger}=-\mathrm{i}\gamma\phi^{\dagger},\quad \delta\boldsymbol{\partial}_{\mu}\phi=\mathrm{i}\gamma\boldsymbol{\partial}_{\mu}\phi,\quad \delta\boldsymbol{\partial}_{\mu}\phi^{\dagger}=-\mathrm{i}\gamma\boldsymbol{\partial}_{\mu}\phi^{\dagger} \tag{8.6.2}$$

根据变分原理,有

$$\delta l=\mathrm{i}\gamma\left(\frac{\partial l}{\partial\phi}\phi-\phi^{\dagger}\frac{\partial l}{\partial\phi^{\dagger}}+\frac{\partial l}{\partial\boldsymbol{\partial}_{\mu}\phi}\boldsymbol{\partial}_{\mu}\phi-\boldsymbol{\partial}_{\mu}\phi^{\dagger}\frac{\partial l}{\partial\boldsymbol{\partial}_{\mu}\phi^{\dagger}}\right)$$

$$=\mathrm{i}\gamma\boldsymbol{\partial}_{\mu}\left(\frac{\partial l}{\partial\boldsymbol{\partial}_{\mu}\phi}\phi-\phi^{\dagger}\frac{\partial l}{\partial\boldsymbol{\partial}_{\mu}\phi^{\dagger}}\right)=0 \tag{8.6.3}$$

可得连续性方程

$$\boldsymbol{\partial}_{\mu}\boldsymbol{j}^{\mu}=\mathbf{0} \tag{8.6.4}$$

其中，$\boldsymbol{j}^{\mu}=\frac{Q}{\mathrm{i}}\left(\frac{\partial l}{\partial\boldsymbol{\partial}_{\mu}\phi}\phi-\phi^{\dagger}\frac{\partial l}{\partial\boldsymbol{\partial}_{\mu}\phi^{\dagger}}\right)$，$Q$ 为实参数，代表守恒荷。引入单位虚数 i 是为了使 $\boldsymbol{j}^{\mu}$ 为厄米算符。

8.6.2 第二类规范变换（定域规范变换）

若 γ 为时空坐标的实函数，则进行 $\phi\rightarrow\phi'=\mathrm{e}^{\mathrm{i}\gamma(x)}\phi$ 的规范变换后，场在各点的相对相位发生变化，这种变换称为**定域规范变换**，或**第二类规范变换**。自然界是如此的和谐，拉格朗日密度无论在整体规范变换还是定域规范变换下都应该保持不变。

不过，定域规范变换进一步限定了拉格朗日密度的形式。考虑到

$$\boldsymbol{\partial}_{\mu}(\mathrm{e}^{\mathrm{i}\gamma(x)}\phi)=\mathrm{e}^{\mathrm{i}\gamma(x)}(\boldsymbol{\partial}_{\mu}+\mathrm{i}\boldsymbol{\partial}_{\mu}\gamma)\phi \tag{8.6.5}$$

因此，要保证在第二类规范变化下拉格朗日密度的形式不变，微分算符就要进行以下代换：

$$\boldsymbol{\partial}_{\mu}\rightarrow\boldsymbol{D}_{\mu}=\boldsymbol{\partial}_{\mu}+\mathrm{i}Q\boldsymbol{A}_{\mu} \tag{8.6.6}$$

其中，$\boldsymbol{A}_{\mu}$ 为某种场，Q 为常数。引入虚数单位 i，使得 Q 与 $\boldsymbol{A}_{\mu}$ 为实数。上述定义的微商称为**协变微商**，或 ***D*** **微商**，它要求 $\boldsymbol{A}_{\mu}$ 与 ϕ 协同变换。如果要求

$$\begin{cases}\boldsymbol{D}_{\mu}\rightarrow\boldsymbol{D}'_{\mu}=\boldsymbol{\partial}_{\mu}+\mathrm{i}Q\boldsymbol{A}'_{\mu}\\ \boldsymbol{A}_{\mu}\rightarrow\boldsymbol{A}'_{\mu}=\boldsymbol{A}_{\mu}-\frac{1}{Q}\boldsymbol{\partial}_{\mu}\gamma\end{cases} \tag{8.6.7}$$

就有

$$\boldsymbol{D}_{\mu}\phi\rightarrow(\boldsymbol{D}_{\mu}\phi)'=\boldsymbol{D}'_{\mu}\phi'=\mathrm{e}^{\mathrm{i}\gamma}\boldsymbol{D}_{\mu}\phi \tag{8.6.8}$$

那么场做规范变换的时候 $\boldsymbol{A}_{\mu}$ 也做相应的变换，这样就能保证拉格朗日密度及场 ϕ 的方程形式保持不变，即满足协变性要求。引入协变微商后，就能使拉格朗日密度和场的方程的形式不变。

8.7 麦克斯韦场及其规范条件

根据规范不变性原理，如果场具有定域规范不变性，场的方程在第二类规范变换下形式保持不变 $\phi\rightarrow\phi'=\mathrm{e}^{\mathrm{i}\gamma(x)}\phi$，那么必定存在一种与它耦合的规范场。

电磁理论中，$\boldsymbol{E}$ 和 $\boldsymbol{B}$ 是基本物理量，由 $\boldsymbol{E}$ 和 $\boldsymbol{B}$ 构成的电磁场张量 $\boldsymbol{F}_{\mu\nu}$ 也是基本物理量，但电磁势 $\boldsymbol{A}_{\mu}$ 却不是基本物理量，具有如下规范变换所容许的任意性：

$$\boldsymbol{A}_{\mu}(x)\rightarrow\boldsymbol{A}'_{\mu}(x)=\boldsymbol{A}_{\mu}(x)+\boldsymbol{\partial}_{\mu}\varphi(x) \tag{8.7.1}$$

其中，$\varphi(x)\propto\gamma(x)$ 是任意势函数，这一变换称为**场 $\boldsymbol{A}_{\mu}(x)$ 的规范变换**，规范变换下不变的性质称为**规范不变性**。电磁场的规范不变性，给电磁势的选择带来便捷。经常使用的规范包

括库仑规范和洛伦兹规范两种。

由于第二类变换是简单的相位变换，而相位变换是在一维复空间保持矢量长度不变的幺正变换，记作 U(1)变换，这样引入的场 $\boldsymbol{A}_\mu(x)$ 称为 U(1)**规范场**。由于 U(1)变换的生成算符可以相互对易，因此 U(1)变换属于阿贝尔群，U(1)规范场也称为**阿贝尔规范场**。

由于第二类规范变换的限制，场量 $\boldsymbol{A}_\mu(x)$ 只能以反对称张量的形式出现在场的拉格朗日密度中：

$$\boldsymbol{F}^{\mu\nu}=\boldsymbol{\partial}^\mu\boldsymbol{A}^\nu-\boldsymbol{\partial}^\nu\boldsymbol{A}^\mu \tag{8.7.2}$$

考虑到拉格朗日密度是标量，在洛伦兹变换下保持不变，于是最简单的拉格朗日密度模型为

$$l=-\frac{1}{4}\boldsymbol{F}_{\mu\nu}\boldsymbol{F}^{\mu\nu}=-\frac{1}{4}(\boldsymbol{\partial}_\mu\boldsymbol{A}_\nu-\boldsymbol{\partial}_\nu\boldsymbol{A}_\mu)(\boldsymbol{\partial}^\mu\boldsymbol{A}^\nu-\boldsymbol{\partial}^\nu\boldsymbol{A}^\mu) \tag{8.7.3}$$

将拉格朗日密度代入场方程，可得到

$$\frac{\partial l}{\partial \boldsymbol{A}_\mu}-\boldsymbol{\partial}_\mu\frac{\partial l}{\partial \boldsymbol{\partial}_\mu\boldsymbol{A}_\nu}=\boldsymbol{\partial}_\mu\boldsymbol{F}^{\mu\nu}=\boldsymbol{0} \tag{8.7.4}$$

由 $\boldsymbol{F}^{\mu\nu}$ 的定义还可以得到

$$\boldsymbol{\partial}_\lambda\boldsymbol{F}_{\mu\nu}+\boldsymbol{\partial}_\mu\boldsymbol{F}_{\nu\gamma}+\boldsymbol{\partial}_\nu\boldsymbol{F}_{\lambda\mu}=\boldsymbol{0} \tag{8.7.5}$$

上述两式是场量 $\boldsymbol{F}^{\mu\nu}$ 满足的具有协变形式的麦克斯韦方程。

根据拉格朗日密度，可以得到

$$\frac{\partial l}{\partial \boldsymbol{A}_\lambda}=0 \tag{8.7.6}$$

$$\begin{aligned}\frac{\partial l}{\partial \boldsymbol{\partial}_\rho\boldsymbol{A}_\lambda}&=-\frac{1}{2}\left[\frac{\partial}{\partial \boldsymbol{\partial}_\rho\boldsymbol{A}_\lambda}(\boldsymbol{\partial}_\mu\boldsymbol{A}_\nu-\boldsymbol{\partial}_\nu\boldsymbol{A}_\mu)\right](\boldsymbol{\partial}^\mu\boldsymbol{A}^\nu-\boldsymbol{\partial}^\nu\boldsymbol{A}^\mu)\\&=-(\boldsymbol{\partial}^\rho\boldsymbol{A}^\lambda-\boldsymbol{\partial}^\lambda\boldsymbol{A}^\rho)\end{aligned} \tag{8.7.7}$$

将以上两式代入场的拉格朗日方程，可得麦克斯韦方程组的相对论协变形式：

$$\boldsymbol{\partial}^\nu\boldsymbol{\partial}_\nu\boldsymbol{A}^\mu-\boldsymbol{\partial}^\mu\boldsymbol{\partial}_\nu\boldsymbol{A}^\nu=\boldsymbol{0} \tag{8.7.8}$$

8.8　量子场论

8.8.1　自由场的正则量子化

拉格朗日力学中广义坐标、广义动量及拉格朗日函数都只是时间的函数，而某点处的场量、场量导数和拉格朗日密度不仅是时间的函数，还是空间坐标的函数，只有先将上述场的相关函数对空间积分后才能得到仅关于时间的场函数，于是有

$$\begin{cases}\int_{\Delta V}\boldsymbol{\phi}(x)\mathrm{d}^3x=\Delta V\boldsymbol{\phi}(t)\\ \int_{\Delta V}\dot{\boldsymbol{\phi}}(x)\mathrm{d}^3x=\Delta V\dot{\boldsymbol{\phi}}(t)\\ \int_{\Delta V}l[\boldsymbol{\phi}(x),\boldsymbol{\partial}_\mu\boldsymbol{\phi}(x)]\mathrm{d}^3x=\Delta Vl(t)\\ L(t)=\int l(x)\mathrm{d}^3x\\ \boldsymbol{p}=\dfrac{\partial L}{\partial\dot{\boldsymbol{\phi}}(x)}\Delta V=\int\boldsymbol{\pi}(x)\mathrm{d}^3x\\ H=\sum\boldsymbol{p}\dot{\boldsymbol{\phi}}-L=\int(\boldsymbol{\pi}\dot{\boldsymbol{\phi}}-l)\mathrm{d}^3x\end{cases}\tag{8.8.1}$$

所谓正则量子化，就是将正则坐标、正则动量作为算符处理的过程。首先将拉格朗日场论中的场量、场量对时间的导数、拉格朗日密度改写成哈密顿量的形式：

$$\boldsymbol{\phi}(x),\quad \boldsymbol{\pi}(x)=\frac{\partial l}{\partial\dot{\boldsymbol{\phi}}},\quad h=\boldsymbol{\pi}\dot{\boldsymbol{\phi}}-l,\quad H=\int(\boldsymbol{\pi}\dot{\boldsymbol{\phi}}-l)\mathrm{d}^3x\tag{8.8.2}$$

然后，将 $\boldsymbol{\phi}(x)$、$\boldsymbol{\pi}(x)$作为算符对待，得到如下对易关系和运动方程：

$$\begin{cases}[\boldsymbol{\phi}(\boldsymbol{x},t),\boldsymbol{\pi}(\boldsymbol{x}',t)]=\mathrm{i}\boldsymbol{\delta}^3(\boldsymbol{x}-\boldsymbol{x}')\\ [\boldsymbol{\phi}(\boldsymbol{x},t),\boldsymbol{\phi}(\boldsymbol{x}',t)]=\boldsymbol{0}\\ [\boldsymbol{\pi}(\boldsymbol{x},t),\boldsymbol{\pi}(\boldsymbol{x}',t)]=\boldsymbol{0}\\ \dot{\boldsymbol{\phi}}(x)=\mathrm{i}[H,\boldsymbol{\phi}(x)]\\ \dot{\boldsymbol{\pi}}(x)=\mathrm{i}[H,\boldsymbol{\pi}(x)]\end{cases}\tag{8.8.3}$$

8.8.2 库仑规范下电磁场的量子化

库仑规范下，$A_0=0$、$\nabla\cdot\boldsymbol{A}=0$，电磁场的拉格朗日密度为

$$l=-\frac{1}{2}\boldsymbol{\partial}_i\boldsymbol{A}_k\boldsymbol{\partial}^i\boldsymbol{A}^k-\frac{1}{2}\dot{\boldsymbol{A}}_i\dot{\boldsymbol{A}}^i\tag{8.8.4}$$

则正则坐标为 $\boldsymbol{A}^i$，正则动量为

$$\boldsymbol{\pi}_i=\frac{\partial l}{\partial\dot{\boldsymbol{A}}^i}=-\dot{\boldsymbol{A}}_i=\dot{\boldsymbol{A}}^i\tag{8.8.5}$$

于是电磁场的能量、动量和守恒荷分别为

$$H=\frac{1}{2}\int(\dot{\boldsymbol{A}}\cdot\dot{\boldsymbol{A}}+\nabla\boldsymbol{A}^i\cdot\nabla\boldsymbol{A}^i)\mathrm{d}^3x=\int(\boldsymbol{\pi}_i\dot{\boldsymbol{A}}^i-l)\mathrm{d}^3x\tag{8.8.6}$$

$$\boldsymbol{p}=-\int\dot{\boldsymbol{A}}^i\ \nabla\boldsymbol{A}^i\mathrm{d}^3x=-\int(\boldsymbol{\pi}_i\ \nabla\boldsymbol{A}^i)\mathrm{d}^3x\tag{8.8.7}$$

$$Q=0\tag{8.8.8}$$

因为规范条件 $\boldsymbol{\partial}_i\boldsymbol{A}^i=\boldsymbol{0}$ 的限制，三对正则坐标 $\boldsymbol{A}^i$、正则动量 $\dot{\boldsymbol{A}}^i$ 只有两对是独立的，因此不能直接进行正则量子化，需将它们按两对独立的正则变量展开：

$$\begin{cases} \boldsymbol{A}^i(\boldsymbol{x},t) = \sum_{k\lambda} q_{k\lambda}(t)\boldsymbol{\varepsilon}^i(k,\lambda)\dfrac{\mathrm{e}^{\mathrm{i}\boldsymbol{k}\cdot\boldsymbol{x}}}{\sqrt{V}} \\ \boldsymbol{\pi}_i(\boldsymbol{x},t) = \dot{\boldsymbol{A}}^i(\boldsymbol{x},t) = \sum_{k\lambda} p_{k\lambda}(t)\boldsymbol{\varepsilon}^i(k,\lambda)\dfrac{\mathrm{e}^{-\mathrm{i}\boldsymbol{k}\cdot\boldsymbol{x}}}{\sqrt{V}} \end{cases} \tag{8.8.9}$$

其中，展开系数 $q_{k\lambda}(t)$、$p_{k\lambda}(t)$ 就是两对独立的正则坐标，满足对易关系

$$\begin{cases} [q_{k\lambda}(t), p_{k'\lambda'}(t)] = \mathrm{i}\delta_{kk'}\delta_{\lambda\lambda'} \\ [q_{k\lambda}(t), q_{k'\lambda'}(t)] = 0 \\ [p_{k\lambda}(t), p_{k'\lambda'}(t)] = 0 \end{cases} \tag{8.8.10}$$

容易验证，正则坐标和正则动量作为算符，满足哈密顿运动方程

$$\dot{\boldsymbol{A}}^i = \mathrm{i}[H, \boldsymbol{A}^i], \quad \ddot{\boldsymbol{A}}^i = \mathrm{i}[H, \dot{\boldsymbol{A}}^i] \tag{8.8.11}$$

场算符满足的波动方程为

$$\left(\frac{\partial^2}{\partial t^2} - \nabla^2\right)\boldsymbol{A}^i(\boldsymbol{x},t) = \boldsymbol{0}, \quad \boldsymbol{\partial}^\mu\boldsymbol{\partial}_\mu\boldsymbol{A} = \boldsymbol{0} \tag{8.8.12}$$

上述线性齐次方程的平面波解为

$$A(x) = \sum_{k\lambda}\frac{\boldsymbol{\varepsilon}(k,\lambda)}{\sqrt{2V\omega}}[a(k,\lambda)\mathrm{e}^{-\mathrm{i}\boldsymbol{k}\cdot\boldsymbol{x}} + a^\dagger(k,\lambda)\mathrm{e}^{\mathrm{i}\boldsymbol{k}\cdot\boldsymbol{x}}] \tag{8.8.13}$$

其中，展开系数 $a(k,\lambda)$ 与 $a^\dagger(k,\lambda)$ 为一定极化状态下动量空间的场算符，引入平面波因子 $f_k(x) = \dfrac{\mathrm{e}^{-\mathrm{i}\boldsymbol{k}\cdot\boldsymbol{x}}}{\sqrt{2V\omega}}$，将正则坐标和正则动量改写为

$$\begin{cases} \boldsymbol{A}(x) = \sum_{k\lambda}\boldsymbol{\varepsilon}(k,\lambda)[a(k,\lambda)f_k(x) + a^\dagger(k,\lambda)f_k^*(x)] \\ \dot{\boldsymbol{A}}(x) = \sum_{k\lambda}\boldsymbol{\varepsilon}(k,\lambda)[a(k,\lambda)\dot{f}_k(x) + a^\dagger(k,\lambda)\dot{f}_k^*(x)] \end{cases} \tag{8.8.14}$$

其中，$a(k,\lambda)$ 与 $a^\dagger(k,\lambda)$ 满足对易关系

$$\begin{cases} [a(k,\lambda), a^\dagger(k',\lambda')] = \delta_{kk'}\delta_{\lambda\lambda'} \\ [a(k,\lambda), a(k',\lambda')] = 0 \\ [a^\dagger(k,\lambda), a^\dagger(k',\lambda')] = 0 \end{cases} \tag{8.8.15}$$

电磁场能量与动量可表示成

$$\begin{cases} H = \sum_{k\lambda}\omega\left[a^\dagger(k,\lambda)a(k,\lambda) + \dfrac{1}{2}\right] \\ \boldsymbol{p} = \sum_{k\lambda}\boldsymbol{k}a^\dagger(k,\lambda)a(k,\lambda) \end{cases} \tag{8.8.16}$$

可见，电磁场实现了量子化，其中，$a^\dagger(k,\lambda)$、$a(k,\lambda)$ 与 $N(k,\lambda) = a^\dagger(k,\lambda)a(k,\lambda)$ 分别表示光子的产生、消灭和粒子数算符。

8.8.3 洛伦兹规范下电磁场的量子化

洛伦兹变换下 $\boldsymbol{\partial}_\mu\boldsymbol{A}^\mu = \boldsymbol{0}$，拉格朗日密度为

$$l = -\frac{1}{2}\dot{\boldsymbol{A}}_\nu\dot{\boldsymbol{A}}^\nu + \frac{1}{2}\nabla\boldsymbol{A}_\nu\cdot\nabla\boldsymbol{A}^\nu \tag{8.8.17}$$

正则坐标为 $\boldsymbol{A}^\mu$，正则动量为

$$\boldsymbol{\pi}_\mu(x)=\frac{\partial l}{\partial \dot{\boldsymbol{A}}^\mu}=-\dot{\boldsymbol{A}}_\mu \tag{8.8.18}$$

则场的能量、动量分别为

$$\begin{cases} H=\int(\boldsymbol{\pi}^\mu\dot{\boldsymbol{A}}_\mu-l)\mathrm{d}^3x \\ \boldsymbol{p}=-\int\boldsymbol{\pi}^\mu\ \nabla\boldsymbol{A}_\mu\mathrm{d}^3x \end{cases} \tag{8.8.19}$$

正则坐标 $\boldsymbol{A}_\mu$ 和正则动量 $\boldsymbol{\pi}_\mu$ 为算符，满足对易关系

$$\begin{cases} [\boldsymbol{A}_\mu(\boldsymbol{x},t),\dot{\boldsymbol{A}}_\nu(\boldsymbol{x}',t)]=-\mathrm{i}\boldsymbol{g}_{\mu\nu}\boldsymbol{\delta}^3(\boldsymbol{x}-\boldsymbol{x}') \\ [\boldsymbol{A}_\mu(\boldsymbol{x},t),\boldsymbol{A}_\nu(\boldsymbol{x}',t)]=\boldsymbol{0} \\ [\dot{\boldsymbol{A}}_\mu(\boldsymbol{x},t),\dot{\boldsymbol{A}}_\nu(\boldsymbol{x}',t)]=\boldsymbol{0} \end{cases} \tag{8.8.20}$$

哈密顿运动方程为

$$\dot{\boldsymbol{A}}_\mu=\mathrm{i}[H,\boldsymbol{A}_\mu],\quad \ddot{\boldsymbol{A}}_\mu=\mathrm{i}[H,\dot{\boldsymbol{A}}_\mu] \tag{8.8.21}$$

进而可以得到四维电磁势的波动方程

$$\boldsymbol{\partial}_\mu\boldsymbol{\partial}^\mu\boldsymbol{A}_\nu=\boldsymbol{0} \tag{8.8.22}$$

电磁势波动方程的平面波解为

$$\boldsymbol{A}_\mu(x)=\sum_{k\lambda}\frac{\boldsymbol{e}_\mu(k,\lambda)}{\sqrt{2V\omega}}[a(k,\lambda)\mathrm{e}^{-\mathrm{i}\boldsymbol{k}\cdot\boldsymbol{x}}+\bar{a}(k,\lambda)\mathrm{e}^{\mathrm{i}\boldsymbol{k}\cdot\boldsymbol{x}}] \tag{8.8.23}$$

引入平面波因子，有

$$\begin{cases} \boldsymbol{A}_\mu(x)=\sum_{k\lambda}\boldsymbol{e}_\mu(k,\lambda)[a(k,\lambda)f_k(x)+\bar{a}(k,\lambda)f_k^*(x)] \\ \dot{\boldsymbol{A}}_\mu(x)=\sum_{k\lambda}\boldsymbol{e}_\mu(k,\lambda)[a(k,\lambda)\dot{f}_k(x)+\bar{a}(k,\lambda)\dot{f}_k^*(x)] \end{cases} \tag{8.8.24}$$

其中，展开系数 $a(k,\lambda)$ 和 $\bar{a}(k,\lambda)$ 为电磁场的动量和极化函数算符，满足对易关系：

$$\begin{cases} [a(k,\lambda),\bar{a}(k',\lambda')]=\delta_{kk'}\delta_{\lambda\lambda'} \\ [a(k,\lambda),a(k',\lambda')]=0 \\ [\bar{a}(k,\lambda),\bar{a}(k',\lambda')]=0 \end{cases} \tag{8.8.25}$$

则能量、动量可表示成

$$\begin{cases} H=\sum_{k\lambda}\omega\left[\bar{a}(k,\lambda)a(k,\lambda)+\frac{1}{2}\right] \\ \boldsymbol{p}=\sum_{k\lambda}\boldsymbol{k}\bar{a}(k,\lambda)a(k,\lambda) \end{cases} \tag{8.8.26}$$

可见，电磁场实现了量子化，其中，$a^\dagger(k,\lambda)$、$a(k,\lambda)$、$N(k,\lambda)=\bar{a}(k,\lambda)a(k,\lambda)$ 分别表示光子的产生、消灭和粒子数算符。

阅读材料

四大力的统一

物理学家所追求的正如薛定谔在《生命是什么》的书中所说："我们从祖先那里继承了对于统一的、无所不包的知识的强烈渴望，最高学府（university）这个名称使我们想起了从古至今多少世纪以来，只有普遍性才是唯一地享有盛誉的。"假如存在这样的一个理论，它可以统一四大相互作用力（电磁力、引力、强力和弱力），该理论可以解释现有物理学所有的力。统一理论认为这四大相互作用力并不是独立的，而是"原力"在不同条件下的表现形式。统一理论是全世界的科学家追寻的终极理论，无数科学家都希望能够找到一个可以解释整个宇宙运行的基本理论，而不是目前已获得的只能解释宇宙一部分的理论（牛顿力学、量子力学和相对论）！从大学生的学习本身讲起就是学生可以不再学习那么多学科（力学、声学、热学、光学和电学），而是可以从统一场理论出发然后延伸分化出具体的物理内容。只要将统一场理论学习明白，它就可以解释所有的事物。

早期实现的普遍性理论为简洁的牛顿三定律和万有引力定律，为大部分的宏观低速现象给出定量解释；第二个普遍性理论为麦克斯韦方程组，统一了电现象和磁现象。随着研究的深入，科学家将迄今所知的各种物理现象所涉及的各种力归结为四种基本相互作用，即引力相互作用、电磁相互作用、弱相互作用和强相互作用。图 8－1 为引力相互作用、电磁相互作用、弱相互作用和强相互作用的示意图。

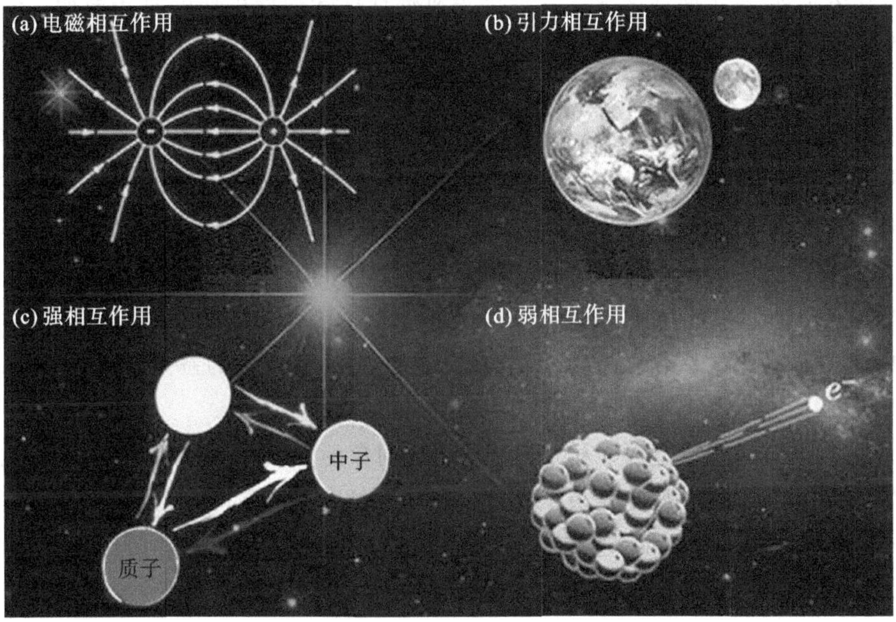

图 8－1　四种基本相互作用的示意图

引力相互作用指两个具有质量或能量的物体之间的相互作用，表现为吸引力。引力是最为人熟知的一种基本作用力，但也是最难解释的一种。虽然引力能够将行星、恒星、太阳系，甚至星系维系在一起，但它实际上是最弱的一种基本力，在分子和原子尺度上尤其微弱，引力为长程力。电磁力是带电粒子与电磁场的相互作用以及带电粒子之间通过电磁场传递的相互作用。日常生活中众多现象都与电磁力有关，如摩擦力、弹力、普通的力以及让固体保持一定形状的力等。这些现象能够发生，是电磁力之间的相互作用所导致的。例如，一本书能稳稳地放在桌面上，而不会在重力作用下透过桌面掉到地上，是因为桌子原子中的电子会与书本原子中的电子相互排斥。电磁力和引力一样为长程力。强相互作用是自然界四种基本相互作用中最强的一种。强相互作用是为了解释为什么一个原子核中那么多质子和中子能够待在一个很小的区域内，而质子之间的静电相互作用表现为斥力。强相互作用就像用胶水把这些核子粘在一起。强相互作用力为短程力，其作用范围约为 10^{-15} m。目前实验中已发现了几百种有强相互作用的粒子，这些粒子统称为强子。弱相互作用与衰变有关，是一个需要长时间才能表现出效果的作用。它的作用力范围是最短的。弱相互作用力在核聚变反应中发挥着至关重要的作用。弱相互作用力和强相互作用力一样为短程力，其作用范围约为 10^{-16} m。

科学家推测宇宙大爆炸之后，四大作用力是统一的，即只有一种某个形式的相互作用，所以一定存在一个理论可以描述这四种力。首先弱相互作用和电磁相互作用在理论上完成了统一，其理论基础是杨-米尔斯场。然后，粒子物理标准模型成功统一了弱相互作用、电磁相互作用和强相互作用。电弱统一理论和描述强相互作用的量子色动力学(QCD)都是用杨-米尔斯理论框架描述的，即杨-米尔斯理论统一了除引力外的其他三种力。

那么什么是杨-米尔斯理论呢？该理论是对称性反映物理规律的真实写照。物理学家在对自然规律的研究中发现，大自然普遍存在着对称性。从宏观上看动物都具有对称性的五官和肢体。在物理学中，“对称性”是指物理规律在某种变化下的不变性或守恒性，即对称性与守恒定律相联系。例如，与空间平移不变性对应的是动量守恒定律；与时间平移不变性对应的是能量守恒定律；与转动变换不变性对应的是角动量守恒定律。因此，对称性为我们研究宇宙的基本规律提供了重要线索。当前的物理研究路径已有相当一部分从早期的“实验-理论-对称性”转变为“对称性-理论-实验验证”，即首先通过观察分析找到对称性，然后建立新的具有这种对称性的理论，最后通过实验数据来验证该理论是否正确。对称性从原来理论的结论变成了新理论的开端，实验则从原来的归纳理论的基础变成了验证理论的工具。

杨-米尔斯理论的建立是以强相互作用为研究对象的，强相互作用具有同位旋空间下的旋转不变性，这种旋转不变性是在核子内部抽象出来的同位旋空间，称为内部对称性。与时空有关的对称性叫外部对称性。内部对称性仿佛是一个虚拟的事物，但它同样对应着守恒定律，该旋转不变性对应着同位旋守恒。描述对称性的数学语言是群论，与同位旋这种对称性相对应的群叫 SU(2)(特殊幺正群)，数字 2 表述是两个物体(如质子和中子)相互变换，可与用 U(1)群来描述电磁理论里的对称性进行类比。当某系统具有 U(1)群的局域规范不变性，就能从中推导出全部的电磁理论。杨-米尔斯理论就是推广这样的思想，当某系统具有SU(2)群的局域规范不变性时，便可以得到强相互作用的理论。

杨-米尔斯理论本质就是把局域规范对称的思想从阿贝尔群推广到了更一般的非阿贝尔群。它提供了一个精确的数学框架，在这个框架里，只要选择了某种对称性（对应数学上的一个群），或者确定了某个群，对应的相互作用就被完全确定了。该理论指出那些传递相互作用的粒子为规范玻色子，每一个群都有与之对应的规范玻色子，当反映某种对称性的群确定了，这些规范玻色子的性质就被完全确定了。描述电磁相互作用的群是 U(1)群，该对称性为规范对称性。描述强相互作用的群是 SU(3)群，该对称性是夸克的色对称。将弱相互作用和电磁相互作用统一为弱电相互作用，描述其对称性的群是 SU(2)×U(1)（×表示两个群的直积）。

弱电相互作用统一理论是一种自发破缺的规范理论。弱相互作用和电磁相互作用是由规范理论所要求的规范场来传递的。与弱相互作用所联系的规范对称性是自发破缺的，通过黑格斯机制使传递作用的中间玻色子获得了很大的质量，则可以解释弱相互作用与电磁相互作用的差异，即弱相互作用的力程短的原因。自发破缺的规范理论可以对量子化后进行微扰计算中出现的发散困难问题完成重整化。通过选取不同的规范群和破缺方案，可以得到不同的弱电相互作用统一理论模型。描述强相互作用的量子色动力学是不破缺的 SU(3)群。描述强相互作用的量子色动力学和描述电磁相互作用及弱相互作用的弱电相互作用统一理论构成当前的粒子物理标准模型。实现强相互作用、电磁相互作用和弱相互作用的统一，需要将规范群推广为包含子群 SU(3)×SU(2)×U(1)的更大的群[如 SU(5)群]，按照该群的描述方法，各种相互作用的强度是随能量而变化的，当能量增加时，强相互作用逐渐减弱，而弱电相互作用逐渐变强。当能量达到 10^{24} eV，三种相互作用的强度相等。

科学家在粒子物理标准模型下按照自旋把基本粒子分为费米子（自旋量子数为半整数）和玻色子（自旋量子数为整数），其中费米子是组成基本物质的粒子，如电子和夸克，而玻色子是传递作用力的粒子，如光子和胶子。每一种作用力都有专门传递该作用力的粒子。例如传递电磁力的是光子，传递强力的是胶子。同性电子之间表现为斥力是因为这两个电子之间在不停地向对方发射交换光子，相互吸引的电磁相互作用是因为朝相反的方向发射光子。弱相互作用交换 W^+、W^-、Z 这三种粒子，强相互作用交换胶子，在 SU(3)群里，理论计算它的规范玻色子为 8 个，然后实验物理学家根据理论指导获得了 8 种胶子。这样就完成了“对称性－理论－实验验证”的研究过程。

统一理论的发展是伴随着物理学发展史的。在追求统一的过程中，要论证力的统一与否，需要更深入地探讨力的成因与作用机理，完善理论模型，同时可以催生新的物理思想和数学手段。每当出现一个统一理论的时候，就会出现物理学发展的一个高潮期。迄今为止的经验表明，所探寻的系统越小，所发现的原理就越一般。当前所发现的物质世界的复杂性，是对物质取样系统的能量相对较低的结果。随着取样系统的能量越来越高，大自然的统一性和质朴性便会表现出来。

根据以上强相互作用、弱相互作用和电磁相互作用统一的方法，如果仍然以杨-米尔斯理论为基础来进行研究，就需要寻找万有引力具有的某种对称性或者不变性，获得与这种对称相对应的群，然后要求某系统具有所述群的局域规范不变性，便可以得到万有引力的新理论。前沿的研究中，有的研究者尝试将超对称性(玻色子-费米子对称性)引入统一理论，有的研究者用超对称性试图将引力和其余三种相互作用在 10^{28} eV 的能量下实现统一，有的研究者试图将超对称性和高维空间结合起来……

超弦理论就是建立在十一维时空(10+1 维空间)下的超对称理论。在标准模型中粒子被描述为微小且没有维度的点，这些点具有不同的属性，反映粒子具有不同的属性(各种各样的基本粒子)。根据弦理论，描述粒子的点是由微小且具有张力的弦组成，即宇宙万物在普朗克尺度(1.6×10^{-35} m)上都是由弦构成的，各种不同粒子的特性均来自于弦的不同振动形式，如计算发现有些振动方式的弦行为与光子特性一致。图 8-2 为弦的不同振动形式示意图。由于光子是由弦构成的，则光子的能量等于该弦的最低能量加上振动能量，因光子的静止质量为 0，由质能方程指导，这些能量之和为 0。根据弦理论，可以计算出宇宙是 26 维的，最初弦理论只能解释玻色子的性质，所以弦理论也被称为玻色弦理论。根据粒子的自旋类型，标准模型将粒子分为两大类，即自旋为整数的玻色子(如光子)和自旋为半整数的费米子(如电子)。当一根弦在时空中振动时，不能产生费米子。为了解决这个问题，研究者引入超对称的概念，即玻色子和费米子之间的对称性，这样玻色弦理论变成了超弦理论。超弦理论计算空间为 9 维，时间为 1 维，即宇宙为 10 维。此后的研究者将可以自洽的 5 个超弦理论和 10 维的超引力理论统一为 M 理论，则空间维度由 9 维变成了 10 维，此外超对称允许的最大空间维度为 10 维。因此，从 M 理论出发，空间为 10 维，时间为 1 维，即宇宙为 11 维。那么为什么我们只能感受到三维呢？因为除了时间维度，剩下的 10 维空间只有 3 个维度是展开的，其他的维度封闭卷曲成普朗克尺度，因此我们感受不到。例如，观察一根绳子，当距离很远时绳子是一维的一根线，当距离变近时绳子变成有粗细的三维形态，弦理论把宇宙类比为这根绳子，维度能否被观察到取决于观察的尺度。M 理论认为宇宙空间存在无数平行的膜，这些膜的相互作用导致产生了四大基本作用力，产生了基本粒子。M 理论认为能量在自身维度下不守恒，能量会逃逸到其他膜，而弦分为开弦和闭弦，引力子弦与另三种弦不同，它是一个自旋为 2 的玻色子，是一种闭弦，可以被传播到宇宙膜外的高维空间以及其他宇宙膜。

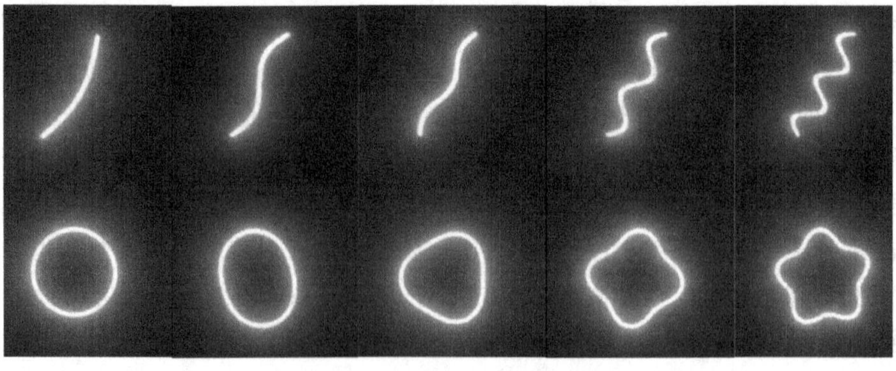

图 8-2　弦的不同振动形式示意图

M 理论目前从理论上统一了四大基本作用力，但还没有被实验验证。新的理论必须具有可证伪性，必须有新的预言，必须自洽。弦理论等相关理论由于预言新现象的能量太高以至于目前的实验无法进行检测，所以并不能称为真正完成四大力的统一。总之，对统一理论的追寻仍需科研工作者前赴后继地不懈努力……

思考题

1. 查阅文献，简要说明对称性中蕴含的深刻物理学思想是什么？
2. 简要说明什么是规范变换，什么是规范场，规范理论的主要内容是什么？
3. 从规范理论角度说明电磁场的特点。
4. 历史上电磁场的量子化中遇到了哪些困难，最终是如何解决的？
5. 从量子场论角度谈谈对大统一理论的构想。

练习题

1. 简述获得连续场拉格朗日密度的思路，并推导场的拉格朗日方程。
2. 拉格朗日密度一般必须满足哪些条件？并简述原因。
3. 试证明诺特定理。
4. 由时空均匀性推导场的能量与动量表达式。
5. 由时空各向同性推导场的自旋角动量表达式。

思维导图

对称不变性

$A' = A \Leftrightarrow l' = l$

时空对称性（诺特定理）

无穷小变换

$x^\mu \to x'^\mu = x^\mu + \delta x^\mu$

$\phi_\alpha(x) \to \phi'_\alpha(x') = \phi_\alpha(x) + S_{\alpha\beta}\phi_\beta(x)$

守恒流与守恒荷

$j^\mu = \frac{\partial l}{\partial \partial_\mu \phi_\alpha}\delta\phi_\alpha + l\delta x^\mu$

$Q = \int j^0 \mathrm{d}^3 x$

↓

平移不变性

$T^{\mu\nu} = \frac{\partial l}{\partial \partial_\mu \phi_\alpha}\partial^\nu \phi_\alpha - g^{\mu\nu} l$

$Q = p^\nu = \int T^{0\nu}\mathrm{d}^3 x$

$H = p^0 = \int\left(\frac{\partial l}{\partial \dot{\phi}_\alpha}\dot{\phi}_\alpha - l\right)\mathrm{d}^3 x$

$p = -\int \frac{\partial l}{\partial \dot{\phi}_\alpha}\nabla\phi_\alpha \mathrm{d}^3 x$

转动不变性

$M^{\mu,\nu\lambda} = x^\nu T^{\mu\lambda} - x^\lambda T^{\mu\nu} - \mathrm{i}\frac{\partial l}{\partial \partial_\mu \phi_\alpha}S^{\nu\lambda}_{\alpha\beta}\phi_\beta$

$j^{ij} = \int\left[x^i T^{0j} - x^j T^{0i} - \mathrm{i}\frac{\partial l}{\partial \dot{\phi}_\alpha(x)}S^{ij}_{\alpha\beta}\phi_\beta(x)\right]\mathrm{d}^3 x$

$L^{ij} = \int(x^i T^{0j} - x^j T^{0i})\mathrm{d}^3 x$

$S^{ij} = -\mathrm{i}\int \frac{\partial l}{\partial \dot{\phi}_\alpha}S^{ij}_{\alpha\beta}\phi_\beta \mathrm{d}^3 x$

规范对称性

整体规范不变性

$\phi \to \phi' = \mathrm{e}^{\mathrm{i}\gamma}\phi$

$j^\mu = \frac{Q}{\mathrm{i}}\left(\frac{\partial l}{\partial \partial_\mu \phi}\phi - \phi^\dagger \frac{\partial l}{\partial \partial_\mu \phi^\dagger}\right)$

定域规范不变性

$\phi \to \phi' = \mathrm{e}^{\mathrm{i}\gamma(x)}\phi$

$D_\mu \to D'_\mu = \partial_\mu + \mathrm{i}QA'_\mu, A_\mu \to A'_\mu = A_\mu - \frac{1}{Q}\partial_\mu \gamma$

电磁场

$l = -\frac{1}{4}F_{\mu\nu}F^{\mu\nu} = -\frac{1}{4}(\partial_\mu A_\nu - \partial_\nu A_\mu)(\partial^\mu A^\nu - \partial^\nu A^\mu)$

$\partial^\nu \partial_\nu A^\mu - \partial^\mu \partial_\nu A^\nu = 0$

正规化

库仑规范

$A_0 = 0, \nabla \cdot A = 0$

$l = -\frac{1}{2}\partial_i A_k \partial^i A^k - \frac{1}{2}\dot{A}_i \dot{A}^i$

$H = \sum_{k\lambda}\omega\left[a^\dagger(k,\lambda)a(k,\lambda) + \frac{1}{2}\right]$

$p = \sum_{k\lambda} k a^\dagger(k,\lambda)a(k,\lambda)$

洛伦兹规范

$\partial_\mu A^\mu = 0$

$l = -\frac{1}{2}\dot{A}_\nu \dot{A}^\nu + \frac{1}{2}\nabla A_\nu \cdot \nabla A^\nu$

$H = \sum_{k\lambda}\omega\left[\bar{a}(k,\lambda)a(k,\lambda) + \frac{1}{2}\right]$

$p = \sum_{k\lambda} k\bar{a}(k,\lambda)a(k,\lambda)$

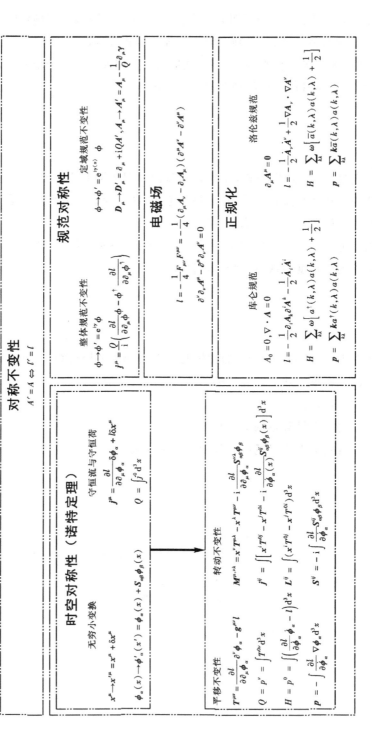

部分练习题参考答案

第1章

1.(1)$\nabla u=2y\boldsymbol{e}_x+2x\boldsymbol{e}_y$；

(2)$\nabla u=2x\boldsymbol{e}_x+2y\boldsymbol{e}_y$；

(3)$\nabla u=\mathrm{e}^x\sin y\boldsymbol{e}_x+\mathrm{e}^x\cos y\boldsymbol{e}_y$；

(4)$\nabla u=2xy^3z^4\boldsymbol{e}_x+3x^2y^2z^4\boldsymbol{e}_y+4x^2y^3z^3\boldsymbol{e}_z$。

2. $4\boldsymbol{e}_x-3\boldsymbol{e}_y+12\boldsymbol{e}_z$。

3.(1)0；(2)$6x+3y^2+z^2+xy-6xz$。

4. $-\boldsymbol{e}_x-3\boldsymbol{e}_y+4\boldsymbol{e}_z$。

5. $\dfrac{12}{5}\pi a^5$。

6. $2\pi R^2$。

第2章

9.磁感应强度分布为 $\boldsymbol{B}=\dfrac{\mu_0 I}{2\pi r}\boldsymbol{e}_\phi \quad (r>a)$；$\boldsymbol{B}=\dfrac{\mu_0 Ir}{2\pi a^2}\boldsymbol{e}_\phi \quad (r<a)$。

磁场的旋度为 $\nabla\times\boldsymbol{B}=\boldsymbol{0} \quad (r>a)$；$\nabla\times\boldsymbol{B}=\mu_0\boldsymbol{J} \quad (r<a)$。

10.电场强度为 $\boldsymbol{E}_1=\dfrac{\sigma_\mathrm{f}}{\varepsilon_1}\boldsymbol{e}_n$；$\boldsymbol{E}_2=\dfrac{\sigma_\mathrm{f}}{\varepsilon_2}\boldsymbol{e}_n$；其中 $\boldsymbol{e}_n$ 由正极板指向负极板。

束缚电荷分布为 $\sigma'_{\mathrm{p上}}=-\sigma_\mathrm{f}\left(1-\dfrac{\varepsilon_0}{\varepsilon_1}\right)$；$\sigma'_{\mathrm{p下}}=\sigma_\mathrm{f}\left(1-\dfrac{\varepsilon_0}{\varepsilon_2}\right)$；其中，$\sigma'_{\mathrm{p上}}$ 为介质1与上板分界处的束缚电荷面密度，$\sigma'_{\mathrm{p下}}$ 为介质2与下板分界处的束缚电荷面密度。

第3章

1. $\boldsymbol{E}=-\left(\dfrac{2x^2}{\varepsilon_0}+\dfrac{U}{d}\right)\boldsymbol{e}_x$（V/m）；电荷体密度 $\rho=-2$（C/m^2）。

2. 电势分布为 $\varphi_1=\frac{Q}{4\pi\varepsilon_0 b}\left(1-\frac{a}{r}\right)\quad(a<r<b)$；$\varphi_2=\frac{Q}{4\pi\varepsilon_0 r}\left(1-\frac{a}{b}\right)\quad(r>b)$。

3. 球内 $\varphi=\frac{Q_f}{4\pi\varepsilon R}-\left(1-\frac{\varepsilon}{\varepsilon_0}\right)\frac{Q_f}{4\pi\varepsilon R_0}$；球外 $\varphi=\frac{Q_f}{4\pi\varepsilon_0 R}$。

4. 球内 $\varphi=-\frac{3\varepsilon_0}{\varepsilon+2\varepsilon_0}E_0R\cos\theta$；球外 $\varphi=-E_0R\cos\theta+\frac{\varepsilon-\varepsilon_0}{\varepsilon+2\varepsilon_0}\cdot\frac{E_0\cos\theta R_0^3}{R^2}$。

5. 场强分布左半部为 $\boldsymbol{E}_1=\frac{Q\boldsymbol{r}}{2\pi(\varepsilon_1+\varepsilon_2)r^3}$；场强分布右半部为 $\boldsymbol{E}_2=\frac{Q\boldsymbol{r}}{2\pi(\varepsilon_1+\varepsilon_2)r^3}$。

6. 电势 $\varphi=-E_0r\cos\theta+\frac{E_0R_0^3}{r^2}\cos\theta\quad(r\geqslant R_0)$；自由电荷面密度 $\sigma_f=3\varepsilon_0E_0\cos\theta$。

7. $\frac{Q^2}{8\pi a}\left(\frac{1}{5\varepsilon}+\frac{1}{\varepsilon_0}\right)$。

8. 镜像电荷个数为 3；电势为

$$\frac{Q}{4\pi\varepsilon_0}\left[\frac{1}{\sqrt{(x-a)^2+(y-b)^2+z^2}}+\frac{1}{\sqrt{(x+a)^2+(y-b)^2+z^2}}+\frac{1}{\sqrt{(x+a)^2+(y+b)^2+z^2}}+\frac{1}{\sqrt{(x-a)^2+(y+b)^2+z^2}}\right]$$

10. 相互作用能为 $\frac{Q^2}{4\pi\varepsilon_0 b}$；系统总静电能为 $\frac{Q^2}{4\pi\varepsilon_0}\cdot\left(\frac{1}{a}+\frac{3}{b}\right)$。

第 4 章

1. 球外磁场强度 $\boldsymbol{H}_1=\frac{R_0^3}{3}\left[\frac{3(\boldsymbol{M}_0\cdot\boldsymbol{R})\boldsymbol{R}}{R^5}-\frac{4\pi\boldsymbol{M}_0}{R^3}\right]$；球内磁场强度 $\boldsymbol{H}_2=-\frac{\boldsymbol{M}_0}{3}$。

2. 球内磁感应强度 $\boldsymbol{B}_1=\frac{3\mu\boldsymbol{B}_0}{2\mu_0+\mu}$；

球外磁感应强度 $\boldsymbol{B}_2=\boldsymbol{B}_0-\frac{\mu_0(\mu-\mu_0)R^3}{2\mu_0+\mu}\left[\frac{\boldsymbol{B}_0}{r^3}-\frac{3(\boldsymbol{B}_0\cdot\boldsymbol{r})\boldsymbol{r}}{r^5}\right]$。

3. 球内磁感应强度 $\boldsymbol{B}_1=\frac{3\mu_0\boldsymbol{B}}{2\mu+\mu_0}$；

球外磁感应强度 $\boldsymbol{B}_2=\boldsymbol{B}+\frac{\mu(\mu-\mu_0)R^3}{2\mu+\mu_0}\left[\frac{\boldsymbol{B}}{r^3}-\frac{3(\boldsymbol{B}\cdot\boldsymbol{r})\boldsymbol{r}}{r^5}\right]$。

5. 矢势 $\boldsymbol{A}=-\left(\frac{\mu_0 I}{2\pi}\ln\frac{R}{R_0}\right)\boldsymbol{e}_z$，其中 $\boldsymbol{e}_z$ 为沿电流方向的单位矢量；

磁感应强度 $\boldsymbol{B}=\frac{\mu_0 I}{2\pi R}\boldsymbol{e}_\phi$，其中 $\boldsymbol{e}_\phi$ 为单位矢量，与电流方向构成右手螺旋关系。

7. 管内磁感应强度 $\boldsymbol{B}=\mu_0 nI\boldsymbol{e}_z$，其中 $\boldsymbol{e}_z$ 为沿螺线管轴线方向的单位矢量，且与电流 I 的方向构成右手螺旋关系；管外磁感应强度 $\boldsymbol{B}=\boldsymbol{0}$。

8. $\varphi=\frac{q}{4\pi\varepsilon_0 r}+\frac{qR^2(1-3\cos^2\theta)}{16\pi\varepsilon_0 r^3}$，其中 θ 为环心到场点的位矢与环轴线方向的夹角。

第5章

5. 电场分量：$E_x=(A_1\cos k_x x\sin k_y y)\mathrm{e}^{\mathrm{i}(k_z z-\omega t)}$

$$E_y=(A_2\sin k_x x\cos k_y y)\mathrm{e}^{\mathrm{i}(k_z z-\omega t)}$$

$$E_z=(A_3\sin k_x x\sin k_y y)\mathrm{e}^{\mathrm{i}(k_z z-\omega t)}$$

磁场分量：$H_x=-\left(\dfrac{1}{\omega\mu}\right)(k_z A_2+\mathrm{i}k_y A_3)(\sin k_x x\cos k_y y)\mathrm{e}^{\mathrm{i}(k_z z-\omega t)}$

$$H_y=\left(\frac{1}{\omega\mu}\right)(k_z A_1+\mathrm{i}k_x A_3)(\cos k_x x\sin k_y y)\mathrm{e}^{\mathrm{i}(k_z z-\omega t)}$$

$$H_z=\left(\frac{1}{\omega\mu}\right)(k_y A_1-k_x A_2)(\cos k_x x\cos k_y y)\mathrm{e}^{\mathrm{i}(k_z z-\omega t)}$$

式中，$k_x=\dfrac{m\pi}{a}$，$k_y=\dfrac{n\pi}{b}$，其中 $m,n=0,1,2,3\cdots$；且 $\left(\dfrac{m\pi}{a}\right)^2+\left(\dfrac{n\pi}{b}\right)^2+k_z^2=\omega^2\varepsilon\mu$，$k_x A_1+k_y A_2-\mathrm{i}k_z A_3=0$。

本征频率：$\omega_{mn}=\dfrac{\pi}{\sqrt{\mu\varepsilon}}\sqrt{\left(\dfrac{m}{a}\right)^2+\left(\dfrac{n}{b}\right)^2}$。

6. $E_x=\left(-\omega\mu_0\dfrac{\partial H_z}{\partial y}-k_z\dfrac{\partial E_z}{\partial x}\right)/\mathrm{i}(\omega^2/c^2-k_z^2)$

$$E_y=\left(-\omega\mu_0\frac{\partial H_z}{\partial x}-k_z\frac{\partial E_z}{\partial y}\right)/\mathrm{i}(\omega^2/c^2-k_z^2)$$

$$H_x=\left(-k_z\frac{\partial H_z}{\partial x}+\omega\varepsilon_0\frac{\partial E_z}{\partial y}\right)/\mathrm{i}(\omega^2/c^2-k_z^2)$$

$$H_y=\left(-k_z\frac{\partial H_z}{\partial y}-\omega\varepsilon_0\frac{\partial E_z}{\partial x}\right)/\mathrm{i}(\omega^2/c^2-k_z^2)$$

10. 当 $a=\sqrt{S}$ 时，最小截止频率：$\omega_c=\pi c\sqrt{\dfrac{2}{S}}$。

12. TE_{10}。

第6章

4. 电场强度为 $\boldsymbol{E}=\dfrac{\mu_0 p_0\omega^2}{4\pi r}\cos(kr-\omega t)(\cos\theta\cos\phi\boldsymbol{e}_\theta-\sin\phi\boldsymbol{e}_\phi)$；

磁感应强度为 $\boldsymbol{B}=\dfrac{\mu_0 p_0\omega^2}{4\pi cr}\cos(kr-\omega t)(\sin\phi\boldsymbol{e}_\theta+\cos\theta\cos\phi\boldsymbol{e}_\phi)$；

能流密度为 $\boldsymbol{S}=\dfrac{p_0^2\omega^4}{16\pi^2\varepsilon_0 c^3}\dfrac{\cos^2(kr-\omega t)}{r^2}(1-\sin^2\theta\cos^2\phi)\boldsymbol{e}_r$。

5. 电场强度为 $\boldsymbol{E}=\dfrac{\mu_0\omega^2\theta a}{4\pi R}\mathrm{e}^{\mathrm{i}kR}[\cos\theta\cos(\omega t+\phi)\boldsymbol{e}_\theta+\sin(\omega t+\phi)\boldsymbol{e}_\phi]$；

磁感应强度为 $\boldsymbol{B}=\frac{\mu_0\omega^2 ea}{4\pi cR}e^{ikR}[\cos\theta\cos(\omega t+\phi)\boldsymbol{e}_\phi-\sin(\omega t+\phi)\boldsymbol{e}_\theta]$；

平均辐射能流密度为 $\overline{\boldsymbol{S}}=\frac{\mu_0\omega^4 e^2 a^2}{32\pi^2 cR^2}(1+\cos^2\theta)\boldsymbol{e}_R$。

8. 电场强度为 $\boldsymbol{E}=-\frac{\mu_0\omega^2 qz_0\sin\theta}{4\pi R}e^{i(\frac{\omega}{c}R-\omega t)}\boldsymbol{e}_\theta$；

磁感应强度为 $\boldsymbol{B}=-\frac{\mu_0\omega^2 qz_0\sin\theta}{4\pi cR}e^{i(\frac{\omega}{c}R-\omega t)}\boldsymbol{e}_\phi$；

能流密度为 $\boldsymbol{S}=\frac{\mu_0\omega^4 q^2 z_0^2}{32\pi^2 cR^2}\sin^2\theta\boldsymbol{e}_R$。

9. (1)$\begin{cases}x\approx(R_0-v_0m/eB)+(v_0m/eB)e^{-e^4B^2t/(6\pi\varepsilon_0m^3c^3)}\cos(eBt/m)\\ y\approx(v_0m/eB)e^{-e^4B^2t/(6\pi\varepsilon_0m^3c^3)}\sin(eBt/m)\\ z=0\end{cases}$；

(2)$\mathrm{d}W/\mathrm{d}t=e^4B^2v_0^2e^{-2e^4B^2t/(6\pi\varepsilon_0m^3c^8)}/(6\pi\varepsilon_0m^2c^3)$。

第7章

1. $4c/5$。

2. $l\sqrt{1-v^2\cos^2\theta/c^2}$。

3. $l=l_0\frac{1-v^2/c^2}{1+v^2/c^2}$。

4. 地面上的观察者认为时间膨胀，960 m<1000 m，所以到不了地球。相对 π 介子静止系中的观察者认为长度收缩，576 m<600 m，所以到不了地球。

5. $x'=-x=-\frac{c^2}{v}t(1-\sqrt{1-v^2/c^2})$，$t'=t=\frac{x}{v}(1+\sqrt{1-v^2/c^2})$。

14. $p_1=\frac{c}{2M}\sqrt{[M^2-(m_1+m_2)^2][M^2-(m_1-m_2)^2]}$；$E_1=\frac{c^2}{2M}(M^2-m_1^2-m_2^2)$。

15. $v=\frac{Ec}{m_0c^2+E}$；$M_0=m_0\sqrt{1+\frac{2E}{m_0c^2}}$。

17. 5.5 MeV。

第8章

略。

参考文献

[1] 郭硕鸿. 电动力学[M]. 3 版. 北京:高等教育出版社,2008.
[2] 格里菲思. 电动力学导论[M]. 3 版. 贾瑜,胡行,孙强,译. 北京:机械工业出版社,2013.
[3] 蔡圣善. 电动力学[M]. 2 版. 北京:高等教育出版社,2002.
[4] 刘觉平. 电动力学[M]. 北京:高等教育出版社,2004.
[5] 汪德新. 理论物理学导论 第二卷:电动力学[M]. 北京:科学出版社,2005.
[6] 曹昌祺. 经典电动力学[M]. 北京:科学出版社,2009.
[7] 胡友秋,程福臻. 电磁学与电动力学[M]. 北京:科学出版社,2008.
[8] 罗春荣. 电动力学[M]. 3 版. 北京:电子工业出版社,2016.
[9] 宋为基,过祥龙. 电磁学·电动力学[M]. 苏州:苏州大学出版社,2001.
[10] 张启仁. 经典场论[M]. 北京:科学出版社,2003.
[11] 胡瑶光. 量子场论[M]. 上海: 华东师范大学出版社,1988.
[12] 张振球,雷式祖. 量子场论导论[M]. 桂林:广西师范大学出版社,2001.
[13] 姜志进. 量子场论导论[M]. 北京:科学出版社,2016.
[14] 王正行. 简明量子场论[M]. 2 版. 北京:北京大学出版社,2020.